高等院校测控技术与仪器专业创新型应用人才培养规划教材

传感器原理及应用

主　编　赵　燕
副主编　戴　蓉
参　编　陈国良　陈　霞　刘传波
　　　　黄安贻　李威宣　谭保华
主　审　谭跃刚

内 容 简 介

本书系统地介绍了几何量、机械量、热工量等非电物理量检测中常用的传感器,内容包括各种传感器的工作原理、组成结构、特性参数、设计和选用的基本知识,并列举了大量实例,对各类传感器在各种设备和检测过程中的典型应用作了系统的阐述,对其他现代新型传感器也作了简要介绍。本书按工作原理划分章节,条理清晰,每章后面还附有一定数量的习题,以帮助读者巩固所学的知识。

本书可作为高等院校测控技术与仪器、自动化、电子信息工程、机电一体化等专业的教材,也可作为其他相近专业高年级本科生和硕士研究生的学习参考书,还可作为从事电子仪器仪表及测控技术行业的工程技术人员的参考用书。

图书在版编目(CIP)数据

传感器原理及应用/赵燕主编. —北京：北京大学出版社,2010.2
(全国高等院校测控技术与仪器专业创新型应用人才培养规划教材)
ISBN 978-7-301-16503-4

Ⅰ.传… Ⅱ.赵… Ⅲ.传感器—高等学校—教材 Ⅳ.TP212

中国版本图书馆 CIP 数据核字(2009)第 231007 号

书　　　　名：	传感器原理及应用
著作责任者：	赵　燕　主编
责 任 编 辑：	郭穗娟
标 准 书 号：	ISBN 978-7-301-16503-4/TH·0170
出　版　者：	北京大学出版社
地　　　　址：	北京市海淀区成府路 205 号　100871
网　　　　址：	http://www.pup.cn　http://www.pup6.com
电　　　　话：	邮购部 010-62752015　发行部 010-62750672　编辑部 010-62750667
电 子 邮 箱：	编辑部 pup6@pup.cn　总编室 zpup@pup.cn
印　刷　者：	北京虎彩文化传播有限公司
发　行　者：	北京大学出版社
经　销　者：	新华书店
	787 毫米×1092 毫米　16 开本　22.5 印张　522 千字
	2010 年 2 月第 1 版　2024 年 7 月第 11 次印刷
定　　　　价：	59.00 元

未经许可,不得以任何方式复制或抄袭本书之部分或全部内容。
版权所有,侵权必究　　举报电话：010-62752024
　　　　　　　　　　　电子邮箱：fd@pup.cn

前　言

传感器是科学仪器、自动控制系统中信息获取的首要环节和关键技术，是先进国家优先发展的重要基础性技术。掌握传感器原理与技术，合理应用传感器，这是相关工程技术人员必须具备的基本技能与素养。因此，在高等院校的仪器科学与技术、机电工程、电气工程、自动化等学科专业都开设了传感器类课程。

本书在编写过程中，着眼于传感器的原理及应用，根据理论与实践相结合的原则和由浅入深、循序渐进的认知规律，在论述传感器结构原理的基础上，充分结合传感器的工程应用来讨论传感器的共性技术以及传感器的选择与使用方法，培养读者的实践应用能力，为其日后从事测控及相关领域的科研工作奠定坚实的基础。同时，注重在内容上充分反映国内外传感器的最新发展和新型器件的应用。

在编写方法上，本书一改传统的平铺直叙的写作方式，每章均用引例开篇，并配相应的实物照片，图文并茂，形式活泼。同时，在文中用"小思考"、"特别提示"等方式提出关键问题或容易引起混淆的概念，供读者深入思考，以建立正确的概念。书中的每章都给出了大量例题和传感器应用实例，每章结尾一般都用"知识链接"单元来拓展各类传感器的发展趋势，使读者可以掌握传感器发展的全貌。本书共 12 章，每章都附有一定数量的习题。本书可适合研究型、应用型等不同层次的高等教育要求，对工程技术人员也具有使用和参考价值。

本书由武汉理工大学的赵燕担任主编并编写第 1 章和第 7 章，戴蓉编写第 2 章、第 10 章和第 12 章，陈国良编写第 3 章，陈霞编写第 4 章，刘传波编写第 5 章，黄安贻编写第 6 章和第 11 章，李威宣编写第 9 章，湖北工业大学的谭保华编写第 8 章。本书由赵燕和戴蓉统稿。

本书承蒙武汉理工大学博士生导师谭跃刚教授主审，谭教授提出了很多宝贵意见和建议，在此表示诚挚的谢意！

本书在编写过程中参考并引用了同行和传感器生产企业的一些文献资料，在此对文献资料作者表示衷心感谢！

传感器种类多，技术发展快，应用领域广。限于编者的学识水平，书中难免存在不当之处，恳切希望读者批评指正。

赵　燕
2009 年 10 月 25 日于武汉

目 录

第1章 传感器的基本知识 ... 1
1.1 传感器的基本概念 ... 2
1.1.1 传感器的定义与组成 ... 3
1.1.2 传感器的分类 ... 4
1.1.3 传感器的物理定律 ... 5
1.2 传感器的基本特性 ... 6
1.2.1 传感器的静态特性 ... 7
1.2.2 传感器的动态数学模型 ... 12
1.2.3 传感器系统实现动态测试不失真的频率响应特性 ... 16
1.2.4 典型传感器系统的动态特性分析 ... 17
1.3 传感器的技术性能指标 ... 24
1.3.1 传感器的主要性能指标 ... 24
1.3.2 改善传感器性能的技术途径 ... 25
1.4 传感器技术的发展 ... 27
1.4.1 传感器需求的新动向 ... 27
1.4.2 传感器技术的发展动向 ... 28
1.5 传感器的选用原则 ... 30
本章小结 ... 32
习题 ... 32

第2章 电阻应变式传感器 ... 34
2.1 电阻应变片的工作原理 ... 35
2.2 电阻应变片的结构、种类和材料 ... 35
2.2.1 电阻应变片的基本结构 ... 35
2.2.2 电阻应变片的种类 ... 36
2.2.3 电阻应变片的材料 ... 37
2.3 电阻应变片的主要参数 ... 39
2.4 电阻应变片的应用 ... 43
2.4.1 电阻应变片的选择 ... 43
2.4.2 电阻应变片的使用 ... 44
2.5 转换电路 ... 45
2.5.1 直流电桥 ... 45
2.5.2 恒流源电桥 ... 48
2.5.3 交流电桥 ... 48
2.6 电阻应变片的温度误差及其补偿 ... 49
2.7 电阻应变式传感器 ... 52
2.7.1 电阻应变式力传感器 ... 52
2.7.2 电阻应变式压力传感器 ... 57
2.7.3 电阻应变式加速度传感器 ... 58
2.8 电阻应变仪 ... 59
2.9 压阻式传感器 ... 61
2.9.1 基本工作原理 ... 62
2.9.2 半导体应变片 ... 63
2.9.3 压阻式传感器 ... 63
2.9.4 压阻式传感器输出信号调理 ... 64
本章小结 ... 66
习题 ... 67

第3章 电感式传感器 ... 70
3.1 自感式传感器工作原理及其特性分析 ... 71
3.1.1 工作原理 ... 71
3.1.2 电感计算与输出特性分析 ... 72
3.1.3 传感器的信号调节电路 ... 76
3.1.4 影响传感器精度的因素分析 ... 78
3.2 差动变压器式传感器 ... 79
3.2.1 螺线管式差动变压器 ... 80
3.2.2 差动变压器的测量电路 ... 84
3.3 涡流式传感器 ... 86
3.4 电感式传感器应用举例 ... 90
3.4.1 自感式传感器的应用 ... 90
3.4.2 差动变压器的应用 ... 92
3.4.3 电涡流传感器的应用 ... 94
本章小结 ... 96
习题 ... 96

第4章 电容式传感器 ... 98
4.1 电容式传感器的工作原理和特性 ... 99
4.1.1 工作原理及类型 ... 99
4.1.2 电容传感器特性分析 ... 99

4.2 电容式传感器的特点及设计要点...... 107
    4.2.1 电容传感器的特点...... 107
    4.2.2 电容传感器设计要点...... 108
4.3 电容式传感器的等效电路...... 110
4.4 电容式传感器的测量电路...... 111
    4.4.1 调频测量电路...... 111
    4.4.2 交流电桥测量电路...... 112
    4.4.3 运算放大器式测量电路...... 113
    4.4.4 二极管双 T 型交流电桥...... 114
    4.4.5 差动脉冲调宽电路...... 115
4.5 电容式传感器的应用...... 116
4.6 容栅式传感器...... 119
本章小结...... 121
习题...... 121

第 5 章 压电式传感器...... 125
5.1 压电效应...... 126
5.2 压电材料及其主要特性...... 127
    5.2.1 石英晶体...... 127
    5.2.2 压电陶瓷...... 130
    5.2.3 压电材料的主要特性...... 132
5.3 压电元件的常用结构形式...... 135
    5.3.1 压电元件的基本变形方式...... 135
    5.3.2 压电元件的结构形式...... 135
5.4 等效电路与测量电路...... 136
    5.4.1 压电式传感器的等效电路...... 136
    5.4.2 压电式传感器的信号调理
电路...... 138
5.5 压电式传感器的应用...... 143
    5.5.1 压电式加速度传感器...... 143
    5.5.2 压电式测力传感器...... 151
    5.5.3 压电式压力传感器...... 152
本章小结...... 153
习题...... 153

第 6 章 磁电式传感器...... 155
6.1 磁电感应式传感器...... 156
    6.1.1 恒磁通式磁电感应传感器
结构与工作原理...... 156
    6.1.2 变磁通式磁电感应传感器
结构与工作原理...... 157

    6.1.3 磁电感应式传感器的应用...... 158
6.2 霍尔式传感器...... 160
    6.2.1 霍尔传感器的工作原理...... 160
    6.2.2 霍尔元件的误差及补偿...... 164
    6.2.3 霍尔传感器的应用...... 168
6.3 磁栅式传感器...... 175
    6.3.1 磁栅式传感器的工作原理和
结构...... 175
    6.3.2 磁栅式传感器的信号处理
方法...... 178
    6.3.3 磁栅式传感器的应用...... 179
本章小结...... 179
习题...... 180

第 7 章 热电式传感器...... 181
7.1 概论...... 182
7.2 热电偶...... 183
    7.2.1 热电偶的工作原理...... 183
    7.2.2 热电偶的常用类型和结构...... 186
    7.2.3 热电偶的冷端温度补偿...... 190
    7.2.4 热电偶的测量电路及应用...... 194
7.3 热电阻...... 195
    7.3.1 热电阻的工作原理...... 195
    7.3.2 常用热电阻(RTD)...... 196
    7.3.3 热电阻的测量电路...... 197
7.4 热敏电阻...... 198
    7.4.1 热敏电阻的结构...... 198
    7.4.2 热敏电阻的类型和特性...... 199
    7.4.3 热敏电阻的测量电路及
应用...... 201
7.5 新型温度传感器...... 202
    7.5.1 PN 结温度传感器及应用...... 202
    7.5.2 集成温度传感器及应用...... 203
本章小结...... 216
习题...... 216

第 8 章 光电式传感器...... 217
8.1 光电效应...... 218
    8.1.1 外光电效应...... 218

8.1.2 内光电效应.................218
8.2 常用光电转换器件.................220
　　8.2.1 外光电效应器件.................220
　　8.2.2 内光电效应器件.................223
　　8.2.3 半导体光电器件的应用
　　　　　选择.................231
8.3 位置敏感器件(PSD).................232
　　8.3.1 PSD的工作原理.................232
　　8.3.2 PSD的特性.................233
8.4 固态图像传感器.................235
　　8.4.1 CCD的结构和基本原理.................235
　　8.4.2 线阵CCD图像传感器.................237
　　8.4.3 面阵CCD图像传感器.................237
8.5 光电传感器的应用.................238
　　8.5.1 模拟式光电传感器的应用.................238
　　8.5.2 数字式光电传感器的应用.................242
8.6 光栅传感器.................243
　　8.6.1 计量光栅的种类.................244
　　8.6.2 莫尔条纹.................244
　　8.6.3 光栅式传感器.................247
8.7 光学编码器.................250
　　8.7.1 绝对编码器.................250
　　8.7.2 增量编码器.................252
本章小结.................254
习题.................254

第9章 光纤传感器.................256

9.1 光纤传感器的基本知识.................257
　　9.1.1 光纤的结构.................257
　　9.1.2 光纤的传光原理.................257
　　9.1.3 光纤的种类.................259
　　9.1.4 光纤传感器的基本组成.................260
9.2 光纤传感器的分类及其工作原理.................262
　　9.2.1 光纤传感器分类.................263
　　9.2.2 光调制技术.................265
9.3 光纤传感器的应用.................269
　　9.3.1 光纤位移传感器.................269
　　9.3.2 光纤液体浓度传感器.................271
　　9.3.3 光纤陀螺仪.................271
　　9.3.4 光纤高温测量系统.................273
　　9.3.5 光纤气体传感器.................275

本章小结.................277
习题.................277

第10章 红外传感器.................278

10.1 红外辐射的基本知识.................278
　　10.1.1 红外辐射.................278
　　10.1.2 红外辐射的重要参数.................279
　　10.1.3 黑体、白体和透明体.................280
　　10.1.4 红外辐射的基本定律.................281
10.2 红外传感器.................283
　　10.2.1 红外光子传感器.................284
　　10.2.2 红外热传感器.................285
10.3 红外传感器的主要性能参数.................288
10.4 红外传感器应用举例.................291
　　10.4.1 红外测温.................291
　　10.4.2 热释电红外探测器警戒
　　　　　系统.................295
　　10.4.3 红外气体浓度检测系统.................296
本章小结.................298
习题.................298

第11章 其他传感器.................299

11.1 气敏传感器.................300
　　11.1.1 气敏传感器概述.................300
　　11.1.2 半导体气体传感器.................300
　　11.1.3 主要特性及其改善.................303
　　11.1.4 气敏传感器的应用.................306
11.2 湿敏传感器.................307
　　11.2.1 绝对湿度与相对湿度.................307
　　11.2.2 湿敏传感器.................308
　　11.2.3 湿敏传感器的应用.................311
11.3 超声波传感器.................312
　　11.3.1 超声波的传输特性.................312
　　11.3.2 超声波换能器.................312
　　11.3.3 超声波传感器的应用.................313
11.4 微波传感器.................316
　　11.4.1 微波的性质与特点.................316
　　11.4.2 微波传感器的组成及其
　　　　　分类.................316
　　11.4.3 微波传感器的应用.................317
11.5 光纤光栅传感器.................319
　　11.5.1 光纤光栅的形成及其分类.................319

11.5.2 光纤布拉格光栅传感器的
工作原理 320
11.5.3 光纤光栅传感器系统的
构成 321
11.5.4 光纤光栅传感器应用 322
11.6 智能传感器 323
11.6.1 概述 323
11.6.2 智能传感器的结构和功能 ... 324
11.6.3 智能传感器数据预处理
方法 325
11.6.4 智能传感器的实现途径 327
11.6.5 几种智能传感器示例 329
本章小结 332

习题 333

第12章 传感器的标定 334
12.1 传感器静态特性的标定 334
12.2 传感器动态特性的标定 336
12.3 常用的标定设备 338
12.3.1 静态标定设备 338
12.3.2 动态标定设备 342
12.4 传感器标定举例 344
本章小结 348
习题 348

参考文献 350

第1章 传感器的基本知识

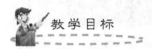

通过本章学习,掌握传感器的基本概念、基本特性、技术指标和选用原则等知识,了解传感器的发展动向及其实际应用。

掌握传感器的定义、组成和分类;
掌握构建传感器的工作机理及物理定律;
掌握传感器的静态和动态特性,能了解正确选用传感器的方法;
了解传感器的技术性能指标,了解改善传感器性能的技术途径;
了解传感器技术的发展动向。

导入案例

人们为了对被测对象所包含的信息进行定性的了解和定量的掌握,必须采取一系列技术措施,有关这些措施的理论称为检测原理,其技术的物理实现就是检测装置或检测系统。一个完整的检测系统或检测装置通常由传感器、测量电路和显示记录装置等几部分组成,分别完成信息获取、转换、显示和处理等功能。而传感器是自动检测系统的第一级装置,也是其核心部件。在人们熟悉的汽车中就装有许多传感器,如曲轴转速传感器[检测发动机转速和判定一(四)缸上止点]、凸轮轴位置传感器[区分一(四)缸压缩上止点]、节气门位置传感器(检测发动机的节气门位置)、爆燃传感器(检测发动机是否发生爆燃)、水温传感器(检测发动机冷却液温度,提供发动机温度信号)、进气温度传感器(检测进气温度)、进气管绝对压力传感器(检测进气管内的进气压力)、空气流量计(检测进气空气的质量)、加速踏板位置传感器(检测加速踏板位置)、轮速传感器(检测轮速)、车速传感器(检测车速),此外还有风速传感器、雨量传感器、光照强度传感器、车身高度传感器、燃油液位传感器、燃油温度传感器、机油压力传感器、喷油器升程传感器等。可见,传感器在汽车的现代电子化系统中扮演重要的角色,没有汽车的电子控制系统,今天的汽车连最起码的操纵都进行不了。同样,没有传感器,就没有今天的自动化测量及控制系统。

下面的图示就是我们在日常生活与科学研究中常见的传感器。本书的目的就是为了使你对各种传感器及其工作原理与制造技术有一个总体了解和掌握,并能在该领域中发现感兴趣的东西。

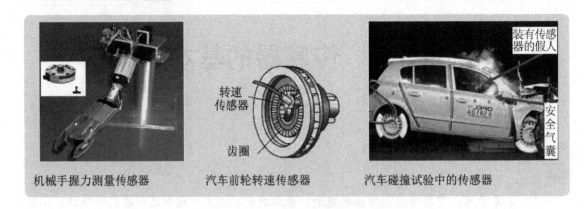

机械手握力测量传感器　　汽车前轮转速传感器　　汽车碰撞试验中的传感器

1.1 传感器的基本概念

什么是传感器(Transducer/Sensor)？其实最原始、最天然的一种传感器就是生物体的感官。在人体这个目前世界上最完美的自动控制系统中，其"五官"——眼、耳、鼻、舌和皮肤分别具有视、听、嗅、味、触等感觉。人的大脑神经中枢通过五官的神经末梢(感受器)接受外界的信息，经过大脑的思维(信息处理)再做出相应的动作或行为。人类要想获得更为丰富的信息，进一步研究大自然和制造劳动工具，人的五官感知外界信息的能力就显得非常有限了(如眼睛就不是"千里目")。

将人的行为动作的控制与计算机自动控制过程可作一比较，如图1.1所示。计算机相当于人的大脑，而传感器则相当于人的五官部分("电五官")。因此，传感器成为获取自然领域中信息的主要途径与手段，是摄取信息的关键器件，它与通信技术和计算机技术构成了信息技术的三大支柱。

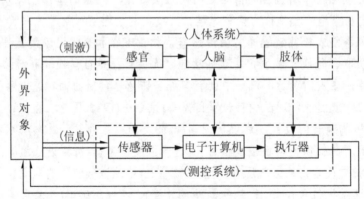

图1.1　人体与自动化测控系统的对应关系

图1.2所示为大型桥梁的安全状况实时监测系统。通过光纤光栅传感器可以将温度、称重、斜拉索的张力、应变、线型、位移等多种反映桥梁安全状态的信号检测出来，通过数据层、信息层分析处理，可得到有巨大商业价值的应用。显然，没有传感器，就无法获取这些数据和信息，也就无法掌握桥梁安全状态。

作为一种代替人的感官的工具，传感器的历史比近代科学的出现要古老。古埃及人在7000多年以前，就使用一种悬挂式的双盘秤作为测重的工具来称量麦子，一直沿用到现在。利用液体膨胀特性的温度测量在16世纪就已经出现。以电学的基本原理为基础的传感器是在近代电磁学发展的基础上产生的，这种类型的传感器在电子技术、计算机技术和自动控制技术的推动下得到了飞速发展。

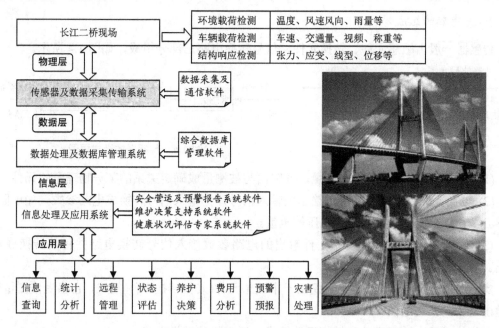

图1.2　武汉长江二桥安全检测系统

传感器除了广泛应用在航空航天、军事国防、海洋开发以及工业自动化等尖端科学与工程领域之外，也向着与人们生活密切相关的方面渗透，如汽车、家用电器、生物工程、医疗卫生、环境保护、安全防范、网络家居等方面的传感器就层出不穷，并在日新月异地发展。

1.1.1　传感器的定义与组成

1. 传感器的定义

根据中华人民共和国国家标准 GB/T 7665—2005《传感器通用术语》，传感器(Transducer/Sensor)的定义是："能感受规定的被测量并按照一定的规律转换成可用输出信号的器件或装置"，其包含以下几个方面的意思：

(1) 传感器是测量装置，能完成检测任务；
(2) 它的输入量是某一被测量，可能是物理量，也可能是化学量、生物量等；
(3) 它的输出量是某种物理量，这种量要便于传输、转换、处理、显示等，这种量可以是气、光、电量，但主要是电量(原因在下面论述)；
(4) 输入输出有对应关系，并且应有一定的精确度。

需要说明的是，由于各行各业的现代测控系统中的信号种类极其繁多，为了对各种各样的信号进行检测、控制，传感器就必须尽量将被测信号转变为简单的、易于处理与传输的二次信号，这样的要求只有电信号能够满足。因为电信号能较容易地利用电子仪器和计算机进行放大、反馈、滤波、微分、存储、远距离操作等处理。因此传感器作为一种功能模块又可狭义地定义为："将外界的输入信号变换为电信号的一类元件"，如图1.3所示。

需要指出的是，传感器的定义和内涵是随着科技的发展而演绎的。目前，信息领域处在由电信息时代向光信息时代迈进的进程中,由于光信号比电信号具有更快的传输速度和更大的传输容量及更好的抗干扰性,因此,在光信息时代,传感器的定义可能就会发展为:"将外界的输入信号变换为光信号的一类元件"。

2. 传感器的组成

传感器一般由敏感元件、转换元件、信号转换电路三部分组成,如图1.4所示。

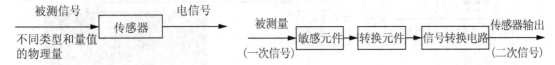

图1.3 传感器的作用　　　　　　图1.4 传感器的组成框图

(1) 敏感元件:直接感受被测量,并输出与被测量成确定关系的某一物理量的元件。

(2) 转换元件:以敏感元件的输出为输入信号,把输入信号转换成电路参数,如电阻 R、电感 L、电容 C 或转换成电流、电压等电量。

(3) 信号转换电路:将转换元件输出的电路参数接入信号转换电路并将其转换成电量输出。

实际上,有些传感器很简单,仅由一个敏感元件(兼作转换元件)组成,它感受被测量时直接输出电量,如热电偶。

有些传感器由敏感元件和转换元件组成,没有信号转换电路。

有些传感器,转换元件不止一个,要经过若干次转换。

包含有信号转换电路的传感器一般称为变换器。因此,在不同的技术领域,传感器又被称为检测器、变换器、换能器等。

分析一下普通的水银温度计的敏感元件和转换元件是什么。

1.1.2 传感器的分类

传感器种类繁多,目前常用的分类方法有两种:

(1) 面向使用的分类方法,即按被测量来分,如表1-1所列;

(2) 面向研发的分类方法,以传感器的工作机理、构成原理或能量关系来分。

表1-1 按被测量来分类

被测量类别	被 测 量
热工量	温度、热量、比热;压力、压差、真空度;流量、流速、风速
机械量	位移(线位移、角位移)、尺寸、形状;力、力矩、应力、重量、质量;转速、线速度、振动幅度、频率、加速度、噪声
物性和成分量	气体化学成分、液体化学成分;酸碱度(pH值)、盐度、浓度、黏度;密度、比重
状态量	颜色、透明度、磨损量、材料内部裂缝或缺陷、气体泄漏、表面质量

1. 按传感器的工作机理分类

按传感器的工作机理分类，传感器可分为物理型、化学型、生物型等。本书讲解范围主要是物理型传感器。作为传感器工作物理基础的基本定律有场的定律、物质定律、守恒定律和统计定律等。物理学中的定律一般以方程式的形式给出，这些方程式也就是传感器在工作时的数学模型。这类传感器的特点是传感器的工作原理是以传感器中元件相对位置变化引起物理场的某些参数的变化为基础，而不是以材料特性变化为基础。

2. 按构成特点分类

按构成特点分类，传感器可分为结构型、物性型与能量转换型 3 类。结构型传感器是利用物理学中场的定律构成的，包括动力场的运动定律、电磁场的电磁定律等。

物性型传感器是利用物质定律构成的，如胡克定律、欧姆定律等。物质定律是表示物质某种客观性质的法则。这种法则，大多数是以物质本身的常数形式给出。这些常数的大小，决定了传感器的主要性能。因此，物性型传感器的性能随材料的不同而异。例如，光电管就是物性型传感器，它利用了物质法则中的外光电效应，显然，其特性与涂覆在电极上的材料有着密切的关系。又如，所有半导体传感器，以及所有利用各种环境变化而引起金属、半导体、陶瓷、合金等性能参数变化的传感器，都属于物性型传感器。

按能量转换特点分类，传感器可分为能量控制型传感器和能量转换型传感器。能量控制型传感器，在信息变化过程中，其能量需要外电源供给。如电阻传感器、电感传感器、电容传感器等电路参数型传感器都属于这一类传感器，基于应变电阻效应、磁阻效应、热阻效应、光电导效应、霍尔效应等的传感器也属于此类传感器。能量转换型传感器，主要由能量变换元件构成，它不需要外电源。如基于压电效应、热电效应、光电动势效应等的传感器都属于此类传感器。

本课程以按传感器的工作原理分类的方法为主线介绍传感器，如表 1-2 所列。

表 1-2 按传感器的工作原理来分类

序 号	工作原理	序 号	工作原理
1	电阻式	7	光电式
2	电感式	8	光导纤维式
3	电容式	9	红外式
4	压电式	10	超声式
5	磁电式	11	微波式
6	热电式	12	光纤光栅式

1.1.3 传感器的物理定律

传感器之所以具有信息转换的机能，在于它的工作机理是基于各种物理的、化学的和生物的效应，并受相应的定律和法则所支配。了解这些定律和法则，有助于对传感器本质的理解和对新效应传感器的开发。本课程主要论述物理型传感器，其依据的基本定律和法则有以下 4 种类型：

1. 守恒定律(能量、动量、电荷量等守恒定律)

守恒定律是探索、研制新型传感器时，或在分析、综合现有传感器时，都必须严格遵守的基本法则。

2. 场的定律(运动场的运动定律，电磁场的感应定律等)

利用场的定律构成的传感器，其形状、尺寸(结构)决定了传感器的量程、灵敏度等主要性能，故此类传感器又可统称为"结构型传感器"。例如，利用静电场定律研制的电容传感器，利用电磁感应定律研制的自感、互感、电涡流式传感器，利用运动定律与电磁感应定律研制的磁电式传感器等。

3. 物质定律(如胡克定律、欧姆定律等)

物质定律是表示各种物质本身内在性质的定律，通常以这种物质所固有的物理常数加以描述。因此，这些常数的大小决定着传感器的主要性能。如利用半导体物质法则——压阻、热阻、磁阻、光阻、湿阻等效应，可分别做成压阻式传感器、热敏电阻、磁敏电阻、光磁敏电阻等。这种基于物质定律的传感器，可统称为"物性型传感器"。这是当代传感器技术领域中具有广阔发展前景的传感器。

4. 统计法则

它是把微观系统与宏观系统联系起来的物理法则。这些法则，常常与传感器的工作状态有关，它是分析某些传感器的理论基础。但这方面的研究目前还处于初级阶段。

1.2 传感器的基本特性

传感器的基本特性是指其对输入信号进行敏感反应和转换的特征，通常由传感器的输出与输入的关系来反映。由于输出与输入通常是可供观测的量，因此传感器的基本特性是传感器的外部特性。

【例1-1】求出玻璃液体柱式温度计(图1.5)的基本特性表达式。

解：如以 T_i 表示温度计的输入信号即被测温度，以 T_o 表示温度计的输出信号即示值温度，根据热力学原理和能量守恒定律，可得到热平衡方程为

$$\frac{T_i(t) - T_o(t)}{R} = C\frac{\mathrm{d}T_o(t)}{\mathrm{d}t} \tag{1-1}$$

即

$$RC\frac{\mathrm{d}T_o}{\mathrm{d}t} + T_o = T_i \tag{1-2}$$

式中：R 为传导介质的热阻；C 为温度计的热容量。

式(1-2)表明，温度计的输出与输入关系是一阶微分关系。这是液体柱式温度计的基本特性的一种数学表达，也称为温度计的数学模型。

可以将各种传感器的输入、输出与传感器特性三者的关系表达为如图1.6所示的关系。它表明，传感器的不同外部特性是由其内部物理结构的不同决定的。例如液体柱式温度计以液体(水银、酒精等)作为测温介质的物理结构决定了它的基本特性与红外式温度计有完全不同的基本特性。

传感器的基本知识　第 1 章

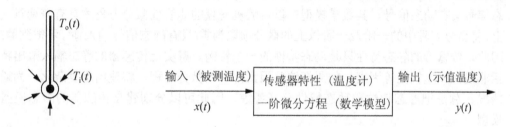

图 1.5　柱式温度计　　　　　图 1.6　传感器的输入/输出与传感器特性的关系

传感器的基本特性反映的是输出与输入是否为具有唯一性的对应规律的关系。要考虑对应关系是否有差异及差异的大小，这种差异就是测量误差。而产生测量误差的原因主要取决于传感器的内部物理结构和外部使用环境。事实上，传感器的输入与输出关系或多或少地都存在着非线性问题，同时存在着外部的迟滞、蠕变、摩擦、间隙和松动等因数的影响，使输出输入对应关系的唯一性并不能实现。全面考虑了这些情况之后，传感器的输出/输入如图 1.7 所示。

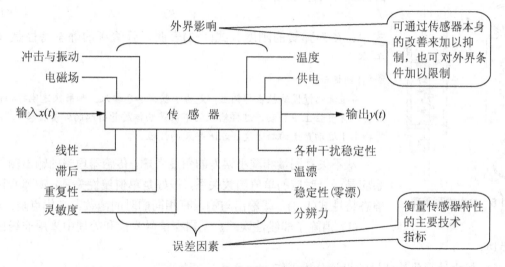

图 1.7　传感器输入/输出作用

从图 1.7 可知，外界的干扰一般是随机干扰，与 $y(t)$ 没有必然的逻辑关系，而由传感器自身的物理结构所决定的基本特性对输入 $x(t)$ 的影响以及造成的 $x(t)$ 的失真则是可以认知的，因而是可以掌控的。传感器基本特性的研究目的就是从传感器"外部"特性着手，从测量误差的角度来分析传感器输入量 x 与输出量 y 之间的量能关系，得出传感器基本特性的指标作为评判传感器产生误差的内因(传感器物理结构参数)的依据，提出改善的意见并指导传感器的设计、制造、校准与使用。

由于传感器所检测的信号主要有稳态信号(静态)和动态信号(周期与瞬态变化)两种形式，传感器对于这两种不同状态的输入信号，其基本特性也不相同。因此，传感器的基本特性又有静态特性与动态特性之分。不同内部结构的传感器有不同的静态特性与动态特性，对测量结果的影响也不同。只有具有良好的静态与动态特性的传感器，才能进行信号的不失真转换。

1.2.1　传感器的静态特性

传感器的数学模型就是其输出与输入关系的数学描述。由于传感器所检测的信号既有静态信号又有动态信号,其数学模型应以带随机变量的非线性微分方程才具有普遍意义。理论上,将微分方程中的一阶及一阶以上的微分项取为零(只有静态信号输入)时,可得到静态特性。因此,传感器的静态特性只是动态特性的一个特例。事实上传感器的静态输入输出特性要包括非线性和随机性等因素,如果把这些因素都引入微分方程,将使问题复杂化。为避免这种情况,总是把静态特性和动态特性分开考虑。因此可以分别建立传感器的静态模型和动态模型。

1. 静态模型

在输入量(被测量)处于稳定状态(常量或变化极慢的量)时传感器的输出/输入关系就称为静态特性。静态特性的数学描述就是传感器的静态模型。

【例1-2】求出拉力式弹簧秤(图1.8)的静态特性表达式。

解: 将被测物慢慢地挂在秤钩上,不引起弹簧抖动,这就实现了输入量 x(物体质量)的静态模拟。弹簧被平稳地拉长,这就得到了静态响应 y(弹簧秤的示值)。根据弹簧的胡克定律得到弹簧秤的静态模型为

$$y = Kx \tag{1-3}$$

式中:K 为弹簧的刚度。式(1-3)表明,弹簧秤的静态特性是线性关系。

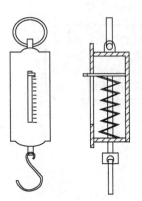

图1.8 拉力式弹簧秤

🔑 **特别提示**

将被测物慢慢地挂在秤钩上,是为了获得静态输入。如果快速地将物体挂上去,弹簧会上下抖动,这样输入的不仅是物体质量引起的弹簧位移 x,还有货物上下运动产生的加速度 d^2x/dt^2 导致的惯性力。

从不失真测量和减小误差的角度考虑,传感器理想的输出输入关系应是一一对应的单值函数关系,最好是单值线性关系,如弹簧秤的静态特性式(1-3),即输出与输入有相同的时间函数。其优点是:

(1) 消除了非线性误差,无需在信号变换和处理中采用非线性补偿模块。

(2) 极大地简化传感器的设计分析工作。

(3) 极大地方便了测量数据处理。因为,只要知道输出输入特性直线上的两个点(一般为零点和满量程点),就可确定其余各点。

(4) 简化了标定的过程。因为,只要知道标定输出输入特性直线上的两个点,就可线性分度其余各点。

一般的传感器都存在非线性。因此,在不考虑迟滞、蠕变和摩擦等外部因素的情况下,传感器的输出与输入静特性可用多项式代数方程来表示:

$$y = a_0 + a_1 x + a_2 x^2 + a_3 x^3 + \cdots + a_n x^n \tag{1-4}$$

式中:y 为输出量;x 为输入量;a_0 为零位输出;a_1 为传感器的线性灵敏度,常用 K 或 S 表示;a_2,a_3,$\cdots$,a_n 为非线性项的待定常数。

式(1-4)中的各项系数的不同决定了传感器特性曲线的具体形式。式(1-4)的曲线如图1.9(d)所示。此外,多项式(1-4)还有3种特殊情况,分别讨论如下。

(1) 理想线性特性,如图1.9(a)所示。当 $a_0 = a_2 = a_3 = \cdots = a_n = 0$ 时,得到

$$y = a_1 x \tag{1-5}$$

(2) 仅有偶次非线性项,如图 1.9(b)所示。其特性曲线为
$$y = a_1x + a_2x^2 + a_4x^4 + \cdots \tag{1-6}$$
这种特性曲线没有对称性,线性范围窄,一般传感器设计中不采用这种特性。

(3) 仅有奇次非线性项,如图 1.9(c)所示。其特性曲线为
$$y = a_1x + a_3x^3 + a_5x^5 + \cdots \tag{1-7}$$
这种特性在较宽的输入范围内有线性特征,即接近理想线性。

当传感器具有图 1.9(b)、(c)、(d)所示的静特性时,就必须在传感器中或后接电路中进行非线性化补偿。

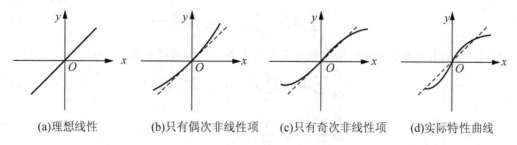

(a)理想线性　　(b)只有偶次非线性项　　(c)只有奇次非线性项　　(d)实际特性曲线

图 1.9　传感器的静态特性曲线

2. 静态特性指标

评价传感器的静态特性的重要指标有线性度、迟滞、重复性、灵敏度、分辨力和漂移等。

1) 线性度(Linearity)

传感器静态特性曲线(图 1.9)表明,实际应用的传感器多少都存在一些非线性,其静态特性多为曲线。但是为了标定和数据处理的方便,也为了便于比较传感器的性能,希望得到线性关系的特性曲线。这时,可以用直线来近似地代表实际曲线。这种方法称为传感器非线性特性的"线性化",所采用的直线称为拟合直线。在采用直线拟合时,实际输出输入的特性曲线与拟合直线之间的最大偏差,就称为线性度或非线性误差,通常用相对误差来表示如下:
$$e_L = \pm \frac{\Delta_{max}}{y_{FS}} \times 100\% \tag{1-8}$$
式中:e_L 为线性度(非线性误差);Δ_{max} 为输出平均值与拟合直线间的最大偏差;y_{FS} 为理论满量程输出值。

非线性误差的大小是以一定的拟合直线为基准直线而得出来的。拟合直线不同,非线性误差也不同。所以,选择拟合直线的主要出发点,应是获得最小的非线性误差。另外,还应考虑使用是否方便,计算是否简便。常用的拟合方法有:理论拟合、端点连线拟合、端点连线平移法、最小二乘拟合法等,如图 1.10 所示。其中,最小二乘拟合法的拟合精度较高。

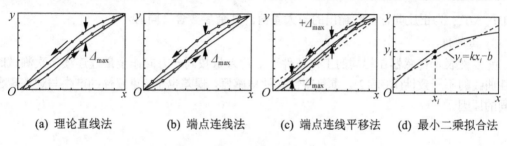

(a) 理论直线法　　(b) 端点连线法　　(c) 端点连线平移法　　(d) 最小二乘拟合法

图 1.10　几种不同的拟合方法

采用最小二乘法拟合时，是按最小二乘原理求取拟合直线，该直线能保证传感器校准数据的残差平方和最小。如用下式表示最小二乘法拟合直线：

$$y = b + kx \tag{1-9}$$

式中：b 和 k 分别为拟合直线的截距和斜率。b 和 k 可根据下述计算求得。

若实际校准测试点有 n 个，则第 i 个校准数据与拟合直线上相应值之间的残差为

$$\Delta_i = y_i - (b + kx_i) \tag{1-10}$$

最小二乘法的原理就是应使 $\sum_{i=1}^{n} \Delta_i^2$ 为最小，即

$$\sum_{i=1}^{n} \Delta_i^2 = \sum_{i=1}^{n} \left[y_i - (kx_i + b) \right]^2 = \min \tag{1-11}$$

对式(1-11)求 k 和 b 的一阶偏导数并令其等于零，即可求得 k 和 b：

$$\frac{\partial}{\partial k} \sum_{i=1}^{n} \Delta_i^2 = 2 \sum_{i=1}^{n} (y_i - kx_i - b)(-x_i) = 0 \tag{1-12}$$

$$\frac{\partial}{\partial b} \sum_{i=1}^{n} \Delta_i^2 = 2 \sum_{i=1}^{n} (y_i - kx_i - b)(-1) = 0 \tag{1-13}$$

$$k = \frac{n \sum_{i=1}^{n} x_i y_i - \sum_{i=1}^{n} x_i \sum_{i=1}^{n} y_i}{n \sum_{i=1}^{n} x_i^2 - (\sum_{i=1}^{n} x_i)^2} \tag{1-14}$$

$$b = \frac{\sum_{i=1}^{n} x_i^2 \sum_{i=1}^{n} y_i - \sum_{i=1}^{n} x_i \sum_{i=1}^{n} x_i y_i}{n \sum_{i=1}^{n} x_i^2 - (\sum_{i=1}^{n} x_i)^2} \tag{1-15}$$

在获得 k 和 b 的值后代入式(1-9)即可得到拟合直线，然后按式(1-10)求出残差的最大值 $\Delta_{\max}$ 即可算出非线性误差。

2) 迟滞(Hysteresis)

传感器在正向(输入量增大)和反向(输出量减小)行程中输出输入曲线不重合的程度称为迟滞，如图 1.11 所示。迟滞现象说明对应于同一大小的输入信号，传感器的输出信号大小不相等，没有唯一性。造成迟滞现象的原因是传感器的机械部分和结构材料方面存在不可避免的弱点，如轴承摩擦、间隙、紧固件的松动等。

迟滞误差一般由试验室测得，并以满量程输出的百分数表示，即

$$e_H = \frac{\Delta H_{\max}}{y_{FS}} \times 100\% \tag{1-16}$$

式中：$\Delta H_{\max}$ 为正反向行程间输出的最大差值。其余参数含义同前。

3) 重复性

重复性表示传感器在相同的工作条件下，输入量按同一方向作全量程连续多次测试时，特性曲线的不一致性(图 1.12)。重复特性好的传感器，误差也小。重复性的产生与迟滞现象有相同的原因。

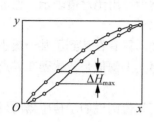
图 1.11 迟滞特性

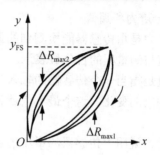
图 1.12 重复特性

重复性指标在数值上用各测量点上正、反行程校准数据平均标准偏差值的 3 倍对满量程输出 y_{FS} 的百分数表示：

$$e_R = \pm \frac{3\bar{\sigma}}{y_{FS}} \times 100\% \tag{1-17}$$

式中：$\bar{\sigma}$ 为平均标准偏差值。

平均标准偏差 $\bar{\sigma}$ 的计算方法有两种：极差法和标准法。一般在测量次数较少(R 为 4～9)时，采用极差法为宜，现介绍如下。

所谓极差，是指某一测量点校准数据的最大值与最小值之差，计算时，先求出各校准点正、反行程校准数据的极差，总的平均极差如下：

$$\bar{W} = \frac{\sum_{i=1}^{K}W_{ci} + \sum_{i=1}^{K}W_{fi}}{2K} \tag{1-18}$$

式中：W_{ci} 为第 i 个测量点正行程测量数据的极差；W_{fi} 为第 i 个测量点反行程测量数据的极差；K 为测量点总数。

按下式可计算出传感器重复性的平均标准偏差 $\bar{\sigma}$：

$$\bar{\sigma} = \frac{\bar{W}}{d_R} \tag{1-19}$$

式中：d_R 为与测量循环次数 R 有关的极差系数，如表 1-3 所列。

表 1-3 极差系数 d_R

测量循环次数 R	2	3	4	5	6	7	8	9
极差系数 d_R	1.128	1.639	2.059	2.326	2.534	2.704	2.847	2.970

4) 灵敏度

传感器输出的变化量 Δy 与引起该变化量的输入的变化量 Δx 之比即为其静态灵敏度。灵敏度表达为

$$K = \frac{\Delta y}{\Delta x} \tag{1-20}$$

对于线性传感器，其灵敏度为常数，也就是传感器特性曲线的斜率。对于非线性传感器，灵敏度是变量，其表达式为 $K = dy/dx$。

一般要求传感器的灵敏度较高并在满量程内是常数为佳，这就要求传感器的输出输入特性为直线(线性)。

5) 分辨力和阈值

分辨力是指传感器能检测到的最小的输入增量。分辨力可用绝对值表示，也可用最小的输入增量与满量程的百分数表示。

阈值是指当一个传感器的输入从零开始极缓慢地增加，只有在达到了某一最小值后，才测得出输出的变化，这个最小值就称为传感器的阈值。事实上阈值是传感器在零点附近的分辨力。

分辨力说明了传感器的最小的可测出的输入增量，而阈值则说明了传感器的最小可测出的输入量。

6) 漂移(Drift)

漂移是指在一定时间间隔内，传感器输出量存在着与被测输入量无关的、不需要的变化。漂移包括零点漂移与灵敏度漂移。

零点漂移或灵敏度漂移又可分为时间漂移(时漂)和温度漂移(温漂)。时漂是指在规定条件下，零点或灵敏度随时间的缓慢变化；温漂为周围温度变化引起的零点或灵敏度漂移。

1.2.2 传感器的动态数学模型

传感器在静态测量时，输出是输入的函数，符合式(1-4)的规律。动态测量时，当输入量快速变化时，如果传感器能立即不失真地响应变化着的输入量，即其输出随时间变化的规律与输入随时间变化的规律一致，具有与输入相同的时间函数，这种传感器就是理想动态特性的传感器。但在实际中，除具有比例特性的元件外，一般传感器都不具备这种特性。因为一般传感器中都存在弹性元件、惯性元件或阻尼元件，由此造成传感器的输出 $y(t)$ 不仅与输入 $x(t)$ 有关，还与输入量的速度 dx/dt、加速度 d^2x/dt^2 有关。这是传感器动态测量与静态测量的根本区别。因此传感器的动态模型不能再用简单的代数方程式表达，而需用式(1-21)来表达动态测量时输出 y 与被测量 x 之间的复杂精确关系：

$$f_1\left[\frac{d^n y(t)}{dt^n},\frac{d^{n-1}y(t)}{dt^{n-1}},\cdots,\frac{dy(t)}{dt},y(t)\right]=f_2\left[\frac{d^m x(t)}{dt^m},\frac{d^{m-1}x(t)}{dt^{m-1}},\cdots,\frac{dx(t)}{dt},x(t)\right] \tag{1-21}$$

【例 1-3】仍以例 1-1 的温度计为例，考察其动态测量的响应过程。

将处于环境温度中(0℃)的温度计快速地置于恒定 30℃ 的水中时，观测汞柱的变化可知，汞柱不是立即达到输入信号(30℃)量值，而是经过 t_0 时间逐步达到输入信号的量值，其输出和输入信号的曲线如图 1.13 所示。

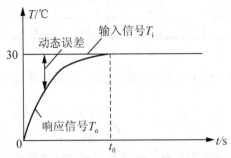

图 1.13 汞温度计测温过程曲线

🔑 **特别提示**

温度计快速地从环境温度 0℃ 置于恒定 30℃ 的水中的过程,可视为温度计的输入是一种动态信号——阶跃信号。温度计的输出不能立即跟随输入的跃变,而要经过 $0\sim t_0$ 段的动态响应过程才能达到 t_0 以后的稳态响应。

上述结果也可通过求解式(1-2)的阶跃响应得到。设一阶微分方程式(1-2)的输入信号函数是阶跃信号:

$$x(t) = \begin{cases} 0 & (t<0) \\ 30 & (t \geqslant 0) \end{cases}$$

则式(1-2)的阶跃响应函数为

$$y(t) = 30(1 - e^{-\frac{t}{RC}}) \tag{1-22}$$

式(1-22)包括稳态响应(30)和动态响应($-30e^{-\frac{t}{RC}}$)两部分。

从测温过程曲线看,在 $0\sim t_0$ 的时间段,温度计的输出曲线与被测值之间存在测量误差,称为动态误差。产生动态误差的原因是液体介质有一定的热容量,产生热惯性。当水的热量传到温度计的液体介质中时,液体介质与水温的平衡有一个过程,这个过程称为动态响应过程,所用的时间就是 t_0。由于热容量是温度计固有的,所以用水银温度计测量快速变化的温度,必定产生动态误差。因此,在使用水银温度计时,不能立即读取温度计的显示值,必须经过一定的时间段,才能读取示值。

从温度计的例子可以看到,传感器固有的物理构造(如汞)和结构参数(R, C)等内因是造成动态误差的根本原因。任何传感器都会存在这种固有内因。

动态误差包括两个部分:一是实际输出量达到稳定状态后与理论输出量间的差别;二是当输入量发生跃变时,输出量由一个稳态到另一个稳态之间过渡状态中的误差。由于传感器输入量随时间变化的规律各不相同,为了有一个统一的研究标准,通常是根据某种"规律性"的输入来考查传感器的响应特性。由于复杂周期输入信号可以分解为各种谐波,所以可用正弦周期输入信号来代替复杂周期信号。其他瞬变输入信号不及阶跃输入信号来得严峻,所以可用阶跃输入信号代表瞬变输入信号。因此,"标准"输入信号一般有 3 种:正弦周期输入、阶跃输入和线性输入。而经常使用的是前两种。对于正弦输入信号,传感器的响应称为频率响应(或称稳态响应);对于阶跃输入信号,相应响应则称为传感器的阶跃响应(或称瞬态响应)。因此,研究动态特性的方法有时间域的瞬态响应法和频率域的频率响应法。两种分析方法存在内在的联系,根据实际解决问题的不同,可选用不同的方法。

以下论述传感器的各种动态数学模型。

1. 微分方程

精确地建立和处理传感器的数学模型在实践中是很困难的,目前仅能对线性系统作比较完善的数学处理,在动态测试中完成非线性的校正还很困难。实际应用中,传感器可以在一定的精度条件下和工作范围内保持线性特性,因而可以作为线性系统来处理。线性系统的数学模型为常系数线性微分方程:

$$\begin{aligned} a_n \frac{d^n y(t)}{dt^n} + a_{n-1} \frac{d^{n-1} y(t)}{dt^{n-1}} + \cdots + a_1 \frac{dy(t)}{dt} + a_0 y(t) \\ = b_m \frac{d^m x(t)}{dt^m} + b_{m-1} \frac{d^{m-1} x(t)}{dt^{m-1}} + \cdots + b_1 \frac{dx(t)}{dt} + b_0 x(t) \end{aligned} \tag{1-23}$$

式中：常系数 $a_n, a_{n-1}, \cdots, a_1, a_0$ 和 $b_m, b_{m-1}, \cdots, b_1, b_0$ 均为传感器参数。对传感器而言，除 $b_0 \neq 0$ 外，一般 $b_1 = b_2 = \cdots = b_m = 0$。

🗝 特别提示

常系数线性微分系统有以下重要特性：

(1) 叠加特性。若 $x_1(t) \rightarrow y_1(t)$，$x_2(t) \rightarrow y_2(t)$，则 $[x_1(t) \pm x_2(t)] \rightarrow [y_1(t) \pm y_2(t)]$。

叠加特性表明同时作用于系统的几个输入量所引起的输出量，等于各个输入量单独作用时引起的输出之和。这也表明了线性系统的各个输入量所产生的响应过程互不影响。因此，求线性系统在复杂输入情况下的输出，可以转化为把输入分成许多简单的输入分量，分别求出各简单分量输入时所对应的输出，然后再求这些输出之和。

(2) 频率不变性。频率不变性又称频率保持性，它表明传感器的输入为某一频率的信号时，则传感器的稳态输出也为同一频率的信号。

求解微分方程(1-23)，可以得到通解(暂态响应)与特解(稳态响应)。其通解仅与传感器本身的特性及初始条件有关，而特解则与传感器的特性及输入量都有关。

2. 传递函数

由于求解高阶微分方程很困难，因此，常采用拉普拉斯变换(简称拉氏变换)的方法，将时域的数学模型(微分方程)转换为复数域的数学模型(传递函数)，从而将微分方程转变为代数方程。

当线性系统的初始条件为零，即在考察时刻以前，其输入量、输出量及其各阶导数均为零，且测试系统的输入 $x(t)$ 和输出 $y(t)$ 在 $t > 0$ 时均满足狄利赫利条件时，则定义输出 $y(t)$ 的拉普拉斯变换 $Y(s)$ 与输入 $x(t)$ 的拉普拉斯变换 $X(s)$ 之比为系统的传递函数，并记为 $H(s)$。即

$$H(s) = \frac{Y(s)}{X(s)} = \frac{\int_0^\infty y(t) \mathrm{e}^{-st} \mathrm{d}t}{\int_0^\infty x(t) \mathrm{e}^{-st} \mathrm{d}t} \tag{1-24}$$

式中：s 称为拉普拉斯算子，是复变数，即 $s = a + \mathrm{j}b$，且 $a \geqslant 0$。可以通过拉普拉斯变换的性质推导出线性系统的传递函数表达式。

根据拉普拉斯变换的微分性质

$$\begin{cases} L[y(t)] = Y(s) \\ L[y'(t)] = s \cdot Y(s) \\ \vdots \\ L[y^n(t)] = s^n \cdot Y(s) \end{cases} \tag{1-25}$$

在初始值为零的条件下对式(1-23)进行拉普拉斯变换得

$$(a_n \cdot s^n + a_{n-1} \cdot s^{n-1} + \cdots + a_1 \cdot s + a_0) Y(s) = (b_m \cdot s^m + b_{m-1} \cdot s^{m-1} + \cdots + b_1 \cdot s + b_0) X(s) \tag{1-26}$$

所以

$$H(s) = \frac{Y(s)}{X(s)} = \frac{b_m \cdot s^m + b_{m-1} \cdot s^{m-1} + \cdots + b_1 \cdot s + b_0}{a_n \cdot s^n + a_{n-1} \cdot s^{n-1} + \cdots + a_1 \cdot s + a_0} \tag{1-27}$$

式(1-27)中，$a_n, a_{n-1}, \cdots, a_1, a_0$ 和 $b_m, b_{m-1}, \cdots, b_1, b_0$ 是由测试系统的物理参数决定的常系数。从式(1-27)可知，传递函数以代数式的形式表征了系统对输入信号的传输、转换特性，它包含了瞬态和稳态时间响应的全部信息。而式(1-23)则是以微分方程的形式表征传感器系统对输入信号的传输、转换特性。因此，传递函数与微分方程两者表达的信息是一致的，只是表达的数

学形式不同,研究问题的角度不同。在运算上,求解传递函数比求解微分方程要简便。

当描述传感器特性的微分方程的阶数 $n=0$ 时,称为零阶传感器;$n=1$ 时,称为一阶传感器;$n=2$ 时,称为二阶传感器;n 更大时,称为高阶传感器。

式(1-27)还表明,引入传递函数的概念后,在 $X(s)$、$Y(s)$ 和 $H(s)$ 三者之中,知道任意两个,就可以方便地求第三个。

3. 频率响应函数

对动态特性研究的频率响应法是采用谐波输入信号来分析传感器的频率响应特性,即从频域角度研究传感器的动态特性。

将频率为 ω 的谐波信号 $x(t) = X_0 \cdot e^{j\omega t}$ 输入式(1-23)所描述的传感器线性系统,在稳定状态下,根据线性系统的频率保持特性,可知该传感器的输出响应仍然会是一个频率为 ω 的谐波信号,只是其幅值和相位与输入有所不同,故其输出可写成

$$y(t) = Y_0 \cdot e^{j(\omega t + \varphi)}$$

式中:Y_0 和 φ 分别为传感器输出的幅值与初相位。

输入和输出及其各阶导数分列如下:

$$
\begin{array}{l|l}
x(t) = X_0 \cdot e^{j\omega t} & y(t) = Y_0 \cdot e^{j(\omega t + \varphi)} \\
\dfrac{dx(t)}{dt} = (j\omega) \cdot X_0 \cdot e^{j\omega t} & \dfrac{dy(t)}{dt} = (j\omega) \cdot Y_0 \cdot e^{j(\omega t + \varphi)} \\
\dfrac{d^2 x(t)}{dt^2} = (j\omega)^2 \cdot X_0 \cdot e^{j\omega t} & \dfrac{d^2 y(t)}{dt^2} = (j\omega)^2 \cdot Y_0 \cdot e^{j(\omega t + \varphi)} \\
\vdots & \vdots \\
\dfrac{d^n x(t)}{dt^n} = (j\omega)^n \cdot X_0 \cdot e^{j\omega t} & \dfrac{d^n y(t)}{dt^n} = (j\omega)^n \cdot Y_0 \cdot e^{j(\omega t + \varphi)}
\end{array}
$$

将以上各阶导数的表达式代入式(1-23)可得

$$[a_n \cdot (j\omega)^n + a_{n-1} \cdot (j\omega)^{n-1} + \cdots + a_1 \cdot (j\omega) + a_0] \cdot Y_0 \cdot e^{j(\omega t + \varphi)}$$
$$= [b_m \cdot (j\omega)^m + b_{m-1} \cdot (j\omega)^{m-1} + \cdots + b_1 \cdot (j\omega) + b_0] \cdot X_0 \cdot e^{j\omega t}$$

于是有

$$\frac{b_m \cdot (j\omega)^m + b_{m-1} \cdot (j\omega)^{m-1} + \cdots + b_1 \cdot (j\omega) + b_0}{a_n \cdot (j\omega)^n + a_{n-1} \cdot (j\omega)^{n-1} + \cdots + a_1 \cdot (j\omega) + a_0} = \frac{Y_0 \cdot e^{j(\omega t + \varphi)}}{X_0 \cdot e^{j\omega t}} = \frac{y(t)}{x(t)} \quad (1-28)$$

令

$$H(j\omega) = \frac{Y_0 \cdot e^{j(\omega t + \varphi)}}{X_0 \cdot e^{j\omega t}} = \frac{Y_0}{X_0} e^{j\varphi} \quad (1-29)$$

式(1-29)将传感器的动态响应从时域变换到频域,反映了输出信号与输入信号之间的关系随频率而变化的特性,故称之为传感器的频率响应特性,简称频率特性或频响特性。

🔑 **特别提示**

从式(1-29)的右边来看,频率响应函数物理意义是:当频率为 ω 的正弦信号作为某一线性传感器系统的激励(输入)时,该传感器在稳定状态下的输出和输入之比。因此,频率响应函数可以视为传感器对谐波信号的传输特性的描述。这也是用实验的方法获取传感器特性函数(频率响应函数)的理论证明。

对于稳定的常系数线性系统,其频率响应函数就是当式(1-27)中的拉普拉斯算子 s 的实部为零的情况,即取 $a=0$,$b=\omega$,则 $s = j\omega$,传递函数式则变换为频响函数:

$$H(j\omega) = \frac{Y(j\omega)}{X(j\omega)} = \frac{b_m \cdot (j\omega)^m + b_{m-1} \cdot (j\omega)^{m-1} + \cdots + b_1 \cdot (j\omega) + b_0}{a_n \cdot (j\omega)^n + a_{n-1} \cdot (j\omega)^{n-1} + \cdots + a_1 \cdot (j\omega) + a_0} \quad (1-30)$$

式(1-28)的左边与式(1-30)的右边是完全一样的。这说明式(1-30)也是传感器的频率响应函数。$H(j\omega)$是复函数，它可用复指数形式来表达，也可以写成实部和虚部之和，即

$$H(j\omega) = A(\omega)e^{j\varphi(\omega)} = \text{Re}(\omega) + j\text{Im}(\omega) \quad (1-31)$$

式中：$\text{Re}(\omega)$为$H(j\omega)$的实部，$\text{Im}(\omega)$为$H(j\omega)$的虚部，都是频率ω的实函数。

$A(\omega)$是频率响应函数$H(j\omega)$的模，即

$$A(\omega) = |H(j\omega)| = \sqrt{[\text{Re}(\omega)]^2 + [\text{Im}(\omega)]^2} = \frac{Y_0(\omega)}{X_0(\omega)} = \frac{Y_0}{X_0} \quad (1-32)$$

频率响应函数$H(j\omega)$的模$A(\omega)$表达了传感器的输出、输入的幅值比随频率变化的关系，称为幅频特性，$A(\omega)-\omega$图形则称为幅频特性曲线。

$\varphi(\omega)$是频率响应$H(j\omega)$的幅角，即

$$\varphi(\omega) = \angle|H(j\omega)| = \arctan\frac{\text{Im}(\omega)}{\text{Re}(\omega)} \quad (1-33)$$

式(1-33)表达了传感器的输出对输入的相位差随频率的变化关系，称为相频特性，$\varphi(\omega)-\omega$图形则称为相频特性曲线。

式(1-30)表明，常系数线性系统的频率响应函数$H(j\omega)$仅是频率的函数，与时间、输入量无关。如果系统为非线性，则$H(j\omega)$与输入量有关；如果系统为非常系数的，则$H(j\omega)$还与时间有关。

1.2.3 传感器系统实现动态测试不失真的频率响应特性

测试的目的就是要求在测试过程中采取各种技术手段，使测试系统的输出信号能够真实、准确地反映出被测对象的信息。这种测试称为不失真测试。

一个传感器系统，在什么条件下才能保证测量的准确性？对于图1.14中的输入信号$x(t)$，传感器的输出$y(t)$可能出现以下的3种情况：

(1) 理想的情况。输出波形与输入波形完全一致，仅仅只有幅值按比例常数A_0进行放大，即输出与输入之间满足下列关系式：

$$y(t) = A_0 x(t) \quad (1-34)$$

(2) 输出波形与输入波形相似的情况，输出不但按比例常数A_0对输入进行了放大，而且还相对于输入滞后了时间t_0，即满足下列关系式：

$$y(t) = A_0 \cdot x(t - t_0) \quad (1-35)$$

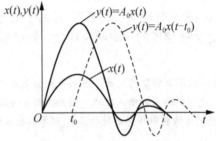

图1.14 测试系统不失真条件

(3) 失真情况。输出与输入完全不一样，产生了波形畸变。

以上 3 种情况是从传感器输出信号来判断测量是否失真。对传感器系统而言，应具有怎样的动态特性才不会产生失真的测量？很显然，传感器在进行动态测试时，理想的状态就是满足第一种情况或满足第二种情况。由此，可求得测试系统的幅频特性和相频特性在满足不失真测试要求时应具有的条件。分别对式(1-34)和式(1-35)作傅里叶变换得

$$Y(j\omega) = A_0 \cdot X(j\omega)$$

$$Y(j\omega) = A_0 \cdot e^{-jt_0\omega} \cdot X(j\omega)$$

要满足第一种不失真测试情况，传感器的频率响应应为

$$H(j\omega) = \frac{Y(j\omega)}{X(j\omega)} = A_0 = A_0 \cdot e^{j \cdot 0} \tag{1-36}$$

而要满足第二种不失真测试情况，传感器的频率响应应为

$$H(j\omega) = \frac{Y(j\omega)}{X(j\omega)} = A_0 \cdot e^{j(-t_0\omega)} \tag{1-37}$$

即传感器要实现动态测试不失真时的幅频特性和相频特性应满足下列要求：

$$A(\omega) = A_0 \quad (A_0 为常数) \tag{1-38}$$

$$\varphi(\omega) = 0 \quad (理想条件) \tag{1-39}$$

或

$$\varphi(\omega) = -t_0\omega \quad (t_0 为常数) \tag{1-40}$$

式(1-38)表明，传感器实现动态不失真测试的幅频特性曲线应当是一条平行于 ω 轴的直线。式(1-39)和式(1-40)则分别表明，传感器实现动态不失真测试的相频特性曲线应是与水平坐标重合的直线(理想条件)或是一条通过坐标原点的斜直线，如图 1.15 所示。

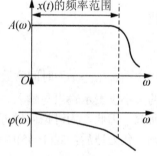

图 1.15 理想不失真条件

应当指出，上述动态测试不失真的条件，是针对系统的输入为多频率成分构成的复杂信号而言的。对于单一成分的正弦信号的测量，尽管系统由于其幅频特性曲线不是水平直线或相频特性曲线与 ω 不呈线性，这样致使不同频率的正弦信号作为输入时，其输出的幅值误差和相位差会有所不同，但只要知道了系统的幅频特性和相频特性，就可以求得输入某个具体频率的正弦信号时系统输出与输入的幅值比和相位差，因而仍可以精确地获得输入信号的波形。所以，对于简单周期信号的测量，从理论上讲，对上述动态测试不失真的条件可以不作严格要求。但应当注意的是，尽管系统的输入在理论上也许只有简单周期信号，而实际上仍然可能有不可预见的随机干扰存在，这些干扰仍然会引起响应失真。因而一般来说，为了实现动态测试不失真，都要求系统满足 $A(\omega) = A_0$ 和 $\varphi(\omega) = 0$ 或 $\varphi(\omega) = -t_0\omega$ 的条件。

1.2.4 典型传感器系统的动态特性分析

常见的传感器都是典型的线性零阶系统、一阶系统或二阶系统。

1. 零阶系统的动态特性分析

令传感器的一般微分方程式(1-23)中的各阶微分项为零，得到零阶系统的数学模型如下：

$$y = \frac{b_0}{a_0}x = Kx \tag{1-41}$$

其传递函数为

$$H(s) = \frac{Y(s)}{x(s)} = \frac{b_0}{a_0} = K \tag{1-42}$$

式中：K 为传感器的静态灵敏度。

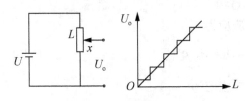

图 1.16 零阶传感器和响应特性

【例 1-4】求出图 1.16 所示电位器式传感器的数学模型。L 为可变电阻的总长度，x 为实际测量位置处可变电阻的长度。

解：根据基尔霍夫定律可得所求数学模型为

$$U_o(t) = \frac{U}{L}x(t) = Kx(t) \tag{1-43}$$

式(1-43)表明，零阶传感器的输入量 $x(t)$ 无论随时间如何变化，输出量幅值总是与输入量成确定的比例关系，也不产生时间上的滞后。这表明电位器式传感器是零阶传感器。零阶传感器的输出时间函数与输入的时间函数相同，不产生动态误差。

2. 一阶系统的动态特性分析

液体温度传感器、某些气体传感器等都是典型的一阶传感器。当令式(1-23)中的一阶微分项以上的各阶微分项为零时，就得到一阶系统的微分方程如下：

$$a_1 \frac{dy}{dt} + a_0 y = b_0 x \tag{1-44}$$

或

$$\frac{a_1}{a_0}\frac{dy}{dt} + y = \frac{b_0}{a_0}x \tag{1-45}$$

式中：$a_1/a_0 = \tau$ 为时间常数；$b_0/a_0 = K$ 为静态灵敏度。在线性系统中，K 为常数，由于 K 值的大小仅表示输出与输入之间(输入为静态量时)放大的比例关系，并不影响对系统动态特性的研究，因此，为讨论问题方便起见，可以令 $K=1$。这种处理称为灵敏度归一化处理。灵敏度归一化处理后，式(1-45)两边求拉氏变换得

$$(\tau s + 1)y = x \tag{1-46}$$

其传递函数为

$$H(s) = \frac{Y(s)}{X(s)} = \frac{1}{(\tau s + 1)} \tag{1-47}$$

得到了一阶系统的微分方程和传递函数后，就可以研究其频率响应特性和阶跃响应特性。

1) 一阶系统的频率响应函数及特性分析

令 $s = j\omega$，代入式(1-47)，得到一阶系统的频率响应函数为

$$H(j\omega) = \frac{Y(j\omega)}{X(j\omega)} = \frac{1}{(\tau j\omega + 1)} \tag{1-48}$$

幅频特性和相频特性分别为

$$A(\omega) = \frac{1}{\sqrt{(\tau\omega)^2 + 1}} \tag{1-49}$$

$$\varphi(\omega) = \arctan(-\omega\tau) \tag{1-50}$$

式中：ω 为传感器的输入信号频率。相应的幅频特性和相频特性曲线如图1.17所示。

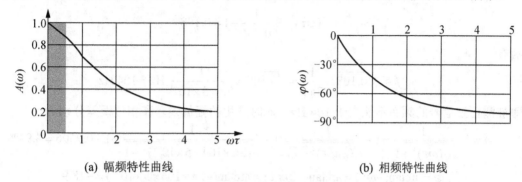

(a) 幅频特性曲线　　　　　　　　(b) 相频特性曲线

图 1.17　一阶系统的幅频和相频特性曲线

从一阶系统的幅频曲线来看，与动态测试不失真的条件相对照，显然在较大的频率范围内，它不满足 $A(\omega)$ 为水平直线的要求。对于实际的传感器系统，要完全满足理论上的动态测试不失真条件几乎是不可能的，只能要求在接近不失真的测试条件的某一频段范围内，幅值误差不超过某一限度。一般在没有特别指明精度要求的情况下，传感器只要是在幅值误差不超过5%(在系统灵敏度归一化处理后，$A(\omega)$ 值不大于1.05或不小于0.95)的频段范围内工作，就认为可以满足动态测试要求。一阶系统当 $\omega=1/\tau$ 时，$A(\omega)$ 值为0.707(-3dB)，相位滞后45°，通常称 $\omega=1/\tau$ 为一阶系统的转折频率。只有当传感器输入信号频率 ω 远小于 $1/\tau$ 时幅频特性才接近于1，如图1.15(a)的阴影区所示，这时才可以不同程度地满足动态测试不失真的要求。在幅值误差一定的情况下，τ 越小，则传感器的工作频率范围越大。或者说，在被测信号的最高频率成分 ω 一定的情况下，τ 越小，则传感器输出信号的幅值误差越小。

从一阶系统的相频特性曲线来看，同样也只有在 ω 远小于 $1/\tau$ 时，相频特性曲线才接近于一条过零点的斜直线，可以不同程度地满足动态测试不失真条件，而且也同样是 τ 越小，则传感器的工作频率范围越大。

综合上述分析，可以得出结论：反映一阶系统的动态性能的指标参数是时间常数 τ，原则上是 τ 越小越好。

【例 1-5】用一个时间常数 $\tau=5\times10^{-4}$ s 的一阶传感器测量正弦信号。问：

(1) 如果要求限制振幅误差在5%以内，则被测正弦信号的频率为多少？此时的振幅误差和相角差各是多少？

(2) 若用具有该时间常数的同一系统作50 Hz 信号的测试，此时的振幅误差和相角差各是多少？

分析：传感器对某一信号测量后的幅值误差应为

$$\delta = \left|\frac{A_1 - A_0}{A_1}\right| = |1 - A(\omega)| \tag{1-51}$$

其相角差即相位移为 φ，对一阶系统，若设 $K=1$，则其幅频特性和相频特性分别为

$$A(\omega) = \frac{1}{\sqrt{(\omega\tau)^2 + 1}}, \varphi = \arctan(-\omega\tau)$$

解：(1) 因为 $\delta = |1 - A(\omega)|$，故当 $|\delta| \leq 5\% = 0.05$ 时，即要求 $1 - A(\omega) \leq 0.05$，所以

$1-\dfrac{1}{\sqrt{(\omega\tau)^2+1}} \leqslant 0.05$。化简得：

$$(\omega\tau)^2 \leqslant \dfrac{1}{0.95^2}-1=0.108$$

故有

$$f \leqslant \sqrt{0.108}\times\dfrac{1}{2\pi\tau}=\sqrt{0.108}\times\dfrac{1}{2\pi\times5\times10^{-4}}\text{ Hz}=104\text{ Hz}$$

即被测正弦信号的频率不能大于 104 Hz。此时产生的幅值误差和相位误差分别为

$$\delta=1-\dfrac{1}{\sqrt{(\omega\tau)^2+1}}=1-\dfrac{1}{\sqrt{(2\pi f\tau)^2+1}}=1-\dfrac{1}{\sqrt{(2\pi\times104\times5\times10^{-4})^2+1}}=1-0.9506=4.94\%$$

$$\varphi=\arctan(-\omega\tau)=\arctan(-2\pi f\tau)=\arctan(-2\pi\times104\times5\times10^{-4})=-18.9°$$

(2) 当作 50 Hz 信号测试时，有

$$\delta=1-\dfrac{1}{\sqrt{(\omega\tau)^2+1}}=1-\dfrac{1}{\sqrt{(2\pi f\tau)^2+1}}=1-\dfrac{1}{\sqrt{(2\pi\times50\times5\times10^{-4})^2+1}}=1-0.9878=1.21\%$$

$$\varphi=\arctan(-\omega\tau)=\arctan(-2\pi f\tau)=\arctan(-2\pi\times50\times5\times10^{-4})=-8.92°$$

讨论：从上面对于一阶传感器的正弦响应的计算结果可以看出，要使一阶系统测量误差小，则应使 $\omega\tau$ 尽可能小。若要满足不失真测试要求，则必须 $\omega\tau\ll1$。此结论与前述的一阶传感器的频率响应特性的分析结果是一致的。

2) 一阶系统的单位阶跃响应

当给静止的传感器输入一个单位阶跃信号(信号幅值为 1)时，传感器的输出就是单位阶跃响应。对传感器的突然加载或卸载就属于阶跃输入。这种输入方法易于获取，又能充分揭示传感器的动态特性，故在传感器的动态特性研究中常常采用。

已知一阶系统的传递函数如式(1-47)所列：

$$H(s)=\dfrac{Y(s)}{X(s)}=\dfrac{1}{(\tau s+1)}$$

单位阶跃信号为

$$u(t)=\begin{cases}0 & (t<0)\\ 1 & (t\geqslant0)\end{cases} \tag{1-52}$$

单位阶跃信号 $u(t)$ 的拉氏变换为

$$X(s)=\text{L}[u(t)]=\dfrac{1}{s} \tag{1-53}$$

故有

$$Y(s)=H(s)X(s)=\dfrac{1}{s(\tau s+1)} \tag{1-54}$$

对上式求拉氏反变换可得 $Y(s)$ 的时间函数 $y_u(t)$，$y_u(t)$ 称为单位阶跃响应函数，如下：

$$y_u(t)=1-e^{-\frac{t}{RC}} \tag{1-55}$$

🔑 **特别提示**

时间函数的拉氏变换的求取方法有两种：

(1) 公式直接求取。将 $x(t)$ 直接代入拉氏变换公式 $\text{L}[x(t)]=\displaystyle\int_0^\infty x(t)e^{-st}dt$ 中求取。

(2) 查拉氏变换表求取。一般采用第(2)种方法。对于频域函数的拉氏反变换，也可采用同样的方法。

一阶系统单位阶跃响应的曲线如图 1.18 所示。一阶系统单位阶跃响应所产生的动态误差为

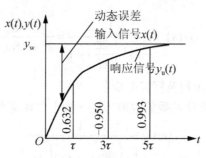

图 1.18　一阶系统的单位阶跃响应

$$\gamma = \left| \frac{x(t)-y(t)}{x(t)} \right| = \left| \frac{u(t)-y_u(t)}{u(t)} \right| = \left| \frac{1-(1-e^{-\frac{t}{RC}})}{1} \right| = e^{-\frac{t}{RC}} \tag{1-56}$$

根据式(1-56)，当 $t=3\tau$ 时，$\gamma=0.05$，$t=5\tau$ 时，$\gamma=0.007$。

可见，一阶传感器输入阶跃信号后，在 $t>5\tau$ 之后采样，可认为输出已接近稳态值，其动态误差可以忽略。上述各式中的 τ 为一阶系统的时间常数。τ 小，阶跃响应迅速，频率响应的上截止频率高。τ 的大小表示惯性的大小，故一阶系统又称为惯性系统。

评判一阶系统阶跃响应的动态指标是时间常数 τ，即传感器输出值上升到稳态值 y_w 的 63.2%所需的时间。

频率响应和时域响应分析结果得到的一阶系统阶跃响应的动态指标都是 τ，为什么？

3. 二阶系统的动态特性分析

振动传感器、压电传感器等都是典型的二阶传感器。当令式(1-23)中的二阶微分项以上的各阶微分项为零时，得到二阶系统的微分方程为

$$a_2 \frac{d^2 y}{dt^2} + a_1 \frac{dy}{dt} + a_0 y = b_0 x \tag{1-57}$$

灵敏度归一化处理后，式(1-57)可写成

$$\frac{a_2}{a_0} \frac{d^2 y(t)}{dt^2} + \frac{a_1}{a_0} \frac{dy(t)}{dt} + y(t) = x(t) \tag{1-58}$$

令 $\omega_n = \sqrt{\dfrac{a_0}{a_2}}$（称为系统固有频率），$\xi = \dfrac{a_1}{2\sqrt{a_0 \cdot a_2}}$（称为系统的阻尼比）。则

$$\frac{a_2}{a_0} = \frac{1}{\omega_n^2}, \quad \frac{a_1}{a_0} = \frac{2\xi}{\omega_n}$$

于是式(1-58)经灵敏度归一化后可进一步改写为

$$\frac{1}{\omega_n^2} \frac{d^2 y(t)}{dt^2} + \frac{2\xi}{\omega_n} \frac{dy(t)}{dt} + y(t) = x(t)$$

作拉普拉斯变换得

$$\frac{1}{\omega_n^2} \cdot s^2 Y(s) + \frac{2\xi}{\omega_n} \cdot s \cdot Y(s) + Y(s) = X(s)$$

二阶系统的传递函数为

$$H(s) = \frac{1}{\frac{1}{\omega_n^2}s^2 + \frac{2\xi}{\omega_n}s + 1} = \frac{\omega_n^2}{s^2 + 2\xi\omega_n s + \omega_n^2} \tag{1-59}$$

1) 二阶系统的频率响应函数及特性分析

与一阶系统的正弦频率响应函数的求取方法一致，二阶系统的频率响应为

$$\begin{cases} H(j\omega) = \dfrac{1}{1 - \left(\dfrac{\omega}{\omega_n}\right)^2 + j2\xi\left(\dfrac{\omega}{\omega_n}\right)} \\[2ex] A(\omega) = \dfrac{1}{\sqrt{\left[1 - \left(\dfrac{\omega}{\omega_n}\right)^2\right]^2 + \left[2\xi\left(\dfrac{\omega}{\omega_n}\right)\right]^2}} \\[2ex] \varphi(\omega) = -\arctan\dfrac{2\xi\left(\dfrac{\omega}{\omega_n}\right)}{1 - \left(\dfrac{\omega}{\omega_n}\right)^2} \end{cases} \tag{1-60}$$

二阶系统的幅频特性曲线和相频特性曲线如图 1.19 所示。

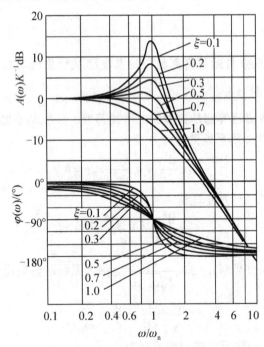

图 1.19 二阶系统的幅频特性与相频特性曲线

🔑 **特别提示**

图 1.19 所示为灵敏度归一后所作的曲线，实际的测试系统其灵敏度 K 往往不是 1，因而幅频特性表达式

$A(\omega)$的分子应为K。

从二阶系统的幅频和相频特性曲线来看,影响系统特性的主要参数是频率比$\dfrac{\omega}{\omega_n}$和阻尼比ξ。只有在$\dfrac{\omega}{\omega_n}<1$并靠近坐标原点的一段,$A(\omega)$比较接近水平的$\omega$直线,$\varphi(\omega)$也近似与$\omega$成线性关系,可作为作动态不失真测试的范围。若测试系统的固有频率ω_n较高,相应地$A(\omega)$的水平直线段也较长一些,系统的工作频率范围便更大一些。另外,当系统的阻尼比ξ在0.7左右时,$A(\omega)$的水平直线段也会相应地长一些,$\varphi(\omega)$与ω之间也在较宽频率范围内更接近线性。当$\xi=(0.6\sim0.8)$时,可获得较合适的综合特性。计算表明,当$\xi=0.7$时,在$\dfrac{\omega}{\omega_n}=(0\sim0.58)$的范围内,$A(\omega)$的变化不超过5%,同时$\varphi(\omega)$也接近于过坐标原点的斜直线。可见,二阶系统的主要动态性能指标参数是系统的固有频率ω_n和阻尼比ξ两个参数。

2)二阶系统的单位阶跃响应及动态指标

根据二阶系统的传递函数式(1-59)及单位阶跃信号$u(t)$的拉氏变换(1-53)可得:

$$Y(s)=H(s)X(s)=\dfrac{\omega_n^2}{s(s^2+2\xi\omega_n s+\omega_n^2)} \tag{1-61}$$

求拉氏反变换可得二阶系统的单位阶跃响应函数($0<\xi<1$)如下:

$$y_u(t)=1-\left[\dfrac{\mathrm{e}^{-\xi\omega_n t}}{\sqrt{1-\xi^2}}\sin\left(\sqrt{1-\xi^2}\,\omega_n t+\varphi\right)\right] \tag{1-62}$$

二阶系统的单位阶跃响应曲线如图1.20(a)所示。二阶系统的单位阶跃响应是一衰减振荡过程。阶跃响应$y_u(t)$经过若干次振荡(或不经过振荡)缓慢地趋向稳定值y_w。这一过程称为过渡过程,$y_u(t)$为过渡函数。当过渡过程基本结束,$y_u(t)$在允许误差±Δ%范围内可视为等于输入信号$u(t)$。

从图1.20可知,ξ分3种情况影响系统的响应特性:

(1) 欠阻尼($0<\xi<1$)。阻尼比在$0<\xi<1$时,特别是$\xi=(0.6\sim0.8)$时,二阶系统阶跃响应趋于稳定值的时间快,振荡峰值小。式(1-62)为欠阻尼时的单位阶跃响应函数。

(2) 过阻尼($\xi\geqslant1$)。阻尼比在$\xi\geqslant1$时,振荡峰值被完全抑制,但二阶系统阶跃响应趋于稳定值的时间拉长。

(3) 零阻尼($\xi=0$)。阻尼比在$\xi=0$时,式(1-62)变为$y_u(t)=1-\sin(\omega_n t+\varphi)$,输出变成等幅振荡。振荡频率为二阶系统的振动角频率ω_n,称为"固有频率"。

综上3种情况,对于二阶系统而言,响应特性与自身两个固有因素有关:

(1) 固有频率ω_n越高,则阶跃响应曲线上升越快,即响应速度越高;ω_n越小,则响应速度越低。

(2) 阻尼比ξ越大,响应的过冲量越弱;$\xi\geqslant1$时过冲量完全被抑制,也不产生振荡;$0<\xi<1$时,响应信号产生衰减振荡。ξ越小,振荡频率$\omega=\sqrt{1-\xi^2}\,\omega_n$越高,衰减越慢。设计时常取$\xi=(0.6\sim0.8)$。

评判二阶系统的阶跃响应的动态指标主要如下,如图1.20(b)所示:

(1) 上升时间t_r:传感器输出值由稳态值的10%上升到90%所需的时间。即

$$t_r = \tau \pi \sqrt{1-\xi^2} \qquad (1-63)$$

(2) 稳定时间 t_w：传感器输出值达到允许误差范围 $\pm\Delta\%$ 所经历的时间。即

$$t_w = 4\tau/\xi \qquad (1-64)$$

(3) 超调量 δ_m：响应曲线第一次超过稳态值的峰值，即 $\delta_m = (y_{u\,max} - y_w)$。典型计算式为

$$\delta_m = \exp(-\xi \cdot t_r/\tau) \qquad (1-65)$$

(4) 稳态误差 e_{ss}：无限长时间后传感器的稳态输出值与目标值之间偏差 δ_{ss} 的相对值。即

$$e_{ss} = \frac{\delta_{ss}}{y_w} \times 100\% \qquad (1-66)$$

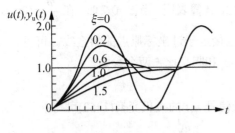

(a) 二阶系统的单位阶跃响应曲线

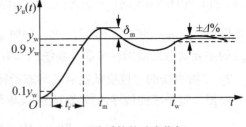

(b) 二阶系统的动态指标

图 1.20 二阶系统的阶跃响应及动态指标

1.3 传感器的技术性能指标

1.3.1 传感器的主要性能指标

1. 传感器的技术指标

由于传感器的应用范围十分广泛，类型五花八门，使用要求千差万别，因而对于一种具体的传感器，并不要求全部指标都必需达标，需要根据实际应用的要求保证主要的参数。表 1-4 列出了传感器的一些常用的基本参数指标和比较重要的环境参数指标作为检验、使用和评价传感器的依据。

必须指出，企图使某一传感器各个指标都优良，不仅设计制造困难，实际上也没有必要。不要选用"万能"的传感器去适合不同的场合。恰恰相反，应该根据实际需要，保证主要的参数，其余满足基本要求即可。

表 1-4 传感器的主要性能指标

基本参数指标	环境参数指标	可靠性指标	其他指标
量程指标： 量程范围、过载能力等 灵敏度指标： 灵敏度、满量程输出、分辨力、输入输出阻抗 精度方面的指标： 精度(误差)、重复性线性、回	温度指标： 工作温度范围、温度误差、温度漂移、灵敏度温度系、热滞后等 抗冲振指标： 各向冲振容许频率、振幅值、加速度、冲振引起的	工作寿命、 平均无故障时间、 保险期、 疲劳性能、 绝缘电阻、 耐压、 抗飞弧性能	使用方面： 供电方式(直流、交流、频率、波形等)电压幅度与稳定度、功耗、各项分布参数等

续表

基本参数指标	环境参数指标	可靠性指标	其他指标
差、灵敏度误差、阈值、稳定性、漂移、静态误差 动态性能指标： 固有频率、阻尼系数、频响范围、频率特性、时间常数、上升时间、响应时间、过冲量、衰减率、稳态误差、临界速度、临界频率等	误差等 其他环境参数： 抗潮湿、抗介质腐蚀、抗电磁场干扰能力		结构方面： 外形尺寸、质量、外壳、材质、结构 安装连接方面： 安装方式、馈线、电缆等

2. 传感器的一般要求

由于各种传感器的原理、结构不同，使用环境、条件、目的不同，其技术指标也不可能相同，但是有些一般要求却基本上是共同的。这些要求如下：

(1) 足够的容量，即传感器的工作范围或量程足够大，具有一定的过载能力。

(2) 灵敏度高，精度适当，抗干扰，即要求其输出信号与被测信号成确定的关系(通常为线性)，且比值要大；传感器的静态响应与动态响应的准确度要能满足要求。

(3) 响应速率高，具备可重复性、抗老化、抗环境影响(热、振动、酸、碱、空气、水、尘埃)的能力。

(4) 使用性和适应性强，即体积小，质量轻，动作能量小，对被测对象的状态影响小；内部噪声小而又不易受外界干扰的影响；其输出力求采用通用或标准形式，以便与系统对接。

(5) 经济适用，即成本低、寿命长、安全(传感器应是无污染的)，有互换性、低成本且便于使用、维修和校准。

能同时满足上述性能要求的传感器是很少的。一般应根据应用目的、使用环境、被测对象状况、精度要求和原理等具体条件作全面综合的考虑。

1.3.2 改善传感器性能的技术途径

纵观传感技术领域几十年来的发展，提高传感器性能的途径有两个方面：一是提高与改善传感器的技术性能，二是寻找新原理、新材料、新工艺及新功能等。提高与改善传感器性能的技术途径有以下几种：

1) 结构、材料与参数的合理选择

根据实际的需要和可能，合理选择材料、结构设计传感器，确保主要指标，放弃对次要指标的要求，以求得到高的性价比，同时满足使用要求，而且即使对于主要的参数也不能盲目追求高指标。

2) 差动技术

差动技术是非常有效的一种方法，它的应用可显著地减小温度变化、电源波动、外界干扰等对传感器精度的影响，抵消了共模误差，减小非线性误差等。如电阻应变式传感器、电感式传感器、电容式传感器中都应用了差动技术，不仅减小了非线性，而且灵敏度提高了一倍，抵消了共模误差。

3) 平均技术

常用的平均技术有误差平均效应和数据平均处理。常用的多点测量方案与多次采样平均就是这样的例子。其原理是利用若干个传感单元同时感受被测量或单个传感器多次采样,其输出则是这些多次输出的平均值,若将每次输出可能带来的误差 δ 均看作随机误差且服从正态分布,根据误差理论,总的误差将减小为

$$\delta_\Sigma = \pm \frac{\delta}{\sqrt{n}} \tag{1-67}$$

式中：n 为传感单元数或采样次数。

可见,在传感器中利用平均技术不仅能减小传感器误差,而且可增大信号量,即增大传感器灵敏度。光栅、磁栅、容栅、感应同步器等传感器,由于其本身的工作原理决定有多个传感单元参与工作,可取得明显的误差平均效应的效果。这也是这一类传感器固有的优点。另外,误差平均效应对某些工艺性缺陷造成的误差同样起到弥补作用。在懂得这些道理之后,设计时在结构允许情况下,适当增多传感单元数,可收到很好的效果。例如圆光栅传感器,若让全部栅线都同时参与工作,设计成"全接收"形式,误差平均效应就可充分地发挥出来。

4) 稳定性处理

造成传感器性能不稳定的原因是：随着时间的推移或环境条件的变化,构成传感器的各种材料与元器件性能将发生变化。为了提高传感器性能的稳定性,应该对材料、元器件或传感器整体进行必要的稳定性处理。使用传感器时,如果测量要求较高,必要时也应对附加的调整元件、后接电路的关键元器件进行老化处理。

5) 屏蔽、隔离与干扰抑制

屏蔽、隔离与干扰抑制可以有效削弱或消除外界影响因素对传感器的作用。如电磁噪声或机械振动噪声,这些都是传感器中出现的不需要的干扰信号。它可由传感器内部产生,也可从外部随信号传递而混入。一般而言,噪声呈不规则的变化,而交流噪声这样的周期性的波动,广义上也是噪声。

传感器内部产生的噪声包括敏感元件、转换元件和转换电路元件等产生的噪声以及电源产生的噪声。例如光电真空管放射不规则电子,半导体载流子扩散等产生的噪声。降低元件的温度可减小热噪声,对电源变压器采用静电屏蔽可减小交流脉动噪声等。

从外部混入传感器的噪声,按其产生原因可分为机械噪声(如振动,冲击)、音响噪声、热噪声(如因热辐射使元件相对位移或性能变化)、电磁噪声和化学噪声等。对振动等机械噪声可采用防振台或将传感器固定在质量很大的基础台上加以抑制；而消除音响噪声的有效办法是把传感器用隔音器材围上或放在真空容器里；消除电磁噪声的有效办法是屏蔽和接地或使传感器远离电源线,或使输出线屏蔽,让输出线绞拧在一起等。

6) 补偿与修正

补偿与修正技术的运用主要针对下列两种情况：一种是针对传感器本身特性的,另一种是针对传感器的工作条件或外界环境的。

对于传感器本身特性,可以找出误差的变化规律,或者测出其大小和方向,采用适当的方法加以补偿或修正。

针对传感器工作条件或外界环境进行误差补偿,也是提高传感器精度的有力技术措施。不少传感器对温度敏感,而且由温度变化引起的误差十分可观。为了解决这个问题,必要时可以控制温度,采用恒温装置,但往往导致费用太高,或使用现场不允许。而在传感器内引入温度误差补偿是常常可行的方法。这时应找出温度对测量值影响的规律,然后引入温度补偿措施。例如,电阻应变式传感器中应变片的单丝、双丝温度自补偿法、桥路补偿法等。

还可以利用传感器的后接电子线路(硬件)来解决误差补偿与修正,也可以通过计算机软件在测量数据的系统来实现误差补偿与修正。

1.4 传感器技术的发展

现代测控技术中,作为测控系统第一级的传感器的发展相对于测控系统中的"大脑"计算机的发展缓慢得多。原因之一是计算机接受和处理及输出的是标准电平,而传感器由于接受的是各种类型(电量、力学量、生物量、热学量等)及各种量值的被测物理量,其后接测量仪器及计算机系统又要求传感器将这些被测物理量转换成电量输出。如果不大力进行传感器的开发,现在的计算机将处于一种难以发挥作用的状态。因此,传感器成为现代测控技术中的关键技术和研发重点。

传感器开发的新趋向包括社会对传感器需求的新动向和传感器新技术的发展趋势这两个方面。

1.4.1 传感器需求的新动向

传感器有着巨大的市场及应用场合,它在各个行业的各种测试系统中执行了无数的监测和控制功能。社会需求是传感器技术发展的强大动力。咨询公司 Intechno Consulting 公司的传感器市场报告显示,2008 年全球传感器市场容量为 506 亿美元,预计 2010 年全球传感器市场可达 600 亿美元以上。调查显示,东欧、亚太地区和加拿大成为传感器市场增长最快的地区,而美国、德国、日本依旧是传感器市场分布最大的地区。就世界范围而言,传感器市场上增长最快的依旧是汽车市场,占第二位的是过程控制市场,看好通信市场前景。一些传感器市场比如压力传感器、温度传感器、流量传感器、水平传感器已表现出成熟市场的特征。流量传感器、压力传感器、温度传感器的市场规模最大,分别占到整个传感器市场的 21%、19%和 14%。传感器市场的主要增长来自于无线传感器、MEMS(micro-electro-mechanical systems,微机电系统)传感器、生物传感器等新兴传感器。其中,无线传感器在 2007—2010 年复合年增长率预计会超过 25%。

目前,全球的传感器市场在不断变化的创新之中呈现出快速增长的趋势。有关专家指出,传感器领域的主要技术将在现有基础上予以延伸和提高,各国将竞相加速新一代传感器的开发和产业化,竞争也将日益激烈。新技术的发展将重新定义未来的传感器市场,比如无线传感器、光纤传感器、智能传感器和金属氧化传感器等新型传感器的出现与市场份额的扩大。图 1.21 展示了传感器的当前应用领域及需要量,可作为我们对传感器产业和产品开发的参考。

今后,传感器市场由于互联网和电子商务的迅速发展将进一步面临价格的压力,价格竞争将进一步加剧。预计传感器的价格将进一步降低。在汽车电子、消费类产品和办公自动化等大批量市场中,MEMS 技术不仅能够提高产品的性能指标,而且能够批量化生产和降低传感器产品的价格。今后 10 年,传感器价格将下降 30%,即使进入市场的新型传感器(轮速率传感器、雷达传感器、驾驶角度传感器)的价格也将大幅度降低。

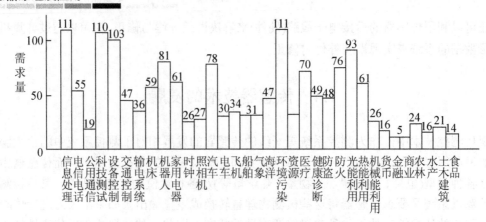

图 1.21 传感器的当前应用领域和需求量

1.4.2 传感器技术的发展动向

传感器技术的主要发展动向：一是开展基础研究，发现新技术现象，开发传感器的新材料和新工艺；二是实现传感器的集成化、微型化与智能化。

1. 发现新现象和开发新材料

新现象、新原理、新材料是发展传感器技术、研究新型传感器的重要基础，每一种新原理、新材料的发现都会导致新的传感器种类诞生。

传感器的工作机理是基于各种效应和定律，人们由此进一步探索具有新效应的敏感功能材料，并以此研制出基于新原理的新型物性型传感器件，这是发展高性能、多功能、低成本和小型化传感器的重要途径。结构型传感器发展得较早，目前日趋成熟。结构型传感器，一般说它的结构复杂，体积偏大，价格偏高。物性型传感器大致与之相反，具有不少诱人的优点，加之过去发展也不够，因而世界各国都在物性型传感器方面投入大量人力、物力加强研究，从而使它成为一个值得注意的发展动向。其中利用量子力学效应研制的低灵敏阈传感器，用来检测微弱的信号，是发展新动向之一。例如，利用核磁共振吸收效应的磁敏传感器，可将灵敏阈提高到地磁强度的 10^{-6}；利用约瑟夫逊效应的热噪声温度传感器，可测 10^{-6}K 的超低温；利用光子滞后效应，做出了响应速度极快的红外传感器等。此外，利用化学效应和生物效应开发的、可供实用的化学传感器和生物传感器，更是有待开拓的新领域。

近年来对传感器材料的开发研究有较大进展，其主要发展趋势有以下几个方面：

(1) 从单晶体到多晶体、非晶体；
(2) 从单一型材料到复合材料；
(3) 原子(分子)型材料的人工合成。用复杂材料来制造性能更加良好的传感器是今后的发展方向之一。

半导体敏感材料在传感器技术中具有较大的技术优势，在今后相当长时间内仍占主导地位。半导体硅在力敏、热敏、光敏、磁敏、气敏、离子敏及其他敏感元件上具有广泛用途。

2. 集成化、微型化和多功能化

传感器的集成化，应用了半导体集成电路技术及其开发思想用于传感器制造。如采用微细加工技术 MEMS 制作微型传感器；采用厚膜和薄膜技术制作传感器等。

微机电系统是指尺寸在几厘米以下乃至更小的以硅为主要构成材料的小型装置，是一个独立的智能系统,主要由传感器、动作器(执行器)和微能源三大部分组成。

微机电系统在国民经济和军事系统方面将有着广泛的应用前景。主要民用领域是医学、电子和航空航天系统。美国已研制成功用于汽车防撞和节油的微机电系统加速度表和传感器,可提高汽车的安全性,节油10%。仅此一项美国国防部系统每年就可节约几十亿美元的汽油费。微机电系统在航空航天系统的应用可大大节省费用,提高系统的灵活性,并将导致航空航天系统的变革。例如,一种微型惯性测量装置的样机,尺寸仅为 2cm×2cm×0.5cm,质量为 5g。在军事应用方面,美国国防部高级研究计划局正在进行把微机电系统应用于个人导航用的小型惯性测量装置、大容量数据存储器件、小型分析仪器、医用传感器、光纤网络开关、环境与安全监测用的分布式无人值守传感等方面的研究。该局已演示以微机电系统为基础制造的加速度表,它能承受火炮发射时产生的近 $10.5g$(重力加速度)的冲击力,可以为非制导弹药提供一种经济的制导系统。设想中的微机电系统的军事应用还有:化学战剂报警器、敌我识别装置、灵巧蒙皮、分布式战场传感器网络等。

多功能传感器无疑是当前传感器技术发展中一个全新的研究方向,目前有许多学者正在积极从事该领域的研究工作。如将某些类型的传感器进行适当组合而使之成为新的传感器,又如,为了能够以较高的灵敏度和较小的粒度同时探测多种信号,微型数字式三端口传感器可以同时采用热敏元件、光敏元件和磁敏元件;这种组配方式的传感器不但能够输出模拟信号,而且还能够输出频率信号和数字信号。

3. 仿生传感器

大自然是生物传感器的优秀设计师和工艺师。它经过漫长的岁月,不仅造就了集多种感官于一身的人类,而且还构造了许多功能奇特、性能高超的生物感官。例如狗的嗅觉(灵敏阈为人的 10^{-6}),鸟的视觉(视力为人的 8~50 倍),蝙蝠、飞蛾、海豚的听觉(主动型生物雷达——超声波传感器),等等。这些动物的感官功能,超过了当今传感器技术所能实现的范围。研究它们的机理,开发仿生传感器,也是引人注目的方向。

从目前的发展现状来看,在感触、刺激以及视听辨别等方面已有最新研究成果问世。从实用的角度考虑,多功能传感器中应用较多的是各种类型的多功能触觉传感器,例如人造皮肤触觉传感器就是其中之一,这种传感器系统由 PVDF 材料、无触点皮肤敏感系统以及具有压力敏感传导功能的橡胶触觉传感器等组成。据悉,美国 MERRITT 公司研制开发的无触点皮肤敏感系统获得了较大的成功,其无触点超声波传感器、红外辐射引导传感器、薄膜式电容传感器以及温度、气体传感器等在美国本土应用甚广。

人工嗅觉传感系统的典型产品是功能各异的 electronic nose(电子鼻),近十几年来,该技术的发展很快,目前已有数种商品化的产品在国际市场流通,美、法、德、英等国家均有比较先进的电子鼻产品问世。但与其他方面的研究成果相比,由于嗅觉元件接收到的判别信号是非常复杂的,其中总是混合着成千上万种化学物质,这就使得嗅觉系统处理起这些信号来异常困难。美国 Cyranosciences 公司生产的 Cyranose 320 电子鼻是目前技术较为先进、适用范围也比较广的嗅觉传感系统之一,该系统主要由传感器阵列和数据分析算法两部分组成,其基本技术是将若干个独特的薄膜式碳黑聚合物复合材料化学电阻器配置成一个传感器阵列,然后采用标准的数据分析技术,通过分析由此传感器阵列所收集到的输出值的办法来识别未知分析物。据称,Cyranose 320 电子鼻的适用范围包括食品与饮料的生产与保鲜、环境保护、化学品分析与鉴定、疾病诊断与医药分析以及工业生产过程控制与消费品的监控与管理等。

4. 智能传感器(smart sensor)

智能传感器指具有判断能力、学习能力的传感器，事实上是指一种带微处理器的传感器，它具有检测、判断和信息处理功能。如美国霍尼韦尔公司制作的 ST-3000 型智能传感器，采用半导体工艺，在同一芯片上制作静态压力、压差、温度 3 种敏感元件，芯片中还包含了微处理器、存储器、A/D、D/A 转换器和数字 I/O 接口，能提供 4～20 mA 标准输出和数字量输出。设计的平均故障间隔时间为 470 年，实际使用寿命不低于 15 年。

5. 无线网络化(wireless networked)

无线网络对我们来说并不陌生，比如手机、无线上网、电视机。传感器对我们来说也不陌生，比如温度传感器、压力传感器，还有比较新颖的气味传感器。但是，把二者结合起来，提出无线传感器网络(wireless sensor networks)这个概念，却是近几年的事情。

无线传感器网络的主要组成部分就是一个个传感器节点，它们的体积都非常小巧。这些节点可以感受温度的高低、湿度的变化、压力的增减、噪声的升降。更让人感兴趣的是，每一个节点都是一个可以进行快速运算的微型计算机，它们将传感器收集到的信息转化成为数字信号，进行编码，然后通过节点与节点之间自行建立的无线网络发送给具有更大处理能力的服务器。

传感器网络有着巨大的应用前景，被认为是将对 21 世纪产生巨大影响力的技术之一。已有和潜在的传感器应用领域包括：军事侦察、环境监测、医疗、建筑物监测等。随着传感器技术、无线通信技术、计算技术的不断发展和完善，各种传感器网络将遍布地球生活的环境中，从而真正实现"无处不在的计算"。

1.5 传感器的选用原则

现代传感器在原理与结构上千差万别，如何根据具体的测量目的、测量对象以及测量环境合理地选用传感器，是在进行某个量的测量时首先要解决的问题。当传感器确定之后，与之相配套的测量方法和测量设备也就可以确定了。测量结果的成败，在很大程度上取决于传感器的选用是否合理。

1. 与测量条件有关的因素

要进行一项具体的测量工作，首先要考虑采用何种原理的传感器，这需要分析多方面的因素之后才能确定。因为，即使是测量同一物理量，也有多种原理的传感器可供选用，哪一种原理的传感器更为合适，则需要根据被测量的特点和传感器的使用条件考虑以下一些具体问题：量程的大小、被测位置对传感器体积的要求、测量方式为接触式还是非接触式、信号的引出方法、有线或是无线测量等。在考虑上述问题之后，就能确定选用何种类型的传感器，然后再考虑传感器的具体性能指标。

2. 与传感器有关的技术指标

1) 灵敏度的选择

通常，在传感器的线性范围内，希望传感器的灵敏度越高越好。因为只有灵敏度高时，与被测量变化对应的输出信号的值才比较大，有利于信号处理。但要注意的是，传感器的灵敏度高，与被测量无关的外界噪声也容易混入，也会被放大系统放大，影响测量精度。因此，要求传感器本身应具有较高的信噪比，尽量减少从外界引入的干扰信号。传感器的灵敏度是有方向性的。当被测量是单向量，而且对其方向性要求较高时，则应选择其他方向灵敏度小的传感器；如果被测量是多维向量，则要求传感器的交叉灵敏度越小越好。

2) 频率响应特性

传感器的频率响应特性决定了被测量的频率范围，必须在允许频率范围内保持不失真的测量条件，实际上传感器的响应总有一定延迟，希望延迟时间越短越好。传感器的频率响应高，可测的信号频率范围就宽，而由于受到结构特性的影响，机械系统的惯性较大，因而频率低的传感器可测信号的频率较低。在动态测量中，应根据信号的特点(稳态、瞬态、随机等)及响应特性，避免产生过大的误差。

3) 线性范围

传感器的线性范围是指输出与输入成正比的范围。以理论上讲，在此范围内，灵敏度保持定值。传感器的线性范围越宽，则其量程越大，并且能保证一定的测量精度。在选择传感器时，当传感器的种类确定以后首先要看其量程是否满足要求。但实际上，任何传感器都不能保证绝对的线性，其线性度也是相对的。当所要求测量精度比较低时，在一定的范围内，可将非线性误差较小的传感器近似看作线性的，这会给测量带来极大的方便。

4) 稳定性

传感器使用一段时间后，其性能保持不变化的能力称为稳定性。影响传感器长期稳定性的因素除传感器本身结构外，主要是传感器的使用环境。因此，要使传感器具有良好的稳定性，传感器必须要有较强的环境适应能力。在选择传感器之前，应对其使用环境进行调查，并根据具体的使用环境选择合适的传感器，或采取适当的措施，减小环境的影响。传感器的稳定性有定量指标，在超过使用期后，在使用前应重新进行标定，以确定传感器的性能是否发生变化。在某些要求传感器能长期使用而又不能轻易更换或标定的场合，所选用的传感器稳定性要求更严格，要能够经受住长时间的考验。

5) 精度

精度是传感器的一个重要的性能指标，它是关系到整个测量系统测量精度的一个重要部分。传感器的精度越高，其价格越昂贵，因此，传感器的精度只要满足整个测量系统的精度要求就可以，不必选得过高。这样就可以在满足同一测量目的的诸多传感器中，选择比较便宜和简单的传感器。如果测量目的是定性分析的，选用重复精度高的传感器即可，不宜选用绝对量值精度高的；如果是为了定量分析，必须获得精确的测量值，就需选用精度等级能满足要求的传感器。对某些特殊使用场合，无法选到合适的传感器，则需自行设计制造传感器。自制传感器的性能应满足使用要求。

3. 与传感器的经济指标有关的因素

从经济的角度来考虑，首先是以能达到测试要求为准则，不应盲目地采用超过测试目的所要求精度的传感器。这是因为传感器的精度若提高一个等级，则传感器的成本费用将会急剧地上升。另外，当需要用多台传感器与其他后接仪器共同组成检测系统时，所有的传感器和其他仪器都应该选用同等精度。误差理论分析表明，由若干台仪器组成的系统，其测量结果的精度取决于精度最低的那台仪器。

4. 传感器的使用环境条件及与使用环境条件有关的因素

在选择传感器时，还必须考虑其使用环境，主要从温度、振动和介质三方面全面考虑对仪器的影响。例如，温度的变化会产生热胀冷缩效应，会使传感器的机构受到热应力或改变的元件的特性，往往导致其输出发生变化，过低或过高的温度还有可能使传感器或其内部的元件变质、失效乃至破坏等。又如，过大的加速度将使传感器受到不应有的惯性力作用，导致输出的变化或传感器的损坏。在带腐蚀性的介质或原子辐射的环境中工作的传感器也往往容易受到损坏。因此，必须针对不同的工作环境选用合适的仪器，同时也必须充分考虑采取必要的措施对其加以保护。

本 章 小 结

本章学习了传感器的定义、构成，讨论了传感器的静、动态基本特性的研究方法，包括微分方程、传递函数和频率响应函数。详细讨论了一阶、二阶传感器系统的阶跃响应和频率响应，得到了一阶、二阶传感器的静态和动态评价指标，为今后研究和正确选用传感器奠定了基础。最后总结了传感器的选用要求，明确了传感器的发展趋势和方向。

习 题

一、简述题

1-1 何谓结构型传感器？何谓物性型传感器？试述两者的应用特点。

1-2 一个实用的传感器由哪几部分构成？各部分的功用是什么？用框图标示出你所理解的传感器系统。

1-3 衡量传感器静态特性的主要指标有哪些？说明它们的含义。

1-4 什么是传感器的静态特性和动态特性？差别何在？

1-5 怎么评价传感器的综合静态性能和动态性能？

1-6 有一只压力传感器的校准数据如下表所列。根据这些数据求最小二乘法线性化的拟合直线方程，并求其线性度。

项 目	次 数	行程	精度等级			
			0	0.5	2.0	2.5
校准数据	1	正行程 反行程	0.0020 0.0030	0.2015 0.2020	0.7995 0.8005	1.0000
	2	正行程 反行程	0.0025 0.0035	0.2020 0.2030	0.7995 0.8005	0.9995
	3	正行程 反行程	0.0035 0.0040	0.2020 0.2030	0.7995 0.8005	0.9990

二、计算题

1-7 液体温度传感器是一阶传感器，现已知某玻璃水银温度计特性的微分方程为 $4dy/dx + 2y = 2 \times 10^3 x$。式中 y 为汞柱高(m)，x 为被测温度(℃)。试求：

(1) 水银温度计的传递函数；

(2) 温度计的时间常数及静态灵敏度；

(3) 若被测物体的温度是频率为 0.5 Hz 的正弦信号，求此时传感器的输出信号振幅误差和相角误差。

1-8 今有两加速度传感器均可作为二阶系统来处理，其中一只固有频率为 25 kHz，另一只为 35 kHz，阻尼比均为 0.3。若欲测量频率为 10kHz 的正弦振动加速度，应选用哪一只传感器？试计算测量时将带来多大的振幅误差和相位误差。

第2章 电阻应变式传感器

通过本章学习,掌握电阻应变片的工作原理、基本结构、特性参数、误差及补偿以及转换电路的相关知识,了解电阻应变式传感器的实际应用,为应变式传感器的选用和设计打下基础。

掌握电阻应变片的工作原理、基本结构和分类,了解制造应变片的材料及工艺;
理解应变片的静态和动态特性参数,温度误差及补偿方法,能正确选用应变片;
掌握直流应变电桥的工作原理,能用应变片正确组成电桥并完成相关计算;
掌握电阻应变式传感器的基本构成,了解电阻应变式传感器的实际应用;
了解压阻式传感器的工作原理、基本结构和应用特点。

导入案例

电阻应变片(strain gage)从(1938年)诞生至今已有七十多年了,应变片的品种规格已达两万多种,各种应变式传感器也种类繁多。应变片在大坝、桥梁、建筑、航天飞机、船舶结构、发电设备等工程结构的应力测量和健康监测中至今仍是应用最广泛和最有效的。例如美国波音767飞机静力结构试验中就采用了2000多个电阻应变片和1000多个应变花来测量飞机结构大量部位的应变;我国秦山核电厂运行前对核反应堆安全壳结构整体试验中,采用了100多个电阻应变片测量混凝土和钢筋中的应力、钢束力以及安全壳的变形情况,历时11昼夜。除直接测量工程结构的应力应变外,电阻应变片配合各种弹性元件可制成测力、称重、检测压强、扭矩、位移和加速度等物理量的传感器,在工业自动化检测和控制、电子衡器等领域应用广泛。下面的图示就是我们在日常生活中经常用到的各种电子秤,学完本章后,你也可以试着设计一款。

超市电子秤

人体秤

两吨吊钩称

2.1 电阻应变片的工作原理

在电阻应变式传感器中，完成被测量到电阻转换的元件是电阻应变片。它的工作原理是基于金属的电阻应变效应，即金属丝的电阻随它所受到的机械变形(拉伸或压缩)而发生相应变化的现象。已知金属丝在受拉之前的电阻为

$$R = \rho \frac{l}{S} \tag{2-1}$$

式中：R 为金属丝的电阻；ρ 为金属丝的电阻率；l 为金属丝的长度；S 为金属丝的截面积。

当细丝因受拉力而伸长时，其电阻发生变化，此变化可由对上式的全微分求得：

$$dR = \frac{\rho}{S}dl - \frac{\rho l}{S^2}dS + \frac{l}{S}d\rho \tag{2-2}$$

电阻的相对变化为

$$\frac{dR}{R} = \frac{dl}{l} - \frac{dS}{S} + \frac{d\rho}{\rho} \tag{2-3}$$

式中：dl/l 为金属丝的长度相对变化，$\varepsilon = dl/l$ 称为金属丝长度方向的应变或轴向应变；dS/S 为截面积的相对变化，因为 $S = \pi r^2$，故 $dS/S = 2dr/r$，$\varepsilon_r = dr/r$ 称为金属丝半径的相对变化或径向应变，$\varepsilon_r = -\mu\varepsilon$（$\mu$ 为金属丝材料的泊松系数）；$d\rho/\rho$ 为电阻率的相对变化。

根据以上参数定义，式(2-3)变为

$$\frac{dR}{R} = (1+2\mu)\varepsilon + \frac{d\rho}{\rho} \tag{2-4}$$

灵敏系数 K_s 为

$$K_s = \frac{dR/R}{\varepsilon} = (1+2\mu) + \frac{d\rho/\rho}{\varepsilon} \tag{2-5}$$

式中：K_s 为金属丝的应变灵敏系数，其物理意义为单位应变引起的电阻相对变化。

从式(2-5)可以看出，K_s 的大小受两个因素的影响：第一项$(1+2\mu)$是由于金属丝受拉伸后材料几何尺寸变化引起的；第二项 $\dfrac{d\rho/\rho}{\varepsilon}$ 是由于材料发生变形时，其自由电子的活动能力和数量均发生变化所致，目前还不能用解析式来表达，因此，K_s 只能通过实验求得。

实验证明，在金属丝的弹性变形范围内，dR/R 与应变 ε 成正比，因而 K_s 为常数，式(2-5)可以增量表示为

$$\frac{\Delta R}{R} = K_s \varepsilon \tag{2-6}$$

式(2-6)表明，金属丝的应变与其电阻相对变化成正比。

2.2 电阻应变片的结构、种类和材料

2.2.1 电阻应变片的基本结构

电阻应变片种类繁多，形式各异，但其基本结构大体相同。现以丝绕式应变片为例说明，

如图 2.1 所示，它由敏感栅、基底、覆盖层、引出线组成。敏感栅通常用高电阻率金属细丝制成，直径 0.025 mm 左右，通过黏合剂固定在基底上。基底很薄，一般为 0.03～0.06 mm，它应保证将构件上的应变准确地传递到敏感栅上，此外，它还应有良好的绝缘、抗潮和耐热性能。敏感栅上粘贴有保护用的覆盖层，敏感栅电阻丝两端焊接引出线，用它和外接电路连接。图中 l 为应变片的基长，它是应变片沿轴向测量变形的有效长度，b 为基宽，$l \times b$ 为应变片的使用面积。应变片的规格以使用面积和电阻值表示，例如(3×10) mm^2，120Ω。

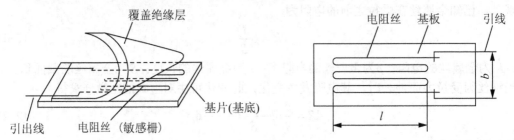

图 2.1 电阻应变片结构示意

2.2.2 电阻应变片的种类

电阻应变片的种类、规格很多，现将几种常见的应变片及其特点介绍如下。

1. 金属丝式应变片

丝式应变片，其敏感栅用直径为 0.012～0.05 mm 的合金丝在专用的制栅机上制成，常见的有丝绕式和短接式，如图 2.2(a)、(b)所示。各种温度下工作的应变片都可制成丝式，尤其是高温应变片。受绕丝设备限制，丝式应变片栅长不能小于 2 mm。

丝绕式因弯曲部在轴向应力作用下的变形使其横向效应较大，而短接式应变片由于两端用直径比栅丝直径粗 5～10 倍的镀银丝短接而成，故而其横向效应系数较小，但由于焊点多，易在焊点处出现疲劳损坏，不适于动态应变测量。

(a) 丝绕式应变片　　　　　　　　(b) 短接式应变片

图 2.2 金属丝式应变片

2. 金属箔式应变片

箔式应变片的敏感栅用 0.001～0.01 mm 厚的合金箔利用照相制版或光刻腐蚀的方法制成，栅长最小可做成 0.2 mm，图 2.3 所示为常见的几种金属箔式应变片外形。

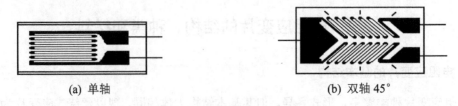

(a) 单轴　　　　　　　　　　　　(b) 双轴 45°

图 2.3 几种金属箔式应变片外形

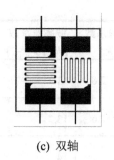
(c) 双轴

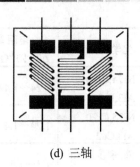
(d) 三轴

图 2.3 几种金属箔式应变片外形(续)

箔式应变片有许多优点：

(1) 制造技术能保证敏感栅尺寸准确、线条均匀，且能制成任意形状以适应不同的测量要求；
(2) 敏感栅薄而宽，粘接性能好，传递试件应变性能好；
(3) 散热性能好，允许通过较大的工作电流，提高了输出灵敏度；
(4) 敏感栅弯头横向效应可以忽略；
(5) 蠕变、机械滞后较小，疲劳寿命长。

因此，箔式应变片是使用最普遍的电阻应变片。

3. 金属薄膜应变片

薄膜应变片是薄膜技术发展的产物。它是采用真空蒸发或真空沉积等方法在基底上形成一层厚度在 0.1 μm 以下的金属电阻材料薄膜敏感栅。这种应变片的优点是灵敏系数高，易实现工业化批量生产，可以在 $-197 \sim +317$ ℃温度下工作，是一种很有前途的新型应变片。

但目前使用中的主要问题是，尚难控制其电阻与温度和时间的变化关系。

2.2.3 电阻应变片的材料

1. 敏感栅材料

对制造敏感栅的材料，有下列要求：

(1) 灵敏系数 K_s 和电阻率 ρ 要尽可能高而稳定，电阻变化率 $\Delta R/R$ 与应变 ε 之间应具有良好而宽广的线性关系，即要求 K_s 在很大范围内为常数；
(2) 电阻温度系数小，电阻-温度间的线性关系和重复性好；
(3) 机械强度高，压延及焊接性能好，与其他金属之间接触热电势小；
(4) 抗氧化、耐腐蚀性能强，无明显机械滞后。

表 2-1 列出了常用敏感栅材料及其一般性能。

表 2-1 常用敏感栅材料及其一般性能

材料名称	化学成分/(%)	电阻率 $\rho/(\times 10^{-6} \Omega \cdot m)$	电阻温度系数 $\alpha/(\times 10^{-6}/℃)$	灵敏系数 K_s	线膨胀系数 $\beta/(\times 10^{-6}/℃)$	最高使用温度/℃
康铜	Cu55 Ni45	0.45～0.52	±20	2.0	15	250(静态) 400(动态)
镍铬合金	Ni80 Cr20	1.0～1.1	110～130	2.1～2.3	14	450(静态) 800(动态)

续表

材料名称	化学成分/(%)	电阻率 $\rho/(\times 10^{-6}\Omega\cdot m)$	电阻温度系数 $\alpha/(\times 10^{-6}/℃)$	灵敏系数 K_s	线膨胀系数 $\beta/(\times 10^{-6}/℃)$	最高使用温度/℃
卡玛合金 6J22	Ni74,Cr20 Al3,Fe3	1.24~1.42	±20	2.4~2.6	13.3	450(静态) 800(动态)
伊文合金 6J23	Ni75,Cr20 Al3,Cu2	1.24~1.42	±20	2.4~2.6	13.3	450(静态) 800(动态)
铁铬铝合金	Fe 余量 Cr26, Al5.4	1.3~1.5	±(30~40)	2.6	14	550(静态) 1000(动态)
铂钨合金	Pt90.5~91.5 W8.5~9.5	0.74~0.76	139~192	3.0~3.2	9	800(静态) 1000(动态)
铂	Pt	0.09~0.11	3900	4.6	9	800(静态) 1000(动态)
铂铱合金	Pt80,Ir20	0.35	90	1.0	13	800(静态) 1000(动态)

2. 基底材料

应变片基底材料是电阻应变片制造和应用中的一个重要组成部分。应变片基底材料有纸和聚合物两大类,纸基已逐渐被性能更好的胶基(有机聚合物)取代。胶基是由环氧树脂、酚醛树脂和聚酰亚胺等制成胶膜,厚为 0.03~0.05 mm。

对基底材料性能有如下要求:

(1) 机械强度好,挠性好;
(2) 粘贴性能好;
(3) 电绝缘性能好;
(4) 热稳定性好和抗湿性好;
(5) 无滞后和蠕变。

3. 粘接剂材料

粘接剂是连接应变片和构件表面的重要物质,粘接剂和应变片的粘贴技术对于测量结果有直接影响,对粘接剂材料的性能有如下要求:

(1) 有一定的粘接强度;
(2) 能准确传递应变;
(3) 蠕变小,机械滞后小;
(4) 耐疲劳、耐老化性能好,对温度、湿度、化学药品或特殊介质的稳定性好;
(5) 对弹性元件和应变片不产生化学腐蚀作用;
(6) 有适当的储存期,对使用者没有毒害或毒害小;
(7) 有较宽的使用温度范围。

表 2-2 列出了一些常用粘接剂及其性能。

表 2-2 常用粘接剂及其性能

类型	主要成分	牌号	适于粘接的基底材料	最低固化条件	固化压力/10^4Pa	使用温度/℃
硝化纤维素粘接剂	硝化纤维素溶剂	万能胶	纸	室温 10 小时或 60℃ 2 h	0.5～1	-50～+80
氰基丙烯酸粘接剂	氰基丙烯酸酯	501、502	纸、胶膜、玻璃纤维布	室温 1 h	粘接时指压	-100～+80
聚酯树脂粘接剂	不饱和聚酯树脂、过氧化环已酮、萘酸钴干料		胶膜、玻璃纤维布	室温 24 h	0.3～0.5	-50～+150
环氧树脂类粘接剂	环氧树脂、聚硫酚铜胺、固化剂	914	胶膜、玻璃纤维布	室温 2.5 h	粘接时指压	-60～+80
	酚醛环氧、无机填料、固化剂	509	胶膜、玻璃纤维布	200℃ 2 h	粘接时指压	-100～+250
	环氧树脂、酚醛、甲苯二酚、石棉粉等	J06-2	胶膜、玻璃纤维布	150℃ 3h	2	-196～+250
酚醛树脂类粘接剂	酚醛树脂、聚乙烯醇缩丁醛	JSF-2	胶膜、玻璃纤维布	150℃ 1 h	1～2	-60～+150
	酚醛树脂、聚乙烯醇缩甲乙醛	1720	胶膜、玻璃纤维布	190℃ 3 h	—	-60～+100
	酚醛树脂、有机硅	J-12	胶膜、玻璃纤维布	200℃ 3 h	—	-60～+350
聚酰亚胺粘接剂	聚酰亚胺	30-14	胶膜、玻璃纤维布	280℃ 2 h	1～3	-150～+250

4. 引线材料

康铜丝敏感栅应变片的引线常采用直径为 0.15～0.18 mm 的银铜丝，其他类型敏感栅多采用铬镍、铁铬铝金属丝引线。引线与敏感栅点焊相连接。

2.3 电阻应变片的主要参数

要正确选用电阻应变片，必须了解影响其工作的一些主要参数。

1. 电阻应变片的电阻值(R_0)

它是指应变片在未安装和不受外力的情况下，于室温条件下测定的电阻值，也称原始阻值，单位以 Ω 计。应变片电阻值已趋于标准化，有 60Ω，120Ω，350Ω，500Ω 和 1000Ω 各种阻值，其中 120Ω 为最常使用。

应变片的电阻值越大，允许的工作电压就大，传感器的输出电压也大，相应地应变片的尺寸也要增大，在条件许可的情况下，应尽量选用高阻值应变片。

2. 绝缘电阻

指敏感栅与基底间的电阻值，一般应大于 10^{10} Ω。

3. 应变片的灵敏系数

应变片的灵敏系数(K)指应变片安装于试件表面，在其轴线方向的单向应力作用下，应变片的阻值相对变化与试件表面上安装应变片区域的轴向应变之比：

$$K = \frac{\mathrm{d}R/R}{\varepsilon} \tag{2-7}$$

应变片的电阻应变特性与金属单丝不同，因此必须通过实验对应变片的灵敏系数 K 进行测定。测定时必须按规定的标准，一批产品中抽样5%测定，取其平均值及允许公差值作为该批产品的灵敏系数，又称"标称灵敏系数"。

4. 机械滞后

应变片的机械滞后是指对粘贴的应变片，在温度一定下受到增(加载)、减(卸载)循环机械应变时，同一应变量下应变指示值的最大差值。机械滞后的主要原因是敏感栅基底和黏结剂在承受机械应变后留下的残余变形所致。经历几次加卸载循环后，机械滞后便明显减少，所以，在应变片粘贴后正式测量前可预先加卸载若干次，以减少机械滞后对测量数据的影响。

5. 零漂和蠕变

零点漂移是指已粘贴好的应变片，在温度一定和不承受机械应变时，指示应变随时间变化的特性。如果在温度一定并承受恒定的机械应变时，应变片指示的应变值随时间变化，则称为应变片的蠕变。

可见，这两项指标都是用来衡量应变片特性对时间的稳定性的。实际上，无论是标定或用于测量，蠕变中已包含了零漂，因为零漂是不加载的情况，它是加载情况的特例。

6. 应变极限和疲劳寿命

应变片的应变极限是指在温度一定下，指示应变值和真实应变的相对差值不超过规定值(一般为10%)时的量大真实应变值。

疲劳寿命指对已粘贴好的应变片，在恒定幅值的交变力作用下，可以连续工作而不产生疲劳损坏的循环次数。

7. 允许电流

这是指应变片不因电流产生热量而影响测量精度所允许通过的最大电流。它与应变片本身、试件、粘接剂和环境等有关，要根据应变片的阻值和尺寸来计算。为保证测量精度，在静态测量时，允许电流一般为25 mA；动态测量时，允许电流可以达75～100 mA，箔式应变片允许电流较大。

8. 横向效应

金属直丝受单向力位伸时，在任一微段上所感受的应变都是相同的，而且每段都是伸长的，因而每一段电阻都将增加，金属丝总电阻的增加为各微段电阻增加的总和。但是将同样长度的金属丝弯成敏感栅做成应变片后，情况就不同了。如图2.4所示，若将应变片粘贴在单向拉伸试件上，这时各直线段上的金属丝只感受沿其轴向拉伸应变 ε_x，故其各微段电阻都将增加，但在圆弧段上，沿各微段轴向(微段圆弧的切向)的应变却并非是 ε_x，所产生的电阻变化与直线段上同长微段的不一样，在 $\theta = 90°$ 的微弧段处最为明显。由于单向位伸时，除了沿轴向(水平方向)产生拉应变外，按泊松关系同时在垂直方向上产生负的压应变 $\varepsilon_y (= -\mu\varepsilon_x)$，因此该段上的电阻不仅不增加,反而是减少的。而在圆弧的其他各微段上,其轴向感受的应变是由$+\varepsilon_x$变化到$-\varepsilon_y$的,因此圆弧段部分的电阻变化,显然将小于其同样长度沿轴向安放的金属丝的电阻变化。由此可见,将直的金属丝绕成敏感栅后,虽然长度相同,但应变状态不同,应变片敏感栅的电阻变化较直的金属丝小,因此灵敏系数有所降低,这种现象称为应变片的横向效应。

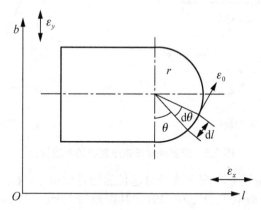

图 2.4 丝式应变片的横向效应

应变片的横向效应表明,当实际使用应变片的条件与标定灵敏度系数 K 时的条件不同时,由于横向效应的影响,实际 K 值要改变,由此可能产生较大测量误差。为了减小横向效应的影响,一般多采用箔式应变片。由于箔式应变片圆弧部分尺寸比栅丝部分尺寸大得多,电阻值较小,因而电阻变化也就小得多,横向效应的影响可以忽略。

🗝 特别提示

当测量方向已知的一维应变时,应变片的粘贴应使其轴向与被测应变方向一致。

9. 动态响应特性

电阻应变片的动态特性指当输入的机械应变是一个随时间而变化的量时,应变片对这种输入量的响应特性,常以输入正弦周期信号和阶跃信号来研究应变片输出量的响应状态。

实验表明,在动态测量时,机械应变以相同于声波速度的应变波形式在材料中传播。应变波由试件材料表面经粘接剂、基底到敏感栅,需要一定时间。由于前两者都很薄,可以忽略不计,但当应变波在敏感栅长度方向传播时,就会有时间的滞后,对动态(高频)应变测量就会产生误差,下面对应变片可测频率(截止频率)进行估算。

1) 正弦应变波

应变片对正弦应变波的响应特性如图 2.5 所示。

应变片反映的应变波形是应变片线栅长度内所感受应变量的平均值,因此应变片反映的波幅将低于真实应变波,这就造成一定误差。显然这种误差将随应变片的基长增长而增大,图 2.5(a)表示应变片正处于应变波达到最大幅值时的瞬时情况。设应变波的波长为 λ,应变片的基长为 l,其两端的坐标为 $x_1 = \lambda/4 - l/2$,$x_2 = \lambda/4 + l/2$。

此时应变片在其基长内测得的平均应变 ε_p 最大值为

$$\varepsilon_P = \frac{\int_{x_1}^{x_2} \varepsilon_0 \sin\frac{2\pi}{\lambda} x \, \mathrm{d}x}{x_2 - x_1} = \frac{\lambda \varepsilon_0}{2\pi l}\left(\cos\frac{2\pi}{\lambda}x_2 - \cos\frac{2\pi}{\lambda}x_1\right) = \frac{\lambda \varepsilon_0}{\pi l}\sin\frac{\pi l}{\lambda} \tag{2-8}$$

故应变波幅测量误差为

$$\delta = \left|\frac{\varepsilon_P - \varepsilon_0}{\varepsilon_0}\right| = \left|\frac{\lambda}{\pi l}\sin\frac{\pi l}{\lambda} - 1\right| \tag{2-9}$$

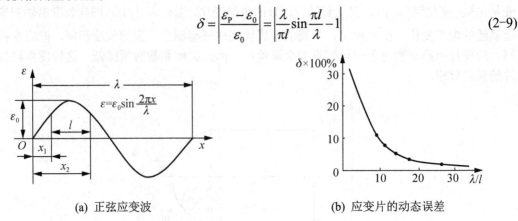

(a) 正弦应变波　　　　　　　　(b) 应变片的动态误差

图 2.5　应变片对正弦应变波的响应特性

由式(2-9)可知，测量误差与应变波长对基长的相对比值 $n = \lambda/l$ 有关，如图 2.5(b)所示。λ/l 越大，误差越小，一般取 $\lambda/l = (10\sim20)$，其误差为 1.6%~0.4%。

因为 $\lambda = v/f$，又 $\lambda = nl$，所以 $f = v/(nl)$，由此可根据应变波的传播速度 v、应变波长与基长的比值 n 算出不同基片长度 l 可测的最高频率。

表 2-3 给出了钢材在 $v = 5000$ m/s，$n = 20$ 时不同应变片基长的最高工作频率。

表 2-3　不同应变片基长的最高工作频率

应变片基长 l/mm	1	2	3	5	10	15	20
最高工作频率 f/kHz	250	125	83.3	50	25	16.5	12.5

2) 阶跃应变波

应变片对阶跃应变波的响应特性如图 2.6 所示。图 2.6(a)为阶跃输入信号，图 2.6(b)为理论输出信号，图 2.6(c)为应变片的实际响应波形。由于应变片所反映的波形有一定的时间延迟才能达到最大值，所以以应变片输出从 10%上升到最大值的 90%这段时间作为上升时间 t_k，则 $t_k = 0.8l/v$，应变片可测频率 $f = 0.35/t_k$，则 $f = 0.35/t_k = 0.44v/l$。

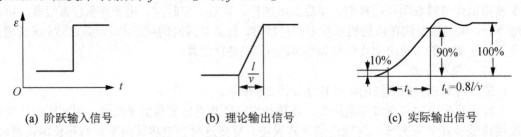

(a) 阶跃输入信号　　　　(b) 理论输出信号　　　　(c) 实际输出信号

图 2.6　应变片对阶跃应变波的响应特性

🔑 特别提示

测量应变梯度大或频率高的应变时，应选尺寸小的应变片，但应注意应变片尺寸越小，制造越困难，工作时受发热的影响，允许的工作电流越小。

2.4 电阻应变片的应用

2.4.1 电阻应变片的选择

选择电阻应变片时应从以下几个方面考虑：

1. 电阻应变片类型的选择

根据应变测量的目的，被测试件的材料和应力状态、测量精度选择应变片的形式。对于测试点主应力方向已知的一维应力测量，选用单轴丝式或箔式应变片(如图 2.3(a)所示；对于平面应变场主应力方向已知的二维应变测量，可以使用直角应变花，如图 2.3(c)所示，并使其中一条应变栅与主应力方向一致；如果应力方向未知就必须使用三栅或四栅的应变花，如图 2.3(d)所示。

对于应变式传感器，应变片的形式主要取决于弹性元件。对柱式、梁式、环式等弹性元件，它们工作时受拉/压应力或弯曲应力，所以应变片均采用单轴应变片；对于轮辐式等利用剪应力测量的弹性元件，一般使用双轴45°应变片，如图 2.3(b)所示。

2. 材料的选择

根据使用温度、时间、最大应变量、精度等要求，参照表 2-1、表 2-2，选用有合适的敏感栅和基底材料的应变片。

国家标准中规定的常温应变片使用温度为-30～+600℃，常温应变片一般采用康铜制造；由于基底材料和粘接剂的限制，目前 200～250℃的中温箔式电阻应变片一般都使用卡玛合金制作；工作温度大于 350℃的高温应变片需订做，常用金属基底，使用时用点焊将应变片焊接在试件上。

4. 阻值的选择

依据测量电路或仪器选定应变片的标称阻值。如配用电阻应变仪，常选用 120 Ω 阻值。测量时为提高灵敏度，常用较高的供桥电压，由于 350 Ω，500 Ω 等大阻值应变片具有通过电流小、自热引起的温升低、持续工作时间长、动态测量信噪比高等优点，应用越来越广。

5. 尺寸的选择

按照试件表面粗糙度、应力分布状态、粘贴面积大小、应变波频率等选择尺寸。若被测试件材质均匀、应力梯度大，则选用栅长小的应变片；对材质不均匀而强度不等的材料(如混凝土)，或应力分布变化比较缓慢的构件，应选用栅长大的应变片；对于冲击载荷或高频动荷作用下的应变测量，还要考虑应变片的动态响应特性，参考表 2-3 所列。一般来说，应变片栅长越小，测量频率越高，越能正确反映出被测量点的真实应变。

几种常温用电阻应变片的典型规格如表 2-4 所列。

表 2-4　几种常温用电阻应变片的典型规格

型号与名称	特点和用途	栅长×栅宽/mm×mm	标称阻值/Ω	基底尺寸/mm×mm
SZ-5、10 纸基应变片 SZ-100 纸基应变片	用于金属、混凝土上应力分析	5×3 100×5	120	10×6
BH120-02AA 箔式应变片 BH120-05AA 箔式应变片 BH120-1AA 箔式应变片 BH120-3AA 箔式应变片 BH120-5AA 箔式应变片	环氧基底,用于应力分析	0.2×1.6 0.5×0.8 1.0×1.0 3.0×5.6 5.0×5.8	120	2.4×3.0 2.4×2.4 3.2×2.6 6.8×3.6 9.0×4.0
BH350-1AA 箔式应变片 BH350-2AA 箔式应变片 BH350-3AA 箔式应变片	环氧基底,用于传感器	1.0×4.8 2.0×2.4 3.0×3.0	350	4.0×6.4 6.0×3.6 7.6×4.4
BH350-1AA 箔式应变花 BH350-2AA 箔式应变花 BH350-3AA 箔式应变花	环氧基底,用于传感器,±45°	2.0×2.8 3.0×3.1 5.0×2.3	350	7.6×5.8 8.8×6.8 9.4×10.2
BH350-2BB 箔式应变花 BH350-3BB 箔式应变花	环氧基底,用于传感器,0°/90°	2.0×2.7 3.0×3.8	350	7.6×6.1 9.2×7.2
BX120-02AA 箔式应变片 BX120-05AA 箔式应变片 BX120-1AA 箔式应变片	酚醛-缩醛基底,用于应力分析	0.2×1.0 0.5×0.8 1.0×1.0	120	2.4×2.4 2.4×2.4 3.2×2.6

2.4.2　电阻应变片的使用

电阻应变片的使用性能,不仅取决于应变片本身的质量,而且取决于应变片的正确使用。对常用的粘贴式应变片,粘贴质量是关键。

1. 粘贴剂的选择

一般情况下,粘贴与制作应变片的粘贴剂是可以通用的,但通常在室温工作的应变片多采用常温、指压固化条件的粘贴剂。

2. 应变片的粘贴

(1) 应变片的外观检查和阻值检查。

(2) 试件表面处理。为使应变片牢固地粘贴在试件表面上,必须对粘贴部位的表面打磨,并清洗净打磨面。

(3) 定位划线。为了保证应变片粘贴位置的准确,可用划笔在试件表面划出定位线,粘贴时应使应变片的中心线与定位线对准。

(4) 涂胶、贴片。在处理好的粘贴位置上和应变片基底上,各涂抹一层薄薄的粘贴剂,然后将应变片粘贴到预定位置上。用手滚压挤出多余的粘贴剂。

(5) 粘贴剂固化处理。

(6) 应变片粘贴质量的检查。应变片的粘贴位置应在允许范围内;阻值在粘贴前后不应有较大的变化；引线与试件之间的绝缘电阻一般应大于 200 MΩ。

(7) 引线的焊接处固定。粘贴好的应变片引出线与测量用导线焊接在一起，为了防止应变片电阻丝和引出线被拉断，应用胶布将导线固定于试件表面。

(8) 防护与屏蔽处理。在安装好的应变片和引线上涂以中性凡士林油、石蜡(短期防潮)；或石蜡-松香-黄油的混合剂(长期防潮)；或环氧树脂、氯丁橡胶、清漆等(防机械划伤)作防护用，以保证应变片工作性能稳定可靠。

2.5 转换电路

应变片把应变的变化转换为电阻的变化，为显示或记录应变的大小，还要把电阻的变化转换为电压或电流的变化，通常采用电桥电路实现微小阻值变化的转换。

2.5.1 直流电桥

1. 直流电桥的工作原理

四臂直流电桥如图 2.7(a)所示，假定电源为电压源，内阻为零，则流过负载电阻 R_L 的电流为

$$I_L = U_i \frac{R_1 R_4 - R_2 R_3}{R_L(R_1+R_2)(R_3+R_4) + R_1 R_2(R_3+R_4) + R_3 R_4(R_1+R_2)} \tag{2-10}$$

$I_L=0$ 时电桥平衡，平衡条件为

$$R_1 R_4 = R_2 R_3 \tag{2-11}$$

若将应变片接入电桥一臂，应变片的阻值变化可以用 I_L 的大小来表示(偏转法)，也可以改变相邻桥臂阻值使 I_L 恢复到零(零读法)，然后根据相邻桥臂阻值的变化来确定应变片的阻值变化。

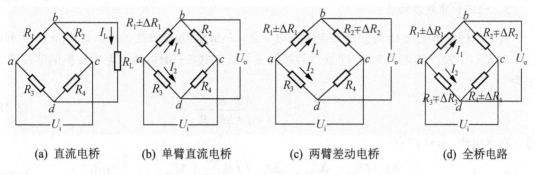

(a) 直流电桥　　(b) 单臂直流电桥　　(c) 两臂差动电桥　　(d) 全桥电路

图 2.7 直流电桥电路

2. 不平衡直流电桥的电压灵敏度

电桥后面通常需要接运算放大器，由于运算放大器的输入阻抗都很高，比电桥输出内阻大很多，可以把电桥输出端看成开路，如图 2.7(b)所示。此时电桥的输出电压为

$$U_o = U_i \frac{R_1 R_4 - R_2 R_3}{(R_1+R_2)(R_3+R_4)} \tag{2-12}$$

电桥的平衡条件与式(2-11)相同。应变片工作时，其电阻变化 ΔR_1，此时不平衡电压输

出为

$$U_o = U_i \frac{\frac{R_4}{R_3} \cdot \frac{\Delta R_1}{R_1}}{\left(1 + \frac{\Delta R_1}{R_1} + \frac{R_2}{R_1}\right)\left(1 + \frac{R_4}{R_3}\right)} \quad (2\text{-}13)$$

设桥臂比 $n = R_2/R_1 = R_4/R_3$,由于 $\Delta R_1 \ll R_1$,略去分母中的 $\Delta R_1/R_1$,式(2-13)变为

$$U_o \approx \frac{n}{(1+n)^2} \cdot \frac{\Delta R_1}{R_1} U_i \quad (2\text{-}14)$$

可得单臂工作应变电桥的电压灵敏度为

$$K_U = \frac{U_o}{\Delta R_1/R_1} \approx \frac{n}{(1+n)^2} U_i \quad (2\text{-}15)$$

由式(2-15)可以看出,电桥电压灵敏度与供桥电压和桥臂比 n 二者有关。供桥电压越高,电压灵敏度越高。可证明当 $n=1$ 时,即 $R_1 = R_2$、$R_3 = R_4$ 时的对称电桥灵敏度最大。

当 $n=1$ 时电桥输出为

$$U_o = \frac{U_i}{4} \cdot \frac{\Delta R_1}{R_1} = \frac{U_i}{4} K\varepsilon \quad (2\text{-}16)$$

电桥电压灵敏度为

$$K_U = \frac{U_i}{4} \quad (2\text{-}17)$$

小思考

上式表明电桥电压灵敏度与供电电压成正比,想一想制约应变电桥供电电压的因素是什么?

3. 电桥的非线性误差

实际电桥输出电压 U_o 与应变片电阻相对变化 $\Delta R_1/R_1$ 间为非线性关系,如式(2-13)所列;当 $\Delta R_1/R_1 \ll 1$ 时,U_o 与 $\Delta R_1/R_1$ 间近似为线性关系,如式(2-14)所列。电桥转换的非线性误差为

$$\gamma_L = \frac{\Delta R_1/R_1}{1 + n + \Delta R_1/R_1} \quad (2\text{-}18)$$

对于对称电桥,$n=1$ 时有

$$\gamma_L = \frac{\Delta R_1/2R_1}{1 + \Delta R_1/2R_1} = \frac{\Delta R_1}{2R_1}\left[1 - \frac{\Delta R_1}{2R_1} + \left(\frac{\Delta R_1}{2R_1}\right)^2 - \left(\frac{\Delta R_1}{2R_1}\right)^3 + \cdots\right] \approx \frac{\Delta R_1}{2R_1} \quad (2\text{-}19)$$

可见非线性误差与 $\Delta R_1/R_1$ 成正比。对金属电阻应变片,ΔR 非常小,电桥非线性误差可以忽略。对半导体应变片,由于其灵敏度大,受应变时 ΔR 很大,非线性误差将不可忽略,因此应采用差动电桥。

4. 差动电桥

在试件上安装两个工作应变片,当试件受力时,两个工作应变片的应变大小相同,极性

相反。将它们接入电桥相邻臂就构成了差动电桥，如图2.7(c)所示。电桥输出电压为

$$U_o = U_i \left[\frac{R_1 + \Delta R_1}{R_1 + \Delta R_1 + R_2 + \Delta R_2} - \frac{R_3}{R_3 + R_4} \right] \tag{2-20}$$

设初始时为 $R_1=R_2=R_3=R_4=R$，则式(2-20)简化为

$$U_o = \frac{U_i}{2} \cdot \frac{\Delta R_1 - \Delta R_2}{2R + \Delta R_1 + \Delta R_2} \tag{2-21}$$

若工作时应变片一片受拉、一片受压，即 $\Delta R_1 = -\Delta R_2 = \Delta R$，则式(2-21)简化为

$$U_o = \frac{U_i}{2} \cdot \frac{\Delta R}{R} = \frac{U_i}{2} K\varepsilon \tag{2-22}$$

可见，这时输出电压 U_o 与 $\Delta R/R$ 间成严格的线性关系，且电桥灵敏度比单臂电桥提高一倍。

若采用四臂电桥，如图2.7(d)所示，并设初始时 $R_1=R_2=R_3=R_4=R$，工作时各个桥臂中电阻应变片电阻的变化为 ΔR_1、ΔR_2、ΔR_3、ΔR_4，则根据式(2-12)可得

$$U_o = \frac{U_i}{4} \frac{\dfrac{\Delta R_1}{R} - \dfrac{\Delta R_2}{R} - \dfrac{\Delta R_3}{R} + \dfrac{\Delta R_4}{R}}{\left[1 + \dfrac{1}{2}\left(\dfrac{\Delta R_1}{R} + \dfrac{\Delta R_2}{R} + \dfrac{\Delta R_3}{R} + \dfrac{\Delta R_4}{R} \right) \right]} \tag{2-23}$$

差动工作时，若 $\Delta R_1 = \Delta R_4 = -\Delta R_2 = -\Delta R_3 = \Delta R$，则式(2-23)变为

$$U_o = \frac{\Delta R}{R} U_i = K\varepsilon U_i \tag{2-24}$$

🔑 **特别提示**

差动电桥不但灵敏度高，而且还可以消除或减小电桥的非线性误差和温度误差，自己动手证明一下吧！

【例2-1】 为测量图2.8(a)所示实心圆柱体的应变，沿其轴线方向粘贴一片电阻为120 Ω，灵敏系数 $K=2$ 的电阻应变片，并接入图2.8(b)所示直流电桥中，已知电桥供电电压为6 V，试求：

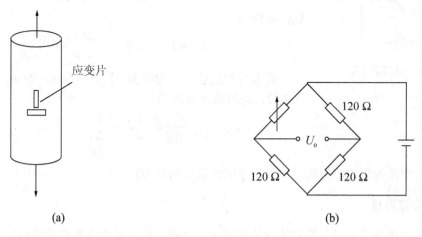

图2.8 测量实心圆柱体的应变

(1) 当应变片电阻变化值为0.48 Ω时，圆柱体的应变是多少？电桥输出电压是多少？

(2) 为补偿温度误差，现沿着圆柱体圆周方向再贴一片相同的应变片构成差动电桥，已知试件泊松系数 $\mu=0.3$，此时电桥输出又是多少？

解：（1）根据应变片转换基本公式 $\dfrac{\Delta R}{R} = K\varepsilon$，得圆柱体的应变为

$$\varepsilon = \dfrac{\Delta R/R}{K} = \dfrac{0.48/120}{2} = 0.002$$

根据单臂电桥输出公式(2-16)得

$$U_\mathrm{o} = \dfrac{U_\mathrm{i}}{4} K\varepsilon = \dfrac{6}{4} \times 2 \times 0.002\ \mathrm{V} = 0.006\ \mathrm{V} = 6\ \mathrm{mV}$$

（2）根据横向应变与轴向应变的关系，横向粘贴的应变片的电阻变化为 $-\mu\Delta R$，代入式(2-21)，得两臂差动电桥输出为

$$U_\mathrm{o} = \dfrac{U_\mathrm{i}}{2} \cdot \dfrac{\Delta R - (-\mu\Delta R)}{2R + \Delta R + (-\mu\Delta R)} \approx \dfrac{U_\mathrm{i}}{4} \cdot \dfrac{(1+\mu)\Delta R}{R}$$

$$= \dfrac{6}{4} \times \dfrac{(1+0.3) \times 0.48}{120}\ \mathrm{V} = 0.0078\ \mathrm{V} = 7.8\ \mathrm{mV}$$

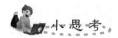

小思考

为什么本例中差动电桥的输出不是单臂电桥的 2 倍？

2.5.2 恒流源电桥

电桥产生非线性的原因之一是在工作过程中，由于产生 ΔR 变化，使通过桥臂的电流不恒定。若改用恒流源供电，如图 2.9 所示，供电电流为 I，当 $\Delta R_1 = 0$，且负载电阻很大时，通过各臂的电流为

$$I_1 = \dfrac{R_3 + R_4}{R_1 + R_2 + R_3 + R_4} I \tag{2-25}$$

$$I_2 = \dfrac{R_1 + R_2}{R_1 + R_2 + R_3 + R_4} I \tag{2-26}$$

输出电压为

$$U_\mathrm{o} = I_1 R_1 - I_2 R_3 = \dfrac{R_1 R_4 - R_2 R_3}{R_1 + R_2 + R_3 + R_4} I \tag{2-27}$$

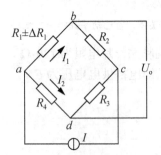

图 2.9 恒流源电桥

若电桥初始处于平衡状态，且 $R_1 = R_2 = R_3 = R_4 = R$；当 R_1 变为 $R + \Delta R$ 时，电桥输出电压为

$$U_\mathrm{o} = \dfrac{R\Delta R}{4R + \Delta R} I = \dfrac{1}{4} I \dfrac{\Delta R}{1 + \dfrac{\Delta R}{4R}} \tag{2-28}$$

可见，与恒压源相比，恒流源电桥的非线性误差减小 1/2。

2.5.3 交流电桥

直流电桥的优点是高稳定度直流电源易于获得，电桥调节平衡电路简单，如果测量静态量，输出为直流量，精度较高；传感器及测量电路分布参数影响小。直流电桥的缺点是容易受工频干扰，产生零点漂移。在动态测量时往往采用交流电桥。

1. 交流电桥的平衡条件

交流电桥电路如图 2.10 所示。其输出电压为

$$\dot{U}_o = \frac{z_1 z_4 - z_2 z_3}{(z_1 + z_2)(z_3 + z_4)} \dot{U}_i \qquad (2\text{-}29)$$

平衡条件为

$$z_1 z_4 = z_2 z_3 \qquad (2\text{-}30)$$

设各臂阻抗为

$$\begin{cases} z_1 = r_1 + jx_1 = Z_1 e^{j\varphi_1} \\ z_2 = r_2 + jx_2 = Z_2 e^{j\varphi_2} \\ z_3 = r_3 + jx_3 = Z_3 e^{j\varphi_3} \\ z_4 = r_4 + jx_4 = Z_4 e^{j\varphi_4} \end{cases} \qquad (2\text{-}31)$$

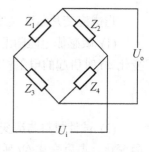

图 2.10 交流电桥电路

式中：r_i、x_i 分别为相应各桥臂的电阻和电抗，Z_i 和 φ_i 分别为复阻抗的模和幅角（$i=1,2,3,4$）。故交流电桥的平衡条件为

$$\begin{cases} Z_1 Z_4 = Z_2 Z_3 \\ \varphi_1 + \varphi_4 = \varphi_2 + \varphi_3 \end{cases} \qquad (2\text{-}32)$$

式(2-32)表明，交流电桥平衡要满足两个条件，即相对两臂复阻抗的模之积相等，并且其幅角之和相等。所以交流电桥的平衡比直流电桥的平衡要复杂得多。

2. 交流电桥的平衡调节

对于纯电阻交流电桥，由于应变片连接导线的分布电容，相当于在应变片上并联了一个电容，如图 2.11(a)所示，所以在调节平衡时，除使用电阻平衡装置外，还要使用电容平衡装置，两者配合使之满足式(2-32)的条件。

图 2.11(b)所示为常用的电容调零电路，由电位器 R_P 和固定电容器 C 组成。改变电位器上滑动触点的位置，以改变并联到桥臂上的阻、容串联而形成的阻抗相角，可达到平衡条件。

图 2.11(c)所示为另一种调零电路，它直接将一精密差动电容 C_2 并联到桥臂上，改变其值以达到电容调零的目的。

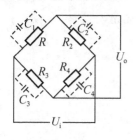 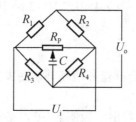 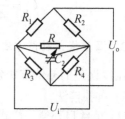

(a) 导线的分布电容　　　　(b) 电容调零电路 1　　　　(c) 电容调零电路 2

图 2.11　交流电桥平衡调节

2.6　电阻应变片的温度误差及其补偿

用应变片测量时，由于环境温度变化所引起的电阻变化与试件应变所造成的电阻变化几

乎有相同的数量级，从而产生很大的测量误差。必须采取措施以保证测量精度。

1. 温度误差及其产生原因

造成应变片温度误差的原因主要有两个：

(1) 敏感栅电阻随温度的变化引起的误差。设敏感栅材料电阻温度系数为 α，当环境温度变化 Δt 时引起的电阻相对变化为

$$\left(\frac{\Delta R}{R}\right)_{t1} = \alpha \Delta t \tag{2-33}$$

(2) 试件材料与应变丝材料的线膨胀系数不同，使应变丝产生附加拉长(或压缩)，引起电阻变化。温度变化 Δt 所引起的该项电阻相对变化为

$$\left(\frac{\Delta R}{R}\right)_{t2} = K(\beta_g - \beta_s)\Delta t \tag{2-34}$$

式中：K 为应变片灵敏系数；β_g 为试件线膨胀系数；β_s 为应变片敏感栅材料线膨胀系数。

因此，由于温度变化引起的总电阻相对变化为

$$\left(\frac{\Delta R}{R}\right)_t = \left(\frac{\Delta R}{R}\right)_{t1} + \left(\frac{\Delta R}{R}\right)_{t2} = \alpha \Delta t + K(\beta_g - \beta_s)\Delta t \tag{2-35}$$

折合成应变量为

$$\varepsilon_t = \left(\frac{\Delta R}{R}\right)_t \bigg/ K = \frac{\alpha \Delta t}{K} + (\beta_g - \beta_s)\Delta t \tag{2-36}$$

【例 2-2】在例 2-1 中，已知敏感栅材料的电阻温度系数为 $20 \times 10^{-6}°C^{-1}$，线膨胀系数为 $16 \times 10^{-6}°C^{-1}$，圆柱试件的线膨胀系数为 $12 \times 10^{-6}°C^{-1}$，试计算温度变化 $20°C$ 时引起的单臂电桥输出是多少？

解：根据式(2-35)，代入相关数据计算得

$$\left(\frac{\Delta R}{R}\right)_t = [20 \times 10^{-6} + 2 \times (12 \times 10^{-6} - 16 \times 10^{-6}) \times 20] = 2.4 \times 10^{-4}$$

温度变化引起的单臂电桥输出为

$$U_o = \frac{U_i}{4}\left(\frac{\Delta R}{R}\right)_t = \frac{6}{4} \times 2.4 \times 10^{-4} \text{ V} = 3.6 \times 10^{-4} \text{ V} = 0.36 \text{ mV}$$

2. 温度误差补偿方法

温度误差的补偿方法分应变片自补偿和桥路补偿两大类。

1) 自补偿法

(1) 单丝自补偿。由式(2-36)可看出，为使 $\varepsilon_t = 0$，必须满足

$$\alpha + K(\beta_g - \beta_s) = 0 \tag{2-37}$$

对于给定的试件，可适当选取栅丝的材料，以满足式(2-37)，达到在一定范围内补偿的目的。

这种自补偿应变片加工容易，成本低，缺点是只适用特定试件材料，温度补偿范围较窄。

(2) 双丝组合式自补偿。将两种不同电阻温度系数(一种为正值，一种为负值)的材料串联组成敏感栅，如图 2.12(a)所示。两段敏感栅 R_1 与 R_2 由于温度变化而产生的电阻变化分别为

ΔR_{1t} 与 ΔR_{2t}，若使 $\Delta R_{1t} = -\Delta R_{2t}$，则可起到温度补偿作用。

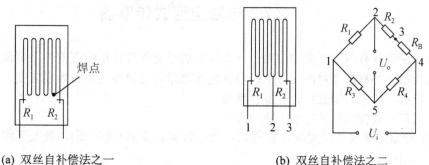

(a) 双丝自补偿法之一　　　　　　(b) 双丝自补偿法之二

图 2.12　组合式自补偿

组合式自补偿应变片的另一种形式是用两种同符号温度系数的合金丝串接成敏感栅，在串接处焊出引线并接入电桥，如图 2.12(b)所示。适当调节 R_1 与 R_2 的长度比和外接电阻 R_B 的值，使之满足条件

$$\frac{\Delta R_{1t}}{R_1} = \frac{\Delta R_{2t}}{R_2 + R_B} \tag{2-38}$$

即可满足温度自补偿要求。

2) 桥路补偿法

在常温应变测量中常采用桥路补偿法，这种方法简单、经济、补偿效果好。如图 2.13 所示，工作应变片 R_1 安装在被测试件上，另选一个特性与 R_1 相同的补偿片 R_B，安装在材料与试件相同的补偿件上，温度与试件相同，但不承受应变。R_1 与 R_B 接入电桥相邻臂上。由于相同温度变化造成 R_1 和 R_B 电阻变化 ΔR_{1t} 与 ΔR_{Bt} 相同，根据电桥理论可知，电桥输出电压与温度变化无关。

在有些应用中，可以通过巧妙地安装多个应变片以达到温度补偿和提高测量灵敏度的双重目的。如图 2.14 所示，在等强度悬臂梁的上下表面对应位置粘贴 4 片相同的应变片并接成差动全桥，当梁受压力 F 时，R_1 和 R_2 应变片受拉应变，电阻增加，而 R_3 和 R_4 应变片受压应变，电阻减小，电桥输出为单臂工作时的 4 倍。当温度变化时，引起 4 片应变片的电阻变化相同，由式(2-23)可知电桥输出不变。

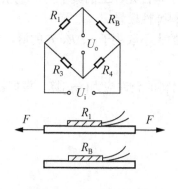

图 2.13　电桥补偿法

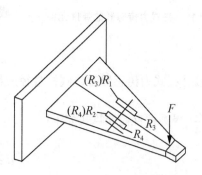

图 2.14　差动电桥温度误差补偿法

2.7 电阻应变式传感器

电阻应变片有两个方面的应用：一是作为敏感元件直接粘贴在构件上测量构件应变；二是作为转换元件粘贴在弹性元件上，将其他物理量通过弹性元件转换成应变，从而构成力、压力、位移、扭矩、加速度等类型传感器。

电阻应变式传感器具有如下独特优点：

(1) 测量灵敏度和精度高，量程大，最小可测 $1\sim2\,\mu\varepsilon$ (微应变)，最大可测 $20000\,\mu\varepsilon$，精度可达 0.01%；

(2) 结构简单、尺寸小、质量轻、使用方便，适合静态、动态测量；

(3) 性能稳定、可靠，适应性强，可在高温、超低温、高压、水下、强磁场及核辐射等恶劣环境下使用；

(4) 易于实现测试过程自动化和多点同步测量、远距离测量和遥测。

因此，它在航空、机械、电力、化工、建筑、医学等诸多领域有很广泛的应用。

2.7.1 电阻应变式力传感器

载荷和力传感器是试验技术和工业测量中用得较多的一种传感器，其中采用应变片的应变式力传感器占有主导地位，传感器的量程从几克到几百吨。测力传感器主要作为各种电子秤和材料试验机的测力元件，或用于发动机的推力测试，以及水坝坝体承载状况的监测等。力传感器的弹性元件有柱式、悬臂式、环式、桁架式等多种。

1. 柱式力传感器

柱式力传感器的弹性元件分实心和空心两种，如图 2.15 所示。其特点是结构简单，可承受较大载荷，最大可达 $10^7\,\text{N}$，在测 $10^3\sim10^5\,\text{N}$ 载荷时，为提高变换灵敏度和抗横向干扰，一般采用空心圆柱结构。

根据材料力学，柱沿轴向的应变为

$$\varepsilon_x = \frac{F}{ES} \tag{2-39}$$

式中：F 为作用于弹性元件上的集中力；S 为圆柱的横截面积；E 为材料弹性模量。

可见，应变的大小取决于 S、E、F 的值，与轴长度无关。

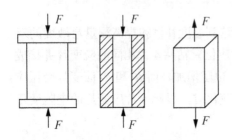

图 2.15 柱式力传感器的弹性元件

设计柱式力传感器时，圆柱直径应根据所选用的材料的允许应力 $[\sigma_b]$ 算。根据 $\sigma_x = \dfrac{F}{S}$ 和 $S = \dfrac{\pi d^2}{4}$ 得圆柱直径计算式如下：

$$d \geqslant \sqrt{\frac{4}{\pi}\cdot\frac{F}{[\sigma_b]}} \tag{2-40}$$

根据式(2-39)，要想提高灵敏度，必须减小圆柱横截面积 S，但其抗弯能力会减弱，且对横向干扰力敏感，为此，对较小集中力的测量，多采用空心圆筒。

对空心柱,式(2-39)仍适用。空心柱在同样的横截面下,其心轴直径可更大,抗弯能力大大提高,但空心柱在壁薄时,受力后将产生桶形变形而影响精度。

由于空心柱面积 $S = \dfrac{\pi(D^2 - d^2)}{4}$,则空心柱外径为

$$D \geqslant \sqrt{\dfrac{4}{\pi} \cdot \dfrac{F}{[\sigma_b]} + d^2} \tag{2-41}$$

式中:D 为空心柱外径;d 为空心柱内径。

弹性元件的高度对传感器的精度和动态特性都有影响。由材料力学可知,高度对沿其横截面的变形有影响。当高度与直径的比值 $H/D \gg 1$ 时,沿其中间断面上的应力状态和变形状态与其端面上作用的载荷性质和接触条件无关。试验研究的结果建议采用下式:

$$H \geqslant 2D + l \tag{2-42}$$

式中:l 为应变片的基长。

对空心柱建议采用下式:

$$H \geqslant D - d + l \tag{2-43}$$

当柱体在轴向受拉或压作用时,其横断面上的应变实际上是不均匀的。这是因为作用力不可能正好通过柱体的中心轴线,这样柱体除受拉(压)外,还受到横向力和弯矩。通过恰当的布片和桥路连接方式可以减小这种影响,图2.16所示为常用的一种方式。图中各应变片上的应变分别为

$$\begin{cases} \varepsilon_1 = \varepsilon_1' = \varepsilon_4 = \varepsilon_4' = \varepsilon + \varepsilon_t \\ \varepsilon_2 = \varepsilon_2' = \varepsilon_3 = \varepsilon_3' = -\mu\varepsilon + \varepsilon_t \end{cases} \tag{2-44}$$

式中:ε_t 为温度引起的虚假应变。

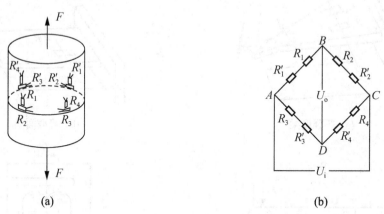

图 2.16 柱式力传感器的布片和桥路连接方式

全桥电桥的输出电压为

$$U_o = \dfrac{U_i K}{4} \dfrac{4(1+\mu)\varepsilon}{[1 + 2(1-\mu)\varepsilon + 2\varepsilon_t]} \approx (1+\mu)K\varepsilon U_i \tag{2-45}$$

图2.17所示为国产 BLR-1 型拉力传感器结构图。弹性元件为空心圆筒,材料为40Cr钢。沿轴向和径向各粘贴有4片应变片,共8片应变片组成全桥。这种传感器有16种额定载荷的型号,最小 10^3 N,最大 10^6 N。随载荷的增加,传感器尺寸增大。

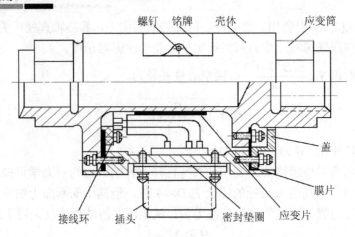

图 2.17 BLR-1 型拉力传感器

2. 梁式力传感器

梁式力传感器有多种形式，如图 2.18 所示。图 2.18(a)所示为等强度梁。力 F 作用于梁端三角形顶点上，距作用力任何距离的截面上应力均相等，梁表面上的应变也相等，应变值为

$$\varepsilon = \frac{6l}{Eb_0 h^2} F \tag{2-46}$$

这种梁的优点是对在 l 方向上粘贴应变片位置要求不严格。

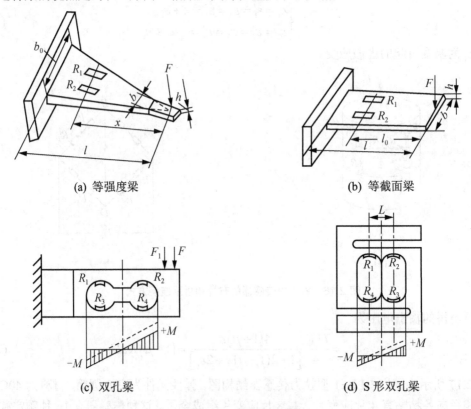

图 2.18 梁式力传感器

设计等强度梁时，可先设定梁的厚度 h、长度 l，根据在最大载荷下梁的应力不应超过材

料允许应力$[\sigma_b]$，即可求得梁的宽度b_0以及沿梁长度方向宽度的变化值，即

$$b_0 \geqslant \frac{6Fl}{h^2[\sigma_b]} \tag{2-47}$$

需注意的是，等强度梁端部截面积不能为零，所需的最小宽度应按材料的允许剪应力$[\tau]$来确定如下：

$$b_{\min} = \frac{3F}{2h[\tau]} \tag{2-48}$$

图2.18(b)所示为等截面梁。等截面梁结构简单，易加工，灵敏度高，当力作用于自由端时，在应变片粘贴位置的应变为

$$\varepsilon = \frac{6l_0}{Ebh^2}F \tag{2-49}$$

可见，梁各个位置所产生的应变不同，力作用点的移动会引起误差。

图2.18(c)所示为双孔梁，它是一种改进形式的梁，多用于工业电子秤和商业电子秤等小量程称重场所。另一种改进形式的梁是S形双孔梁，用于较小量程载荷(几十到几百千克)的测量，如图2.18(d)所示。它们的特点是动态特性好、滞后小，荷重安放位置不会影响输出。

4片应变片接成差动全桥的输出为

$$U_o = \frac{U_i K}{2EW} FL \tag{2-50}$$

式中：L为双孔中心距离；W为抗弯截面模量，$W = \frac{bh^2}{6}$；其余参数含义同前。

3. 剪切式力传感器

剪切式力传感器的特点是将电阻应变片安装在弹性元件上剪应变最大处的主应变方向。通过理论分析和实践发现，剪切式力传感器的输出和精度比拉压式力传感器高。图2.19所示为两种梁式剪切力传感器的形式。

梁长度的中间截面弯矩为零，中性层处是最大剪应变所在处，为此将电阻应变片安装在该截面的中性层上，栅丝与中性层成45°方向，即最大正应变方向。

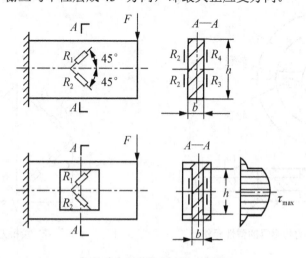

图 2.19 梁式剪切弹性元件

4片应变片接成全桥电路后，电桥输出的应变与外力的关系如下：

矩形截面梁：

$$\varepsilon = \frac{3}{bhG}F \tag{2-51}$$

工字形截面梁：

$$\varepsilon = \frac{2}{bhG}F \tag{2-52}$$

式中：G 为剪切弹性模量，$G = E/2(1+\mu)$。

矩形截面梁的剪应力分布呈高抛物线状，剪应力变化梯度大，当应变片贴片位置有偏差时对传感器的灵敏度和性能影响较大，为此，通常将梁的截面设计成工字型。工字型截面梁的剪应力分布比较均匀 ($\tau_{max}/\tau_{min}=1.25$)，易于保证中性层处的相当应力和应变是弹性元件中的最大值，贴片位置偏差对传感器的灵敏度和性能影响小，而且从式(2-51)与式(2-52)比较可以看出，还可以提高灵敏度。

梁式剪切弹性元件可以消除由于载荷作用点偏移造成的误差。因为当载荷的作用位置偏移时，中性轴上的剪应力和45°方向的线应变不会产生变化，为了尽可能地减少弯矩的影响，可将电阻应变片安装在弯矩为零的截面上，如图2.20所示。

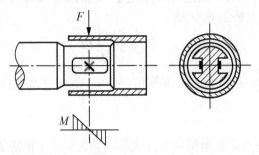

图 2.20 减小弯矩影响的剪切力传感器贴片方式

图 2.21(a)所示为轮辐式剪切力传感器的弹性元件，它好像一个车轮，由轮毂、轮箍和轮辐三部分组成，通常是用整块金属加工出来的，结构紧凑。

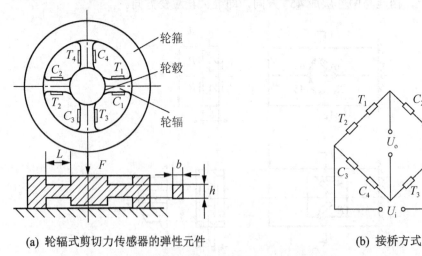

(a) 轮辐式剪切力传感器的弹性元件　　　　(b) 接桥方式

图 2.21 轮辐式剪切力传感器

在保证轮毂和轮圈的刚度足够大的情况下，轮辐就可以看做两端固支的梁，在轮辐条中

间截面($L/2$处)的弯矩为零,在该截面中性层处安装电阻应变片,可以得到轮辐中性层处沿45°方向的正应变为

$$\varepsilon = \frac{3}{16bhG}F \tag{2-53}$$

每个轮辐两侧面各粘贴一片应变片,与中性层成±45°,一片受拉,一片受压,八片应变片的接桥方式如图2.21(b)所示,则应变电桥的输出/输入关系为

$$\frac{U_o}{U_i} = K\varepsilon = \frac{3}{16bhG}KF = \frac{3(1+\mu)K}{8bhE}F \tag{2-54}$$

式中:各符号含义见图2.21以及前文所述。

2.7.2 电阻应变式压力传感器

电阻应变式压力传感器是目前测量压力精度较高,使用方便的一种传感器。不同的压力范围采用不同的弹性元件结构形式,主要有平膜片式、筒式和组合式等,可用于液体、气体的动态和静态压力测量。

1. 平膜片式压力传感器

传感器的弹性元件是一个周边固定的圆形金属膜片,如图2.22(a)所示。当它的一面承受压力时将产生弯曲变形,任意半径r处的径向应力和切向应力分别为

$$\sigma_r = \frac{3p}{8h^2}\left[(1+\mu)r_0^2 - (3+\mu)r^2\right] \tag{2-55}$$

$$\sigma_t = \frac{3p}{8h^2}\left[(1+\mu)r_0^2 - (1+3\mu)r^2\right] \tag{2-56}$$

式中:p为压力;h为膜片厚度;r_0为膜片半径;μ为膜片材料的泊松比。

如图2.22(b)所示,在膜片中心($r=0$),ε_r、ε_t达到正的最大值;当$r=0.635r_0$时,$\varepsilon_r=0$;当$r>0.635r_0$时,ε_r产生负值;当$r=r_0$时,$\varepsilon_t=0$,ε_r达到负最大值。一般用小栅长应变片在膜片中心沿切向贴两片,在边缘处沿径向贴两片,并接成全桥线路,以提高灵敏度和进行温度补偿。

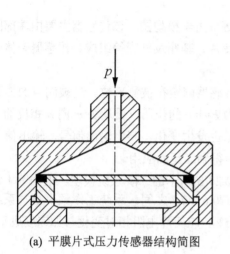

(a) 平膜片式压力传感器结构简图　　(b) 贴片位置及应变分布曲线

图2.22　平膜片式压力传感器

2. 筒式压力传感器

当被测压力较大时，多采用筒式压力传感器，如图2.23(a)所示。当内腔与被测压力场相通时，圆筒部分外表面上的切向应变(沿着圆周线)为

$$\varepsilon = \frac{p(2-\mu)}{E(n^2-1)} \tag{2-57}$$

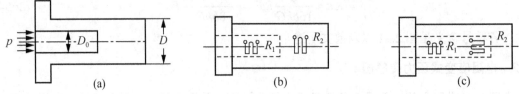

图 2.23 筒式压力传感器

式中：n 为筒的外径与内径之比，$n = D_0/D$；

若筒壁较薄，可用下式计算应变

$$\varepsilon = \frac{pD}{\beta E}(1-0.5\mu) \tag{2-58}$$

式中：β 为筒的外径与内径之差，$\beta = D_0 - D$；其余参数含义同前。

为进行温度补偿，可在筒端部钢性部分粘贴应变片，如图 2.23(b)所示。对没有端部的圆筒，则可沿圆周和筒长方向各粘贴一片应变片，以补偿温度误差，如图 2.23(c)所示。

由计算式(2-57)可知，筒所受应变与壁厚成反比。对一直径为 12 mm 的圆筒，最小壁厚约为 0.2 mm，如用钢制成($E = 20 \times 10^6 \, \text{N/cm}^2$，$\mu = 0.3$)，设工作应变为 1000 $\mu\varepsilon$，可计算出可测压力约为 780 N/cm²。

筒式压力传感器可用来测量机床液压系统的压力($10^6 \sim 10^7$ Pa)，也可用来测量枪炮的膛内压力(10^8 Pa)，其动特性和灵敏度主要由材料和尺寸决定。

2.7.3 电阻应变式加速度传感器

图 2.24 所示为应变式加速度传感器结构图及等效力学模型图。该传感器主要由端部固定并带有惯性质量块 m 的悬臂梁及贴在梁根部的应变片、基座及外壳等组成。传感器壳体中充满有机硅油作为阻尼之用。

测量时，根据所测振动体加速度的方向，把传感器固定在被测部位。当被测点的加速度沿图中箭头 x_1 所示方向时，悬臂梁自由端受惯性力 $F = ma$ 的作用，质量块 m 向 a 相反的方向相对于基座运动，使梁发生弯曲变形，应变片电阻也发生变化，产生输出信号，输出信号大小与加速度成正比。这种传感器在低频振动测量中得到广泛的应用。

图 2.24(a)所示的加速度传感器可以抽象成图 2.24(b)所示的二阶系统模型。根据第 1 章对二阶系统频率特性的分析可知，当系统阻尼比 ξ 在 0.6~0.7 之间，系统工作频率 ω 与系统固有频率 ω_n 之比小于 0.58 时，系统动态误差小于 0.5%，应变片电阻相对变化与加速度成正比。

电阻应变式传感器 第 2 章

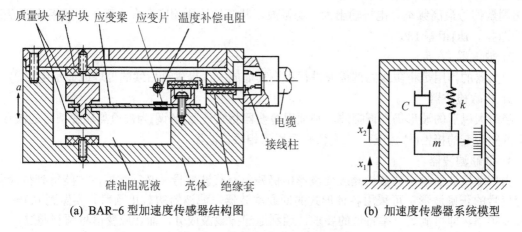

(a) BAR-6 型加速度传感器结构图　　(b) 加速度传感器系统模型

图 2.24　电阻应变式加速度传感器

特别提示

系统固有频率 $\omega_n = \sqrt{k/m}$，固有频率越高，传感器灵敏度越低，而测量的频率范围越宽，两者是互相矛盾的，设计时应考虑频率范围许可条件下减小固有频率以提高灵敏度，这就要求合理设计悬臂梁的形状尺寸以获得合适的刚度和合理选择质量块的质量。

2.8　电阻应变仪

电阻应变仪是用应变片、放大、处理、显示等电路组成的可直接用于测量应变的一种仪器，如果配用相应的电阻应变式传感器，也可以测力、压力、力矩、位移、振动、加速度等物理量。

电阻应变仪主要由应变电桥、振荡器、放大器、相敏检波器、滤波器、指示或记录器、电源等部分组成。其组成及原理框图如图 2.25 所示。

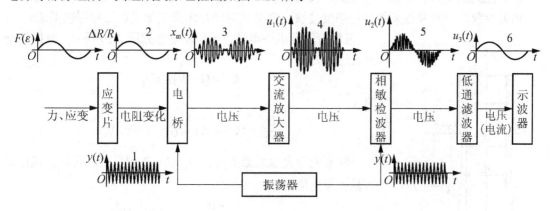

图 2.25　电阻应变仪组成原理框图

1—供桥电源波形(载波)；2—被测信号波形(调制波)；3—电桥输出波形(已调波)；4—放大后波形；
5—相敏检波器解调后波形；6—经滤波器后波形

1) 电桥

电桥多采用惠斯顿电桥，由振荡器供给等幅正弦波作为桥路电源，正弦波频率一般为 5～

10 倍测量信号最高频率。电桥输出为一调幅波,其幅值按所测应变大小变化,其相位按应变正、负(拉、压)相差 180°。

2) 放大器

放大器的作用是将微弱的调幅波进行不失真地放大,提供给后续的处理或显示电路。

3) 相敏检波器

经放大以后的波形仍为调幅波,必须用检波器将它还原(解调)为被检测应变信号的波形。为了区别应变的极性(拉、压),应变仪中采用了相敏检波器。

4) 低通滤波器

由相敏检波器输出的被检测应变波形中仍残留有载波信号,必须滤掉,方能得到被检测应变信号的正确波形。可采用各种形式的低通滤波器。滤波器的截止频率只要做到 0.3~0.4 倍载波频率,即可满足频率特性的要求,顺利地滤掉载波成分,而让应变信号顺利通过。

5) 振荡器

振荡器的作用是产生一个频率、振幅稳定且波形良好的正弦交流电压,作为电桥供桥电压和相敏检波器的参考电压。振荡器的频率(即载波频率)一般要求不低于被测信号频率的 5~10 倍,以保证调幅波的包络接近应变波的波形。

特别提示

图 2.25 所示的应变仪是一个开环系统,系统的灵敏度是各环节灵敏度之积,系统误差是各环节误差之和,所以应注意传感器本身及仪器电路各个环节的设计,以获得高灵敏度和精度。

【例 2-3】以图 2.17 所示国产 BLR-1 型拉力传感器为例,设计一个满量程为 9.8 kN 的拉力传感器。传感器弹性元件形状如图 2.26 所示,材料选用 40CrNiMo,材料的强度极限 σ_b=1100 MPa,比例极限 σ_b=800 MPa,材料弹性模量 E=210 GPa,泊松系数 μ=0.29。

解:

1) 设计思路

常规柱式应变力传感器的测量灵敏度应达到 1~3 mV/V,设计时以此为依据计算弹性元件的相关参数,再对弹性元件进行强度校核,直至同时满足测量灵敏度和使用强度要求。

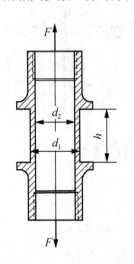

图 2.26 拉力传感器弹性元件

采用恒压源电桥电路,布片及电桥如图 2.16 所示,电桥的输出表达式为

$$U_o = (1+\mu)K\varepsilon U_i$$

即

$$\frac{U_o}{U_i} = (1+\mu)K\varepsilon = (1\text{~}3) \text{ mV/V}$$

取应变片灵敏系数 K=2,U_o/U_i = 2 mV/V,代入上式计算得最大应变值为

$$\varepsilon = \frac{2\times 10^{-3}}{(1+0.29)\times 2} = 7.75\times 10^{-4}$$

取 $[\varepsilon]_{max} = 8\times 10^{-4}$。

2) 弹性元件内、外径的计算

根据拉伸时轴向应变 ε、力 F、面积 S 之间的关系: $S = \dfrac{F}{E\varepsilon}$,

代入已知参数，计算弹性元件截面积为

$$S = \frac{F}{E[\varepsilon]_{max}} = \frac{9.8 \times 10^3}{210 \times 10^9 \times 8 \times 10^{-4}} \text{m}^2 = 0.583 \times 10^{-4} \text{m}^2$$

弹性元件的外径 d_1 不能选择得太小，否则会由于力的偏心造成很大的误差。这里选用外径为 d_1=1.5 cm 的空心管，面积计算公式为

$$S = \frac{\pi(d_1^2 - d_2^2)}{4}$$

则内径 d_2 为 $d_2 = \sqrt{d_1^2 - \frac{4}{\pi}S} = 1.23$ cm，保留一位小数 d_2=1.3 cm。

这样空心管壁厚 t=0.1 cm。

3) 柱高 h 及其他尺寸的确定

为了防止弹性元件受压时出现失稳现象，柱高 h 应当选得小些，但又必须使应变片能够反映截面应变的平均值，这里选用弹性元件工作段的长度为：$h=2d_1$=3 cm。

由于壁很薄，还必须检验是否会出现局部失稳。薄壁管的失稳临界应力计算如下：

$$\sigma_{bm} = \frac{Et}{\frac{1}{2}(d_1+d_2)\sqrt{3(1-\mu^2)}}$$

$$= \frac{210 \times 10^9 \times 0.1 \times 10^{-2}}{\frac{1}{2}(1.5+1.3) \times 10^{-2}\sqrt{3(1-0.29^2)}} \text{Pa} = 9049 \text{ MPa}$$

校核在超过满量程 150%情况下，弹性元件截面中的应力大小如下：

$$\sigma = \frac{1.5F}{S} = \frac{1.5 \times 9.8 \times 10^3}{\frac{\pi}{4}(1.5^2 - 1.3^2) \times 10^{-4}} \text{Pa} = 334 \text{ MPa}$$

计算表明，受力超过满量程 150%时的应力还远远小于材料的比例极限和临界应力，这表明该弹性元件不会出现弹性失稳。另外弹性元件两端有螺纹孔，以便连接拉力螺栓，螺孔设计为 M14，查阅手册可知它的许用载荷远远大于 9.8 kN。

4) 输出量的计算

根据弹性元件设计尺寸计算满量程下的轴向应变为

$$\varepsilon = \frac{F}{SE} = \frac{9.8 \times 10^3}{\frac{\pi}{4}(1.5^2 - 1.3^2) \times 10^{-4} \times 210 \times 10^9} = 1061 \times 10^{-6}$$

对应电桥单位激励电压下的输出为

$$\frac{U_o}{U_i} = (1+\mu)K\varepsilon = 1.29 \times 2 \times 1061 \times 10^{-6} \text{V/V} = 2.74 \text{ mV/V}$$

故知设计满足灵敏度和强度要求。

2.9 压阻式传感器

固体受到作用力后，电阻率会发生变化，这种效应称为压阻效应。半导体材料的这种效应特别显著，可做成各种压阻式传感器。

压阻式传感器有两种类型：一种是利用半导体材料的体电阻做成的粘贴式应变片；另一类是在半导体材料的基片上用集成电路工艺制成扩散电阻，称为扩散型压阻传感器。压阻式传感器的灵敏系数大，分辨率高，频率响应高，体积小，主要用于测量压力、加速度和载荷等参数。压阻式传感器的缺点是温度误差较大，必须要有温度补偿。

2.9.1 基本工作原理

就一条形半导体压阻元件而言，在外力作用下电阻变化的方程仍为式(2-4)，但对于半导体材料，由材料几何尺寸变化引起的电阻变化(式中第一项)要比材料电阻率变化引起的电阻变化(式中第二项)小得多，故有

$$\frac{dR}{R} \approx \frac{d\rho}{\rho} \tag{2-59}$$

半导体电阻率的相对变化为

$$\frac{\Delta \rho}{\rho} = \pi_1 E_1 \varepsilon = \pi_1 \sigma \tag{2-60}$$

式中：π_1 为半导体沿某晶向的压阻系数；E_1 为半导体材料的弹性模量(与晶向有关)。

因此，半导体应变片的应变灵敏系数为

$$K_B = \frac{\Delta \rho / \rho}{\varepsilon} = \pi_1 E_1 \tag{2-61}$$

用于制作半导体应变片的材料最常用的是硅和锗。在硅和锗中渗进硼、铝、镓、铟等杂质，可以形成 P 型半导体；渗进磷、锑、砷等，则形成 N 型半导体。渗入杂质的浓度越大，半导体材料的电阻率就越低。表 2-5 所列为硅和锗不同晶向的压阻系数 π_1、弹性模量 E_1 和应变灵敏系数 K_B 的数值。

表 2-5 硅和锗的参数

参　　数	晶向形态	硅($\rho=10\Omega \cdot cm$)		锗($\rho=10\Omega \cdot cm$)	
		N	P	N	P
$\pi_1 / (10^{-7} cm \cdot N^{-1})$	[100]	-102	+6.5	-3	+6
	[110]	-63	+71	-72	+47.5
	[111]	-8	+93	-95	+65
$E_1 / (10^{-7} cm^2 \cdot N)$	[100]	1.30		1.01	
	[110]	1.67		1.38	
	[111]	1.87		1.55	
K_B	[100]	-132	+10	-2	+5
	[110]	-104	+123	-97	+65
	[111]	-13	+177	-147	+103

由表 2-5 可见，半导体是各向异性材料，其压阻系数与晶向形态密切相关。N 型硅的[100]晶向、P 型硅的[111]晶向、N 型锗的[111]晶向、P 型锗的[111]晶向，其灵敏系数比金属丝应变片要大几十倍。

当半导体材料同时存在纵向及横向应力时，电阻变化与给定点的应力关系为

$$\frac{\Delta R}{R} = \pi_l \sigma_l + \pi_t \sigma_t \quad (2\text{-}62)$$

式中：π_l 为纵向压阻系数；π_t 为横向压阻系数；σ_l 为纵向应力；σ_t 为横向应力。

2.9.2 半导体应变片

利用半导体锗和硅等材料的体电阻可做成粘贴式应变片。制作的步骤如下：将单晶锭按一定的晶轴方向切成薄片，进行研磨加工后，再切成细条，经过光刻腐蚀工序，将半导体条安装内引线，然后贴在基底上，最后安装外引线。图 2.27 所示为体形半导体应变片的结构形状，敏感栅的形状可作成条形、U 形、W 形，敏感栅长度一般为 1～9 mm。

半导体应变片的突出优点是灵敏度高。它的灵敏系数比金属应变片大几十倍，可以不需要放大仪器而直接与记录仪器相连，机械滞后小。缺点是电阻和灵敏系数的温度稳定性差，测量较大应变时非线性严重。

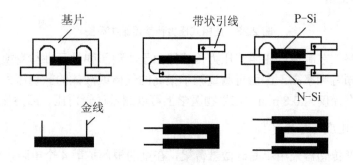

图 2.27 体形半导体应变片的结构形状

2.9.3 压阻式传感器

将制作成一定形状的 N 型单晶硅作为弹性元件，选择一定的晶向，通过半导体扩散工艺在硅基底上扩散出 4 个 P 型电阻，构成惠斯顿电桥的 4 个桥臂，从而实现了弹性元件与变换元件一体化，这样的敏感器件称为压阻式传感器。压阻式传感器主要用于测量压力、加速度和载荷等参数。

1. 压阻式压力传感器

图 2.28 所示为压阻式压力传感器结构。其核心部分是一块沿某晶向切割的圆形 N 型硅膜片，膜片上利用集成电路工艺扩散 4 个阻值相等的 P 型电阻。膜片四周用圆硅环固定，膜片下部是与被测系统相连的高压腔，上部一般可与大气相通。膜片上各点的应力分布由式(2-55)、式(2-56)给出，在 $r=0.635r_0$ 处径向应力 σ_r 为零。

4 个扩散电阻沿[110]晶向分别在 $r=0.635r_0$ 处内外排列，在 $0.635r_0$ 半径之内径向应力 σ_r 为正，在 $0.635r_0$ 半径之外径向应力 σ_r 为负，设计时，通过选择扩散电阻的径向位置，使内外电阻承受的应力大小相等，方向相反，4 个电阻接入差动电桥，电桥输出反映了压力大小。

为保证较好的测量线性度，扩散电阻上所受应变不应过大，控制膜片边缘处径向应变不超过 400～500$\mu\varepsilon$ 来保证。膜片厚度为

$$h \geqslant r_0 \sqrt{\frac{3P(1-\mu^2)}{4E\varepsilon_{r,\max}}} \qquad (2\text{-}63)$$

式中：$\varepsilon_{r,\max}$ 为膜片边缘处允许最大径向应变。

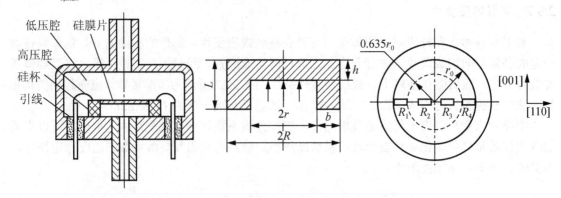

图 2.28 压阻式压力传感器结构简图

利用集成电路工艺制造的压阻式压力传感器由于实现了弹性元件与变换元件一体化，尺寸小，质量轻，固有频率高，因而可测量频率很高的气体或液体的脉动压力。目前最小的压阻式压力传感器直径仅为 0.8 mm，在生物医学上可以测量血管内压、颅内压等参数。

2. 压阻式加速度传感器

压阻式加速度传感器采用单晶硅做悬臂梁，在梁的根部扩散 4 个电阻，如图 2.29 所示。当悬臂梁自由端的质量块受到加速度作用时，悬臂梁受到弯矩作用，产生应力，使 4 个电阻阻值发生变化。由 4 个电阻组成的电桥将产生与加速度成正比的电压输出。

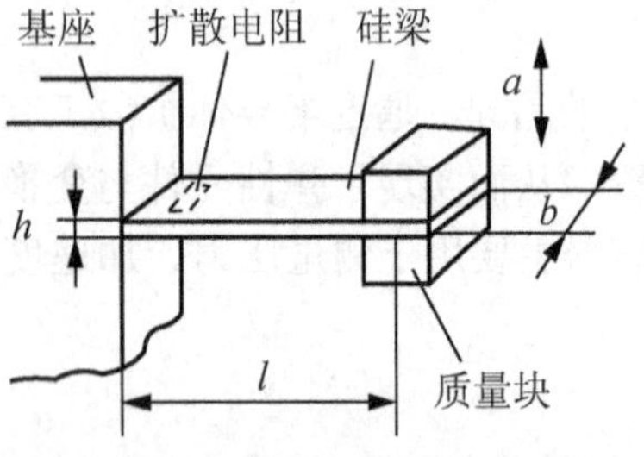

为保证传感器输出有较好的线性度，梁的根部的应变不应超过 $400 \sim 500\mu\varepsilon$，应变 ε 和加速度 a 的关系为

$$\varepsilon = \frac{6ml}{Ebh^2}a \qquad (2\text{-}64)$$

式中：m 为质量块质量；l 为悬臂梁长度；b 为悬臂梁宽度；h 为悬臂梁厚度。

图 2.29 压阻式加速度传感器原理

压阻式加速度传感器测量振动加速度时，固有频率按式(2-65)计算：

$$f_0 = \frac{1}{2\pi}\sqrt{\frac{Ebh^3}{4ml^3}} \qquad (2\text{-}65)$$

2.9.4 压阻式传感器输出信号调理

压阻式传感器基片上扩散的 4 个电阻接成惠斯顿电桥，可以采用恒压源或恒流源供电，如图 2.30 所示。考虑由于温度的影响，每个桥臂都有温度引起的电阻变化 ΔR_T，差动工作时，$\Delta R_1 = \Delta R + \Delta R_T$，$\Delta R_2 = -\Delta R + \Delta R_T$，$\Delta R_3 = \Delta R + \Delta R_T$，$\Delta R_4 = -\Delta R + \Delta R_T$，根据恒压源供电差动全桥输出式(2-24)得：

$$U_o = \frac{\Delta R}{R + 2\Delta R_T} U_i \tag{2-66}$$

可见,恒压源供电时,差动电桥输出与温度变化有关,而且与温度的关系是非线性的。

若采用恒流源供电,如图 2.30 所示,由于 $I_{abc} = I_{adc} = \frac{1}{2}I$,因此电桥输出电压为

$$U_o = \frac{1}{2}I(R + \Delta R + \Delta R_T) - \frac{1}{2}I(R - \Delta R + \Delta R_T) = I \cdot \Delta R \tag{2-67}$$

电桥输出与电阻变化量成正比,不受温度影响,所以压阻式传感器一般均采用恒流源供电。

图 2.31 所示为压阻式传感器的典型应用电路。电路由 VD_1、A_1、VT、R_1 构成恒流源对电桥供电,输出 1.5 mA 恒定电流。二极管 VD_3、运算放大器 A_2 组成温度补偿,调节 R_{P1} 可获得最佳温度补偿效果。运算放大器 A_3、A_4 组成两级差动放大电路,放大倍数约为 60,由 R_{P1} 调节增益。

随着电子技术的发展,出现了很多压阻式传感器专用信号调理集成电路,如 MAXIM 公司为硅压阻电桥的接口设计了 MAX1450、MAX1458 等多种 IC 专用信号调理电路,这些集成电路除了有基本的高精度测量放大器外,还有为电桥供电的电流源电路和包括失调、温漂、满量程偏差等多项误差修正补偿电路,使传感器测量精度大为提高,传感器设计也变得更简便了。

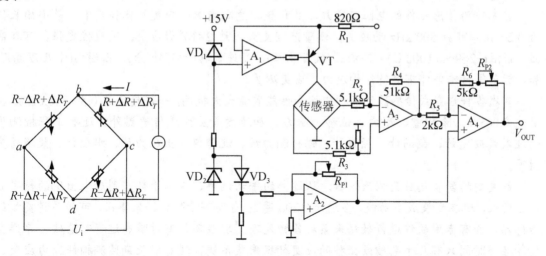

图 2.30 恒流源电桥　　图 2.31 压阻式传感器典型应用电路

由 MAXIM1450 构成的压力信号调节电路如图 2.32 所示。由 BDRIVE 端给传感器 BP 提供 0.5 mA(额定值)的激励电流,传感器输出信号送至 INP、INM 端。调节 R_2 可使激励电流达到额定值。通过开关 S_1、S_2、S_3 闭合(高电平 1)或断开(低电平 0)设置 A0、A1、A2 状态组成不同数码以改变 MAX1450 内部可编程放大器增益。

● 特别提示

近年来出现了单片集成化硅压力传感器,如 MPX2100、MPX4100、MPX5100、MPX5700 系列产品,内部除传感器单元外,还集成了信号调理、温度补偿和压力修正电路,具有精度高、功能强、体积小、微功耗、性价比高、外围电路简单的特点。

传感器原理及应用

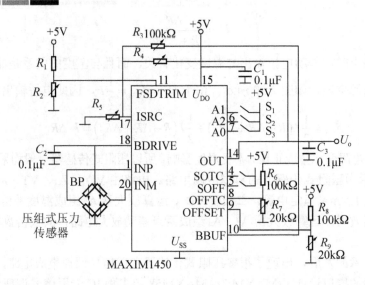

图 2.32　由 MAXIM1450 压阻式传感器专用芯片构成的测量电路

知识链接

随着科学技术的迅速发展，应变电测方法与传感器技术也得到广泛应用和很大的发展。

首先作为传感元件的电阻应变片，品种规格急剧增加。应变片体积更小，最小栅长仅为 0.2 mm，可测 500 kHz 动应变；测量范围更大，达 2×10^5 微应变；适应性更强，可在高温、低温(-269~+1000℃)、高液压(数百兆帕)、高速旋转(数万转/分)、强磁场(十几万高斯)和核辐射等特殊条件下进行结构应力、应变测量。

其次各种应变式传感器的品种规格和性能质量大大提高，一般精度达 0.5%~0.01%，甚至达 0.005%。除称重、测力、位移、压力、加速度等应变式传感器外，还有工程检测用的埋入式应变计、钢筋计、倾斜计、锚杆测力计、沉降仪、土压力计、水位计、裂缝传感器等。

最重要的发展是应变测试仪器。从过去的手动调节、人工读数，到后来出现的数字显示应变仪，现在发展成多功能、多通道(1200 通道)自动测量的数据采集仪，可接多种类型的传感器，并有专用软件进行数据采集和各种处理。现在不但有对瞬态过程如爆破、导弹发射等经历时间只有几十毫秒或微秒的应变数据采集系统，还有能长期监测构件应力应变、及时报告出现裂纹或破坏情况的野外测量、存储、无线传输或无人管理下工作的数据采集分析系统。相信未来随着集成电路技术和计算机技术的发展，应变电测及传感技术将在航空航天、桥梁、铁路、建筑、机械、冶金、化工、医学、体育、计量等各个领域得到更广泛的应用。

本 章 小 结

本章我们学习了电阻应变片的工作原理、基本结构、特性参数、误差及补偿以及应变电桥电路的相关知识，学习了电阻应变式传感器的系统构成及各种电阻应变传感器，为今后设计和应用应变式传感器打下了基础。读者应重点弄清楚以下几点：

(1) 什么是电阻应变效应和压阻效应？在应变极限范围内，电阻应变片的输入输出关系是什么？
(2) 电阻应变片的种类和各自的特点是什么？
(3) 电阻应变片的主要特性参数有哪些？选用应变片时应如何参考这些技术指标？
(4) 单臂应变电桥、半桥、全桥的电压灵敏度计算公式及3种电桥特性的比较如何？
(5) 电阻应变片的温度误差及其补偿方法如何？
(6) 电阻应变仪各组成部分完成的功能以及对各组成部分的基本要求是什么？
(7) 电阻应变片以及电阻应变式传感器的实际应用有哪些？特点是什么？

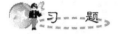

一、填空题

2-1 金属电阻应变片的工作原理是基于金属丝受力后产生机械变形的_____，而半导体应变片的工作原理是_____。

2-2 已知试件受拉后的轴向应变为1000 με，则该试件的轴向相对伸长量为_____%。

2-3 一圆柱弹性元件受拉后的轴向应变为 0.0018，表示成微应变则为_____。

2-4 与金属箔式应变片相比，半导体应变片的最大优点是_____。

2-5 已知某应变片在输入应变为5000 με时电阻变化为1%，则其灵敏系数等于_____。

2-6 当桥臂比 $n=$ _____时，直流电桥的电压灵敏度最高。

2-7 应变直流电桥测量电路中，全桥灵敏度是单臂电桥灵敏度的_____倍。

2-8 应变直流全桥电路中，相邻桥臂的应变片的应变极性应_____(选一致或相反)。

2-9 将电阻应变片贴在_____上可以构成测力、位移、加速度等参数的传感器。

2-10 若电阻应变片的输入信号为正弦波，则以该应变片为工作臂的交流电桥的输出是_____。

二、简答题

2-11 什么是横向效应？为什么箔式应变片的横向效应比丝式应变片小？

2-12 应变片的灵敏系数 K 为何小于敏感栅的灵敏度系数 K_s？

2-13 用应变片测量时，为什么必须采取温度补偿措施？

2-14 简述电阻应变片产生温度误差的原因及其补偿方法。

2-15 测量应力梯度较大或应力集中的静态或动态应力时，应变片的选择应考虑哪些因素？

2-16 试述单臂应变电桥产生非线性的原因及减小非线性误差的措施。

2-17 如何用电阻应变片构成应变式传感器？对传感器各组成部分有何要求？

2-18 设计应变式加速度传感器时应如何保证加速度与输出信号之间为线性关系？

2-19 压阻式传感器的主要优缺点是什么？

三、计算题

2-20 一试件受力后的应变为1000 με，应变片的灵敏系数为2，电阻值为120 Ω，敏感栅温度系数为-50×10^{-6}/℃，线膨胀系数为14×10^{-6}/℃；试件的线膨胀系数为12×10^{-6}/℃。求温度

升高 20℃时，应变片输出的相对误差？（$\varepsilon_t = 5.4\times 10^{-4}$）

2-21 用应变片构成测力传感器，对图 2.33 中(a)、(b)两种情况，试问：

(1) 在图(a)、(b)两种情况下，应分别将应变片接在电桥哪两个臂上？

(2) 在图(a)、(b)两种情况下，应分别采用什么措施来抵消温度变化引起的电阻值变化？

图 2.33　习题 2-21

2-22 为了测量图 2.34 所示悬臂梁的应变，把一个电阻 $R=120\ \Omega$，$K=2.05$ 的应变片粘贴在梁上，并接入图示直流电桥中，电桥电源电压为 6 V，试求：

(1) 如果输入应变为 1000 μm/m，计算电桥输出电压是多少？

(2) 如果要求利用电桥电路来进行温度误差的补偿，试提出你的温度补偿方案，画出应变片的粘贴示意图和电路图，并写出电桥输出电压表达式。(3 mV)

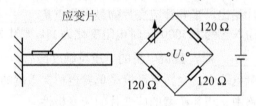

图 2.34　习题 2-22

2-23 一台用等强度梁做弹性元件的电子秤，已知梁有效长 $l=150$ mm，固支处宽 $b_0=18$ mm，厚 $h=5$ mm，弹性模量 $E=2\times 10^5$ N/mm^2，贴上 4 片等阻值、$K=2$ 的电阻应变片，并接入四臂差动直流电桥构成称重传感器。试问：

(1) 悬臂量上如何布片？又如何接桥？为什么？

(2) 若电桥供电电压为 3 V，称重 1 kg 时输出电压为多少？（5.88×10^{-4} V）

2-24 一圆筒型力传感器的钢质性筒截面面积为 19.6 cm^2，弹性模量 $E=2\times 10^{11}$ N/m^2，$\mu=0.3$；在圆筒表面粘贴 4 片阻值为 120 Ω，$K=2$ 的应变片。

(1) 正确标出 4 片应变片在圆柱形弹性元件上的位置，绘出相应的直流电桥测量电路，标明应变片的序号，并说明方案的理由；

(2) 若电桥供电电压为 3 V，加载后测得输出电压为 $U_o=2.6$ mV，求载荷大小为多少？

(3) 此时，弹性件贴片处的纵向应变和横向应变各为多少？（2.6×10^5 N，6.6×10^{-4}，1.98×10^{-4}）

2-25 如图 2.35 所示，轴工件用前后顶尖支承纵向磨削外圆表面，在加工过程中，径向力 P_y 和切向力 P_z 大小基本不变，但着力点位置沿轴向移动，现在前后顶尖上粘贴电阻应变片测量工件所受的切向力 P_z。

(1) 在图中标明应变片在前后顶尖上的粘贴位置，画出对应的应变电桥；

(2) 着力点移动对测量结果有无影响？为什么？

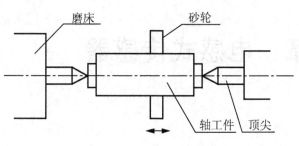 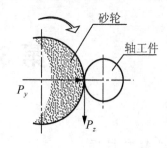

图 2.35 习题 2-25

第3章 电感式传感器

教学目标

通过本章学习，掌握电感式传感器的工作原理、基本结构、特性参数、误差及补偿以及转换电路的相关知识，了解电感式传感器的不同类型及其实际应用，为电感式传感器的选用和设计打下基础。

教学要求

掌握磁阻计算公式，了解电感式传感器的一般分类及其优缺点。

掌握变隙式和螺管式自感式传感器的结构、工作原理、测量范围与灵敏度和线性度之间的关系；掌握基本测量电路的工作原理。

掌握差动变压器式传感器的工作原理和输出特性；理解影响灵敏度的因素、改善线性度的方法；掌握差动变压器测量电路的工作原理；理解零点残余电压的产生原因、影响以及消除方法。

掌握电涡流现象及产生原理；掌握高频反射式电涡流传感器的基本结构和工作原理；理解测量电路的工作原理及基本特点。

了解电感式传感器的主要应用领域、可测参数、测量系统及应用特点。

导入案例

电感式传感器是建立在电磁感应基础上、利用线圈自感或互感的改变来实现非电量电测的。根据工作原理的不同，可分为变阻磁式、变压器式和电涡流式等种类。它可以把位移、振动、压力、流量等参量转换为线圈的自感系数 L 或互感系数 M 的变化，并由测量电路将它们转换为电压或电流的变化，实现非电量测量。电感式传感器具有结构简单、灵敏度高、性能稳定、使用寿命长的特点。电压灵敏度一般达数百毫伏/毫米；线位移分辨力达 $0.01\mu m$，角位移分辨力达 $0.1''$；在几十微米至数毫米的测量范围内，非线性误差为 $0.05\% \sim 0.1\%$。

图片所示的电感测微仪是电感式传感器应用的一种典型代表。电感测微仪是一种能够测量微小尺寸变化的精密测量仪器，由主体和电感测头两部分组成，配上相应的测量装置(如测量台架等)，能够完成工件的厚度、内径、外径、椭圆度、平行度、直线度、径向圆跳动等参量的精密测量，被广泛应用于精密机械制造业、晶体管和集成电路制造业以及国防、科研、计量部门的精密长度测量。

3.1 自感式传感器工作原理及其特性分析

3.1.1 工作原理

图 3.1 所示为自感式传感器的结构原理图。传感器由线圈、铁心和衔铁三部分组成,在铁心与衔铁之间有厚度为 δ 的空气隙。当被测运动物体带动衔铁上下移动时,气隙厚度产生变化,使铁心和衔铁形成的磁路磁阻发生变化,从而使线圈的自感 L 也会发生变化。线圈自感 L 的计算式为

$$L = \frac{N^2}{R_M} \tag{3-1}$$

式中:N 为线圈的匝数;R_M 为磁路的总磁阻。

如果空气隙厚度 δ 较小,而且不考虑磁路的铁损,则总磁阻为磁路中铁心、气隙和衔铁的磁阻之和:

$$R_M = \sum_{i=1}^{n} \frac{l_i}{\mu_i S_i} + 2\frac{\delta}{\mu_0 S} \tag{3-2}$$

式中:l_i 为各段导磁体的长度(包括铁心、衔铁);μ_i 为各段导磁体(铁心、衔铁)的相对磁导率;S_i 为各段导磁体的截面积(包括铁心、衔铁);S 为空气隙磁通截面积;μ_0 为空气隙的磁导率(其值为 $4\pi \times 10^{-7} \text{H/m}$)。

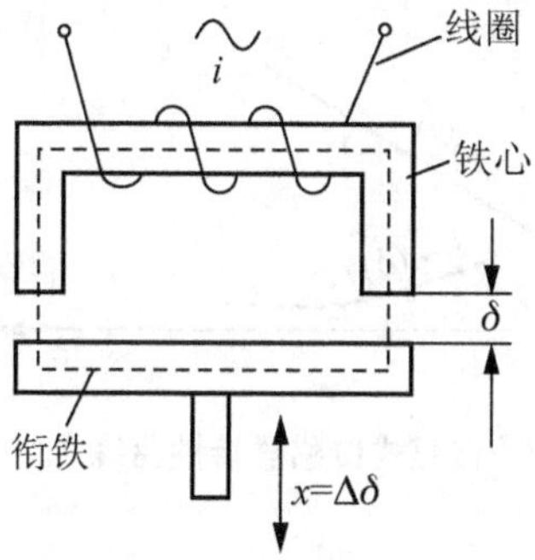

将式(3-2)代入式(3-1)得

$$L = \frac{N^2}{\sum_{i=1}^{n} \frac{l_i}{\mu_i S_i} + 2\frac{\delta}{\mu_0 S}} \tag{3-3}$$

由于铁心与衔铁为铁磁材料,其磁阻与空气隙磁阻相比小得多,故可忽略,则式(3-3)可简化为

$$L = \frac{\mu_0 S N^2}{2\delta} \tag{3-4}$$

图 3.1 自感式传感器原理示意

由式(3-4)可以看出,线圈的自感量 L 与 δ、S 和 N 3个参数有关。当线圈匝数一定时,若 S 不变,δ 变化,则 L 为 δ 的单值函数,可构成变气隙式自感传感器,如图 3.2(a)所示。这种传感器灵敏度很高,是最常用的电感式传感器。

若 δ 不变,S 变化,则 L 为 S 的单值函数,可构成变截面积式传感器,如图 3.2(b)所示。这种传感器灵敏度为常数,线性度好。常用于角位移测量。

若线圈中放入圆柱形衔铁,也是一个可变自感,当衔铁上、下移动时,自感量将发生相应变化,这就构成了螺线管型自感传感器,如图 3.2(c)所示。这种传感器的量程大,灵敏度低,结构简单,便于制作。

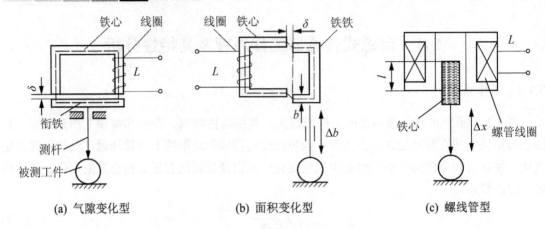

(a) 气隙变化型　　(b) 面积变化型　　(c) 螺线管型

图 3.2　自感式传感器的结构原理示意

3.1.2　电感计算与输出特性分析

根据式(3-4)，可以看出 L-δ 不是线性关系，是一双曲线。理论上，当 $\delta=0$ 时，L 为无穷大，但考虑到导磁体的磁阻，当 $\delta=0$ 时，L 将具有一定的数值。图 3.3 中虚线所示为 δ 在较小时 L 的变化曲线。如果面积 S 改变，则 L-S 的关系曲线为一条直线(图 3.3)。下面对变气隙式自感传感器的特性进行分析。

1. 变气隙式自感传感器

设传感器初始气隙为 δ_0，根据式(3-4)，初始电感量为

$$L_0 = \frac{\mu_0 S N^2}{2\delta_0} \tag{3-5}$$

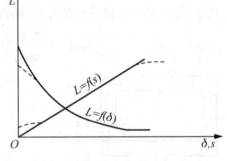

图 3.3　自感式传感器特性曲线

若由衔铁位移引起气隙增加 $\Delta\delta$，则自感减小，变化量 ΔL 为

$$\Delta L = L - L_0 = \frac{\mu_0 S N^2}{2(\delta_0 + \Delta\delta)} - \frac{\mu_0 S N^2}{2\delta_0} = L_0 \frac{-\Delta\delta}{\delta_0 + \Delta\delta} \tag{3-6}$$

则自感的相对变化量为

$$\frac{\Delta L}{L_0} = \frac{-\Delta\delta}{\delta_0 + \Delta\delta} = -\frac{\Delta\delta}{\delta_0} \cdot \frac{1}{1+\Delta\delta/\delta_0} \tag{3-7}$$

一般 $\left|\frac{\Delta\delta}{\delta_0}\right| \ll 1$，则式(3-7)可由泰勒级数展开成级数形式为

$$\frac{\Delta L}{L_0} = -\frac{\Delta\delta}{\delta_0}\left[1 - \frac{\Delta\delta}{\delta_0} + \left(\frac{\Delta\delta}{\delta_0}\right)^2 - \left(\frac{\Delta\delta}{\delta_0}\right)^3 + \cdots\right] \tag{3-8}$$

式(3-8)中包含 $\frac{\Delta\delta}{\delta_0}$ 的线性项，也包含 $\frac{\Delta\delta}{\delta_0}$ 的高次项，这些高次项是造成传感器非线性的主要原因。将上式作线性处理，忽略高次项，可得自感变化与气隙变化成近似线性关系

$$\frac{\Delta L}{L_0} \approx -\frac{\Delta \delta}{\delta_0} \quad (3-9)$$

则变气隙式自感传感器的灵敏度为

$$K = \left|\frac{\Delta L/L_0}{\Delta \delta}\right| \approx \frac{1}{\delta_0} \quad (3-10)$$

可见，灵敏度 K 随初始气隙 δ_0 的增大而减小。

式(3-9)中 "-" 号的含义是什么？在什么条件下变气隙式自感传感器的灵敏度为常数？

非线性误差与 $\frac{\Delta \delta}{\delta_0}$ 的大小有关，由于 $\frac{\Delta \delta}{\delta_0}$ 很小，$\frac{\Delta \delta}{\delta_0}$ 的高次项的值迅速衰减，故只考虑二次项，则非线性误差为

$$e_L = \frac{\left|\frac{\Delta \delta}{\delta_0}\right|^2}{\left|\frac{\Delta \delta}{\delta_0}\right|} = \left|\frac{\Delta \delta}{\delta_0}\right| \times 100\% \quad (3-11)$$

由式(3-11)可见，非线性误差随 $\frac{\Delta \delta}{\delta_0}$ 的增大而增大。

由上述分析可得如下结论：变气隙式电感传感器只有在 $\frac{\Delta \delta}{\delta_0}$ 很小时，才有近似的线性输出。为提高其灵敏度，应减小初始间距 δ_0；而式(3-11)表明，减小 δ_0 则相应地增大了非线性。因此变气隙式电感传感器只能在在较小的气隙变化范围内工作，一般 $\Delta \delta = (0.1 \sim 0.2)\delta_0$。

若由衔铁位移引起气隙减小 $\Delta \delta$，则自感的变化量与气隙增加相同值的变化量相等吗？
采用图 3.4 所示差动变隙式自感传感器，可以减小非线性，提高灵敏度。

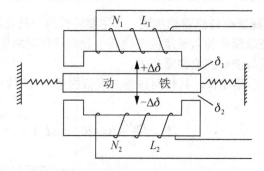

图 3.4　差动变隙式自感传感器原理示意

从图 3.4 可知，若衔铁向下移动，气隙 δ_1 增加 $\Delta \delta$，电感 L_1 减小；气隙 δ_2 减小 $\Delta \delta$，电感 L_2 增大，则差动变隙式自感传感器的电感变化量为

$$\Delta L = L_1 - L_2 = \frac{\mu_0 S N^2}{2(\delta_0 + \Delta \delta)} - \frac{\mu_0 S N^2}{2(\delta_0 - \Delta \delta)} = -2L_0 \frac{\Delta \delta}{\delta_0} \cdot \frac{1}{1-(\Delta \delta/\delta_0)^2} \quad (3-12)$$

由式(3-12)可知,差动式电感传感器的电感相对变化量为

$$\frac{\Delta L}{L_0} = -2\frac{\Delta \delta}{\delta_0}\frac{1}{1-(\Delta\delta/\delta_0)^2} \tag{3-13}$$

当 $\left|\dfrac{\Delta\delta}{\delta_0}\right| \ll 1$,可将式(3-13)展开为泰勒级数形式为

$$\frac{\Delta L}{L_0} = -2\frac{\Delta \delta}{\delta_0}\left[1+\left(\frac{\Delta\delta}{\delta_0}\right)^2+\left(\frac{\Delta\delta}{\delta_0}\right)^4+\cdots\right] \tag{3-14}$$

对式(3-14)作线性处理,忽略高次项,可得

$$\frac{\Delta L}{L_0} \approx -2\frac{\Delta \delta}{\delta_0} \tag{3-15}$$

则差动变隙式自感传感器的灵敏度为

$$K = \left|\frac{\Delta L/L_0}{\Delta \delta}\right| \approx \frac{2}{\delta_0} \tag{3-16}$$

非线性误差为

$$e_L = \frac{\left|\dfrac{\Delta\delta}{\delta_0}\right|^3}{\left|\dfrac{\Delta\delta}{\delta_0}\right|} = \left|\dfrac{\Delta\delta}{\delta_0}\right|^2 \times 100\% \tag{3-17}$$

可见,差动变隙式自感传感器灵敏度提高了一倍,非线性误差减小了一个数量级。另外采用差动式传感器,还能抵消温度变化、电源波动、外界干扰、电磁吸力等因素对传感器的影响。

2. 螺管型电感传感器

螺管型(或称螺线管式)电感传感器的工作原理建立在线圈泄漏路径中的磁阻变化的原理上,线圈的电感与铁心插入线圈的深度有关。由于沿着有限长线圈的轴向磁场强度的分布不均匀,因此这种传感器的精确理论分析比上述闭合磁路中具有小气隙的电感线圈的理论分析要复杂得多。

图 3.5 所示为单线圈螺管型传感器结构图,其主要元件为一只螺线管和一根圆柱形铁心,传感器工作时,因铁心在线圈中伸入长度的变化,引起螺线管电感量的变化,当用恒流源激励时,则线圈的输出电压与铁心的位移量有关。

对于图 3.6 所示的空心螺线管,其轴向磁感强度依据毕奥-沙伐-拉普拉斯定律,可由下式计算

$$B_l = \frac{\mu_0 IN}{2l}(\cos\theta_1 - \cos\theta_2) \tag{3-18}$$

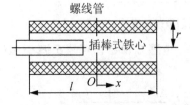

图 3.5 单线圈螺管型传感器结构示意

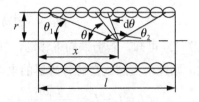

图 3.6 螺线管轴向磁场分布计算

式中参量如图 3.6 所示，N 为线圈的匝数，$\cos\theta_1 = \dfrac{x}{\sqrt{x^2+r^2}}$，$\cos\theta_2 = -\dfrac{l-x}{\sqrt{(l-x)^2+r^2}}$，则式(3-18)可改写为

$$B_l = \frac{I\mu_0 N}{2l}\left(\frac{l-x}{\sqrt{(l-x)^2+r^2}} + \frac{x}{\sqrt{x^2+r^2}}\right) \tag{3-19}$$

由于 $B_l = \mu_0 H$，则磁场强度为

$$H_l = \frac{IN}{2l}\left(\frac{l-x}{\sqrt{(l-x)^2+r^2}} + \frac{x}{\sqrt{x^2+r^2}}\right) \tag{3-20}$$

式(3-20)用曲线表示如图 3.7 所示。由曲线可知，铁心在开始插入($x=0$)或几乎离开线圈($x=l$)时的灵敏度比铁心插入线圈约 1/2 长度时的灵敏度小得多。这说明只有在线圈中段才有可能获得较高灵敏度，并且有较好的线性特性。

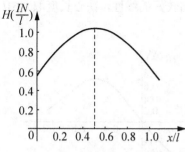

图 3.7 螺线管内磁场分布曲线

为简化分析，设螺线管的长径比 $l/r \gg 1$，则可认为螺线管内磁场强度分布均匀，线圈中心处的磁场强度为

$$H = \frac{IN}{l} \tag{3-21}$$

则空心螺线管的电感为

$$L_0 = \frac{N\Phi}{I} = \frac{NBS}{I} = \frac{\mu_0 N^2 \pi r^2}{l} \tag{3-22}$$

当线圈插有铁心时，由于铁心是铁磁性材料，使插入部分的磁阻下降，故磁感强度 B 增大，电感值增加。

设铁心长度与线圈长度相同，铁心半径为 r_e，线圈所包围横截面上的磁通量由两部分组成：铁心所占截面的磁通量和气隙的磁通量，总磁通量为

$$\Phi_a = \mu_0\mu_r H\pi r_e^2 + \mu_0 H\pi(r^2 - r_e^2) = \mu_0 H\pi[r^2 + (\mu_r-1)r_e^2] \tag{3-23}$$

线圈电感增大为

$$L = \frac{N\Phi_a}{I} = \frac{\mu_0 \pi N^2[r^2 + (\mu_r-1)r_e^2]}{l} \tag{3-24}$$

式中，μ_r 为铁心的相对磁导率。

如果铁芯长度 l_e 小于线圈长度 l，则线圈电感为

$$L = \frac{\mu_0 \pi N^2[lr^2 + (\mu_r-1)l_e r_e^2]}{l^2} \tag{3-25}$$

当 l_e 增加 Δl_e 时，线圈电感增大 ΔL，则

$$L + \Delta L = \frac{\mu_0 \pi N^2[lr^2 + (\mu_r-1)(l_e+\Delta l_e)r_e^2]}{l^2} \tag{3-26}$$

电感变化量为

$$\Delta L = \frac{\mu_0 \pi N^2 r_e^2(\mu_r-1)\Delta l_e}{l^2} \tag{3-27}$$

电感的相对变化量为

$$\frac{\Delta L}{L} = \frac{\Delta l_e}{l_e} \cdot \frac{1}{1+\left(\frac{1}{\mu_r-1}\right) \cdot \frac{l}{l_e} \cdot \left(\frac{r}{r_e}\right)^2} \tag{3-28}$$

从式(3-27)可以看出,若被测量与 Δl_e 成正比,则 ΔL 与被测量也成正比。实际中,由于线圈长度有限,线圈磁场强度分布并不均匀,输入量与输出量之间的关系是非线性的。

为了提高灵敏度与线性度,常采用差动螺管型电感传感器,如图3.8所示。这种传感器线圈沿轴向的磁场强度分布可由下式给出

$$H = \frac{IN}{2l}\left[\frac{l-x}{\sqrt{(l-x)^2+r^2}} - \frac{l-x}{\sqrt{(l+x)^2+r^2}} + \frac{2x}{\sqrt{x^2+r^2}}\right] \tag{3-29}$$

图3.9中给出了 $H(x)$ 的曲线形式,该曲线表明:为了得到较好的线性,铁心长度取 $0.61l$ 时,则铁心工作在 H 曲线的拐弯处,此时 H 变化小。

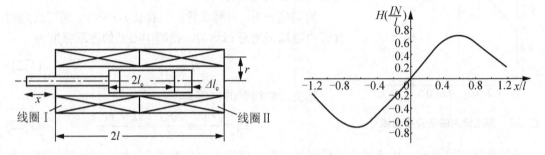

图3.8 差动螺管型电感传感器结构示意　　图3.9 差动螺管型电感传感器磁场分布曲线

设铁心长度为 $2l_e$,小于线圈长度 $2l$,当铁心向线圈移动 Δl_e 时,线圈Ⅱ电感增加 ΔL_2,而由此引起的线圈Ⅰ的电感变化 ΔL_1 与线圈Ⅱ的电感变化 ΔL_2 大小相同,符号相反,所以差动输出为

$$\frac{\Delta L}{L} = \frac{\Delta L_1 + \Delta L_2}{L} = 2\frac{\Delta l_e}{l_e} \cdot \frac{1}{1+\left(1+\frac{1}{\mu_r-1}\right) \cdot \frac{l}{l_e} \cdot \left(\frac{r}{r_e}\right)^2} \tag{3-30}$$

式(3-30)说明,$\frac{\Delta L}{L}$ 与铁心长度相对变化 $\frac{\Delta l_e}{l_e}$ 成正比,比单个螺管式电感传感器灵敏度高一倍。为了使灵敏度增大,应使线圈与铁心尺寸比值 $\frac{l}{l_e}$ 和 $\frac{r}{r_e}$ 趋于1,且选用铁心磁导率 μ_r 大的材料。这种差动螺管式电感传感器的测量范围为 5~50 mm,非线性误差在 ±0.5% 左右。

3.1.3 传感器的信号调节电路

自感式传感器实现了把被测量的变化转变为自感的变化,为了测出自感的变化,就要用转换电路把自感转换为电压或电流的变化。一般可将自感变化转换为电压(电流)的幅值、频率、相位的变化,它们分别称为调幅、调频、调相电路。在自感式传感器中一般采用调幅电路,调幅电路的主要形式有变压器电桥和交流电桥,而调频和调相电路用得较少。

1. 变压器电桥

图 3.10 所示为差动自感传感器的变压器电桥电路。电桥供电电压为 E，其频率约为测量信号频率的 10 倍。这样能满足对传感器动态响应频率的要求，另外电桥电源频率高一些，还可以减少传感器受温度变化的影响，并可以提高传感器输出灵敏度，但也增加了铁心损耗和寄生电容的影响。

电桥的两臂 Z_1 和 Z_2 为传感器线圈的等效阻抗，它为线圈电感 L 和损耗电阻 R_S 的串联，初始时 $Z_1 = Z_2 = R_S + j\omega L$。另外两臂为交流变压器的两个次级(二次侧)线圈，电桥电源由带中心抽头的变压器次级线圈供给，电桥对角线上 A、B 两点的电位差为输出电压 $\dot{U}_o$，其大小为

$$\dot{U}_o = \dot{U}_A - \dot{U}_B = \left(\frac{Z_1}{Z_1 + Z_2} - \frac{1}{2}\right)\dot{E} \tag{3-31}$$

当传感器的铁心处于中间位置时，$Z_1 = Z_2 = Z$，这时 $U_o = 0$，电桥平衡。

当铁心向下移动时，上面线圈的阻抗增加，有 $Z_1 = Z + \Delta Z$，而下面线圈的阻抗减小，有 $Z_2 = Z - \Delta Z$。于是可以得到电桥输出为

$$\dot{U}_o = \left(\frac{Z + \Delta Z}{2Z} - \frac{1}{2}\right)\dot{E} = \frac{\Delta Z}{2Z}\dot{E} = \frac{\dot{E}}{2} \cdot \frac{\Delta R_S + j\omega\Delta L}{R_S + j\omega L} \tag{3-32}$$

输出电压幅值为

$$U_o = \frac{\sqrt{\omega^2\Delta L^2 + \Delta R_S^2}}{2\sqrt{R_S^2 + (\omega L)^2}}E \approx \frac{\omega\Delta L}{2\sqrt{R_S^2 + (\omega L)^2}}E \tag{3-33}$$

同样，可以得到铁心向上移动相同的距离时，电桥的输出为

$$\dot{U}_o = \left(\frac{Z + \Delta Z}{2Z} - \frac{1}{2}\right)\dot{E} = -\frac{\Delta Z}{2Z}\dot{E} \tag{3-34}$$

输出电压幅值为

$$U_o = \frac{-\omega\Delta L}{2\sqrt{R_S^2 + (\omega L)^2}}E \tag{3-35}$$

比较式(3-32)和式(3-34)可以看出，两种情况的输出电压大小相等，方向相反，由于 E 是交流电压，所以输出电压 U_o 在输入到指示器前必须先进行整流、滤波。当使用无相位鉴别的整流器(半波或全波)时，其实际输出电压特性曲线如图 3.11 所示。由于电路结构不完全对称(由两线圈损耗电阻 R_S 的不平衡所引起的)，当输入电压中包含有谐波时，输出端在铁心位移为零时将出现残余电压，称之为零点残余电压，如图中实线所示，图中虚线为理想对称状态下的输出特性。

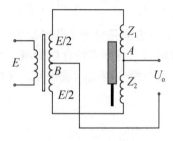

图 3.10 差动自感传感器的变压器电桥电路

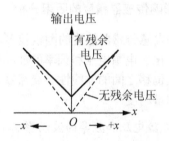

图 3.11 无相位鉴别整流器输出特性

变压器电桥与电阻平衡臂电桥相比，元件少，输出阻抗小，桥路开路时电路呈线性；缺点是变压器次级（二次侧）不接地，容易引起来自初级（一次侧）的静电感应电压，使高增益放大器不能工作。

2. 带相敏整流的交流电桥

为了既能判别衔铁位移的大小，又能判断出衔铁位移的方向，通常在交流测量电桥中引入相敏整流电路，把电桥的交流输出转换为直流输出，而后用零值居中的直流电压表测量电桥的输出电压，其电路原理如图3.12所示。差动自感传感器的两个线圈 Z_1、Z_2 和两个平衡电阻 R 构成差动交流电桥；$VD_1 \sim VD_4$ 二极管组成相敏整流电路。U_i 为电桥交流输入电压；U_o 为测量电路的输出电压，由零值居中的直流电压表指示输出电压的大小和极性。通过分析该电路的工作可知：

(1) 当衔铁处于中间位置，差动电感传感器两个线圈的阻抗 $Z_1 = Z_2 = Z$，电桥处于平衡状态，电路输出 $U_o = 0$。

(2) 当衔铁上移时，无论电源正半周或负半周，输出均为 $U_o < 0$，此时直流电压表反向偏转，读数为负，表明衔铁上移。

(3) 当衔铁下移时，无论电源正半周或负半周，输出均为 $U_o > 0$，此时直流电压表正向偏转，读数为正，表明衔铁下移。

由此可见采用带相敏整流的交流电桥，得到的输出信号既能反映位移大小，也能反映位移的方向，其输出特性如图3.13所示。

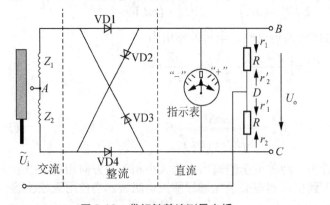
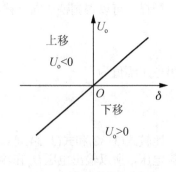

图3.12 带相敏整流测量电桥　　　　　图3.13 带相敏整流器的输出特性

比较图3.11和图3.13可知，测量电桥引入相敏整流后，输出特性曲线通过零点，输出电压的极性随位移方向而发生变化，同时消除了零点残余电压，还改善了线性度。

3.1.4 影响传感器精度的因素分析

影响自感传感器精度的因素很多，主要分两个方面，一方面是外界工作环境条件的影响，如温度变化、电源电压和频率的波动等；另一方面是传感器本身固有特性的影响，如线圈电感与衔铁位移之间的非线性、交流零位信号的存在等。这些都会造成测量误差，从而影响传感器的测量精度。

1. 电源电压和频率的波动影响

电源电压的波动一般为5%~10%，其波动直接影响传感器的输出电压，同时还会引起传感器铁心磁感应强度 B 和磁导率 μ 的改变，从而使铁心磁阻发生变化。因此，铁心磁感应强度的工作点一定要选在磁化曲线的线性段，以免在电源电压波动时，B 值进入饱和区而使磁导率发生很大变动。

电源频率的波动一般较小，频率变化会使线圈感抗变化，而严格对称的交流电桥是能够补偿频率波动影响的。

2. 温度变化的影响

温度变化会引起零部件尺寸改变，小气隙电感式传感器对于其几何尺寸微小的变化也很敏感。随着气隙的改变，传感器的灵敏度和线性度将发生改变。同时温度变动还会引起线圈电阻和铁心磁导率的变化。

为了补偿温度变化的影响，在结构设计时要合理选择零件的材料(注意各种材料的膨胀系数之间的配合)，在制造和装配工艺上应使差动式传感器的两只线圈的电气参数(电阻、电感、匝数)和几何尺寸尽可能取得一致。这样可以在对称电桥电路中有效地补偿温度的影响。

3. 非线性特性的影响

传感器的线圈电感 L 与气隙厚度 δ 之间为非线性特性，是造成输出特性非线性的主要原因，为了改善特性的非线性，除了采用差动式结构之外，还必须限制衔铁的最大位移量。

4. 输出电压与电源电压之间的相位差

输出电压与电源电压之间存在着一定的相移，即存在与电源电压相差 90° 的正交分量，使波形失真。消除或抑制正交分量的方法是采用相敏整流电路，以及传感器应有高 Q 值。Q 值是指线圈的品质因素，是衡量电感器件的主要参数。Q 为感抗 X_L 与其等效的电阻 R 的比值，即 $Q=X_L/R$。线圈的 Q 值与导线的直流电阻、骨架的介质损耗、屏蔽罩或铁芯引起的损耗、高频趋肤效应的影响等因素有关。线圈的 Q 值愈高，回路的损耗愈小。一般 Q 值不应低于 3～4。

5. 零位误差的影响

自感式传感器产生零位误差的原因有很多，包括(1)两个差动式电感线圈的电气参数及导磁体的几何尺寸不可能完全对称；(2)传感器具有铁损及铁心磁化曲线的非线性；(3)电源电压中含有高次谐波；(4)线圈具有寄生电容，线圈与外壳、铁心间有分布电容。

零点残余电压的危害很大，它会降低零位附近的测量精度，削弱分辨力，严重时造成放大器饱和。

减小零点残余电压的措施包括：减少激励电源中的谐波成分；减小电感传感器的励磁电流使之工作在磁化曲线的线性段。另外，在差动电感电桥的电路中接入两只可调电位器，当电桥有起始不平衡电压时，可以通过反复调节两只电位器，使电桥达到平衡条件，消除不平衡电压。

3.2 差动变压器式传感器

将被测的非电量转换为线圈互感变化的传感器称为互感式传感器。这种互感式传感器是根据变压器的基本原理制成的，并且次级绕组都用差动形式连接，故称差动变压器式传感器，简称差动变压器。差动变压器结构形式较多，有变隙式、变面积式和螺线管式等，但其工作原理基本一样。下面介绍螺线管式差动变压器。它可以测量 1～100 mm 的机械位移，并具有测量精度高、灵敏度高、结构简单、性能可靠等优点，应用广泛。

3.2.1 螺线管式差动变压器

1. 工作原理

螺线管式差动变压器主要由绝缘线圈骨架、3 个线圈(一个初级线圈 P、两个反向串联的次级线圈 S1、S2)和插入线圈中央的圆柱形铁心 b 组成。图 3.14 所示为差动变压器结构示意图，其中图(a)为三段式差动变压器，图(b)为两段式差动变压器。

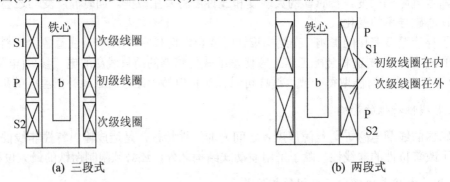

图 3.14 差动变压器结构示意

在忽略差动变压器中的涡流损耗、铁损和耦合电容的理想情况下，差动变压器的等效电路如图 3.15 所示。图中，R_P 和 L_P 分别为初级线圈 P 的损耗电阻和自感，R_{S1} 和 R_{S2} 为两个次级线圈的电阻，L_{S1} 和 L_{S2} 表示两个次级线圈的自感，M_1 和 M_2 为初级线圈 P 与次级线圈 S1、S2 间的互感系数，E_P 为加在初级线圈 P 上的激励电压，E_{S1} 和 E_{S2} 为两次级线圈上产生的感应电动势，E_S 为 E_{S1} 和 E_{S2} 形成的差动输出电压。

根据变压器的工作原理，当在初级线圈中加上适当频率的激励电压时，在两个次级线圈上就会产生感应电动势。若变压器的结构完全对称，当铁心处于初始平衡位置时，有 $M_1 = M_2 = M$，$E_{S1} = E_{S2}$，这时，差动变压器输出 $E_S = 0$。当铁心偏离平衡位置时，两个次级线圈的互感系数将发生极性相反的变化，使得 $E_S = E_{S1} - E_{S2} \neq 0$。显然，$E_S$ 随着铁心偏离中心位置将逐渐加大，其输出电压与铁心位置的变化关系如图 3.16 所示。由图可见，差动变压器输出电压幅值与铁心位移成正比，相位随铁心偏离中心平衡位置的方向不同，相差 180°。

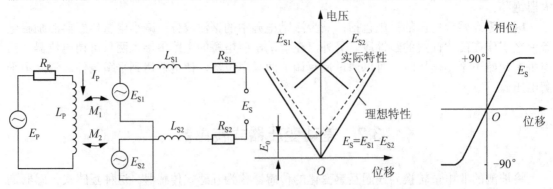

图 3.15 差动变压器的等效电路　　图 3.16 差动变压器输出特性曲线

理想情况下当铁心位于中心平衡位置时，差动变压器输出电压应为零，但实际上存在有零点残余电压 E_0 (图 3.16)。产生零点残余电压的原因有很多，主要是由传感器的两次级线圈的电气参数与几何尺寸不对称以及磁性材料的非线性等引起的，另外，铁心长度、励磁频率的高低等都有影响。一般零点残余电压在几十毫伏，它的存在使传感器的输出特性曲线不经过零点，造成实际特性和理论特性不完全一致。因此，必须设法减小，否则将会影响传感器的测量结果。

2. 基本特性分析

1) 输出特性

根据图 3.15 所示的差动变压器的等效电路，可得：

$$\dot{I}_\mathrm{P} = \frac{\dot{E}_\mathrm{P}}{R_\mathrm{P} + \mathrm{j}\omega L_\mathrm{P}} \tag{3-36}$$

输出电压为

$$\dot{E}_\mathrm{S} = \dot{E}_{\mathrm{S}1} - \dot{E}_{\mathrm{S}2} = M_1 \frac{\mathrm{d}\dot{I}_\mathrm{P}}{\mathrm{d}t} - M_2 \frac{\mathrm{d}\dot{I}_\mathrm{P}}{\mathrm{d}t} \tag{3-37}$$

将电流 $\dot{I}_\mathrm{P}$ 写成复指数形式：$\dot{I}_\mathrm{P} = I_{\mathrm{PM}} \mathrm{e}^{-\mathrm{j}\omega t}$，则 $\frac{\mathrm{d}\dot{I}_\mathrm{P}}{\mathrm{d}t} = -\mathrm{j}\omega I_{\mathrm{PM}} \mathrm{e}^{-\mathrm{j}\omega t} = -\mathrm{j}\omega \dot{I}_\mathrm{P}$，代入式(3-37)并结合式(3-36)得

$$\dot{E}_\mathrm{S} = -\mathrm{j}\omega(M_1 - M_2)\dot{I}_\mathrm{P} = \frac{-\mathrm{j}\omega(M_1 - M_2)\dot{E}_\mathrm{P}}{R_\mathrm{P} + \mathrm{j}\omega L_\mathrm{P}} \tag{3-38}$$

式中：ω 为激励电压的频率。

分析式(3-38)可得：

(1) 当铁心处于中间位置时，互感 $M_1 = M_2 = M$，此时输出电压 $E_\mathrm{S} = 0$。

(2) 当铁心向上移动时，$M_1 = M + \Delta M$，$M_2 = M_2 - \Delta M$，输出电压幅值为 $E_\mathrm{S} = 2\omega\Delta M E_\mathrm{P} / \sqrt{R_\mathrm{P}^2 + (\omega L_\mathrm{P})^2}$，并与 $E_{\mathrm{S}1}$ 同相。

(3) 当铁心向下移动时，$M_1 = M - \Delta M$，$M_2 = M_2 + \Delta M$，输出电压幅值为 $E_\mathrm{S} = -2\omega\Delta M E_\mathrm{P} / \sqrt{R_\mathrm{P}^2 + (\omega L_\mathrm{P})^2}$，并与 $E_{\mathrm{S}2}$ 同相。

输出电压还可以改写成

$$E_\mathrm{S} = \frac{2\omega M E_\mathrm{P}}{\sqrt{R_\mathrm{P}^2 + (\omega L_\mathrm{P})^2}} \cdot \frac{\Delta M}{M} = 2E_{\mathrm{S},0} \frac{\Delta M}{M} \tag{3-39}$$

式中：$E_{\mathrm{S}0}$ 为铁心处于中间平衡位置时单个次级线圈的感应电压。显然，差动变压器可以用来测量活动衔铁位移的大小和方向。

2) 灵敏度

差动变压器的灵敏度是指差动变压器在单位电压励磁下，铁心移动单位距离时的输出电压，其单位为 V/(mm/V)。一般差动变压器的灵敏度大于 50 mV/(mm/V)。要提高差动变压器的灵敏度可以通过以下几个途径：

(1) 提高线圈的 Q 值，这需要增大变压器的尺寸，一般线圈长度为直径的 1.5~2.0 倍为恰当。

(2) 选择较高的励磁频率。

(3) 增大铁心直径,使其接近于线圈架内径,但不触及线圈架。两段形差动变压器的铁心长度为全长的 60%~80%。铁心采用磁导率高、铁损小、涡流损耗小的材料。

(4) 在不使初级线圈过热的条件下尽量提高励磁电压。

3) 频率和相位特性

差动变压器的励磁频率一般从 50 Hz~10 kHz 较为适当。频率太低时差动变压器的灵敏度显著降低,温度误差和频率误差增加。但频率太高,铁损和耦合电容等影响也随之增加,则理想差动变压器的假定条件就不能成立。具体应用时,励磁频率一般在 400 Hz~5 kHz 的范围内选择。

励磁频率与输出电压有很大的关系。一方面,频率增加会引起与次级线圈相联系的磁通量的增加,使差动变压器的输出电压增加,而另一方面,频率的增加使得初级线圈的电抗增加,从而使输出信号又有了减小的趋势。

设差动变压器的负载电阻为 R_L,根据 3.15 图,感应电势 $\dot{E}_S$ 在 R_L 上产生的输出电压 $\dot{U}_o$ 为

$$\dot{U}_o = \frac{R_L}{R_L + R_S + j\omega L_S} \cdot \dot{E}_S \tag{3-40}$$

式中:$R_S = R_{S1} + R_{S2}$,$L_S = L_{S1} + L_{S2}$。

将(3-38)式代入(3-40),可得

$$\dot{U}_o = \frac{R_L}{R_L + R_S + j\omega L_S} \cdot \frac{j\omega(M_2 - M_1)}{R_P + j\omega L_P} \dot{E}_P \tag{3-41}$$

则输出电压 $\dot{U}_o$ 的幅值和相位分别为

$$U_o = \frac{R_L}{\sqrt{(R_L + R_S)^2 + (\omega L_S)^2}} \cdot \frac{\omega(M_2 - M_1)}{\sqrt{R_P^2 + (\omega L_P)^2}} E_P \tag{3-42}$$

$$\varphi = \arctan\frac{R_P}{\omega L_P} - \arctan\frac{\omega L_S}{R_L + R_S} \tag{3-43}$$

式(3-42)表明差动变压器的输出特性与激励频率 f_e、负载电阻大小有关,如图 3.17 所示。当负载阻抗与差动变压器内阻相比很大时有:

$$f_e = \frac{(1 + n^2)R_P}{2\pi L_P} \tag{3-44}$$

式中:n 为初级线圈与次级线圈的匝数比。

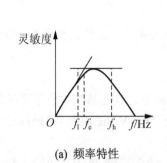

(a) 频率特性　　(b) 负载对频率特性的影响

图 3.17　差动变压器频率特性曲线

一般差动变压器工作频率选择为 $(1\sim1.4)f_e$ 较好。

根据相位关系式(3-43)，绘出各参量相位关系图如图 3.18 所示。由图可见，一般差动变压器输出电压 E_S 比激励电压 E_P 超前几度到几十度相角。这种超前程度与差动变压器结构和励磁频率相关。小型、低频的差动变压器超前角大，大型、高频的差动变压器超前角小。而负载电压 U_0 又滞后 E_S 几度，相角的大小与频率和负载电阻有关。如果要使初级电压 E_P 和次级电压 E_S 相位一致，则励磁频率应满足

$$f_0 = \frac{1}{2\pi}\sqrt{\frac{R_P(R_L+R_S)}{L_P L_S}} \tag{3-45}$$

随着频率的变化，实际上不只是灵敏度而且线性度也要受到影响。如果希望从良好的线性度出发，对某一励磁频率，必须相应选择适当的铁心长度。

铁心通过零点两侧时，次级电压相位角发生 180° 的变化。同时，铁心位移的变化也会引起次级电压相位的变化。因此，必须选择伴随铁心位移相位变化较小的差动变压器。从这一点来说，用两段式差动变压器比用三段式差动变压器更为有利。

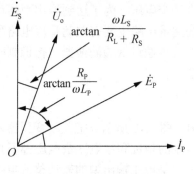

图 3.18　相位关系

3．线性度

理想的差动变压器次级输出电压应与铁心位移呈线性关系。由于铁心的直径、长度、材质和线圈骨架的形状、大小等因素均对线性关系有直接的影响，因此，实际上一般差动变压器的线性范围约为线圈骨架长度的 1/10～1/4。

通常所说的差动变压器的线性度不仅是指铁心位移与次级电压的关系，还要求次级电压的相位角为一定值，考虑到此因素，差动变压器的线性范围约为线圈骨架全长的 1/10 左右。

如果把差动变压器的交流输出电压用差动整流电路进行整流，能使输出电压线性度得到改善。也可以依靠测量电路来改善差动变压器的线性度和扩展线性范围。

4．温度特性

由于机械结构的膨胀、收缩、测量电路的温度特性等的影响，会造成差动变压器测量精度的下降。

机械部分的热胀冷缩对差动变压器测量精度的影响可达几微米到十微米。将差动变压器放置在使用环境中 24 h 后使用，可以将这种影响限制在 1 μm 以内。

在造成温度误差的各项原因中，影响最大的是初级线圈的电阻温度系数。当温度变化时，初级线圈的电阻变化引起初级电流增减，从而造成次级电压随温度而变化。一般铜导线的电阻温度系数约为±0.4%/℃。对于小型的差动变压器且在低频场合下使用，其初级线圈阻抗中，线圈电阻所占的比例较大，此时差动变压器的温度系数约为-0.3%/℃。对于大型差动变压器且使用频率较高时，其温度系数较小，一般约为(-0.05%～0.1%)/℃。

如果初级线圈的品质因数高，则由于温度变化引起次级感应电动势 E_S 的变化就小。另外由于温度变化引起的次级线圈电阻的变化，也引起 E_S 变化，但这种影响较小，可以忽略不计。通常铁心的磁特性、磁导率、铁损、涡流损耗等也随温度一起变化，但与初级线圈电阻所受温度的影响相比可忽略不计。

特别提示

差动变压器的使用温度通常为 80℃，特别制造的高温型可为 150℃。

3.2.2 差动变压器的测量电路

差动变压器输出的是交流电压，若用交流模拟或数字电压表测量，只能反映铁心位移的大小，不能反映移动方向。另外，其测量值必定含有零点残余电压。为了达到能辨别移动方向和消除零点残余电压的目的，实际应用中，常常采用的测量电路主要有差动整流电路和相敏检波电路。一般经过相敏检波和差动整流输出的信号，还需通过低通滤波器，把调制时引入的高频信号滤掉，只让铁心运动所产生的有用信号通过。

1. 差动整流电路

差动整流电路是一种最常用的电路形式，其基本结构如图 3.19 所示。把差动变压器两个次级电压分别整流后，以它们的差作为输出，这样次级电压的相位和零点残余电压都不必考虑。图(a)和图(b)用于连接高阻抗负载电路(如数字电压表)，是电压输出型的差动整流电路。图(c)和图(d)用于连接低阻抗负载电路(如动圈式电流表)，是电流输出型的差动整流电路。

当次级线圈阻抗高、负载电阻小、接入电容器进行滤波时，其输出线性度的变化倾向是铁心位移大，线性度增加。利用这一特性能够使差动变压器的线性范围得到扩展。同时还可以有效地消除残余电压。

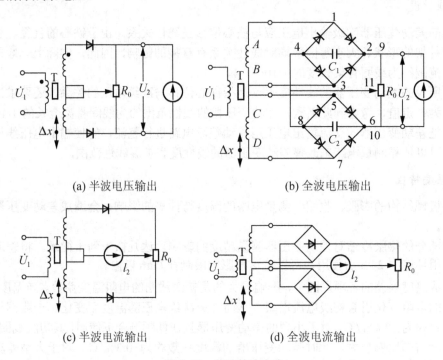

(a) 半波电压输出　　(b) 全波电压输出

(c) 半波电流输出　　(d) 全波电流输出

图 3.19 差动整流电路

2. 相敏整流电路

相敏整流电路如图 3.20 所示。比较电压 E_K 与差动变压器输出电压 E_S 具有相同的频率。通过相敏检波电路调理后，其直流输出电压信号的极性反映铁心位移的方向。

这种电路的缺点是 E_K 和 E_S 的相位必须一致，在差动变压器用低频励磁电流的场合，次级电压对初级电压的导前角大，因此，还必须有移相电路，使 E_K 和 E_S 的相位一致；在高频励磁的场合，差动变压器的初次级电压相位变化小。但振荡器同时供差动变压器与整流器使用，负载较大。另外比较电压 E_K 必须比 E_S 最大值还大，如果两者大小在同等程度上，则输出线性度变差。

相敏整流电路可以利用半导体二极管或晶体管等分离器件来实现。随着电子技术的发展，出现了集成化的全波相敏整流放大器，例如单片集成电路 LZX1，它是含开关元件的全波相敏解调器，能完成把输入交流信号经全波整流后变为直流信号，以及鉴别输入信号相位等功能。

差动变压器和 LZX1 的连接电路如图 3.21 所示。E_S 为信号输入电压，E_K 为参考输入电压，R 为调零电位器，C 为消振电容。移相器使参考电压和差动变压器次级输出电压同频率，相位相同或相反。

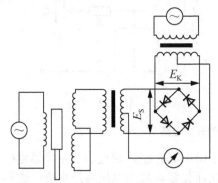

图 3.20　相敏整流电路原理示意　　　图 3.21　差动变压器和 LZX1 的连接电路

3. 零点残余电压的补偿

与自感传感器相似，差动变压器也存在零点残余电压问题。它的存在使得传感器的特性曲线不通过原点，并使实际特性不同于理想特性。

零点残余电压的存在使传感器的输出特性在零点附近的范围内不灵敏，限制分辨力的提高。零点残余电压太大，将使线性度变坏，灵敏度下降，甚至会使放大器饱和，阻塞有用信号的通过，致使仪器不再反映被测量的变化。因此，零点残余电压是评定传感器性能的主要指标之一，必须设法减小和消除。消除零点残余电压的方法主要有以下几种：

1) 设计和工艺上保证结构的对称性

产生零点残余电压的最大因素是次级线圈不对称，因此，有必要在线圈的材料和直径尺寸、匝数、匝数比、绝缘材料的选择以及绕制的方法等方面进行对称设计。同时，铁心材料要均匀，并经过热处理，以改善导磁性能，提高磁性能的均匀性和稳定性。在实践中，可采用拆圈的方法使两个次级线圈等效参数相等，以减小零点残余电压。

2) 选用合适的测量线路

采用相敏检波电路不仅可以鉴别衔铁移动方向，而且可以把衔铁在中间位置时，因高次谐波引起的零点残余电压消除掉。

3) 采用补偿线路

在电路上进行补偿，补偿方法主要有：加串联电阻、加并联电容、加反馈电阻或反馈电容等。图 3.22 所示为几个补偿零点残余电压的电路。

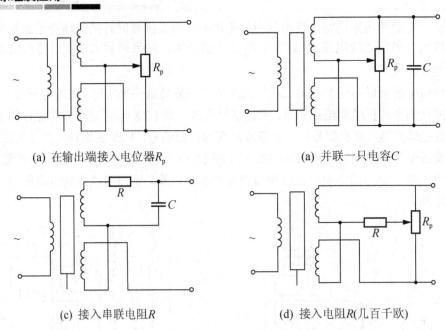

图 3.22 零点残余电压的补偿电路

在图(a)中,在输出端接入可调电位器 R_P(一般取 10 kΩ 左右),通过调节电位器电阻,可使两个次级线圈输出电压的大小和相位发生变化,从而使零点残余电压为最小值。这种方法对基波正交分量有明显的补偿效果,但无法补偿谐波分量。如果并联一只电容 C(常取 0.1 μF 以下),就可以有效地补偿高次谐波分量,防止调整电位器时的零点移动,如图(b)所示。图(c)中,串联电阻 R 调整次级线圈的电阻值不平衡,由于两个次级线圈感应电压相位不同,并联电容 C 可改变某一输出电势的相位,也能达到良好的零点残余电压补偿作用。在图(d)中,接入电阻 R(几百千欧)或补偿线圈 L(几百匝)绕在差动变压器的次级线圈上,以减小次级线圈的负载电压,避免外接负载不是纯电阻而引起的较大的零点残余电压。

4) 采用软件自动补偿

传感器的零位误差从理论上通过电路设计和调试可以完全消除,但实际上传感器和测量电路的特性还会受时间和环境等因素的影响,比如传感器输出的信号通常通过电缆线接入测量电路,只要电缆被拨动一下,电桥参数就会相应地发生变化,零点位置产生偏移,甚至每次开机测量都会导致电桥零位的偏移,此时必须重新对电路进行阻抗匹配调试等,测量过程极为不便。为此,可以通过软件补偿技术来自动校正零点漂移误差。每次测量之前,由计算机将数据处理中的零点输出进行存储,然后再将实时的采样数据减去相应的零点输出,从而消除零点漂移对测量精度的影响。

3.3 涡流式传感器

根据法拉第电磁感应定律,金属导体置于变化的磁场中或在磁场中作切割磁力线运动时,导体内将产生呈漩涡状流动的感应电流,称之为电涡流,这种现象称为电涡流效应。

涡流的大小与金属的电阻率 ρ、磁导率 μ、几何尺寸、产生磁场的线圈与金属的距离 x、线圈的励磁电流及其频率等参数有关。若固定其中的若干参数,就能按涡流的大小测量出另外某一参数。

电涡流式传感器是一种建立在电涡流效应原理上的传感器，它具有结构简单、频率响应宽、灵敏度高、测量线性范围大、抗干扰能力强以及体积较小等一系列优点。电涡流式传感器可以实现振动、位移、尺寸、转速、温度、硬度等参数的非接触测量，并且还可以进行无损探伤。

涡流具有集肤效应，它指涡流总是趋于导体表面流动，其密度随进入导体深度的增加而迅速衰减的现象。涡流衰减的程度用渗透深度表示，其值与传感器线圈的励磁电流频率有关。渗透深度随激励电流频率的提高而减小。根据电涡流在导体的渗透情况，通常把电涡流传感器按激励频率的高低分为高频反射式和低频透射式两大类。由于前者的应用较广泛，因此本书重点介绍此类传感器。

1. 高频反射式电涡流传感器结构和工作原理

高频反射式电涡流传感器的结构比较简单，主要是一个安置在框架上的线圈，线圈可以绕成一个扁平圆形粘贴于框架上，也可以在框架上开一条槽，导线绕制在槽内而形成一个线圈。线圈的导线一般采用高强度漆包铜线，如要求高一些，可用银或银合金线，在较高的温度条件下，须用高温漆包线。图 3.23 为 CZF1 型涡流传感器的结构示意。

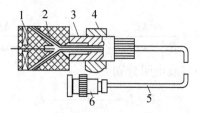

图 3.23　CZF1 型涡流传感器的结构示意

1—线圈；2—框架；3—框架衬套；4—支架；5—电缆；6—插头

此类传感器的工作原理如图 3.24(a)所示。传感器线圈由高频信号激励，使它产生一个高频交变磁场 H_1，当被测金属体靠近线圈，处于磁场作用范围内时，在金属体表层感应出电涡流，而此电涡流又将产生一交变磁场 H_2 阻碍外磁场的变化。从能量角度来看，在被测金属体内存在电涡流损耗(当频率较高时，忽略磁损耗)。能量损失使传感器线圈的 Q 值和等效阻抗降低，因此当被测体与传感器间的距离改变时，传感器的 Q 值和等效阻抗均发生变化，于是把位移量转换成电量。这便是电涡流传感器的基本原理。下面用等效电路的方法说明上述原理的实质。

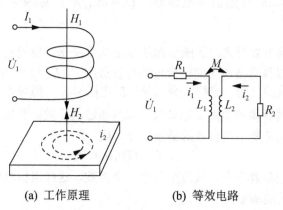

(a) 工作原理　　　　(b) 等效电路

图 3.24　高频反射式电涡流传感器工作原理及等效电路

把金属体看作一个短路线圈，它与传感器线圈有磁耦合，于是，可以得到图3.24(b)所示的等效电路图。图中，R_1和L_1为传感器线圈的电阻和电感，R_2和L_2为金属体等效线圈的电阻和电感，M为金属体与线圈的互感，$\dot{U}_1$为激励电压。根据基尔霍夫定律及所设电流方向，可得

$$\begin{cases} R_1\dot{I}_1 + j\omega L_1\dot{I}_1 - j\omega M\dot{I}_2 = \dot{U}_1 \\ R_2\dot{I}_2 - j\omega M\dot{I}_1 + j\omega L_2\dot{I}_2 = 0 \end{cases} \tag{3-46}$$

由(3-46)可计算出

$$\begin{cases} \dot{I}_1 = \dfrac{\dot{U}_1}{R_1 + \dfrac{\omega^2 M^2}{R_2^2 + \omega^2 L_2^2}R_2 + j\omega\left[L_1 - \dfrac{\omega^2 M^2}{R_2^2 + \omega^2 L_2^2}L_2\right]} \\ \dot{I}_2 = j\omega\dfrac{M\dot{I}_1}{R_2 + j\omega L_2} = \left(\dfrac{\omega^2 ML_2 + j\omega MR_2}{R_2^2 + \omega^2 L_2^2}\right)\dot{I}_1 \end{cases} \tag{3-47}$$

于是，线圈的等效阻抗为

$$Z = R_1 + \frac{\omega^2 M^2}{R_2^2 + \omega^2 L_2^2}R_2 + j\omega\left[L_1 - \frac{\omega^2 M^2}{R_2^2 + \omega^2 L_2^2}L_2\right] \tag{3-48}$$

从而可得到线圈的等效电感和等效电阻分别为

$$L = L_1 - \frac{\omega^2 M^2}{R_2^2 + \omega^2 L_2^2}L_2 \tag{3-49}$$

$$R = R_1 + \frac{\omega^2 M^2}{R_2^2 + \omega^2 L_2^2}R_2 \tag{3-50}$$

由式(3-49)和(3-50)可见，有金属导体影响后，线圈的电感由原来的L_1减小为L，电阻由R_1增大为R。

由于涡流的影响，线圈阻抗的实数部分增大，虚数部分减小，因此线圈的品质因数Q下降，此时，线圈的品质因数Q为

$$Q = Q_0\left[1 - \frac{L_2}{L_1}\frac{\omega^2 M^2}{|Z_2|^2}\right] \bigg/ \left[1 + \frac{R_2}{R_1}\frac{\omega^2 M^2}{|Z_2|^2}\right] \tag{3-51}$$

式中：Q_0为无涡流影响时线圈的品质因数，$Q_0 = \omega L_1/R_1$；Z_2为金属体等效线圈的阻抗，$|Z_2| = \sqrt{R_2^2 + \omega^2 L_2^2}$。

由上式可知，被测参数变化，既能引起线圈阻抗Z变化，也能引起线圈电感L和线圈的品质因数Q变化。所以传感器所用的转换电路可以选用Z、L、Q中的任一参数，并将其转换成电量，即可达到测量的目的。这样，金属导体的电阻率ρ、磁导率μ、线圈激励电流的角频率ω以及线圈与金属导体的距离x等参数，都将通过涡流效应和磁效应与线圈阻抗发生联系。或者说，线圈阻抗Z是这些参数的函数，可写成

$$Z = f(\rho, \mu, x, \omega) \tag{3-52}$$

若能控制式中其他参数不变，只改变其中一个参数，这样阻抗就能成为这个参数的单值函数，从而实现该参数的测量。

🔑 **特别提示**

由于线圈阻抗与被测金属体的电磁参数、线圈与工件的距离、激励频率、工件形状及表面粗糙度、有无缺陷等诸多因素有关，因此在涡流检测中，为保证测量结果的可靠性，必须在传感器结构及电路设计上考虑干扰因素的抑制问题。

2．测量电路

根据上述电涡流测量的基本原理，测量电路的任务是把传感器线圈的品质因数 Q、等效阻抗 Z 或等效电感 L 的变化转换为电压或电流输出，可以用 3 种类型的电路：电桥电路、谐振电路和正反馈电路。一般来说，利用 Q 值的转换电路使用较少。利用 Z 的测量电路一般用桥路，属于调幅电路。利用 L 的测量电路一般用谐振电路，根据输出是电压幅值还是电压频率，谐振电路又分为调幅和调频两种。由于交流电桥在前面章节中已介绍过了，在此只介绍谐振测量电路。

所谓的谐振电路是指传感器线圈与电容并联组成 LC 并联谐振电路。

1) 调频式电路

调频式测量电路原理如图 3.25 所示。传感器线圈接入 LC 振荡回路，当传感器与被测导体距离 x 改变时，在涡流影响下，传感器的电感变化将导致振荡频率的变化，该变化的频率是距离的函数。该频率可由数字频率计直接测量，或者通过 F-V 变换，用数字电压表测量对应的电压。

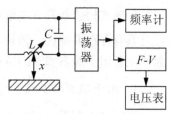

图 3.25 调频式测量电路

这种调频式测量方法稳定性较差，因为 LC 振荡器的频率稳定性最高只有 10^{-5} 数量级，虽然可以通过扩大调频范围来提高稳定性，但调频的范围不能无限制扩大。另外，采用这种测量电路时，不能忽略传感器与振荡器之间连接电缆的分布电容，微小的电容变化将引起频率很大的变化，严重影响测量结果，为此可设法把振荡器的电容元件和传感器线圈组装成一体。

2) 调幅式电路

传感器线圈 L 和电容器 C 并联组成谐振回路、石英晶体组成石英晶体振荡电路，如图 3.26(a)所示。石英晶体振荡器起恒流源的作用，给谐振回路提供一个稳定的高频激励频率 f_0。R 为耦合电阻，用来降低传感器对振荡器工作的影响，其数值大小将影响测量电路的灵敏度，耦合电阻的选择应考虑振荡器的输出阻抗和传感器线圈的品质因数。当激励电流为 i_0 时，LC 回路输出电压为

$$u_\mathrm{o} = i_0 Z \tag{3-53}$$

式中：Z 为 LC 回路的阻抗。

线圈空载时，LC 并联谐振回路谐振频率 $f=1/(2\pi LC)$ 等于石英振荡频率 f_0。回路呈现的阻抗最大，谐振回路上的输出电压也最大；当线圈靠近被测金属导体时，线圈的等效电感 L 随线圈与被测体之间的距离 x 的变化而变化，导致回路失谐，谐振峰将向左或右移动(若是非铁磁性材料，谐振峰向右移动，若是铁磁性材料，谐振峰则向左移动)，同时输出电压减小，如图 3.26(b)所示，因此，可以由输出电压的变化来表示传感器与被测导体间距离 x 的变化，从而实现对位移量的测量。

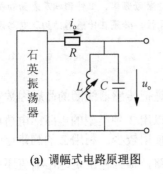
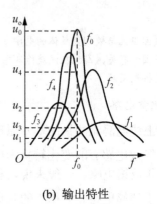

(a) 调幅式电路原理图　　　　　　　　(b) 输出特性

图 3.26　调幅法测量电路

3.4　电感式传感器应用举例

3.4.1　自感式传感器的应用

自感式传感器具有灵敏度较高(可测 0.1 μm 的直线位移)、输出信号较大、加工容易的特点，但是具有存在非线性、消耗功率较大、测量范围较小的缺点。自感式传感器一般用于接触测量，主要用于静态和动态位移(尺寸)测量，也可测量振动、压力、荷重、流量、液位等参数。

1. 用于磁力轴承的自感式位置传感器

电磁轴承利用电磁吸力将主轴悬浮于空中高速旋转，具有无摩损、无噪声和寿命长等优点。电磁吸力本身的固有特性决定了电磁主轴是不稳定的。为了实现系统的位置可控，必须建立一个主轴位置闭环反馈控制系统，为此，首要任务是要实现主轴位置的非接触、精密测量。

图 3.27 所示为一个八级自感型电磁轴承结构中的一对磁极，每对磁极上绕有两组线圈，一是提供静态工作点的上、下串联的直流线圈 N_1、N_2；二是提供交变控制力的上、下反串的交流控制线圈 N_3、N_4；在该结构系统中最大特点是交、直流线圈的分绕。

磁力轴承的这种结构为自感式位置传感器的设计创造了条件。当主轴在 Y 方向有 $\Delta\delta$ 的位置变化时，则上、下直流线圈电感为 $L_1 = \dfrac{\mu_0 S N^2}{2(\delta + \Delta\delta)}$ 和 $L_2 = \dfrac{\mu_0 S N^2}{2(\delta - \Delta\delta)}$。其中，$N$ 为线圈匝数，μ_0 为空气磁导率，S 为气隙导磁横截面积，δ 为轴承在平衡位置时的气隙，$\Delta\delta$ 为气隙变化量。

将电磁轴承中直流线圈接成图 3.28 所示的差动电桥。电桥的激励为 $I + \cos\omega t$，其中，I 用于提供静态工作点，而 $\cos\omega t$ 为载波信号，其频率 ω 取为 20～30 kHz。

由于轴承结构上的分绕，直流线圈中用于检测的交流信号，不可避免的与同磁极上的交流线圈存在耦合干扰，这种情况可通过提高 ω 来抑制低频控制电流耦合干扰的影响。同时，由于机械结构的惯性，高频载波的影响也可消除。

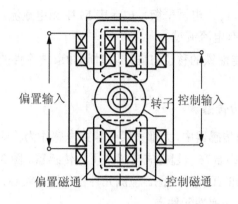 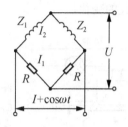

图 3.27 磁极绕线结构示意　　　　　图 3.28 线圈差动电桥

结合传感器的测量电路,直接给出此传感器的电桥电压输出与位置的关系为

$$U = j\omega \frac{N^2 \mu_0 SR\Delta\delta}{2R(\delta^2 + \Delta\delta^2) + j\omega\mu_0 S\delta N^2} I \tag{3-54}$$

由式(3-54)可见,电桥输出电压是位置变化 $\Delta\delta$ 的调幅波,该信号经相敏检波、低通滤波可得磁浮主轴位置变化。

2. 用于工件直径等尺寸测量的电感式传感器

图 3.29 所示为用于圆柱、钢球等直径测量的轴向式电感测微传感器电路图,图 3.30 是其结构图。图中电感 L_1 和 L_2 为电感传感器的两个线圈,构成桥路相邻的两桥臂,另外两个桥臂是 C_1、C_2。桥路对角线输出端用 4 只二极管 $VD_1 \sim VD_4$ 和 4 只附加电阻 $R_1 \sim R_4$(减小温度误差)组成相敏整流器,电流由电流表 M 指示。R_5 是调零电位器,R_6 用来调节电流表满刻度值。电桥电源由变压器 T 供电。T 采用磁饱和交流稳压器,R_7 和 C_3、C_4 起滤波作用。

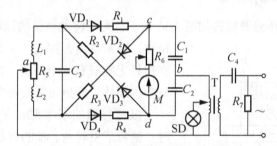

图 3.29 轴向式电感测微传感器电路原理示意

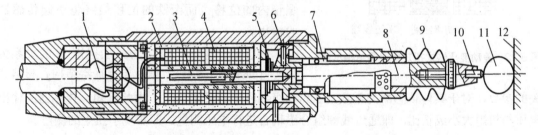

图 3.30 轴向式电感测微传感器内部结构示意

1—引线电缆;2—固定磁筒;3—衔铁;4—线圈;5—测力弹簧;6—防转销;
7—钢球导轨(直线轴承);8—测杆;9—密封套;10—测端;11—被测工件;12—基准面

当电感传感器中的衔铁处于中间位置时，$L_1 = L_2$，电桥平衡，电流表 M 中无电流流过。当试件的尺寸发生变化时，$L_1 \neq L_2$，电流表 M 中有电流流过。

根据电流表的指针偏转方向和刻度就可以判定衔铁的移位方向，同时就知道被测件的尺寸发生了多大的变化。

3. 自感式压力传感器

在电感式压力传感器中，大都采用变隙式电感作为检测元件，它和弹性元件组合在一起构成电感式压力传感器。图 3.31 所示为这种传感器的工作原理图。检测元件由线圈、铁心、衔铁组成，衔铁安装在弹性元件上。

传感器的基本原理是，当压力引起衔铁的位置变化时，衔铁与铁心的气隙发生变化时，传感器线圈的电感量会发生相应的变化。电感的这种变化通过电桥电路转换成电压输出，由于输出电压与被测压力之间成比例关系，所以只要用检测仪表测量输出电压，即可得知被测压力的大小。传感器输出信号的大小决定于衔铁位移的大小，输出信号的相位则决定于衔铁移动的方向。

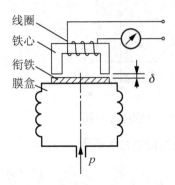

图 3.31　变隙式电感压力传感器

3.4.2　差动变压器的应用

差动变压器式传感器具有精度高(达 $0.1\ \mu m$ 量级)、线圈变化范围大、结构简单、稳定性好等优点。这种传感器的应用非常广泛，凡是与位移有关的物理量均可经过它转换成电量输出，常被广泛应用于位移、加速度、压力、压差、液位、应变、比重、张力和厚度等参数的测量。

1. 差动变压器式扭矩传感器

差动变压器式扭矩传感器结构如图 3.32 所示。为了将被测轴的扭转角转化为衔铁的直线位移，在衔铁内部加工一个螺旋角为 λ 的螺旋槽，在扭杆上安装有一个凸块，在凸块上装有轴承，以减少因摩擦、磨损而影响寿命和测量的可靠性。

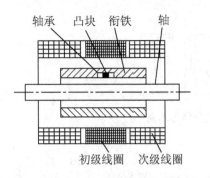

图 3.32　差动变压器式扭矩传感器结构示意

该传感器的基本原理是，当轴受到扭矩作用时，轴将产生转角。轴的转动带动凸块，从而使衔铁内部的螺旋槽运动，将轴的转角转化为衔铁在螺管内的位移，而衔铁的位移最终将引起传感器的输出。

传感器的输出电压 U 与外加扭矩 M 的关系为 $U = -j\omega K I M$，其中，K 为与传感器结构、材料相关的参数，对于具体传感器为常数，I 为初级线圈中的激励电流。由此可知，传感器的输出电压与扭矩大小成正比，即通过线圈组合磁耦合进行电压测量，即实现了扭矩的测量。

2. 差动变压器式微压传感器

将差动变压器和弹性敏感元件(膜片、膜盒和弹簧管等)相结合,可以组成各种形式的压力传感器。图3.33所示为微压力变送器结构图及测量电路图。

这种微压力变送器,经分挡可测量($-5 \times 10^4 \sim 6 \times 10^4$) N/m² 压力,精度为1级、1.5级。

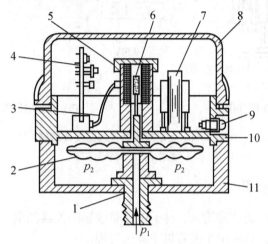

(a) 微压力变送器结构示意

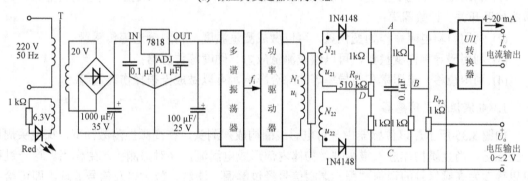

(b) 测量电路原理示意

图3.33 差动变压器式微压传感器

1—压力输入接头;2—膜盒;3—电缆;4—线路板;5—差动变压器;6—衔铁;
7—电源变压器;8—罩壳;9—指示灯;10——密封隔板;11—安装底座

3. 振动和加速度传感器

图3.34所示差动变压器式加速度传感器结构原理图及测量电路框图。该传感器由悬臂梁弹性支承和差动变压器组成。为了满足测量精度,加速度计的固有频率($\omega_0 = \sqrt{k/m}$)应比被测频率上限大3~4倍,由于运动系统质量m不可能太小,而增加弹簧片刚度k又使加速度计灵敏度受到影响,因此系统的固有频率不可能很高,能测量的振动频率上限就受到限制。另外,用于测定振动物体的频率和振幅时,其励磁频率必须是振动频率的十倍以上,才能得到精确的测量结果。该种传感器可测量的振幅为0.1~5 mm,振动频率为0~150 Hz。

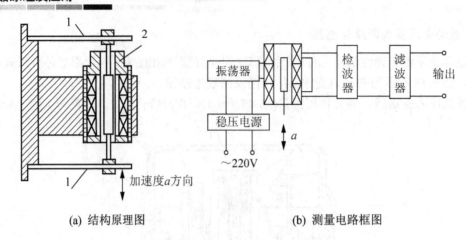

(a) 结构原理图　　　　　　　　　(b) 测量电路框图

图 3.34　差动变压器式加速度传感器

1—悬臂梁；2—差动变压器

3.4.3　电涡流传感器的应用

涡流式传感器的特点是结构简单、易于进行非接触的连续测量，灵敏度较高，适用性强，因此得到了广泛的应用。其应用主要有以下 4 个方面：

(1) 利用位移作为变换量，可以做成测量位移、厚度、振幅、振摆、转速等传感器，也可做成接近开关、计数器等；

(2) 利用材料电阻率作为变化量，可以做成测量温度、材料分选等传感器；

(3) 利用磁导率作变换量，可以做成测量应力、硬度等传感器；

(4) 利用位移、电阻率和磁导率等的综合影响，可以做成无损探伤装置等。

1. 电涡流位置传感器

如图 3.35 所示，该传感器由一对电感线圈构成探测头，在高频振荡激励下，探测头周围产生磁场。当金属物体进入磁场时，物体内部形成电涡流，并对探测头产生作用。这一过程可以等效为高频信号的调制过程。调制信号经过解调、滤波、放大以及信号处理，即可给出物体通过两线圈中心的准确位置 S。该传感器的测量电路由振荡电路、检波和滤波电路、差动放大电路、过零检测电路、脉冲信号调制电路及输出驱动电路几部分组成。传感器输出信号的变化如图 3.36 所示。在金属物体内部电涡流的作用下，探测头输出调制的频率信号 U_φ，经过检波滤波单元，输出 U_{L1} 和 U_{L2} 两个模拟电压信号，它们和探测头的两个线圈相对应，电压值与金属物体距离线圈的远近成正比。两信号经过差动放大后，输出信号 U_S 的两个极值对应两个线圈的中心点，过零点对应传感器的物理中心。经过零检测电路后，输出的脉冲信号 U_o 的上升沿准确地给出了过零点，即物体通过传感器物理中心的位置。

2. 电涡流角位移传感器

电涡流角位移传感器采用双 E 形变面积式结构，其结构如图 3.37 所示。它由两部分组成：

(1) 定子组件，包括铁心和绕组，两个 E 形铁心相对固定在定子架上，6 个铁心柱上各套 1 个绕组，其中，外侧 4 个铁心柱上的绕组作为输出绕组，两两串联反接后再顺接。中间两个铁心柱上的绕组串联顺接，作为励磁绕组。

(2) 移动组件，电涡流片，由两片大小相等的铝片粘接而成。

电感式传感器 第3章

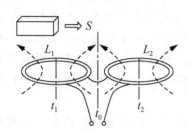

图3.35 电涡流位置传感器工作原理示意

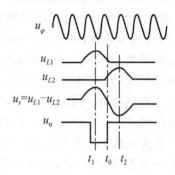

图3.36 测量电路信号变化

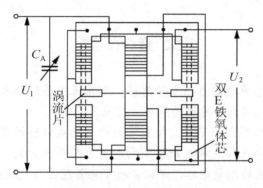

图3.37 双E电涡流传感器

该传感器的工作原理是,当励磁绕组通过交变电流I_1时,两个工作气隙中分别产生交变磁通Φ_1和Φ_2。Φ_1和Φ_2分别投影到各自对应的涡流片上,从而在两边的涡流片上各有电流i_1和i_2产生。i_1和i_2的去磁通作用使原交变磁通减少,减少程度随涡流片所处位置不同而异。

涡流片处于中性位置时,左右两上磁回路中的交变磁通投射到涡流片上的磁通相等,涡流效应相同,去磁作用相等。因此,各输出绕组的感应电动势相等,输出电压U_2为0。涡流片偏离中性位置时,如涡流片向左(或向右)偏移$\Delta\alpha$角度后,左磁回路投射到涡流片上的交变磁通增多,涡流效应增大,去磁作用相应增大,而右磁回路恰好相反,去磁作用相应减小,使两个磁回路中合成磁能不等,左右两边输出绕组中的感应电动势不等,就有电压U_2输出。

知识链接

涡流无损检测技术是五大常规(涡流、超声、射线、磁粉、渗透)无损检测技术之一,是近年来获得较大发展的新技术。它利用载流线圈产生磁场,在被测金属体中感应出电涡流,而涡流的大小、相位及流动形式受金属体表面缺陷的影响,从而引起线圈有效阻抗的变化,测量出该阻抗的变化即可实现对金属体的探伤。涡流检测对金属体表面和近表面缺陷具有较高探测灵敏度,而且不需要改变试件的形状,也不影响试件的使用性能,因此是一种无损地评定试件有关性能和发现试件有无缺陷的检测方法,它已逐渐成为材料无损检测的一种重要手段。

涡流探伤的应用主要在以下方面:

(1) 在冶金行业,对管材、棒材、带材、丝材、板材的探伤。由于金属在炽热的情况下仍具有涡流效应,利用特制的涡流探头还可以实现冶金自动生产线上热材(上千度高温)的探伤。

(2) 在机械加工行业，对各种形状、大小的零件的探伤。

(3) 对在役零部件的探伤。例如，化工厂、发电厂、核电站的管道在使用中受到压力、温度、流体等的作用会产生疲劳裂纹、腐蚀等缺陷，涡流探头可以在不需要拆卸管道的情况下实现对管线的自动探伤；再如，在航空领域，为保证飞机飞行安全，飞机零、部件必须定期或不定期检查。应用涡流法可以检测机翼大梁、桁条与机身框架连接的紧固件，发动机的涡轮叶片、压气机叶片、风扇叶片、涡轮盘、涡轮轴、起落架、旋翼等部位的疲劳裂纹，铝蒙皮连接处的裂纹以及蒙皮的腐蚀损伤等。

随着涡流无损检测技术和理论研究的发展，以及涡流检测设备智能化程度、对缺陷定量评价和显示技术的不断提高，涡流检测的应用将更加广泛，涡流无损检测技术会有更加广阔的前景。

本 章 小 结

本章介绍了利用自感原理的自感式传感器、利用互感原理的差动变压器式传感器以及利用电磁感应原理的电涡流式传感器的原理、特点及应用。

按磁路几何参数变化形式的不同，目前常用的自感式传感器有变气隙式、变面积式和螺线管式3种。本章以变气隙式和螺线管式两类自感传感器为例，介绍了自感式传感器的结构、工作原理及其常用的测量电路，详细分析了测量范围与灵敏度和线性度之间的关系，并介绍了采用差动式结构提高灵敏度和线性度的基本原理和方法。

差动变压器结构形式较多，有变隙式、变面积式和螺线管式等。本章以螺线管式差动变压器为例，详细介绍了差动变压器的结构、工作原理、等效电路以及差动整流和相敏检波两种测量电路，详细介绍了差动变压器的性能参数及其提高方法，零点残余电压的产生原因及其抑制方法和电路。

还详细介绍了高频反射式涡流传感器的工作原理及其测量电路——谐振电路。

最后，就上述3种电感式传感器分别举出了其典型应用实例。

3-1 简述变气隙式自感传感器的工作原理和输出特性，传感器的灵敏度与哪些因素有关？如何提高其灵敏度？

3-2 电源频率波动对自感式传感器的灵敏度有何影响？如何确定传感器的最佳电源频率？

3-3 差动变压器式传感器的等效电路包括哪些元件和参数？各自的含义是什么？

3-4 试分析差动变压器式电感传感器的相敏整流测量电路的工作过程。带相敏整流的电桥电路具有哪些优点？

3-5 差动变压器式传感器的零点残余电压产生的原因是什么？怎样减小和消除它的影响？

3-6 图3.38所示为差动变压器式接近开关原理图，结构中使用H型铁心，分析它的工作原理，并设计后续信号处理电路，使被测金属

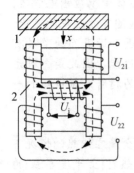

图3.38 习题3-6

部件与探头距离达设定距离时，继电器吸合。

3-7 某差动变压器式传感器的技术参数如下，试说明它们的含义。

线性度：0.4%　　　　　　　　分辨力：10 μm

零点残余电压：0.5%　　　　　热漂移：<0.1%/℃

输出阻抗：2.5 kΩ　　　　　　响应时间：1 ms

3-8 电涡流传感器常用的测量电路有几种？分析它们的工作原理和特点。

3-9 如何利用电涡流传感器测量金属板厚度？

第4章 电容式传感器

教学目标

通过本章学习,掌握电容式传感器的基本工作原理及种类,灵敏度与非线性误差,等效电路和测量电路等相关知识,了解电容式传感器的优缺点及应用,为电容式传感器的选用和设计打下基础。

教学要求

掌握电容式传感器的工作原理和种类,并能结合应用设计电容式传感器;
掌握灵敏度与非线性误差的矛盾关系及解决办法,能进行相应计算;
了解电容式传感器的优缺点、影响因素及其抑制措施;
掌握电容式传感器等效电路,理解各种电容式传感器测量电路的特点;
了解各类电容式传感器的实际应用的结构原理,能使用电容式传感器设计相应的测量系统。

导入案例

在许多生产过程中,需要对诸如各种储液罐的液位或粮仓的料位、钢板加工的厚度、车床加工中工件的直径等参量进行检测和控制,以确保生产质量。电容式传感器不仅可以实现上述物理量到电容量的转换,而且由于它结构简单、适应性强、具有良好的动态特性、本身发热小,可以进行非接触的测量,所以被广泛应用于位移、压力、厚度、液位、转速、振动、加速度、角度、流量、面料以及成分含量等方面的测量。以下是一些电容传感器的实物图片。

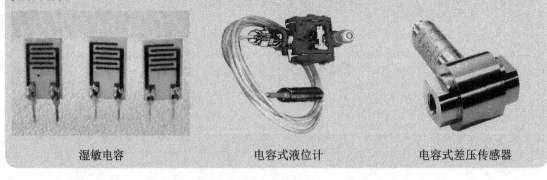

湿敏电容　　　　　　　电容式液位计　　　　　　电容式差压传感器

4.1 电容式传感器的工作原理和特性

电容式传感器(简称电容传感器)是以各种类型的电容器为传感元件,通过将被测物理量转换成电容量的变化来实现测量的。电容传感器的输出是电容的变化量。

4.1.1 工作原理及类型

电容式传感器由集敏感元件和转换元件为一体的电容量可变的电容器和测量电路组成,其变量间的转换关系如图 4.1 所示。

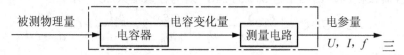

图 4.1 电容式传感器变量转换关系示意

由物理学可知,当忽略电容器边缘效应时,对于图 4.2 所示平行极板电容器,其电容量为

$$C = \frac{\varepsilon S}{d} = \frac{\varepsilon_0 \varepsilon_r S}{d} \tag{4-1}$$

式中:S 为两极板相互遮盖的有效面积;d 为两极板间的距离,也称为极距;ε 为两极板间介质的介电常数;ε_r 为两极板间介质的相对介电常数,对于空气介质,$\varepsilon_r \approx 1$;ε_0 为真空的介电常数,$\varepsilon_0 = 8.85 \times 10^{-12}$ F/m。

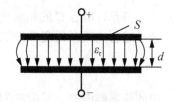

图 4.2 平板电容器

分析式(4-1)可得出结论:在 S、d、ε 这 3 个参量中,改变其中任意一个量,均可使电容量 C 改变。也就是说,如果被检测参数(如位移、压力、液位等)的变化引起 S、d、ε 这 3 个参量之一发生变化,就可利用相应的电容量的改变实现参数测量。据此,电容式传感器可分为以下三大类:

(1) 极距变化型电容传感器;
(2) 面积变化型电容传感器;
(3) 介质变化型电容传感器。

4.1.2 电容传感器特性分析

1. 变极距型电容传感器

变极距型电容传感器结构如图 4.3(a)所示。当动极板受被测物体作用产生位移时,改变了两极板之间的距离 d,从而使电容量发生变化。从式(4-1)可知,C 与 d 的关系曲线为反比函数关系,如 4.3(b)所示。

若极板面积为 S,极板间为空气介质,极板初始间距为 d_0,则初始电容量 C_0 为

$$C_0 = \frac{\varepsilon_0 \varepsilon_r S}{d_0} \approx \frac{\varepsilon_0 S}{d_0} \tag{4-2}$$

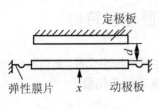 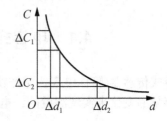

(a) 结构示意图　　　　　　　(b) 电容量与极板距离的关系

图 4.3　变极距型电容传感器

如果电容器极板间距由初始值 d_0 减小 Δd，则电容量增大 ΔC，有

$$\Delta C = C - C_0 = \frac{\varepsilon_0 \varepsilon_r S}{d_0 - \Delta d} - \frac{\varepsilon_0 \varepsilon_r S}{d_0} = \frac{\varepsilon_0 \varepsilon_r S}{d_0} \times \frac{\Delta d}{d_0 - \Delta d} = C_0 \frac{\Delta d}{d_0 - \Delta d} \tag{4-3}$$

电容的相对变化为

$$\frac{\Delta C}{C_0} = \frac{\Delta d}{d_0} \times \frac{1}{1 - \Delta d / d_0} \tag{4-4}$$

当 $\Delta d / d_0 \ll 1$ 时，式(4-4)按级数展开，得：

$$\frac{\Delta C}{C_0} = \frac{\Delta d}{d_0} \left[1 + \left(\frac{\Delta d}{d_0} \right) + \left(\frac{\Delta d}{d_0} \right)^2 + \left(\frac{\Delta d}{d_0} \right)^3 + \cdots \right] \tag{4-5}$$

可见，电容 C 的相对变化与位移 Δd 之间呈现的是一种非线性关系。在误差允许范围内，通过略去高次项得到其近似的线性关系如下：

$$\frac{\Delta C}{C_0} \approx \frac{\Delta d}{d_0} \tag{4-6}$$

电容传感器的静态灵敏度为

$$K = \frac{\Delta C / C_0}{\Delta d} = \frac{1}{d_0} \tag{4-7}$$

🔑 **特别提示**

静态灵敏度本来指被测量变化缓慢的状态下，电容变化量与引起其变化的被测量之比 $K = \Delta C / \Delta d$。公式中除以初始电容值是为了说明单位输入位移所引起的输出电容相对变化的大小。

如果只考虑式(4-5)中的线性项和二次项，忽略其他高次项，则得

$$\frac{\Delta C}{C_0} = \frac{\Delta d}{d_0} (1 + \frac{\Delta d}{d_0}) \tag{4-8}$$

由此得到非线性误差 δ_L 为

$$\delta_L = \frac{|(\Delta d / d_0)^2|}{|\Delta d / d_0|} \times 100\% = |\Delta d / d_0| \times 100\% \tag{4-9}$$

由以上分析可知：变极距型电容式传感器只有在 $\Delta d / d_0$ 很小时，才有近似的线性输出。从式(4-7)可以看出，要提高灵敏度，应减小初始间距 d_0；但 d_0 的减小受到电容器击穿电压的限制，同时对加工精度的要求也提高了；而式(4-9)表明非线性误差随着相对位移的增加而增加，减小 d_0 相应地增大了非线性。为限制非线性误差，通常是在较小的极距变化范围内工作，以使输入输出特性保持近似的线性关系。一般取极距变化范围 $\Delta d / d_0 \leq 0.1$。

小思考

当初始极距增大 Δd 时,电容量的变化与极距减小相同 Δd 值的电容变化量相等吗?

为了防止 d_0 过小容易引起电容器击穿或短路,极板间可采用高介电常数的材料(云母、塑料膜等)作介质,如图 4.4 所示,此时电容 C 的表达式为

$$C = \frac{S}{\dfrac{d_g}{\varepsilon_0 \varepsilon_g} + \dfrac{d_0}{\varepsilon_0}} \tag{4-10}$$

式中:ε_g 为云母的相对介电常数,$\varepsilon_g = 7$;ε_0 为真空的介电常数,$\varepsilon_0 = 1$;d_0 为空气隙厚度;d_g 为云母片的厚度。

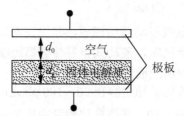

图 4.4 高介电常数材料作介质的变间隙型电容式传感器

云母片的相对介电常数是空气的 7 倍,其击穿电压不小于 1000 kV/mm,而空气的仅为 3 kV/mm。因此有了云母片,极板间起始距离可大大减小。同时,式(4-10)中的 d_g/ε_g 项是恒定值,它能使传感器的输出特性的线性度得到改善。

为了提高灵敏度和减小非线性,以及克服某些外界条件如电源电压、环境温度变化的影响,常采用差动式的电容传感器,如图 4.5 所示。上下两个极板为固定极板,中间极板为活动极板。未开始测量时将活动极板调整在中间位置,两边电容相等。当被测量使活动极板移动一个 Δd 时,由活动极板与两个固定极板所形成的两个平板电容的极距一个减小、一个增大,差动电容器总电容变化为

$$\Delta C = C_1 - C_2 = \frac{\varepsilon_0 S}{d_0 + \Delta d} - \frac{\varepsilon_0 S}{d_0 - \Delta d} = -2C_0 \frac{\Delta d}{d_0} \frac{1}{1-(\Delta d/d_0)^2} \tag{4-11}$$

当满足 $\Delta d / d_0 \ll 1$ 时,将式(4-11)按泰勒级数展开,得电容相对变化为

$$\frac{\Delta C}{C_0} = -2\frac{\Delta d}{d_0}\left[1 + \left(\frac{\Delta d}{d_0}\right)^2 + \left(\frac{\Delta d}{d_0}\right)^4 + \cdots\right] \tag{4-12}$$

略去非线性高次项,得

$$\frac{\Delta C}{C_0} = -2\frac{\Delta d}{d_0} \tag{4-13}$$

可见近似成线性关系。

变极距差动式电容传感器的灵敏度 K' 为

$$K' = \left|\frac{\Delta C/C_0}{d_0}\right| = \frac{2}{d_0} \tag{4-14}$$

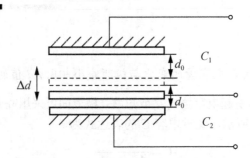

图 4.5 差动式电容传感器原理示意

根据式(4-12)得变极距差动式电容传感器的非线性误差 δ'_L 近似为

$$\delta'_L = \left|\frac{2(\Delta d/d_0)^3}{2(\Delta d/d_0)}\right| \times 100\% = \left(\frac{\Delta d}{d_0}\right)^2 \times 100\% \tag{4-15}$$

由此可见，电容式传感器做成差动式结构后，非线性误差大大降低了，而灵敏度比单极距电容传感器提高了一倍。与此同时，差动式电容传感器还能减小静电引力给测量带来的影响，并有效地改善由于环境影响所造成的误差。

一般变极距型电容式传感器的起始电容在 20～100 pF 之间，极板间距离在 25～200 μm 的范围内，最大位移应小于间距的 1/10，在微位移测量中应用最广，且是目前微位移测量领域精度和分辨力最高的传感器，可达 1 nm 量级。

近年来，随着计算机技术的发展，电容传感器大多都配置了单片机，所以其非线性误差可用微机来计算修正，从而使其测量精度达到了纳米级。

【例 4-1】有一台变间隙非接触式电容测微仪，其传感器的极板半径 r =4 mm，假设与被测工件的初始间隙 d_0=0.3 mm，极板间介质为空气。试求：

(1) 如果传感器与工件的间隙减少 Δd=10 μm，电容变化量为多少？
(2) 如果测量电路的灵敏度是 K_u=100 mV/pF，则在 Δd = ±1 μm 时的输出电压为多少？

解：由题意可求并如下。

(1) 初始电容为

$$C_0 = \frac{\varepsilon_0 S}{d_0} = \frac{\varepsilon_0 \pi r^2}{d_0} = \frac{8.85 \times 10^{-12} \times \pi \times (4 \times 10^{-3})^2}{0.3 \times 10^{-3}} F$$

$$= 1.48 \times 10^{-12} F = 1.48 \text{ pF}$$

则当 Δd=10 μm 时，电容量将增加 ΔC，由于 $\Delta d/d_0 \ll 1$，故

$$\Delta C = C_0 \frac{\Delta d}{d_0} = 1.48 \times \frac{10 \times 10^{-3}}{0.3} \text{ pF} = 0.049 \text{ pF}$$

(2) 当 Δd = ±1μm 时，有

$$\Delta C = C_0 \frac{\Delta d}{d_0} = 1.48 \text{ pF} \times \frac{\pm 1 \text{ μm}}{0.3 \times 10^3 \text{ μm}} = \pm 0.0049 \text{ pF}$$

由 K_u=100 mV/pF=$U_o/\Delta C$，则可得

$$U_o = K_u \Delta C = 100 \text{ mV/pF} \times (\pm 0.0049 \text{ pF}) = \pm 0.49 \text{ mV}$$

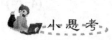

例中如果是差动的变间隙非接触式电容测微仪，间隙变化 10 μm 对应的电容变化是多少？

2. 变面积型电容传感器

图 4.6 所示为一些变面积型电容传感器的结构示意图。图中(a)、(b)、(c)为单边式，(d)为差动式。与变极距型相比，它们的测量范围大，主要用于较大的线位移或角位移(1 度至几十度)的测量。

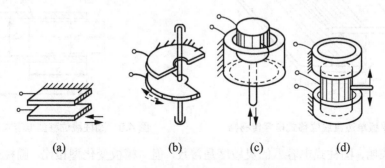

图 4.6 变面积型电容传感器结构示意

1) 用于线位移测量的电容式传感器

该型传感器如图 4.7 所示，若忽略边缘效应，当动极板相对于定极板沿着长度方向平移时，其电容量为

$$C = \frac{\varepsilon(a-\Delta x)b}{d} = C_0 - \frac{\varepsilon b}{d}\Delta x \tag{4-16}$$

电容的变化量为

$$\Delta C = C - C_0 = -\frac{\varepsilon b}{d}\Delta x \tag{4-17}$$

式中：ε 为电容器极板间介质的介电常数；C_0 为电容器初始电容，$C_0 = \varepsilon ab/d$。

灵敏度 K 为

$$K = \frac{\Delta C}{C} = \frac{\varepsilon b}{d} \tag{4-18}$$

由式(4-17)、式(4-18)可知，在忽略边缘效应的条件下，变面积型电容传感器的输出特性是线性的，灵敏度 K 为一常数。增大极板边长 b 或减小间距 d 都可以提高灵敏度。但极板宽度 a 不宜过小，否则会因为边缘效应影响其线性特性。

实际应用中常用圆柱式电容器测量大位移，如图 4.8 所示，其电容计算式为

$$C = \frac{2\pi\varepsilon x}{\ln(D/d)} \tag{4-19}$$

式中：x 为内、外电极重叠部分长度；D、d 分别为外电极内径与内电极外径。

当重叠长度 x 变化时，电容量变化为

$$\Delta C = C_0 - C = \frac{2\pi\varepsilon L}{\ln(D/d)} - \frac{2\pi\varepsilon x}{\ln(D/d)}$$
$$= \frac{2\pi\varepsilon(L-x)}{\ln(D/d)} = \frac{2\pi\varepsilon\Delta x}{\ln(D/d)} \tag{4-20}$$

灵敏度为

$$K = \frac{\Delta C}{\Delta x} = \frac{2\pi\varepsilon}{\ln(D/d)} \tag{4-21}$$

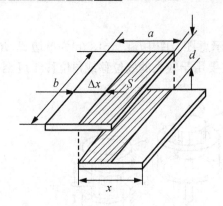 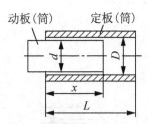

图4.7 平板单边直线位移式电容传感器　　图4.8 圆柱线位移型电容式传感器

式(4-21)表明，圆柱式电容器的灵敏度是常数，但与极板变化型相比，圆柱式电容传感器灵敏度较低，但其测量范围更大。

2) 用于角位移测量的电容式传感器

该型传感器如图4.9所示，当动片有一角位移θ时，两极板间的覆盖面积就改变，从而改变了电容量。当$\theta=0$时，有

$$C_0 = \frac{\varepsilon S_0}{d} \tag{4-22}$$

式中：ε为电容器极板间介质的介电常数；S_0为极板间初始覆盖面积；d为极板间距。

当转动θ角时，有

$$C = \frac{\varepsilon(S_0 - \frac{S_0}{\pi}\theta)}{d} = C_0(1 - \frac{\theta}{\pi}) \tag{4-23}$$

$$\Delta C = C - C_0 = -C_0 \frac{\theta}{\pi} \tag{4-24}$$

灵敏度K为

$$K = -\frac{\Delta C}{\theta} = \frac{C_0}{\pi} \tag{4-25}$$

可见，角位移式电容传感器的输出特性是线性的，灵敏度K为常数。

3. 变介质型电容传感器

变介质型传感器有很多的结构形式，可以用来测量纸张和绝缘薄膜厚度、液位的高度以及粮食、纺织品等非导电固体物质的湿度等。

图4.10所示为一种变极板间介质的电容式液位测量传感器原理图。

 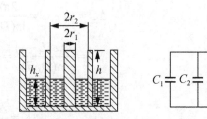

图4.9 角位移变面积型电容式传感器　　图4.10 电容式液位传感器原理示意与等效电路

图 4.10 所示的同轴圆柱形电容器的初始电容为

$$C_0 = \frac{2\pi\varepsilon_0 h}{\ln(r_2/r_1)} \qquad (4-26)$$

式中：h 为电容器圆柱高度；r_1 为内电极的外半径；r_2 为外电极的内半径。

测量时，电容器的介质一部分是被测液位的液体，一部分是空气。设 C_1 为液体有效高度 h_x 形成的电容，C_2 为空气高度 $(h-h_x)$ 形成的电容，则

$$C_1 = \frac{2\pi\varepsilon h_x}{\ln(r_2/r_1)} \qquad (4-27)$$

$$C_2 = \frac{2\pi\varepsilon_0 (h-h_x)}{\ln(r_2/r_1)} \qquad (4-28)$$

由于 C_1 和 C_2 为并联，所以总电容为

$$\begin{aligned} C &= \frac{2\pi\varepsilon h_x}{\ln(r_2/r_1)} + \frac{2\pi\varepsilon_0 (h-h_x)}{\ln(r_2/r_1)} = \frac{2\pi\varepsilon_0 h_x}{\ln(r_2/r_1)} + \frac{2\pi(\varepsilon-\varepsilon_0) h_x}{\ln(r_2/r_1)} \\ &= C_0 + C_0 \frac{(\varepsilon-\varepsilon_0)}{\varepsilon_0 h} h_x \end{aligned} \qquad (4-29)$$

式中：ε 为电容器极板间介质的介电常数；其余参数含义同前。

由式(4-29)可见，电容 C 理论上与液面高度 h_x 成线性关系，只要测出传感器电容 C 的大小，就可得到液位高度。

图 4.11 所示为另一种测量介质介电常数变化的电容式传感器结构。设电容器极板面积为 S，间隙为 a，当有一厚度为 d，相对介电常数为 ε_r 的固体介质通过极板间隙，相当于电容串联，因此电容器的电容值为

$$C = \frac{1}{\dfrac{a-d}{\varepsilon_0 S} + \dfrac{d}{\varepsilon_0 \varepsilon_r S}} = \frac{\varepsilon_0 S}{a-d + \dfrac{d}{\varepsilon_r}} \qquad (4-30)$$

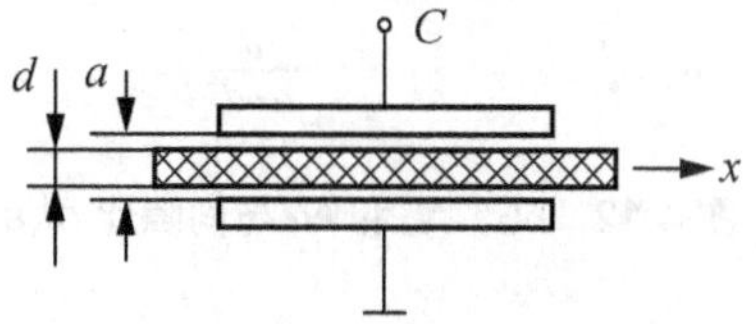

图 4.11 变介电常数型电容式传感器

(1) 若改变固体介质的相对介电常数 $\varepsilon_r \to \varepsilon_r + \Delta\varepsilon_r$，则有

$$C + \Delta C = \frac{\varepsilon_0 S}{(a-d) + \dfrac{d}{\varepsilon_r + \Delta\varepsilon_r}}$$

电容量的相对变化为

$$\begin{aligned} \frac{\Delta C}{C} &= \frac{\Delta\varepsilon_r}{\varepsilon_r} \times N_2 \times \frac{1}{1 + N_3\left(\dfrac{\Delta\varepsilon_r}{\varepsilon_r}\right)} \\ &= \frac{\Delta\varepsilon_r}{\varepsilon_r} \times N_2 \left[1 - N_3 \frac{\Delta\varepsilon_r}{\varepsilon_r} + \left(N_3 \frac{\Delta\varepsilon_r}{\varepsilon_r}\right)^2 - \left(N_3 \frac{\Delta\varepsilon_r}{\varepsilon_r}\right)^3 + \cdots \right] \end{aligned} \qquad (4-31)$$

式中：$N_2 = \dfrac{1}{1+\varepsilon_r(a-d)/d}$，为灵敏度因子，随间隙比 $d/(a-d)$ 增大而增大，如图 4.12(a)所示；$N_3 = \dfrac{1}{1+d/\varepsilon_r(a-d)}$ 为非线性因子，随间隙比 $d/(a-d)$ 增大而减小，如图 4.12(b)所示。

(2) 若传感器保持 ε_r 不变，改变介质厚度，则可用于测量介质厚度变化，此时

$$\frac{\Delta C}{C} = \frac{\Delta d}{d} \times N_4 \times \frac{1}{1 - N_4 \left(\frac{\Delta d}{d}\right)} \tag{4-32}$$

$$= \frac{\Delta d}{d} \times N_4 \left[1 + N_4 \frac{\Delta d}{d} + \left(N_4 \frac{\Delta d}{d}\right)^2 + \cdots\right]$$

式中：$N_4 = \dfrac{\varepsilon_r - 1}{1 + \varepsilon_r (a-d)/d}$，为灵敏度因子和非线性因子。可作 $N_4 - d/(a-d)$ 曲线，如图 4.12(c) 所示。

(3) 若被测介质充满两极板间，则 $d = a$，此时初始电容为

$$C_0 = \frac{\varepsilon_r \varepsilon_0 S}{d} \tag{4-33}$$

若 $\varepsilon_r \to \varepsilon_r + \Delta \varepsilon_r$，则 $C \to C + \Delta C = C_{\varepsilon r}$，即

$$C_{\varepsilon r} = C_0 + \Delta C = \frac{(\varepsilon_r + \Delta \varepsilon_r)\varepsilon_0 S}{d} = C_0 + \frac{\Delta \varepsilon_r \varepsilon_0 S}{d} \tag{4-34}$$

可见，$\Delta C = \dfrac{\Delta \varepsilon_r \varepsilon_0 S}{d}$ 与 $\Delta \varepsilon_r$ 呈线性关系。测量液体介质介电常数的变化即属此情况，如测原油含水率。

表 4-1 列出了几种常用气体、液体、固体介质的相对介电常数。在上述测量方法中，若电极间存在导电物质时，电极表面应该涂抹绝缘层，防止电极间短路。

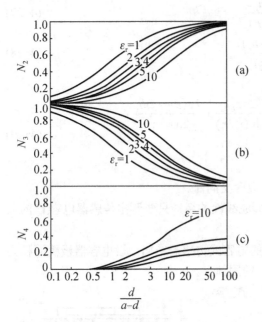

图 4.12 N_2、N_3 和 N_4 与间隙比 $d/(a-d)$ 的关系

表 4-1 几种介质的相对介电常数

介质名称	相对介电常数 ε_r	介质名称	相对介电常数 ε_r
真空	1	玻璃釉	3～5
空气	略大于1	SiO_2	38
其他气体	1～1.2	云母	5～8
变压器油	2～4	干的纸	2～4
硅油	2～3.5	干的谷物	3～5
聚丙烯	2～2.2	环氧树脂	3～10
聚苯乙烯	2.4～2.6	高频陶瓷	10～160
聚四氟乙烯	2.0	低频陶瓷、压电陶瓷	1000～10000
聚偏二氟乙烯	3～5	纯净的水	80

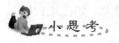

在两块平行极板的间隙中插入干的纸，由于空气湿度变化，纸受潮后的电容量如何变化？

4.2 电容式传感器的特点及设计要点

电容式传感器具有灵敏度高、精度高等优点。传感器的许多特点都与传感器的正确设计、合理选材并精细加工的工艺有关。

4.2.1 电容传感器的特点

1. 电容式传感器的优点

1) 温度稳定性好

电容传感器的电容值一般与电极材料无关，仅取决于电极的几何尺寸和介质，且空气等介质损耗很小，因此只要从强度、温度系数等机械特性考虑，合理选择材料和结构尺寸即可。电容传感器工作时本身发热极小，影响稳定性甚微。

2) 结构简单且适应性强

电容传感器结构简单，易于制造，易于保证高的精度。一般用金属做电极，无机材料(如玻璃、石英、陶瓷等)做绝缘支架，可以做得非常小巧。由于可以不使用有机材料或磁性材料，因此能在高温、低温、强辐射及强磁场等各种恶劣的环境条件下工作，适应能力强。尤其可以承受很大的温度变化，在高压力、高冲击、过载情况下都能正常工作，能测超高压和低压差，也能对带磁工件进行测量。

3) 静电引力小

电容传感器两极板间存在着静电场，因此极板上作用着静电引力或静电力矩。静电引力的大小与极板间的工作电压、介电常数、极间距离有关。一般来说，这种静电引力是很小的，因此只有对推动力很小的弹性敏感元件，才须考虑因静电引力造成的测量误差。

4) 动态响应好

电容式传感器由于极板间的静电引力很小，需要的作用能量极小，因此其固有频率很高，动态响应时间短；又由于其介质损耗小，可以用较高频率供电，因此系统工作频率高，能在几兆赫的频率下工作。可用于测量高速变化的参数，如测量振动、瞬时压力等。

5) 可实现非接触测量并具有平均效应

在被测件不能受力，或高速运动，或表面不连续，或表面不允许划伤等不允许采用接触测量的情况下，电容传感器可以完成测量任务。例如测量回转轴的振动或偏心率、小型滚珠轴承的径向间隙等。当采用非接触测量时，电容传感器具有平均效应，可以减小工件表面粗糙度等对测量的影响。

电容式传感器除了上述优点外，还因其所需输入力和输入能量极小，因而可测极低的压力、力和很小的加速度、位移等。它可以做得很灵敏，分辨力高，能敏感 $0.01\mu m$ 至更小的位移。由于其在空气等介质中损耗小，采用差动结构并接成桥式电路时产生的零点残余电压极小，因此允许电路进行高倍率放大，使仪器具有很高的灵敏度。

2. 电容式传感器的缺点

1) 输出阻抗高且负载能力差

电容式传感器的容量受其电极几何尺寸等限制不易做得很大，使传感器的输出阻抗很高，因此传感器负载能力差，易受外界干扰影响而产生不稳定现象，严重时甚至无法工作，必须采取屏蔽措施,从而给设计和使用带来不便。容抗大还要求传感器绝缘部分的电阻值极高(几十兆欧以上),否则绝缘部分将作为旁路电阻而影响仪器的性能(如灵敏度降低),为此还要特别注意周围的环境如湿度、清洁度等。若采用高频供电,可降低传感器输出阻抗,但高频放大、传输远比低频的复杂,且寄生电容影响大,不易保证工作十分稳定。

2) 寄生电容影响大

传感器的初始电容量很小,而传感器的引线电缆电容(1~2 m 导线电缆电容可达 800 pF)、测量电路的杂散电容以及传感器极板与其周围导体构成的电容等"寄生电容"却较大,这一方面降低了传感器的灵敏度,另一方面这些电容(如电缆电容)常常是随机变化的,使传感器工作不稳定,影响测量精度。因此对电缆的选择、安装、接法都有严格的要求,例如采用屏蔽性好、自身分布电容小的高频电缆作为引线,引线粗而短,要保证仪器的杂散电容小而稳定等,否则不能保证高的测量精度。

3) 输出特性非线性

变极距式电容传感器的输出特性是非线性的,虽可采用差动结构来改善,但不可完全消除。其他类型的电容传感器只有忽略了电场的边缘效应时,即当极片尺寸远大于极间距,圆筒高度远大于其直径时,输出特性才呈线性。否则边缘效应所产生的附加电容量将与传感器电容量直接叠加,使输出特性非线性。

4.2.2 电容传感器设计要点

1. 消除和减少边缘效应

在推导电容式传感器工作式时,一般假设极板间隙 d 远远小于极板边长或直径,认为两极板间的电场强度为常数,即是均匀的。实际上,当极板厚度 h 和间隙 d 之比相对较大时,边缘效应的影响就不能忽略了。边缘效应造成边缘电场产生畸变,使工作不稳,非线性误差也增加。为了消除边缘效应的影响,在结构设计时,可以采用带有保护环(也称"等位环")的结构,如图 4.13(a)所示。保护环与电极在同一平面上并将电极包围,保护环与固定极板同心,但电气上互相绝缘,且两者之间间隙越小越好。同时始终要保持固定极板与保护环为等电位,这就能使电极的边缘电力线平直,动极板和定极板之间的电场基本均匀,而发散的边缘电场发生在等位环外周,不影响传感器两极板间电场。为了减少极板厚度,往往不用整块金属材料做电极,而是在石英或陶瓷等非金属材料上蒸涂一层金属作为电极。

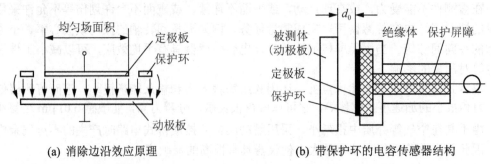

(a) 消除边沿效应原理　　　　(b) 带保护环的电容传感器结构

图 4.13 带保护环的电容传感器

2. 提高结构设计中的绝缘性能

电容式传感器的电容一般都很小,仅有几十皮法,甚至只有几皮法。这样若电源频率较低，则电容传感器的容抗可高达几兆欧至几百兆欧，由于它具有如此高的内阻，所以绝缘问题在结构设计中十分突出。一般几兆欧的绝缘电阻对电容传感器将视为一个旁路电阻，称为漏电阻，考虑绝缘电阻的旁路作用，电容式传感器的等效电路如图4.14所示。

漏电阻与传感器的电容构成一个复阻抗而加入到测量电路中，影响输出，更严重的是当绝缘材料性能不好时，绝缘电阻将随环境的温度、湿度而变化，导致传感器的输出不稳定。同时温度或湿度的变化使传感器内各零件的几何尺寸和相互位置及某些介质的介电常数发生改变，从而改变传感器的电容量，产生误差。一般电极可选用温度系数低的铁镍合金、陶瓷或石英上喷镀金或银(电极可做得薄，减小边缘效应)。电极支架选用温度系数小和几何尺寸长期稳定性好，并具有高绝缘电阻、低吸潮性和高表面电阻的材料，例如石英、云母、人造宝石及各种陶瓷等。电介质尽量采用空气或云母等介电常数的温度系数近似为零的电介质(也不受湿度变化的影响)作为电容式传感器的电介质。

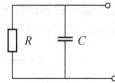

图4.14 考虑漏电阻的电容式传感器等效电路

为防止水汽进入使绝缘电阻降低，可将壳体密封，并采用差动结构、测量电路(如电桥)来减小温度等误差。此外采用较高的电源频率(几千赫至数兆赫)，使内阻抗降低，也可相应地降低对绝缘电阻的要求。

3. 消除和减少寄生电容的影响

电容式传感器在设计中，受结构尺寸的限制，其自身电容量都很小(几皮法至十几皮法)，属于小功率高阻抗元件，因此对寄生电容干扰非常敏感，并且寄生电容与传感器电容相并联，影响传感器灵敏度，而它的变化则为虚假信号，影响仪器的精度，因而减小并消除寄生电容的影响是电容式传感器实用性的关键，具体措施如下：

1) 增加传感器原始电容值

采用减小极片或极筒间的间距，增加工作面积来增加原始电容值，但该方法受加工及装配工艺、精度、示值范围、击穿电压、结构等条件因素限制。

2) 集成化

将传感器与测量电路本身或前置级装在一个壳体内，省去传感器的电缆引线。这样，寄生电容大为减小而且易固定不变，使仪器工作稳定。但这种传感器受高、低温或环境差的影响。

3) 运算放大器法

利用运算放大器的虚地减小引线电缆寄生电容 C_P。如图4.15所示，电容传感器 C_x 的一个电极经电缆芯线接运算放大器的虚地 Σ 点，电缆的屏蔽层接仪器地，这时与传感器电容相并联的为等效电缆电容 $C_p/(1+A)$，大大减小了电缆电容的影响。外界干扰因屏蔽层接仪器地，对芯线不起作用。传感器的另一电极接大地，用来防止外电场的干扰。若采用双屏蔽层电缆，其外屏蔽层接大地，干扰影响就更小。开环放大倍数 A 越大，精度越高。选择足够大的 A 值可保证所需的测量精度。

此外将电容式传感器和所采用的转换电路、传输电缆等用同一个屏蔽壳屏蔽起来，正确选取接地点可减小寄生电容的影响和防止外界的干扰。

4) 采用"驱动电缆"技术

当电容式传感器的电容值很小，而因某些原因(如环境温度较高)，测量电路只能与传感器分开时,可采用"驱动电缆"(双层屏蔽等位传输)技术,如图4.16所示。即传感器与测量电路前置级间的引线为双屏蔽层电缆,其内屏蔽层与信号传输线(即电缆芯线)通过增益为1的放大器成为等电位,从而消除了芯线与内屏蔽层之间的电容。采用这种技术可使电缆线长达10 m之远也不影响仪器的性能。

此外,还可以采用整体屏蔽法以及防止和减小外界干扰给仪器带来的误差和故障。

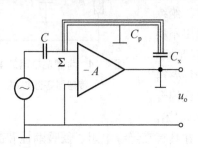

图4.15 运算放大器法原理示意

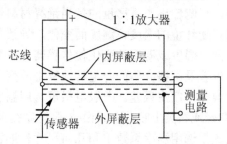

图4.16 驱动电缆法原理示意

4.3 电容式传感器的等效电路

在前面分析电容式传感器特性时,都将它视作纯电容器。但实际上电容式传感器的全等效电路如图4.17所示。图中,L为包括引线电缆的电感和电容式传感器本身的电感;r包括引线电阻、极板电阻和金属支架电阻;R_g是极间等效漏电阻,包含极板间的漏电损耗和介质损耗、极板与外界间的漏电损耗和介质损耗;C_0为传感器本身的电容;C_p为引线电缆、所接测量电路及极板与外界所形成的总寄生电容。

电容式传感器电容量一般很小,容抗很大,而工作频率一般较高,故略去图中电阻的影响,电容式传感器的等效阻抗为

$$Z_C = \frac{1}{j\omega C_e} = j\omega L + \frac{1}{j\omega C} \quad (4-35)$$

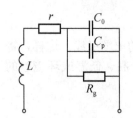

式中,$C = C_P + C_0$。

则等效电容为

$$C_e = \frac{C}{1 - \omega^2 LC} \quad (4-36)$$

图4.17 电容式传感器的等效电路

实际电容相对变化为

$$\frac{\Delta C_e}{C_e} = \frac{\Delta C}{C} \times \frac{1}{1 - \omega^2 LC} \quad (4-37)$$

因此实际的灵敏度为

$$K_e = \frac{\Delta C_e / C_e}{\Delta d} = \frac{\Delta C / C}{\Delta d} \times \frac{1}{1 - \omega^2 LC} = \frac{K}{1 - \omega^2 LC} \quad (4-38)$$

可见,电容传感器的等效灵敏度K_e与传感器的固有电感L有关,且随ω变化而变化。因此,在实际应用前必须要进行标定,否则将会引入测量误差。

4.4 电容式传感器的测量电路

电容式传感器把被测量(如位移、压力、振动等)转换成电容的变化量,但是电容变化值十分小,不能直接由显示仪表所显示或控制某些设备工作,因此还需将其进一步转换成电压、电流或者频率。将电容量转换成电量的电路称作电容式传感器的转换电路。它们的种类很多,常用的有电桥电路、调频电路、脉冲调宽电路、运算放大器式电路和二极管双 T 型交流电桥电路等。

4.4.1 调频测量电路

调频测量电路把电容式传感器作为振荡器谐振回路的一部分。当输入量导致电容量发生变化时,振荡器的振荡频率就发生变化。虽然可将频率作为测量系统的输出量,用以判断被测非电量的大小,但此时系统是非线性的,不易校正,因此加入鉴频器,将频率的变化转换为振幅的变化,经过放大就可以用仪器指示或记录仪记录下来。调频测量电路原理框图如图 4.18 所示,调频式测量电路图如图 4.19 所示。

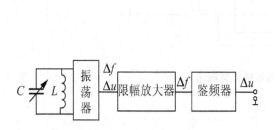

图 4.18 调频式测量电路原理示意 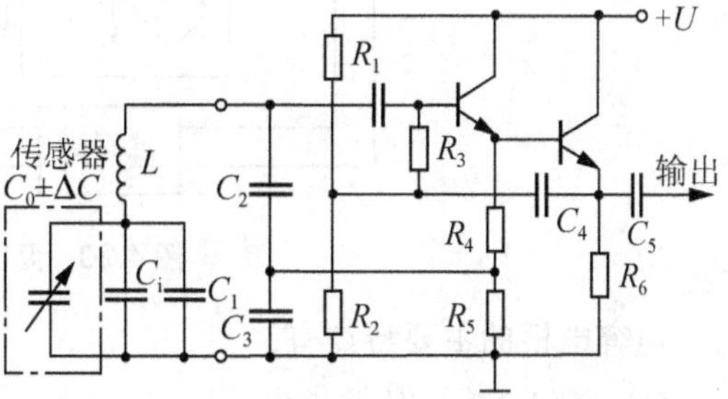   图 4.19 调频式测量电路原理示意

图 4.19 中调频振荡器的振荡频率为

$$f = \frac{1}{2\pi\sqrt{LC}} \tag{4-39}$$

式中:L 为振荡回路的电感;C 为振荡回路的总电容,$C=C_1+C_i+C_0\pm\Delta C$,其中,C_1 为振荡回路固有电容,C_i 为传感器引线分布电容,$C_0\pm\Delta C$ 为传感器的电容。当被测信号为零时,$\Delta C=0$,振荡器有一个固有振荡频率 f_0,即

$$f_0 = \frac{1}{2\pi\sqrt{L(C_1+C_i+C_0)}} \tag{4-40}$$

当电容发生变化时,频率变为

$$f = \frac{1}{2\pi\sqrt{L(C_1+C_i+C_0\pm\Delta C)}} = f_0 \pm \Delta f \tag{4-41}$$

调频测量电路具有较高的灵敏度,可测至 0.01 μm 级位移变化量,易于用数字仪器测量,并与计算机通信,抗干扰能力强。

4.4.2 交流电桥测量电路

电容式传感器一般采用变压器电桥将电容变化转换为电压变化,如图 4.20 所示。变压器电桥的两个平衡臂是变压器的次级绕组,另两个为差动电容传感器的电容。变压器电桥具有使用元件最少、桥路内阻最小的特点。电桥输出电压为

$$\dot{U}_0 = \dot{E} \cdot \frac{C_{x1}}{C_{x1}+C_{x2}} - \frac{\dot{E}}{2} = \frac{\dot{E}}{2}\left(\frac{2C_{x1}}{C_{x1}+C_{x2}}-1\right) = \frac{\dot{E}}{2} \cdot \frac{C_{x1}-C_{x2}}{C_{x1}+C_{x2}} = \frac{\dot{E}}{2} \cdot \frac{\Delta C}{C_0} \tag{4-42}$$

若传感器为变极距式差动电容传感器,电桥输出式(4-42)变为

$$\dot{U}_0 = \dot{E} \cdot \frac{\Delta d}{d_0} \tag{4-43}$$

$\dot{U}_0$ 经放大、相敏检波和滤波后输出直流电压 U_{SC} 大小与位移成线性关系,其正负极性反映位移的方向。

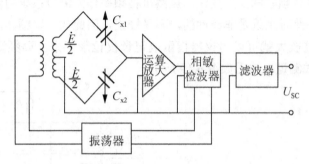

图 4.20 变压器电桥测量电路

电容电桥的主要特点有:

(1) 高频交流正弦波供电。

(2) 电桥输出调幅波。由于电桥输出电压与电源电压有关,因此要求电源电压波动极小,需采用稳幅、稳频等措施。

(3) 电桥通常处于不平衡工作状态,所以传感器必须工作在平衡位置附近,否则电桥非线性增大。在要求准确度高的场合应采用自动平衡电桥。

(4) 输出阻抗很高(一般达几兆欧至几十兆欧),输出电压低,必须后接高输入阻抗、高放大倍数的处理电路。

【例 4-2】图 4.21 所示为差动式同轴圆筒柱形电容传感器,其可动内电极圆筒外经 d=9.8 mm,固定电极外圆筒内经 D=10 mm,初始平衡时,上、下电容器电极覆盖长度 $L_1=L_2=L_0=2$ mm,电极间为空气介质。试求:

(1) 初始状态时电容器 C_1、C_2 的值;

(2) 当将其接入图 4.21(b)所示差动变压器电桥电路,供桥电压 E=10 V(交流),若传感器工作时可动电极筒最大位移 Δx=±0.2 mm,电桥输出电压的最大变化范围为多少?

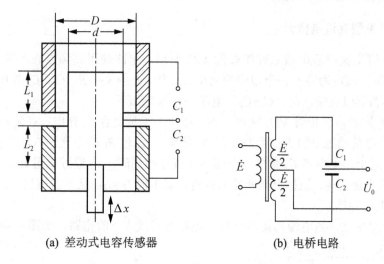

(a) 差动式电容传感器　　　(b) 电桥电路

图 4.21　差动式电容传感器

解：

(1) 初始状态时有

$$C_1 = C_2 = C_0 = \frac{2\pi\varepsilon_0 L_0}{\ln\dfrac{D}{d}} = \frac{2\times\pi\times 8.85\times 10^{-12}\times 2\times 10^{-3}}{\ln\dfrac{10}{9.8}}(\text{F})$$

$$= 5.51\times 10^{-12}(\text{F}) = 5.51(\text{pF})$$

(2) 当可动电极筒最大位移 $\Delta x = \pm 0.2$ mm 时，根据公式(4-43)可得

$$U = E\times\frac{\Delta d}{d} = 10\times\frac{\pm 0.2}{2}\text{V} = \pm 0.5\text{ V}$$

4.4.3　运算放大器式测量电路

变极距型电容式传感器的极距变化与电容变化量成非线性关系。这一缺点使电容式传感器的应用受到了一定的限制。采用比例运算放大器电路，运算放大器的放大倍数 A 非常大，而且输入阻抗 Z_i 很高，可以使输出电压与位移的关系转换为线性关系。图 4.22 所示为运算放大器式测量电路原理图。由运算放大器工作原理可知：

$$u_\text{o} = \frac{1/(\text{j}\omega C_x)}{1/(\text{j}\omega C)}u = -\frac{C}{C_x}u \tag{4-44}$$

式中：C_x 为传感器电容；C 为固定电容；u_o 是输出电压。

对于平板电容器，将其电容计算式代入式(4-44)得

$$u_\text{o} = -\frac{uC}{\varepsilon S}d \tag{4-45}$$

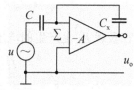

图 4.22　运算放大器式测量电路原理示意

可见运算放大器的输出电压与动极板的板间距离 d 成正比。运算放大器测量电路解决了单个变极距型电容传感器的非线性问题。这就从原理上保证了变极距型电容式传感器的线性。

式(4-45)是在运算放大器的放大倍数和输入阻抗无限大的条件下得出的，因此仍然存在一定的非线性误差，但只要满足 A 和 Z_i 足够大，误差就很小，就可以忽略。

4.4.4 二极管双 T 型交流电桥

二极管双 T 型交流电桥电路原理图如图 4.23 所示。电路使用高频电源，提供幅值为 U_E 的对称方波，VD_1、VD_2 为特性完全相同的两个二极管，$R_1 = R_2 = R$，C_1、C_2 为传感器的两个差动电容。当传感器没有输入时，$C_1 = C_2$。电路工作原理如下。

当 U_E 为正半周时，二极管 VD_1 导通、VD_2 截止，于是电容 C_1 充电；在随后负半周出现时，电容 C_1 上的电荷通过电阻 R_1、负载电阻 R_L 放电，流过 R_L 的电流为 I_1。U_E 在负半周内，VD_2 导通、VD_1 截止，则电容 C_2 充电，在随后出现正半周时，C_2 通过电阻 R_2、负载电阻 R_L 放电，流过 R_L 的电流为 I_2。根据上面所给的条件，则电流 $I_1 = I_2$，且方向相反，在一个周期内流过 R_L 的平均电流为零。

若将二极管理想化，当电源为正半周时，电路可等效成一阶电路，如图 4.24 所示。

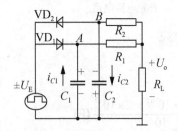
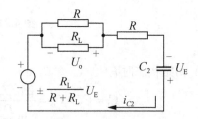

图 4.23　二极管双 T 型交流电桥电路原理示意　　图 4.24　等效一阶电路

当供电电压是幅值为 $\pm U_E$、周期为 T、占空比为 50% 的方波时，可直接得到流过电容 C_2 的电流 i_{C2}：

$$i_{C2} = U_E \frac{1 + R_L/(R + R_L)}{R + R R_L/(R + R_L)} \exp\left[\frac{-t}{R + R R_L/(R + R_L)C_2}\right] \tag{4-46}$$

正半周电流 i_{C2} 的平均值 I_{C2} 可以写成

$$I_{C2} = \frac{1}{T}\int_0^{\frac{T}{2}} i_{C2} dt \approx \frac{1}{T}\int_0^{\infty} i_{C2} dt = \frac{1}{T} \cdot \frac{R + 2R_L}{R + R_L} U_E C_2 \tag{4-47}$$

同理，可得负半周时流过电容 C_1 的平均电流 I_{C1} 为

$$I_{C1} = \frac{1}{T} \cdot \frac{R + 2R_L}{R + R_L} U_E C_1 \tag{4-48}$$

故在负载 R_L 上产生的电压为

$$U_0 = \frac{RR_L}{R + R_L}(I_{C1} - I_{C2}) = \frac{RR_L(R + 2R_L)}{(R + R_L)^2} \frac{U_E}{T}(C_1 - C_2) \tag{4-49}$$

当 R_L 已知时，$\frac{RR_L(R + 2R_L)}{(R + R_L)^2}$ 为常数，设为 K，则：

$$U_0 \approx K f U_E (C_1 - C_2) \tag{4-50}$$

式中：f 为电源电压的频率。

式(4-50)表明，传感器的输出电压不仅与电源电压的频率和幅值有关，而且与 T 形网络中的电容 C_1 和 C_2 的差值有关。当电源参数确定后，输出电压只是电容 C_1 和 C_2 的函数。

二极管双 T 型交流电桥电路具有线路简单、分布电容的影响小、输出阻抗为 R、输出电

压较高的优点。但是其灵敏度与电源频率有关,电源周期、幅值直接影响灵敏度,要求必须具备高度稳定的电源。这种电路适用于具有线性特性的单组式和差动式电容传感器,可以用作动态测量。

4.4.5 差动脉冲调宽电路

差动脉冲调宽电路又称脉冲调制电路,利用对传感器电容的充放电使电路输出脉冲的宽度随传感器电容量变化而变化。通过低通滤波器就能得到对应被测量变化的直流信号。差动脉冲调宽电路原理图如图 4.25 所示。C_1、C_2 为传感器的差动电容,当电源接通时,设双稳态触发器的 A 端为高电位,B 端为低电位,因此 A 点通过 R_1 对 C_1 充电,直至 F 点上的电位等于参考电压 U_r 时,比较器 A_1 产生一个脉冲,触发双稳态触发器翻转,A 点呈低电位,B 点呈高电位。此时 F 点电位经二极管 VD_1 迅速放电至零,而同时 B 点的高电位经 R_2 向 C_2 充电。当 G 点的电位充至 U_r 时,比较器 A_2 产生一脉冲,使触发器又翻转一次,使 A 点呈高电位,B 点呈低电位,又重复上述过程。如此周而复始,在双稳态触发器的两输出端各自产生一宽度受 C_1、C_2 调制的脉冲方波。当 $C_1=C_2$ 时,线路上各点电压波形如图 4.26(a)所示,A、B 两点间平均电压为零。但当 C_1、C_2 值不相等,如 $C_1>C_2$ 时,则 C_1、C_2 充放电时间常数就发生改变,电压波形如图 4.26(b)所示,A、B 两点间平均电压不再是零。

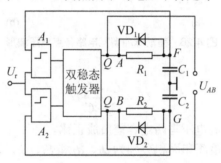

图 4.25 差动脉冲调宽电路原理示意

U_{AB} 经低通滤波后,就可得到一直流电压 U_o 为

$$U_o = U_A - U_B = \frac{T_1}{T_1+T_2}U_1 - \frac{T_2}{T_1+T_2}U_1 = \frac{T_1-T_2}{T_1+T_2}U_1 \tag{4-51}$$

式中:U_A、U_B 分别为 A 点和 B 点的矩形脉冲的直流分量;T_1、T_2 分别为 C_1 和 C_2 的充电时间;U_1 为触发器输出的高电位。

C_1、C_2 的充电时间为

$$T_1 = R_1 C_1 \ln \frac{U_1}{U_1-U_r}$$

$$T_2 = R_2 C_2 \ln \frac{U_1}{U_1-U_r}$$

式中:U_r 为触发器的参考电压。

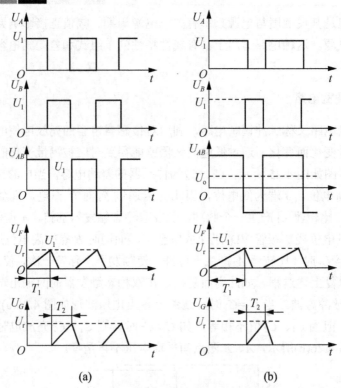

图 4.26 差动脉冲调宽电路各点电压波形

设 $R_1=R_2=R$，则得

$$U_o = \frac{C_2 - C_1}{C_2 + C_1}U_1 \tag{4-52}$$

可见，传感器输出的直流电压与两电容差值成正比。

设电容 C_1 和 C_2 的极间距离和面积分别为 d_1、d_2 和 S_1、S_2，若为差动变极距型电容传感器，输出电压为

$$U_o = \frac{d_2 - d_1}{d_2 + d_1}U_1 \tag{4-53}$$

若是差动变面积型电容传感器，输出电压为

$$U_o = \frac{S_2 - S_1}{S_2 + S_1}U_1 \tag{4-54}$$

差动脉冲调宽电路的特性是能适用于任何差动式电容传感器，并具有理论上的线性特性。该电路的优点还包括具有电压稳定度高，不存在稳频、波形纯度的要求；不需要相敏检波与解调，对元件无线性要求、对输出矩形波要求不高。

4.5 电容式传感器的应用

电容式传感器可用来测量直线位移、角位移、振动振幅，尤其适合测量高频振动振幅、精密轴系回转精度、加速度等机械量。变极距型适用于较小位移的测量，变面积型能测量量程为零点几毫米至数百毫米之间的位移。电容式角度和角位移传感器广泛用于精密测角，如用于高精度陀螺和摆式加速度计。电容式测振幅传感器可测峰值为 0.50 μm、频率为 10~

20 kHz，灵敏度高于 0.01 μm，非线性误差小于 0.05 μm。此外，电容式传感器还广泛应用于压力、差压力、液位、料位、湿度、成分含量等参数的测量。

1. 电容式接近开关

图 4.27 所示为电容式接近开关的结构示意图及实物图。检测极板设置在接近开关的最前端，测量转换电路安装在接近开关壳体内，用介质损耗很小的环氧树脂填充、灌封。电容式传感器的检测面由两个同轴金属电极构成，很像打开的电容器电极。该电极串接在 RC 振荡回路内。当检测物接近检测面时，电极的容量产生变化，使振荡器起振，通过后级整形放大转换成开关信号。这种电容式传感器的检测物体，并不限于金属导体，也可以是绝缘的液体或粉状物体，不同的物体介电常数也不一样，因此检测到的距离也不相同。在检测较低介电常数 ε 的物体时，可以调节多圈电位器(位于电容式传感器后部)来增加感应灵敏度。

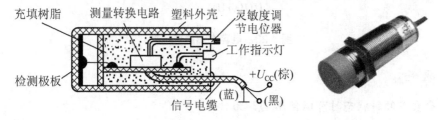

图 4.27　圆柱形电容式接近开关的结构示意图及实物

图 4.28 所示为电容开关在工程中的一个应用。要求对某个工件进行加工，工件用夹具固定在移动工作台上，工作台由一个主电动机拖动，作来回往复运动，刀具作旋转运动。现用两个电容开关来决定工作台何时换向。当"A"号传感器有输出信号时，使主电动机停止反转，同时，接通其正转电路，从而使工作台向右运动；当"B"号传感器有输出信号时，使主电动机停止正转，同时，接通其反转电路，从而使工作台向左运动。这样，就实现了工作台的行程限位。

2. 电容式油量表

电容式油量表示意图如图 4.29 所示。其工作原理为当油箱中无油时，设电容传感器电容量 $C_x=C_{x0}$，调节匹配电容使 $C_0=C_{x0}$，$R_4=R_3$；并使调零电位器 R_P 的

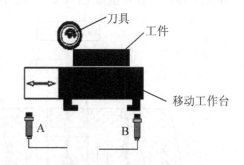

图 4.28　电容开关工程应用示例

滑动臂位于 0 点，即 R_P 的电阻值为 0。此时，电桥满足 $C_x/C_0=R_4/R_3$ 的平衡条件，电桥输出为零，伺服电动机不转动，油量表指针偏转角 $\theta=0$。

当油箱中注满油时，液位上升至 h 处，$C_x=C_{x0}+\Delta C_x$，而 ΔC_x 与 h 成正比，此时电桥失去平衡，电桥的输出电压 U_0 经放大后驱动伺服电动机，再由减速箱减速后带动指针顺时针偏转，同时带动 R_P 的滑动臂移动，从而使 R_P 阻值增大。当 R_P 阻值达到一定值时，电桥又达到新的平衡状态，$U_0=0$，于是伺服电动机停转，指针停留在转角为 θ_h 处。

由于指针及可变电阻的滑动臂同时为伺服电动机所带动，因此，R_P 的阻值与 θ_h 间存在着确定的对应关系，即 θ_h 正比于 R_P 的阻值，而 R_P 的阻值又正比于液位高度 h，因此可直接从刻度盘上读得液位高度 h。

当油箱中的油位降低时，伺服电动机反转，指针逆时针偏转(示值减小)，同时带动 R_P 的滑动臂移动，使 R_P 阻值减小。当 R_P 阻值达到一定值时，电桥又达到新的平衡状态，$U_0=0$，

于是伺服电动机再次停转，指针停留在与该液位相对应的转角 θ_h 处。

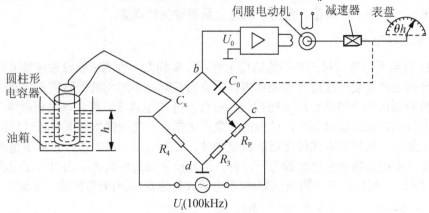

图 4.29 电容式油量表示意

该油量表在倾斜状态时可以使用吗？为什么？

3. 电容式差压传感器

差压式电容传感器的核心部分是一个差动变极距式电容传感器。它以热胀冷缩系数很小的两个凹形玻璃(或绝缘陶瓷)圆片上的镀金薄膜作为定极板，两个凹形镀金薄膜与夹紧在它们中间的弹性平膜片组成 C_1 和 C_2，差动电容式差压变送器结构示意图如图 4.30 所示。

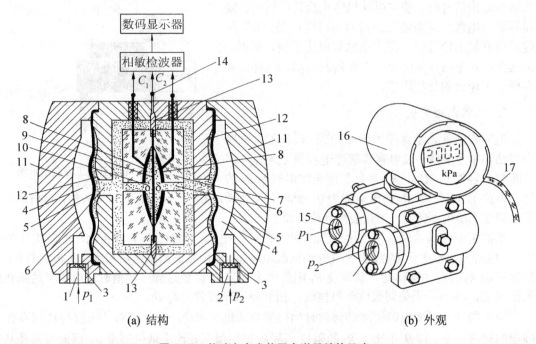

(a) 结构　　(b) 外观

图 4.30　差动电容式差压变送器结构示意

1—高压侧进气口；2—低压侧进气口；3—过滤片；4—空腔；5—柔性不锈钢波纹隔离膜片；6—导压硅油；7—凹形玻璃圆片；8—镀金凹形电极(定极板)；9—弹性平膜片；10—δ腔；11—铝合金外壳；12—限位波纹盘；13—过压保护悬浮波纹膜片；14—公共参考端(地电位)；15—螺纹压力接头；16—测量转换电路及显示器铝合金盒；17—信号电缆

当被测压力 p_1、p_2 由两侧的内螺纹压力接头进入各自的空腔,该压力通过不锈钢波纹隔离膜以及热稳定性很好的灌充液(导压硅油)传导到"δ腔"。弹性平膜片由于受到来自两侧的压力之差,而凸向压力小的一侧。在"δ腔"中,弹性膜片与两侧的镀金定电极之间的距离很小(约 0.5 mm),所以微小的位移(不大于 0.1 mm)就可以使电容量变化 100 pF 以上。测量转换电路将此电容量的变化转换成 4~20 mA 的标准电流信号,通过信号电缆线输出到二次仪表。从图 4.30(b)中还可以看到,该压力变送器自带液晶数码显示器。可以在现场读取测量值,总共只需要电源提供 4~20 mA 电流。对额定量程较小的差动电容式差压变送器来说,当某一侧突然失压时,巨大的差压有可能将很薄的平膜片压破,所以设置了安全悬浮膜片和限位波纹盘,起过压保护作用。

4. 电容式转速传感器

电容式转速传感器的结构原理如图 4.31 所示。当电容极板与齿顶相对时电容量最大,而电容极板与齿隙相对时电容量最小。当齿轮旋转时,电容量发生周期性变化,通过转换电路即可得到脉冲信号。频率计显示的频率代表转速的大小。设齿数为 Z,由计数器得到的频率为 f,则转速 n(单位 r/min)为

$$n = 60f/Z \tag{4-55}$$

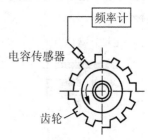

图 4.31 电容式转速传感器

5. 电容式位移传感器

电容式位移传感器的突出优点是它的超高分辨力和稳定性。现在,电容式位移传感器的应用使得加工行业可以具备高超的机械加工精度,在具有良好的信号屏蔽措施的情况下可以达到纳米级的精度。

图 4.32 和图 4.33 所示分别为电容式位移传感器在测振幅和测轴回转精度和轴心偏摆上的应用示意。

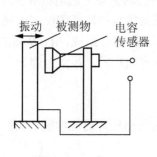

图 4.32 测振幅

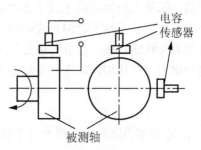

图 4.33 测轴回转精度和轴心偏摆

4.6 容栅式传感器

容栅传感器是在变面积型电容传感器的基础上发展起来的一种新型传感器。它的电极不止一对,电极排列呈梳状,故称为容栅传感器。同组中有多个电极或多个电极并联,极大地提高了灵敏度。

容栅传感器可实现直线位移和角位移的测量,根据结构形式,容栅传感器可分为长容栅、

片状圆容栅、柱状圆容栅三类。

1. 直线形容栅传感器(长容栅)

整个传感器由两组条状电极群相对放置组成，一组为动栅，另一组为定栅；动栅和定栅通过静电耦合来实现其位移的测量。长容栅的结构原理如图4.34所示。在定尺和动尺的 A、B 面上分别印制(镀或刻划)一系列相同尺寸、均匀分布并互相绝缘的金属栅状极片。将动尺和定尺的栅极面相对放置，其间留有间隙，形成一对对电容，这些电容并联连接，根据电场理论并忽略边缘效应，其最大电容量为

$$C_{\max} = n\frac{\varepsilon ab}{\delta} \tag{4-56}$$

式中：n 为动尺栅极片数；a、b 分别为栅极片长度和宽度。

容栅传感器的最小电容量理论上为零，实际上为固定电容 C_0，即容栅固有电容。当动尺沿 x 方向平行于定尺不断移动时，每对电容的相对遮盖长度 a 将由大到小、由小到大地周期性变化，电容量值也随之相应周期性变化，如图4.35所示，经电路处理后，即可测得线位移值。

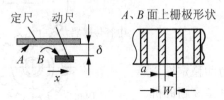

图 4.34　长容栅结构原理示意　　　图 4.35　容栅每对电容相对遮盖长度与输出电容 C 关系

2. 圆形容栅传感器(片状圆容栅)

在圆盘形绝缘材料基底上镀了多个辐射状电极群，两同轴圆盘上的电极群相对应，其电容耦合情况就反映了两圆盘相对旋转的角度。圆容栅传感器的结构原理图如图4.36所示。

图中为片状圆容栅，它由同轴安装的固定圆盘1和可动圆盘2组成，A、B面上的栅极片呈辐射的扇形，尺寸相同均布并互相绝缘。工作原理与长容栅相同，最大电容为

$$C_{\max} = n\frac{\varepsilon\alpha\left(r_2^2 - r_1^2\right)}{2\delta} \tag{4-57}$$

式中：r_1，r_2 分别为圆盘上栅极片内半径和外半径；α 为每条栅极片对应的圆心角。

图 4.36　圆容栅传感器结构原理示意　　　图 4.37　柱状容栅传感器结构原理示意

3. 筒形容栅传感器(柱状圆容栅)

筒形容栅传感器由两个套在一起的同轴圆筒组成，电极镀在圆筒上，可实现长度的测量。

柱状圆容栅的结构原理图如图 4.37 所示。柱状圆容栅是由同轴安装的定子(圆套)1 和转子(圆柱)2 组成，在它们的内、外柱面上刻制一系列宽度相等的齿和槽，当转子旋转时就形成了一个可变电容器，定子、转子齿面相对时电容量最大，错开时电容量最小。

知识链接

随着微机械加工技术(MEMS)的迅猛发展，各种基于 MEMS 技术的传感器也应运而生，由于国防和尖端技术需要，微加速度传感器近年来发展迅速。在各种微加速度传感器中，微电容式加速度传感器具有结构简单、灵敏度高、动态特性好、抗过载能力强、体积小、质量轻、易于测试、控制电路可集成、有利于大规模批量生产等优点，其研究和应用受到越来越广泛的关注。

图 4.38 所示为采用 MEMS 技术制作的电容式加速度传感器示意图。测量时当它感受到上下振动时，电容 C_1、C_2 呈差动变化。与加速度测试单元 1 封装在同一壳体中的信号处理电路 2 将 ΔC 转换成直流输出电压。它的激励源也做在同一壳体内，集成度很高。由于硅的弹性滞后很小，且悬臂梁的质量很轻，所以频率响应可达 1 kHz 以上，允许加速度范围可达 10 g 以上。如果在壳体内的 3 个相互垂直方向安装 3 个加速度传感器，就可以测量三维方向的振动或加速度。

采用 MEMS 有关工艺制成的微加速度计，其敏感芯片的体积仅几毫米见方。随着人们对 MEMS 结构、工艺及特性研究的不断深入，会有集成度更高、性能更好的微电容式加速度传感器涌现。

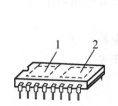 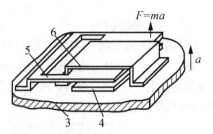 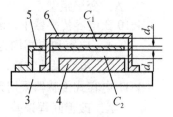

(a) 电容式加速度传感器外形　　(b) 电容式加速度测试单元　　(c) 加速度测试单元剖视图

图 4.38　硅微电容式加速度传感器

1—加速度测试单元；2—信号处理电路；3—衬底；4—底层多晶硅(下电极)；5—多晶硅悬臂梁；6—顶层多晶硅(上电极)

本 章 小 结

本章学习了电容式传感器的基本工作原理及种类，变极距、变面积和变介质型以及差动式电容传感器的灵敏度和非线性误差分析和比较。阐述了电容式传感器的特点和设计要点，分析了它的等效电路和测量电路，介绍了电容式传感器的各种应用示例和容栅式电容传感器的工作原理，为今后设计电容式传感器打下了基础。

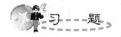

一、填空题

4-1 变极距型电容传感器的灵敏度 K=_____。

4-2 电容式传感器可分为变极距、变面积和变介质三种类型的传感器，其中_____型传感器是非线性传感器(理论上)，其非线性可以通过采用_____型转换电路得以解决。

4-3 电容式传感器采用_____作为传感元件，将不同的_____变化转换为_____的变化。

4-4 根据工作原理的不同，电容式传感器可分为_____、_____和_____三种。

4-5 电容式传感器常用的转换电路有：_____、_____、运算放大器电路、_____和_____等。

二、选择题

4-6 当变极距型电容传感器两极板间的初始距离 d 增加时，将引起传感器的(   )。
  A．灵敏度增加   B．灵敏度减小
  C．非线性误差增加   D．非线性误差减小

4-7 电容式传感器测量固体或液体物位时，应该选用(   )。
  A．变极距式   B．变介电常数式
  C．变面积式   D．空气介质变极距式

4-8 变极距型电容传感器的非线性误差与极板间初始距离 d 之间是(   )。
  A．正比关系   B．反比关系   C．无关系

4-9 电子卡尺的分辨力可达 0.01 mm，行程可达 200 mm，它的内部所采用的电容传感器型式是(   )。
  A．变极距型   B．变面积型   C．变介电常数型

4-10 在电容传感器中，若采用调频法测量转换电路，则电路中(   )。
  A．电容和电感均为变量   B．电容是变量，电感保持不变
  C．电容保持常数，电感为变量   D．电容和电感均保持不变

4-11 电容式传感器采用差动连接的目的是(   )。
  A．改善回程误差   B．提高固有频率
  C．提高精度   D．提高灵敏度

4-12 电容传感器做成差动式之后，灵敏度(   )，而且非线性误差(   )。
  A．①提高，②增大   B．①提高，②减小
  C．①降低，②增大   D．①降低，②减小

三、简答题

4-13 为什么变面积型电容传感器的测位移范围较大？

4-14 试分析电容式物位传感器的灵敏度，为了提高传感器的灵敏度可采取什么措施？

4-15 为什么说变极距型电容传感器特性是非线性的？采取什么措施可改善其非线性特征？

4-16 为什么电容传感器易受干扰？如何减小干扰？

4-17 为什么高频时的电容式传感器其连接电缆的长度不能任意变化？

四、计算题

4-18 试推导图 4.39 所示各电容传感元件的总电容表达式。

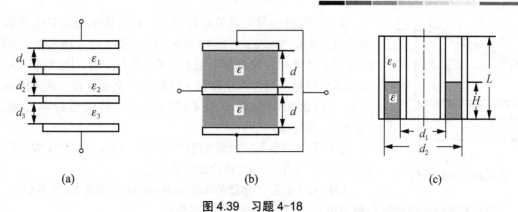

(a)   (b)   (c)

图 4.39　习题 4-18

4-19　图 4.40 所示为一种变面积型差动电容传感器，选用二极管双 T 网络测量电路。差动电容器参数为：$a=40$ mm，$b=20$ mm，$d_1=d_2=d_0=1$ mm；起始时动极板处于中间位置，$C_1=C_2=C_0$，介质为空气，$\varepsilon=\varepsilon_0=8.85\times10^{-12}$ F/m。测量电路参数如下：D_1、D_2 为理想二极管，$R_1=R_2=R=10$ kΩ，$R_f=1$ MΩ，激励电压 $U_i=36$ V，变化频率 $f=1$ MHz。试求当动极板向右位移 $\Delta x=10$ mm 时，电桥输出端电压 U_{SC} 为多少？

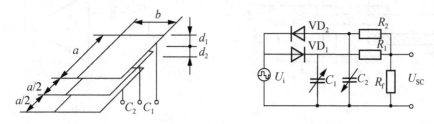

图 4.40　习题 4-19

4-20　图 4.41 左图所示为电容式差压传感器结构示意图。金属膜片与两金属镀层构成差动电容 C_1、C_2，两边压力分别为 p_1、p_2。图 4.41 右图所示为二极管双 T 型电路，电路中电容是左图中差动电容，U_E 电源是占空比为 50%的方波。试分析：

(1) 当两边压力相等 $p_1=p_2$ 时负载电阻 R_L 上的电压 U_0 值；

(2) 当 $p_1>p_2$ 时负载电阻 R_L 上电压 U_0 大小和方向(正负)。

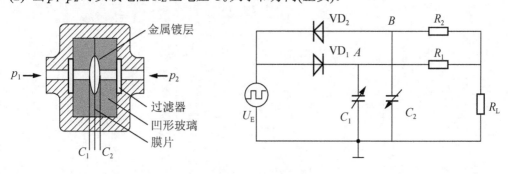

图 4.41　习题 4-20

4-21　已知平板电容传感器如图 4.42 所示，平板电容传感器极板间介质为空气，极板面积 $S=a\times a=2\times2$ cm^2，间隙 $d_0=0.1$ mm。试求传感器初始电容值。若由于装配关系，两极板间不平行，一侧间隙为 d_0，而另一侧间隙为 d_0+b，$b=0.01$ mm，试求此时传感器电容值。

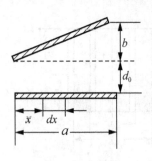

图 4.42 习题 4-21

4-22 现有一只电容位移传感器，其结构如图 4.43(a)所示。已知 $L=25$ mm，$R=6$ mm，$r=4.5$ mm。其中圆柱 C 为内电极，圆筒 A、B 为两个外电极，D 为屏蔽套筒，C_{BC} 构成一个固定电容 C_F，C_{AC} 是随活动屏蔽套筒伸入位移量 x 而变的可变电容 C_x，并采用理想运算放大器的检测电路如图 4.43(b)所示，其信号源电压有效值 $U_{in}=6$V。请完成：

(1) 在要求运算放大器的输出电压 U_o 与输入位移 x 成正比时，标出 C_F 和 C_x 在 4.43(b)图应连接的位置；

(2) 求该电容传感器的输出电容-位移灵敏度 K_C 是多少？

(3) 求该电容传感器的输出电压-位移灵敏度 K_V 是多少？

(4) 固定电容 C_F 的作用是什么？

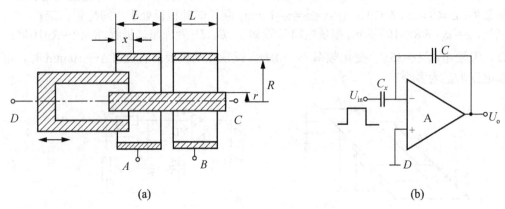

图 4.43 习题 4-22

第5章 压电式传感器

通过本章学习,掌握压电式传感器的工作原理、基本结构、等效电路以及测量电路的相关知识,了解压电式传感器的实际应用,为压电式传感器的选用和设计打下基础。

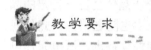

掌握压电效应,理解石英晶体、压电陶瓷的压电现象;
了解压电元件的结构形式;
理解并掌握压电传感器的工作原理、结构及其等效电路和测量电路;
了解压电传感器的实际应用。

导入案例

压电效应是一种能实现机械能与电能相互转换的效应,最早由皮埃尔·居里和雅克·居里于1880年发现。当力作用在石英等压电晶体上时,将产生机械变形,并在一定方向的表面上产生电荷。下图中的吉他录音器就是一个典型例子,它将声学压力转换成电压,是正压电效应的应用。相反,当在压电晶体的一定方向施加电压时,晶体将发生机械变形,这种变形会产生声学压力,谓之逆压电效应。下图中用高分子压电薄膜制作的压电喇叭就是逆压电效应的应用。

直到20世纪40年代出现高输入阻抗放大器来放大压电效应产生的电信号前,某些晶体所具有的压电特性没有实际的用途。到20世纪50年代,压电元件及其产品才开始商业化。利用压电元件可制成测力、压强、位移和加速度等物理量的传感器,在工业自动化检测和控制等领域应用广泛。本章的学习将使读者了解压电式传感器的原理及应用。

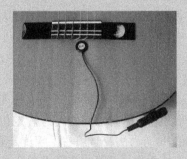

吉他录音器

压电喇叭

5.1 压电效应

压电式传感器是利用某些物质的压电效应将被测量转换为电量的一种传感器。

1. 压电效应简介

某些单晶体或多晶体陶瓷电介质,当沿着一特定方向对其施力而使它发生机械变形时,其内部将产生极化现象,并在它的两个对应晶面上产生符号相反的等量电荷;当外力取消后,电荷也随之消失,晶体又重新恢复不带电状态,这种现象称为压电效应(piezoelectric-effect),如图 5.1(a)所示。当作用力的方向改变时,电荷的极性也随着改变,输出电压的频率与动态力的频率相同;当动态力变为静态力时,电荷将由于表面漏电而很快泄漏、消失。

相反,当在电介质的极化方向上施加电场(电压)作用时,这些电介质晶体会在一特定的晶轴方向上产生机械变形或机械压力;外加电场消失时,这些变形或应力也随之消失,此种现象称为逆压电效应,或称电致伸缩现象。因此,压电效应具有"双向性"特点,压电元件可以实现机械能与电能间的双向转换,如图 5.1(b)所示。故压电传感器属于能量转换型传感器。具有压电效应的物质称为压电材料或压电元件,常见的压电材料有石英晶体和各种压电陶瓷材料。

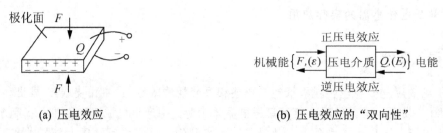

(a) 压电效应　　　　　　　　　　　(b) 压电效应的"双向性"

图 5.1　压电效应示意

2. 压电方程

压电材料在外力作用下产生的表面电荷常用压电方程描述如下:

$$q_i = d_{ij}\sigma_j \quad \text{或} \quad Q_i = d_{ij}F_j \tag{5-1}$$

式中:q_i 为 i 面上的电荷密度(C/cm²);Q_i 为 i 面上的总电荷量(C);σ_j 为 j 方向的应力(N/cm²);F_j 为 j 方向的作用力;d_{ij} 为压电常数(C/N),(i=1,2,3,j=1,2,3,4,5,6)。

压电方程中两个下标的含义如下:下标 i 表示晶体的极化方向,当产生电荷的表面垂直于 x 轴(y 轴或 z 轴)时,记 i=1(或 2,3)。下标 j=1 或 2,3,4,5,6,通过它可分别表示沿 x 轴、y 轴、z 轴方向的单向应力,和在垂直于 x 轴、y 轴、z 轴的平面(yz 平面、zx 平面、xy 平面)内作用的剪切力。单向应力的符号规定拉应力为正,压应力为负;剪切力的符号用右手螺旋定则确定,图 5.2 表示了它们的方向。此外,还需要对因逆压电效应在晶体内产生的电场方向也作一规定,以确定 d_{ij} 的

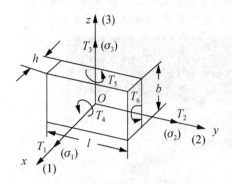

图 5.2　压电元件的坐标系表示法

符号，使得方程组具有更普遍的意义。当电场方向指向晶轴的正向时为正，反之为负。

晶体在任意受力状态下所产生的表面电荷密度可由下列方程组决定：

$$\begin{cases} q_1 = d_{11}\sigma_1 + d_{12}\sigma_2 + d_{13}\sigma_3 + d_{14}\sigma_4 + d_{15}\sigma_5 + d_{16}\sigma_6 \\ q_2 = d_{21}\sigma_1 + d_{22}\sigma_2 + d_{23}\sigma_3 + d_{24}\sigma_4 + d_{25}\sigma_5 + d_{26}\sigma_6 \\ q_3 = d_{31}\sigma_1 + d_{32}\sigma_2 + d_{33}\sigma_3 + d_{34}\sigma_4 + d_{35}\sigma_5 + d_{36}\sigma_6 \end{cases} \quad (5-2)$$

式中：q_1、q_2、q_3 分别为垂直于 x 轴、y 轴、z 轴的平面上的电荷面密度；σ_1、σ_2、σ_3 分别为沿着 x 轴、y 轴、z 轴的单向应力；σ_4、σ_5、σ_6 分别为垂直于 x 轴、y 轴、z 轴的平面内的剪切应力；$d_{ij}(i=1, 2, 3, j=1, 2, 3, 4, 5, 6)$ 为压电常数。

因此，压电材料的压电特性可以用它的压电常数矩阵表示如下：

$$(d_{ij}) = \begin{pmatrix} d_{11} & d_{12} & d_{13} & d_{14} & d_{15} & d_{16} \\ d_{21} & d_{22} & d_{23} & d_{24} & d_{25} & d_{26} \\ d_{31} & d_{32} & d_{33} & d_{34} & d_{35} & d_{36} \end{pmatrix} \quad (5-3)$$

5.2 压电材料及其主要特性

5.2.1 石英晶体

1. 石英晶体的压电效应

如图 5.3 所示，天然石英晶体的理想结构外形是一个正六面体，在晶体学中它可用 3 根互相垂直的轴来表示，其中纵向轴 $z—z$ 称为光轴，该轴方向无压电效应；经过正六面体棱线，并垂直于光轴的 $x—x$ 轴称为电轴，垂直于此轴的棱面上压电效应最强。与 $x—x$ 轴和 $z—z$ 轴同时垂直的 $y—y$ 轴(垂直于正六面体的棱面)称为机械轴，在电场作用下，沿该轴方向的机械变形最明显。

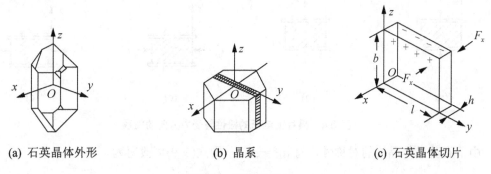

(a) 石英晶体外形　　　　　(b) 晶系　　　　　(c) 石英晶体切片

图 5.3 石英晶体

通常把沿电轴 $x—x$ 方向的力作用下产生电荷的压电效应称为"纵向压电效应"，把沿机械轴 $y—y$ 方向的力作用下产生电荷的压电效应称为"横向压电效应"，而沿光轴 $z—z$ 方向受力时不产生压电效应。

1) 纵向压电效应

从晶体上沿轴线方向切下的薄片称为压电晶体切片，如图 5.3(c)所示。当晶片在沿 x 轴方向受到外力 F_x 作用时，晶片将产生厚度变形(纵向压电效应)，并发生极化现象。在晶体线性弹性范围内，极化强度 P_x 与应力 $\sigma_x[=F_x/(lb)]$ 成正比，即

$$P_x = d_{11}\sigma_x = d_{11}\frac{F_x}{lb} \tag{5-4}$$

式中：F_x 为沿晶轴 x 方向施加的作用力；d_{11} 为压电系数，当受力方向和变形不同时，压电系数也不同，石英晶体 $d_{11}=2.31\times10^{-12}$ C/N；l，b 分别为石英晶片的长度和宽度。

而极化强度 P_x 在数值上等于晶体表面的电荷密度，即

$$P_x = q_x = Q_x / lb \tag{5-5}$$

式中：Q_x 为垂直于 x 轴晶面上的总电荷。

把式(5-5)代入式(5-4)，得

$$Q_x = d_{11}F_x \tag{5-6}$$

根据逆压电效应，如在 x 轴方向上施加强度为 E_x 的电场，晶体在 x 轴方向将产生伸缩，即

$$\Delta h = d_{11}U_x \tag{5-7}$$

或用应变表示，则有

$$\frac{\Delta h}{h} = d_{11}\frac{U_x}{h} = d_{11}E_x \tag{5-8}$$

从式(5-6)中可以看出，当晶体受到 x 方向外力作用时，晶面上产生的电荷 Q_x 与作用力 F_x 成正比，而与晶片的几何尺寸无关。电荷 Q_x 的极性视 F_x 是受压还是受拉而决定，如图 5.4(a)、(b)所示。

2) 横向压电效应

如果在同一晶片上，作用力是沿着机械轴 $y\text{—}y$ 方向(横向压电效应)，其电荷仍在与 x 轴垂直的平面上出现，极性如图 5.4(c)、(d)所示。此时电荷量为

$$Q_x = d_{12}\frac{lb}{bh}F_y = d_{12}\frac{l}{h}F_y \tag{5-9}$$

式中：d_{12} 为石英晶体在 y 方向受力时的压电系数；l、h 为晶片的长度和厚度。

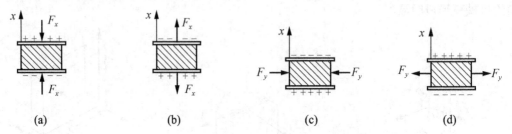

图 5.4 晶片上电荷的极性与受力方向的关系

由于石英晶体晶格的对称性，有 $d_{12}=-d_{11}$，则式(5-9)可改写为

$$Q_x = -d_{11}\frac{l}{h}F_y \tag{5-10}$$

负号表示沿 y 轴的压缩力产生的电荷与沿 x 轴施加的压缩力所产生的电荷极性相反。从式(5-10)可见，沿机械轴方向施加作用力时，产生的电荷量与晶片的几何尺寸有关。

根据逆压电效应，沿晶体机械轴施加电场时晶片将在 y 轴方向产生伸缩变形，即

$$\Delta l = -d_{11}\frac{l}{h}U_y \tag{5-11}$$

或用应变表示，为

$$\Delta l / l = -d_{11}E_y \tag{5-12}$$

由以上分析可得出如下结论：
(1) 无论是正或逆压电效应，其作用力(应变)与电荷(电场强度)之间呈线性关系；
(2) 晶体在哪个方向上有正压电效应，则在此方向上一定存在逆压电效应；
(3) 石英晶体不是在任何方向都存在压电效应的。
此外，石英压电晶体除了纵向、横向压电效应外，在切向应力作用下也会产生电荷。

2. 石英晶体产生压电效应的机理

石英晶体具有压电效应，是由于晶格结构在机械力的作用下发生变形所引起的。石英晶体的化学分子式为SiO_2，在一个晶体结构单元(晶胞)中，有3个硅离子Si^{4+}和6个氧离子O^{2-}，后者是成对的，所以一个硅离子和二个氧离子交替排列，简化结构如图5.5(a)所示，硅、氧离子呈正六边形排列，图中"⊕"代表Si^{4+}、"⊖"表示$2O^{2-}$。

(1) 当无外力作用时，正、负离子(Si^{4+}和$2O^{2-}$)正好分布在正六边形顶角上，形成3个互成120°夹角的偶极矩P_1、P_2、P_3。此时正负电荷中心重合，电偶极矩的矢量和等于零，即$P_1+P_2+P_3=0$。所以晶体表面没有带电现象。

(2) 当晶体受到外力作用时，P_1、P_2、P_3在x(或y)方向净余电偶极矩不为零，则相应晶面产生极化电荷而带电，其电荷面密度q与应力σ成正比，即$q=d\sigma$。根据作用力的施加方向不同，分别讨论如下。

① 当晶体受到沿x轴方向的压力(σ_1)作用，或受到y轴方向的拉力作用时，晶体沿x方向将产生收缩，正、负离子相对位置随之发生变化，如图5.5(b)所示。此时正、负电荷中心不再重合，电偶极矩在x方向的分量为$(P_1+P_2+P_3)_x>0$，在y、z方向上的分量分别为$(P_1+P_2+P_3)_y=0$，$(P_1+P_2+P_3)_z=0$。因此，在x轴的正向出现正电荷，在y、z轴方向则不出现电荷。对应的压电常数为：$d_{11}\neq 0$，$d_{21}=d_{31}=0$。

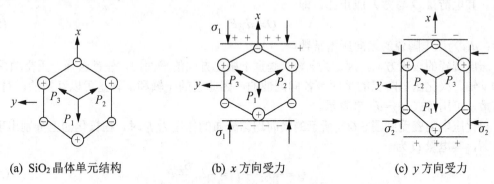

(a) SiO_2晶体单元结构　　(b) x方向受力　　(c) y方向受力

图5.5　石英晶体的压电效应机理分析

② 当晶体受到沿y轴方向的压力(σ_2)作用，或受到由x方向的拉力作用时，晶体沿y方向将产生压缩，其离子排列结构如图5.5(c)所示。与图5.5(b)情况相似，但此时P_1增大，P_2、P_3减小，电偶极矩的3个分量为：$(P_1+P_2+P_3)_x<0$，$(P_1+P_2+P_3)_y=0$，$(P_1+P_2+P_3)_z=0$。因此，仍在x轴方向出现电荷，其极性与图5.5(b)中的相反，而在y轴和z轴方向上则不出现电荷。压电常数为：$d_{12}=-d_{11}\neq 0$，$d_{22}=d_{32}=0$。

③ 当沿z轴方向(与纸面垂直方向)上施加作用力(σ_3)时，因为晶体在x方向和y方向产生的变形完全相同，所以其正、负电荷中心保持重合，电偶极矩矢量和为零，晶体表面无电荷呈现。这表明沿z轴方向施加作用力(σ_3)，晶体不会产生压电效应，其相应的压电常数为：

$d_{13}=d_{23}=d_{33}=0$。

④ 当切应力 σ_4(或 τ_{yz})作用于晶体时产生切应变,同时在 x 方向上有伸缩应变,故在 x 方向上有电荷出现而产生压电效应,其相应的压电常数为:$d_{14}\neq 0$,$d_{15}=d_{16}=0$。

⑤ 当切应力 σ_5 和 σ_6(或 τ_{zx} 和 τ_{xy})作用时都产生切应变,这种应变改变了 y 方向上 $P=0$ 的状态。所以 y 方向上有电荷出现,存在 y 方向上的压电效应,其相应的压电常数为

$$d_{15}=0 \quad d_{25}\neq 0 \quad d_{35}=0$$
$$d_{16}=0 \quad d_{26}\neq 0 \quad d_{36}=0$$

而且有 $d_{25}=-d_{14}$,$d_{26}=-2d_{11}$。所以,对于石英晶体,其压电常数矩阵为

$$(d_{ij}) = \begin{pmatrix} d_{11} & d_{12} & 0 & d_{14} & 0 & 0 \\ 0 & 0 & 0 & 0 & d_{25} & d_{26} \\ 0 & 0 & 0 & 0 & 0 & 0 \end{pmatrix} = \begin{pmatrix} d_{11} & -d_{11} & 0 & d_{14} & 0 & 0 \\ 0 & 0 & 0 & 0 & -d_{14} & -2d_{11} \\ 0 & 0 & 0 & 0 & 0 & 0 \end{pmatrix} \tag{5-13}$$

只有两个独立常数:$d_{11}=2.31$ pC/N;$d_{14}=0.727$ pC/N。

当作用力的方向相反时,很显然,电荷的极性也随之改变。如果对石英晶体的各个方向同时施加相等的力(如液体压力、应力等)时,石英晶体始终保持电中性不变。所以,石英晶体没有体积形变的压电效应。

5.2.2 压电陶瓷

1. 压电陶瓷的压电效应

压电陶瓷属于铁电体一类的物质,是人工制造的多晶体压电材料。压电陶瓷在没有极化处理之前是非压电体,不具有压电效应;压电陶瓷经过极化处理后具有压电效应,如图5.6(a)所示。其电荷量 Q 与力 F 成正比,即

$$Q = d_{33}F \tag{5-14}$$

式中:d_{33} 为压电陶瓷的纵向压电常数。

压电陶瓷的极化方向,规定为 z 轴;垂直于极化方向的平面内,任意选择一正交轴系为 x 轴和 y 轴。极化压电陶瓷的平面是各向同性的,因此它的 x 轴和 y 轴是可以互换的,对于压电常数,可用等式 $d_{32}=d_{31}$ 来表示。

极化压电陶瓷受到图5.6(b)所示的横向均匀分布的作用力 F 时,在极化面上分别出现正、负电荷,其电量 Q 为

$$Q = -d_{32}\frac{S_x}{S_y}F = -d_{31}\frac{S_x}{S_y}F \tag{5-15}$$

式中:S_x 为极化面的面积;S_y 为受力面的面积。

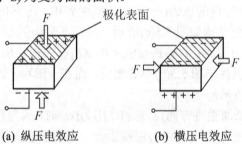

(a) 纵压电效应　　　(b) 横压电效应

图 5.6　压电陶瓷的压电效应

沿 z 轴方向极化的钛酸钡(BaTiO₃)压电陶瓷的压电常数矩阵为

$$(d_{ij}) = \begin{bmatrix} 0 & 0 & 0 & 0 & d_{15} & 0 \\ 0 & 0 & 0 & d_{24} & 0 & 0 \\ d_{31} & d_{32} & d_{33} & 0 & 0 & 0 \end{bmatrix} = \begin{bmatrix} 0 & 0 & 0 & 0 & d_{15} & 0 \\ 0 & 0 & 0 & d_{15} & 0 & 0 \\ d_{31} & d_{31} & d_{33} & 0 & 0 & 0 \end{bmatrix} \quad (5\text{-}16)$$

因 $d_{31}=d_{32}$，$d_{24}=d_{15}$，其独立压电常数只有 d_{31}、d_{33}、d_{15} 3 个。

2. 压电陶瓷压电效应产生的机理

压电陶瓷具有类似铁磁材料磁畴结构的电畴结构，电畴是分子自发形成的区域，它有一定的极化方向，从而存在一定的电场。在无外电场作用时，各个电畴在晶体内杂乱分布，它们的极化效应被相互抵消，因此原始的压电陶瓷内极化强度为零，如图 5.7(a)所示。

在外电场 $E(20\sim30\,\text{kV/cm})$ 作用下，电畴自发的极化方向将向外电场 E 的方向发生转动，如图 5.7(b)所示。撤去外电场 E 后，压电陶瓷内部出现剩余极化强度，压电陶瓷成为压电材料，如图 5.7(c)所示。

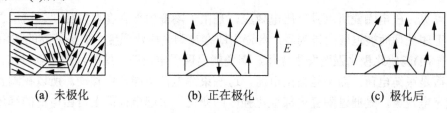

(a) 未极化　　　　　　(b) 正在极化　　　　　　(c) 极化后

图 5.7　压电陶瓷中的电畴

但是，当把电压表接到陶瓷片的两个电极上进行测量时，却无法测出陶瓷片内部存在的极化强度。这是因为陶瓷片内的极化强度总是以电偶极矩的形式表现出来，即在陶瓷的一端出现正束缚电荷，另一端出现负束缚电荷。由于束缚电荷的作用，在陶瓷片的电极面上吸附了一层来自外界的自由电荷。这些自由电荷与陶瓷片内的束缚电荷符号相反而数量相等，它起着屏蔽和抵消陶瓷片内极化强度对外界的作用。所以电压表不能测出陶瓷片内的极化程度，如图 5.8 所示。

如果在陶瓷片上加一个与极化方向平行的压力 F，如图 5.9 所示，陶瓷片将产生压缩形变(图中虚线)，片内的正、负束缚电荷之间的距离变小，极化强度也变小。因此，原来吸附在电极上的自由电荷，有一部分被释放，而出现放电现象。当压力撤销后，陶瓷片恢复原状，片内的正、负电荷之间的距离变大，极化强度也变大，因此电极上又吸附一部分自由电荷而出现充电现象。这种由机械效应转变为电效应，或者由机械能转变为电能的现象，就是正压电效应。充、放电电荷的多少与外力的大小成比例，即 $Q=d_{33}F$。

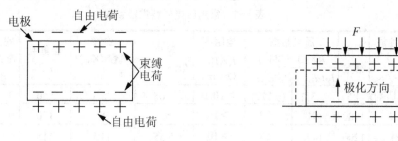

图 5.8　压电陶瓷片内的束缚电荷与电极上吸附的自由电荷示意　　　图 5.9　正压电效应示意

同样，若在陶瓷片上加一个与极化方向相同的电场，如图 5.10 所示，由于电场的方向与极化强度的方向相同，所以电场的作用使极化强度增大。这时，陶瓷片内的正负束缚电荷之间距离也增大，也即陶瓷片沿极化方向产生伸长形变(图中虚线)。同理，如果外加电场的方向与极化方向相反，则陶瓷片沿极化方向产生缩短形变。这种由于电效应而转变为机械效应或者由电能转变为机械能的现象，就是逆压电效应。

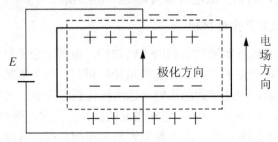

图 5.10 逆压电效应示意

由此可见，压电陶瓷所以具有压电效应，是由于陶瓷内部存在自发极化。这些自发极化经过极化工序处理而被迫取向排列后，陶瓷内即存在剩余极化强度。如果外界的作用(如压力或电场的作用)能使此极化强度发生变化，陶瓷就出现压电效应。此外，还可以看出，陶瓷内的极化电荷是束缚电荷，而不是自由电荷，这些束缚电荷不能自由移动。所以在陶瓷中产生的放电或充电现象，是通过陶瓷内部极化强度的变化，引起电极面上自由电荷的释放或补充的结果。

5.2.3 压电材料的主要特性

压电材料的主要特性有：

(1) 机-电转换性能：要求具有较大的压电常数 d 以获得高的机-电转换效率。

(2) 机械性能：压电元件作为受力元件，希望它的强度高，刚度大，以期获得宽的线性范围和高的固有振动频率。

(3) 电性能：希望具有高的电阻率和大的介电常数，以期减弱外部分布电容的影响和减小电荷泄漏并获得良好的低频特性。

(4) 环境适应性强：温度和湿度稳定性良好，具有较高的居里点(在此温度时，压电材料的压电性能被破坏)，以期得到较宽的工作温度范围。

(5) 时间稳定性：压电特性不随时间蜕变。

表 5-1 列出几种常用压电材料的主要特性参数。

表 5-1 常用压电材料性能参数

性能 材料名称	介电常数	压电常数 /($\times 10^{-12}$CN^{-1})		电阻率 /($\times 10^9$ Ω·m)	密度 /(g·cm^3)	弹性模量/($\times 10^9$ N·m^{-2})	居里点 /℃	安全湿度范围 (%)	正切损耗角 rad	机械品质因数
		$d_{33}(d_{11})$	$d_{31}(d_{14})$							
石英(X零度切割)	4.5	(2.31)	(0.727)	>1000	2.65	78.3	550	0~100	0.0003	—
钛酸钡	1900	191	−79	>10	5.7	92	120	0~100	0.5	430
钛酸钡(改性)	1200	149	−58	>10	5.55	110	115	0~100	0.6	400

续表

性能 材料名称	介电常数	压电常数/(×10⁻¹²CN⁻¹)		电阻率/(×10⁹ Ω·m)	密度/(g·cm³)	弹性模量/(×10⁹ N·m⁻²)	居里点/℃	安全湿度范围/(%)	正切损耗角/rad	机械品质因数
		$d_{33}(d_{11})$	$d_{31}(d_{14})$							
锆钛酸铅 PZT_4	1300	285	−122	>100	7.5	66	325	0~100	0.4	500
PZT_5	1700	374	−171	>100	7.75	53	365	0~100	2.0	75
$Pb(Zr,Ti)O_3$	730	223	−93.5	—	7.55	72	370	0~100	0.3	860
$(Ka_5N_{0.5})NbO_3$	420	160	49	~1000	4.46	104	480	0~100	—	240
铌酸铅 $PbNb_2O_6$	225	85	−9	7000	—	40	570	0~100	—	11

表 5-1 中哪种材料的机-电转换性能好？哪种材料的频响范围大？

压电材料可以分为两大类：压电晶体(单晶体)，压电陶瓷(多晶体)。

1. 压电晶体

(1) 石英晶体。石英(SiO_2)是一种具有良好压电特性的压电晶体，其压电系数和介电常数的温度稳定性相当好，在常温范围内这两个参数几乎不随温度变化，如图 5.11 和图 5.12 所示。由图 5.11 可见，在 20~200℃范围内，温度每升高 1℃，压电系数仅减少 0.016%。但是当到 573℃时，它完全失去了压电特性，这就是它的居里点，如图 5.12 所示。

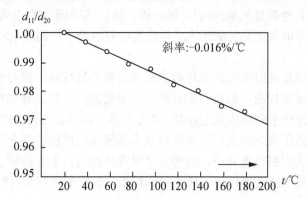

图 5.11 石英的 d_{11} 系数相对于 20℃的 d_{11} 温度变化特性

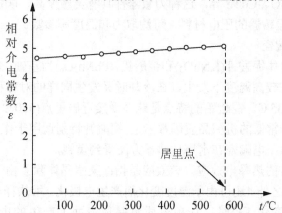

图 5.12 石英在高温下相对介电常数的温度特性

石英晶体的突出优点是性能非常稳定,机械强度高,绝缘性能也相当好。但石英材料价格昂贵,且压电系数比压电陶瓷低得多。因此一般仅用于标准仪器或要求较高的传感器中。

因为石英是一种各向异性晶体,按不同方向切割的晶片,其物理性质(如弹性、压电效应、温度特性等)相差很大。因此,在设计石英传感器时,需根据不同使用要求正确地选择石英片的切型。

(2) 水溶性压电晶体。属于单斜晶系的有酒石酸钾钠($NaKC_4H_4O_6 \cdot 4H_2O$),酒石酸乙烯二铵($C_4H_4N_2O_6$,简称 EDT),酒石酸二钾($K_2C_2H_4O_6 \cdot H_2O$,简称 DKT),硫酸锂($Li_2SO_4 \cdot H_2O$)。属于正方晶系的有磷酸二氢钾(KH_2PO_4,简称 KDP),磷酸二氢铵($NH_4H_2PO_4$,简称 ADP),砷酸二氢钾(KH_2AsO_4,简称 KDA),砷酸二氢铵($NH_4H_2AsO_4$,简称 ADA)。

2. 压电陶瓷

1) 钛酸钡压电陶瓷

钛酸钡($BaTiO_3$)是由碳酸钡($BaCO_3$)和二氧化钛(TiO_2)按 1:1 分子比例在高温下合成的压电陶瓷。它具有很高的介电常数和较大的压电系数(约为石英晶体的 50 倍)。不足之处是居里温度低(120℃),温度稳定性和机械强度不如石英晶体。

2) 锆钛酸铅系压电陶瓷(PZT)

锆钛酸铅是由 $PbTiO_3$ 和 $PbZrO_3$ 组成的固溶体 $Pb(Zr, Ti)O_3$。它与钛酸钡相比,压电系数更大,居里温度在 300℃ 以上,各项机电参数受温度影响小,时间稳定性好。此外,在锆钛酸中添加一种或两种其他微量元素(如铌、锑、锡、锰、钨等)还可以获得不同性能的 PZT 材料。因此锆钛酸铅系压电陶瓷是目前压电式传感器中应用最广泛的压电材料。

3) 压电聚合物

聚二氟乙烯(PVF2)是目前发现的压电效应较强的聚合物薄膜,这种合成高分子薄膜就其对称性来看,不存在压电效应,但是它们具有"平面锯齿"结构,存在抵消不了的偶极子。经延展和拉伸后可以使分子链轴成规则排列,并在与分子轴垂直方向上产生自发极化偶极子。当膜厚方向加直流高压电场极化后,就可以成为具有压电性能的高分子薄膜。这种薄膜有可挠性,并容易制成大面积压电元件,这种元件具有耐冲击、不易破碎、稳定性好、频带宽等特点,为提高其压电性能还可以掺入压电陶瓷粉末,制成混合复合材料(PVF2-PZT)。

4) 压电半导体材料

如 ZnO、CdS、ZnO、CdTe 等,这种力敏器件具有灵敏度高、响应时间短等优点。此外用 ZnO 作为表面声波振荡器的压电材料,可测取力和温度等参数。

5) 铌酸盐系压电陶瓷

这一系中是以铁电体铌酸钾($KNbO_3$)和铌酸铅 ($PbNb_2O_6$)为基础。铌酸钾和钛酸钡十分相似,但所有的转变都在较高温度下发生,在冷却时又发生同样的对称程序:立方、四方、斜方和菱形。居里点为 435℃。铌酸铅的特点是能经受接近居里点(570℃)的高温而不会去极化,有大的 d_{33}/d_{31} 比值和非常低的机械品质因数 Q_M。铌酸钾特别适用于作 10~40 MHz 的高频换能器。近年来铌酸盐系压电陶瓷在水声传感器方面受到重视。

压电陶瓷具有明显的热释电效应。该效应是指:某些晶体除了由于机械应力的作用而引起的电极化(压压效应)之外,还可由于温度变化而产生电极化。用热释电系数来表示该效应的强弱,它是指温度每变化 1℃ 时,在单位质量晶体表面上产生的电荷密度大小,单位为 $\mu C/(m^2 \cdot g \cdot ℃)$。

如果把 $BaTiO_3$ 作为单元系压电陶瓷的代表，则 PZT 就是二元系的代表，它是 1955 年以来的压电陶瓷之王。在压电陶瓷的研究中，研究者在二元系的 $Pb(Ti,Zr)O_3$ 中进一步添加另一种成分组成三元系压电陶瓷，其中镁铌酸铅 $Pb(Mg_{1/3}Nb_{2/3})O_3$ 与 $PbTiO_3$ 和 $PbZrO_3$ 所组成的三元系获得了更好的压电性能，$d_{33}=(800\sim900)\times10^{-12}C/N$，并具有较高的居里点，前景非常诱人。

5.3 压电元件的常用结构形式

5.3.1 压电元件的基本变形方式

从压电常数矩阵可以看出，对能量转换有意义的石英晶体变形方式有以下 5 种：

(1) 厚度变形(TE 方式)，如图 5.13(a)所示，这种变形方式就是石英晶体的纵向压电效应。

(2) 长度变形(LE 方式)，如图 5.13(b)所示，这是利用石英晶体的横向压电效应。

(3) 面剪切变形(FS 方式)，如图 5.13(c)所示，相应计算公式为

$$q_x = d_{14}\tau_{yz} \text{(对 } x \text{ 切晶片)} \tag{5-17}$$

$$q_y = d_{25}\tau_{xy} \text{(对 } y \text{ 切晶片)} \tag{5-18}$$

(4) 厚度剪切变形(TS 方式，thickness shear)，如图 5.13(d)所示，计算公式为

$$q_y = d_{26}\tau_{xy} \text{(对 } y \text{ 切晶片)} \tag{5-19}$$

(5) 弯曲变形(BS 方式)，它不是基本变形方式，而是拉、压、切应力共同作用的结果。应根据具体情况选择合适的压电常数。

对于 $BaTiO_3$ 压电陶瓷，除长度变形方式(用 d_{31})、厚度变形方式(用 d_{33})和面剪切变形方式(用 d_{15})以外，还有体积变形方式(简称 VE)可以利用，如图 5.13(e)所示。此时产生的表面电荷密度按下式计算：

$$q_Z = d_{31}\sigma_x + d_{32}\sigma_y + d_{33}\sigma_z \tag{5-20}$$

由于此时的 $\sigma_x=\sigma_y=\sigma_z=\sigma$，同时对 $BaTiO_3$ 压电陶瓷有 $d_{31}=d_{32}$，所以

$$q_Z = (2d_{31}+d_{33})\sigma = d_V\sigma \tag{5-21}$$

式(5-21)中，$d_V=2d_{31}+d_{33}$ 为体积压缩的压电常数。这种变形方式可以用来进行液体或气体压力的测量。

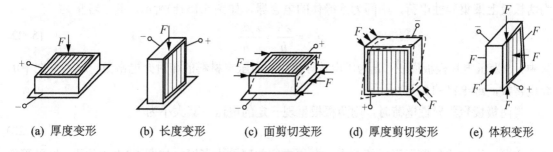

(a) 厚度变形　　(b) 长度变形　　(c) 面剪切变形　　(d) 厚度剪切变形　　(e) 体积变形

图 5.13　压电元件的受力状态和变形方式

5.3.2 压电元件的结构形式

在压电式传感器中，压电元件一般采用两片或两片以上粘接在一起使用；同时，由于压

电元件是有极性的,因此连接方法有两种——并联连接和串联连接,如图 5.14 所示。

图 5.14(a)所示接法为两压电片的并联,其输出总电容为单片电容的两倍,输出电压等于单片电压,极板上的电荷量为单片电容的两倍,即

$$C_并=2C,\ U_并=U,\ Q_并=2Q$$

图 5.18(b)所示接法称为串联,由图可知,输出总电荷等于单片电荷,而输出电压为单片电压的两倍,输出电容为单片电容的一半,即

$$Q_串=Q,\ U_串=2U,\ C_串=C/2$$

上述关系式中,C、U、Q 分别为单片压电片的输出电容、输出电压和极板上的总电荷量。

(a) 压电晶片的并联　　(b) 压电晶片的串联

图 5.14　叠式压电片的并联和串联

在以上两种接法中,并联接法输出电荷量大、本身电容大、时间常数大,适宜于测量慢信号并且以电荷作为输出量的情况。而串联接法输出电压大、电容小,适宜于以电压作为输出信号、并且测量电路输入阻抗很高的场合。

⬛━ 特别提示

压电元件在传感器中,必须有一定的预应力,以保证在作用力变化时,压电元件始终受到压力;其次是保证压电元件与作用力之间的全面均匀接触,获得输出电压(或电荷)与作用力的线性关系。但是预应力不能太大,否则将会影响其灵敏度。

5.4　等效电路与测量电路

5.4.1　压电式传感器的等效电路

当压电传感器中的压电晶体承受被测机械应力的作用时,在它的两个极面上出现极性相反但电量相等的电荷。可把压电传感器看成一个静电发生器,如图 5.15(a)所示,也可把它视为两极板上聚集异性电荷,中间为绝缘体的电容器,如图 5.15 (b)所示。其电容量为

$$C_a = \frac{\varepsilon S}{h} = \frac{\varepsilon_r \varepsilon_0 S}{h} \tag{5-22}$$

式中:S 为压电片极板面积;h 为压电片厚度;ε_r 为压电材料的相对介电常数;ε_0 为真空中的介电常数,$\varepsilon_0=8.85\times10^{-12}$ F/m。

当两极板聚集异性电荷时,则两极板呈现一定的电压,其大小为

$$U = Q/C_a \tag{5-23}$$

因此,压电式传感器可以等效为一个与电容并联的电荷源,如图 5.15(c)所示;也可等效为一个与电容串联的电压源,如图 5.15(d)所示。

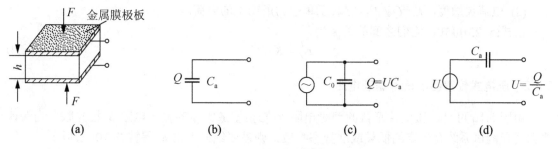

图 5.15 压电式传感器等效电路

若传感器内部信号电荷无"漏损",外电路负载无穷大时,压电传感器受力后产生的电压或电荷才能长期保存,否则电路将以某时间常数按指数规律放电。这对于静态标定以及低频准静态测量极为不利,必然带来误差。事实上,传感器内部不可能没有泄漏,外电路负载也不可能无穷大,只有外力以较高频率不断地作用,传感器的电荷才能得以补充,因此,压电晶体不适合于静态测量。

【例 5-1】 某压电式传感器由两片石英晶片并联而成,每片尺寸为 $(50×4×0.3)\text{mm}^3$,当 1 MPa 的压力沿电轴垂直作用时,求传感器输出的电荷量和极间电压值。

解:两片压电片并联时,输出电荷是单片的 2 倍,所以依式(5-6)求得传感器输出电荷量为

$$Q = 2d_{11}F_x = 2d_{11}pS = 2×2.31×10^{-12}×1×10^6 C×50×4×10^{-6} C = 924 \text{ pC}$$

并联电容是单片电容的 2 倍,依式(5-22)可得

$$C = 2×8.85×10^{-12}×4.5×50×4×10^{-6}/(0.3×10^{-3})\text{F} = 5.31 \text{ pF}$$

可见压电元件的电容量很小。

根据式(5-23)计算极间电压如下:

$$U = Q/C = 924/5.31 \text{ V} = 174 \text{ V}$$

压电式传感器在测量时要与测量电路相连接,所以实际的传感器需要考虑连接电缆电容 C_c、放大器输入电阻 R_i 和输入电容 C_i,以及压电式传感器的泄漏电阻 R_a。因此,压电传感器的实际等效电路如图 5.16(a)、(b)所示,它们的作用是等效的。

(a) 电压源等效电路　　　　　　　　(b) 电荷源等效电路

图 5.16 压电式传感器输入端等效电路

为什么压电传感器等效电路中要考虑电缆电容和放大器输入电容?它们对传感器性能有何影响?

压电式传感器的灵敏度有两种定义:
(1) 电压灵敏度,$K_u = U/F$,它表示单位力所产生的电压;

(2) 电荷灵敏度，$K_q = Q/F$，它表示单位力所产生的电荷。

由式(5-23)可知，它们之间的关系为

$$K_u = K_q / C_a \tag{5-24}$$

5.4.2 压电式传感器的信号调理电路

由图 5.16 可见，压电传感器的绝缘电阻 R_a 与前置放大器的输入电阻 R_i 相并联，为保证传感器和测试系统有一定的低频或准静态响应，则需要绝缘电阻 R_a 保持在 $10^{13}\Omega$ 以上，才能使内部电荷泄漏减少到满足一般测试精度的要求。与之相适应，测试系统则应有较大的时间常数，亦即前置放大器要有相当高的输入阻抗，否则传感器的信号电荷将通过输入电路泄漏，从而产生测量误差。

前置放大器的作用有两个：一是阻抗变换——把压电式传感器的高输出阻抗变换成低输出阻抗；二是放大压电式传感器输出的微弱信号。

前置放大器的形式也有两种：一种是电压放大器，它的输出电压与输入电压(传感器的输出电压)成正比；一种是电荷放大器，其输出电压与传感器的输出电荷成正比。

1. 电压前置放大器

图 5.17 所示为压电式传感器的电压放大器等效电路。在图 5.17(b)中，等效电阻 R 为 R_a 和 R_i 的并联电阻：

$$R = R_a R_i / (R_a + R_i) \tag{5-25}$$

等效电容 C 为

$$C = C_c + C_i \tag{5-26}$$

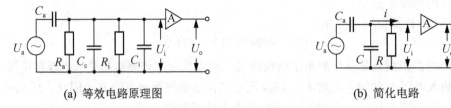

(a) 等效电路原理图　　　　　　　　　　　　(b) 简化电路

图 5.17　电压放大器等效电路

如果压电元件受到交变正弦力 $\dot{F} = F_m \sin\omega t$ 的作用，其中 F_m 为作用力的幅值；若压电元件是压电陶瓷，其压电系数为 d_{33}，则压电元件产生的电压值为

$$U_a = \frac{Q}{C_a} = \frac{d_{33} F_m}{C_a} \sin\omega t = U_m \sin\omega t \tag{5-27}$$

式中：U_m 为压电元件输出电压的幅值，$U_m = d_{33} F_m / C_a$。

由图 5.17(b)可见，送入放大器输入端的电压 U_i 即为 U_a 在 RC 两端的分压：

$$\dot{U}_i = d_{33} \dot{F} \frac{j\omega R}{1 + j\omega R(C_a + C)} \tag{5-28}$$

由上式求得 $\dot{U}_i$ 的幅值为

$$U_{im} = \frac{d_{33} F_m \omega R}{\sqrt{1 + (\omega R)^2 (C_a + C_c + C_i)^2}} \tag{5-29}$$

$\dot{U}_i$ 与作用力 $\dot{F}$ 之间的相位差 φ 为

$$\varphi = \frac{\pi}{2} - \arctan[\omega R(C_a + C_c + C_i)] \tag{5-30}$$

根据电压灵敏度的定义,得

$$K_u = \frac{U_{im}}{F_m} = \frac{d_{33}\omega R}{\sqrt{1+(\omega R)^2(C_a + C_c + C_i)^2}} \tag{5-31}$$

在理想情况下,传感器的绝缘电阻 R_a 和前置放大器的输入电阻 R_i 都为无限大,也就是电荷没有泄漏;或工作频率 $\omega \to \infty$,这两种情况均可使 $\omega R(C_a + C_c + C_i)$ 满足远远大于1的条件,由式(5-29)可得前置放大器输入电压(传感器的开路电压)幅值为

$$U_{am} = \frac{d_{33}F_m}{C_a + C_c + C_i} \tag{5-32}$$

理想情况下的电压灵敏度为

$$K_u = \frac{U_{am}}{F_m} = \frac{d_{33}}{C_a + C_c + C_i} \tag{5-33}$$

可见,只要满足 $\omega R(C_a + C_c + C_i) \gg 1$,传感器灵敏度 K_u 就与测量力的频率无关,但与总电容成反比。

实际输入电压幅值 U_{im} 与理想条件下的幅值 U_{am} 之比为

$$K(\omega) = \frac{U_{im}}{F_{am}} = \frac{\omega R(C_a + C_c + C_i)}{\sqrt{1+(\omega R)^2(C_a + C_c + C_i)^2}} \tag{5-34}$$

测量电路的时间常数为

$$\tau = R(C_a + C_c + C_i) \tag{5-35}$$

令 $\omega_n = 1/\tau = 1/[R(C_a + C_c + C_i)]$,则式(5-34)和式(5-30)可分别写成如下形式:

$$K(\omega) = \frac{U_{im}}{U_{am}} = \frac{\omega/\omega_n}{\sqrt{1+(\omega/\omega_n)^2}} \tag{5-36}$$

$$\varphi = \frac{\pi}{2} - \arctan(\omega/\omega_n) \tag{5-37}$$

由此得到电压幅值比和相角与频率比的关系曲线如图5.18所示。

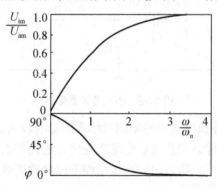

图 5.18 电压幅值比和相角与频率比的关系曲线

根据以上公式,对采用电压前置放大器的压电传感器电路,分析如下:
(1) $\omega = 0$ 时,$U_i = 0$,说明压电传感器不能测静态量。
(2) 当 $\omega/\omega_n \gg 1$(一般满足 $\omega/\omega_n \geq 3$ 即可)时,$U_{im} = U_{am}$,即输入前置放大器的电压与作用

力的频率无关。这说明压电式传感器的高频响应相当好,这是压电式传感器的一个突出优点。

(3) 如果被测物理量是缓慢变化的动态量(ω 很小),而测量回路的时间常数 τ 又不大,则造成传感器灵敏度下降,低频动态误差为

$$\delta = 1 - \frac{\omega/\omega_n}{\sqrt{1+(\omega/\omega_n)^2}} \tag{5-38}$$

因此,为了扩大传感器的低频响应范围,就必须尽量提高回路的时间常数 τ。但这不能靠增加测量回路的电容量来提高时间常数,因为由式(5-33)可知,传感器的电压灵敏度与电容成反比。为此,切实可行的办法是提高测量回路的电阻,而又由于传感器本身的绝缘电阻一般都很大,所以测量回路的电阻主要取决于前置放大器的输入电阻。放大器的输入电阻越大,测量回路的时间常数就越大,传感器的低频响应也就越好。

由式(5-36),压电式传感器的-3 dB 截止频率下限为(取 $K(\omega) = 1/\sqrt{2}$)

$$f_L = \frac{1}{2\pi R(C_a + C_c + C_i)} \tag{5-39}$$

一般情况下可实现 $f_L < 1$ Hz,低频响应也较好。

若测量下限频率 f_L 已选定,则可根据上式选择与配置各电阻、电容值。

(4) 为了满足阻抗匹配的要求,压电式传感器一般都采用专门的前置放大器。电压前置放大器(阻抗变换器)因其电路不同而分为几种形式,但都具有很高的输入阻抗($10^9 \Omega$ 以上)和很低的输出阻抗(小于 $10^2 \Omega$)。图 5.19 所示为一种阻抗变换器的电路图,它采用 MOS 型场效应管构成源极输出器,输入阻抗很高。第二级对输入端的负反馈,进一步提高输入阻抗。以射极输出的形式获得很低的输出阻抗。但是,压电式传感器在与阻抗变换器(前置放大器)配合使用时,连接电缆不能太长。电缆长,电缆电容 C_c 就大,从而使传感器的电压灵敏度降低。

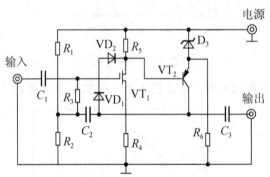

图 5.19　阻抗变换器电路

(5) 电压前置放大器电缆长度对传感器测量精度的影响较大。因为,当电缆长度改变时,C_c 也将改变,因而放大器的输入电压 U_{im} 也随之变化,进而使前置放大器的输出电压改变。因此,压电式传感器与前置放大器之间的连接电缆不能随意更换。如有变化时,必须重新校正其灵敏度,否则将引入测量误差。

解决电缆分布电容问题的办法是将放大器装入传感器之中,组成一体化传感器,如图 5.20 所示。这种一体化压电传感器,可以直接输出大小达几伏的低阻抗的信号,它可以用普通的同轴电缆输出信号,一般不需要再附加放大器,只有在测量低电平振动时,才需要再放大,并可直接输出至示波器、记录仪、检流计和其他普通指示仪表。另外,由于采用石英晶片作

压电元件,该压电加速度传感器在很宽的温度范围内灵敏度十分稳定,而且经长期使用,性能几乎不变。

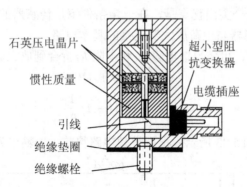

图 5.20 内置超小型阻抗变换器的一体化压电式加速度传感器

【例 5-2】某压电式传感器可测下限频率要求达 f_L=1 Hz,采用电压前置放大器,已知输入回路总电容 C_i=500 pF,现要求在最低信号频率时传感器的灵敏度下降不超过 5%,求该前置放大器输入总电阻 R_i 的值是多少?

解:由题意可知

$$\delta = 1 - \frac{\omega/\omega_n}{\sqrt{1+(\omega/\omega_n)^2}} \leqslant 5\%$$

将 $\omega = 2\pi f_L$ 及 $\omega_n = 1/\tau = 1/(R_i C_i)$ 代入上式,可求得

$$R_i = 969 \text{ M}\Omega$$

2. 电荷前置放大器

电荷放大器能将高内阻的电荷源转换为低内阻的电压源,而且输出电压正比于输入电荷,因此它也能起着阻抗变换的作用,其输入阻抗可高达 $10^{10} \sim 10^{12}$ Ω,而输出阻抗可小于 100 Ω。

电荷放大器实际上是一种具有深度电容负反馈的高增益放大器,其等效电路如图 5.21 所示。若放大器的开环增益 A 足够大,则放大器的输入端 a 点的电位接近于"地"电位;并且由于放大器的输入级采用了场效应晶体管,放大器的输入阻抗很高。所以放大器输入端几乎没有分流,运算电流仅流入反馈回路,电荷 Q 只对反馈电容 C_f 充电,充电电压接近于放大器的输出电压:

$$U_o \approx u_{cf} = -Q/C_f$$
$$U_o \approx u_{cf} = -Q/C_f \tag{5-40}$$

式中:U_o 为放大器输出电压;u_{cf} 为反馈电容两端电压。

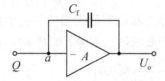

图 5.21 电荷放大器等效电路

由式(5-40)可见,电荷放大器的输出电压只与输入电荷量和反馈电容有关,而与放大器增益的变化以及电缆电容 C_c 等均无关。因此,只要保持反馈电容的数值不变,就可以得到与电

荷量 Q 变化成线性关系的输出电压。此外，由于反馈电容与输出电压成反比，因此要达到一定的输出灵敏度要求，必须选择适当容量的反馈电容。

使用电荷放大器的一个突出优点是，在一定条件下，传感器的灵敏度与电缆长度无关。图 5.22 所示为压电式传感器与电荷放大器连接的基本电路。

由"虚地"原理可知，可将反馈电容 C_f 和电阻 R_f 折合到放大器输入端：

$$\begin{cases} C'_f = (1+A)C_f \\ \dfrac{1}{R'_f} = (1+A)\dfrac{1}{R_f} \end{cases} \quad (5\text{-}41)$$

则图 5.22 的等效电路如图 5.23 所示。根据等效电路得放大器输出为

$$\dot{U}_o = \dfrac{-j\omega \dot{Q} A}{\left[\dfrac{1}{R_a}+(1+A)\dfrac{1}{R_f}\right]+j\omega\left[C_a+C_c+(1+A)C_f\right]} \quad (5\text{-}42)$$

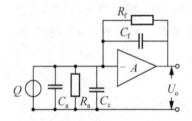

图 5.22　电荷前置放大器基本电路　　　　图 5.23　电荷前置放大器等效电路

对电荷前置放大器电路的特性，讨论如下。

(1) 当 A 足够大，且频率足够高时，满足 $(1+A)C_f \gg (C_a+C_c)$，$(1+A)R_f \gg 1/R_a$，和 $\omega C_f \gg 1/R_f$，放大器输出电压即为

$$U_o \approx -Q/C_f \quad (5\text{-}43)$$

可见输出电压只取决于输入电荷 Q 和反馈电容 C_f，改变 C_f 的大小即可得到所需的电压输出。在电荷放大器的实际电路中，考虑到被测物理量的不同量程，以及后级放大器不致因输入信号太大而引起饱和，反馈电容 C_f 的容量是可调的，一般在 $100 \sim 10^4$ pF 范围之间。

(2) 当频率足够高时，式(5-42)变为

$$U'_o \approx \dfrac{-AQ}{C_a+C_c+(1+A)C_f} \quad (5\text{-}44)$$

可见运算放大器的开环放大倍数 A 对精度有影响，由式(5-43)、式(5-44)可得相对误差为

$$\delta = \dfrac{U_o - U'_o}{U_o} \approx \dfrac{C_a+C_c}{(1+A)C_f} \quad (5\text{-}45)$$

【例 5-3】已知压电式传感器及其电荷放大器的相关参数为：$C_a=1000$ pF，$C_f=100$ pF，$C_c=(100\text{ pF/m})\times 100\text{ m}=10^4$ pF，当要求输出误差 $\delta \leqslant 1\%$ 时，放大器的放大倍数 A 是多少？

解：由式(5-45)得 $\delta = \dfrac{10^3+10^4}{(1+A)\times 100} \leqslant 0.01$

由此可得 $A > 10^4$。对线性集成运算放大器来说，这一要求是容易达到的。

(3) 电荷放大器通常在反馈电容的两端并联一个大的反馈电阻 $R_f=(10^8 \sim 10^{10})\Omega$，其功能是提供直流反馈，以提高电荷放大器工作稳定性和减小零漂。当工作频率很低，但放大倍数

A 仍足够大时，式(5-42)变为

$$\dot{U}_\text{o} \approx \frac{-j\omega\dot{Q}A}{(1+A)\frac{1}{R_\text{f}}+j\omega(1+A)C_\text{f}} \approx -\frac{j\omega\dot{Q}}{\frac{1}{R_\text{f}}+j\omega C_\text{f}} \tag{5-46}$$

上式表明，输出电压 $\dot{U}_\text{o}$ 不仅与 $\dot{Q}$ 有关，而且与反馈网络的元件参数 C_f、R_f 和传感器信号频率 ω 有关，其幅值为

$$U_\text{o} = \frac{-\omega Q}{\sqrt{(1/R_\text{f})^2 + \omega^2 C_\text{f}^2}} \tag{5-47}$$

当 $1/R_\text{f} = \omega C_\text{f}$ 时，有

$$U_\text{o} = \frac{Q}{\sqrt{2}C_\text{f}} \tag{5-48}$$

此时放大器输出电压仅为高频时输出的 $1/\sqrt{2}$，由此可得电荷放大器增益下降 3dB 的下限截止频率为

$$f_\text{L} = \frac{1}{2\pi R_\text{f} C_\text{f}} \tag{5-49}$$

低频时，输出电压 $\dot{U}_\text{o}$ 与输入电荷 $\dot{Q}$ 之间的相位差为

$$\varphi = \arctan(\frac{1/R_\text{f}}{\omega C_\text{f}}) = \arctan[1/(\omega R_\text{f} C_\text{f})] \tag{5-50}$$

在截止频率 f_L 处 $\varphi = 45°$。

可见压电式传感器配用电荷放大器时，其低频幅值误差和截止频率只决定于反馈电路的参数 R_f 和 C_f，其中 C_f 的大小可以由所需要的电压输出幅度决定。所以当给定工作频带下限为截止频率 f_L 时，反馈电阻 R_f 值可由式(5-49)确定。如当 $C_\text{f}=1000$ pF，$f_\text{L}=0.16$ Hz 时，则要求 $R_\text{f} > 10^9$ Ω。

5.5 压电式传感器的应用

压电传感元件是力敏感元件，除了测动态力、动态压力外，它还可以测量能变换为力的非电量，例如振动加速度等。

5.5.1 压电式加速度传感器

利用质量块的惯性力测量物体运动加速度的传感器，称为加速度传感器。加速度是物体运动速度的变化率，不能直接测量。为了获得较高的灵敏度，通常利用测量质量块随被测物体作加速运动时所表现出的惯性力来确定其加速度。根据牛顿第二定律，力=质量×加速度。在质量不变的情况下，测量惯性力就可以获得加速度值。压电式加速度计由外壳、质量块、力敏感元件(压电元件)和限制质量块与外壳之间相对运动的弹簧构成。测量时，外壳与被测物体固定在一起运动，质量块也在限动弹簧的作用下随之运动。弹簧作用力的大小即等于质量块的惯性力，由压电元件测出。

压电式加速度传感器是一种常用的加速度计，占所有加速度传感器的 80%以上。因其固有频率高，有较好的频率响应(几千赫至几十千赫)，如果配以电荷放大器，低频响应也很好(可

低至零点几赫)。另外，压电式传感器体积小、重量轻。缺点是要经常校正灵敏度。

1. 结构和工作原理

压电加速度传感器结构形式主要有压缩式、剪切式和复合式。

1) 压缩式

常见的压电式加速度传感器的结构一般是利用压电陶瓷的纵向效应，图5.24所示为压缩式压电加速度传感器的结构原理图和简化模型。将压电陶瓷和质量块通过螺母连接在一起，质量块对压电陶瓷预先加载，使之压紧在压电陶瓷上，对压电陶瓷片加预应力。压电元件一般由两片压电片组成，采用并联接法。测量时将传感器基座与被测对象牢牢紧固在一起。压电元件一般由两片压电片组成，采用并联接法。压电片上放一块比重较大的质量块，然后用弹簧和螺栓、螺母对质量块预加载荷，从而对压电片施加预应力。整个组件装在一个厚基座的金属壳体中，其目的是为了隔离试件的任何应变传递到压电元件上去，避免产生虚假信号输出。

测量时，将传感器基座与试件刚性固定在一起。设 $x(t)$ 为试件振动的绝对位移，x_m 为传感器质量块的绝对位移。当传感器感受振动时，因质量块的质量 m 相对被测物体的质量 M 小得多，因此传感器的质量 m 感受到与传感器基座 M 相同的振动，并受到与加速度 a 方向相反的惯性力，此力为 $F=ma$。惯性力作用在压电陶瓷上产生的电荷为

$$Q = d_{33}F = d_{33} \times m \times a$$

当振动频率远低于传感器的固有频率时，传感器的输出电荷(电压)与作用力成正比，亦即与试件的加速度成正比。输出电量由传感器的输出端引出，输入到前置放大器后就可以用普通的测量仪器测出试件的加速度。如果在放大器中加进适当的积分电路，就可以测出试件的振动速度或位移。

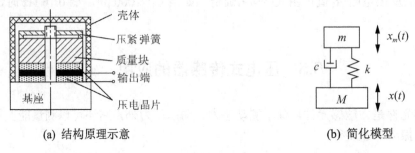

图 5.24 压缩式压电加速度传感器

压缩式的压电式加速度传感器的其他结构如图5.25所示。图5.25(a)所示为中央安装压缩式压电式加速度传感器，压电元件变形为厚度变形。压电元件-质量块-弹簧系统装在圆形中心支柱上，支柱与基座连接。这种结构有高的共振频率。然而基座与测试对象连接时，如果基座有变形则将直接影响传感器输出。此外，测试对象和环境温度变化将影响压电元件，并使预紧力发生变化，易引起温度漂移。

图5.25(b)所示为改用中心螺杆施加预压力的隔离基座压缩式压电式加速度传感器，能避免与外壳直接接触受到外壳的振动的干扰。

图5.25(c)所示为是隔离预载筒压缩式压电式加速度传感器，采用薄壁弹性套筒施加预压力的隔离基座预载套筒压缩式，能对外部干扰起双层屏蔽作用，这种结构大大提高了传感器的综合刚度和横向抗干扰能力，但工艺较复杂。双筒双屏蔽结构，外壳有屏蔽作用，内预紧套筒也

有屏蔽作用。

图 5.25(d)所示为将质量块和压电元件倒挂于基座中的倒挂中心压缩式压电式加速度传感器，能隔离来自安装面的干扰。在基座上开槽的隔离基座压缩式，能增加抗基座应变和热干扰的能力。

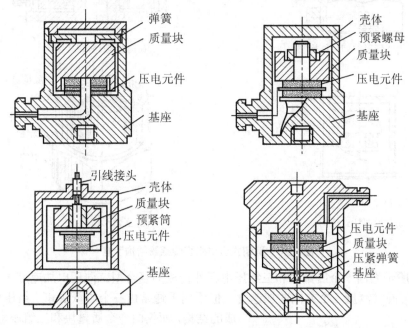

图 5.25　压电式加速度传感器的结构

2) 剪切式

与压缩式加速度传感器相比，剪切式加速度传感器是一种很有发展前途的传感器，并有替代压缩式的趋势。

图 5.26(a)所示为环形剪切式结构，压电元件变形为剪切变形。它的压电元件和质量块均为空心圆柱形，质量块粘套在压电元件上，压电元件粘套在基座的圆柱上。柱状压电陶瓷系轴向极化，极化方式有两种：一是轴向极化，呈现图 5.13(c)所示中 d_{25} 剪切压电效应；另一种是径向极化，呈现图 5.13(c)所示中 d_{14} 剪切压电效应。利用切变压电效应进行测量，在压电元件的内外圆柱面上取电荷。环形剪切型压电传感器的性能优于其他结构，但过载能力稍差。而且由于粘接剂会随温度增高而变软，因此最高工作温度受到限制。

图 5.26(b)所示为扁环形结构的压电传感器。这种结构也属于中空环形剪切型，其引线能从侧面任意方向引出，结构简单、轻巧，灵敏度高，便于安装，而且整个装置能像垫圈一样用标准螺栓通过中心孔安装到被测物体上。这是应用较多的一种先进的设计。

图 5.26(c)所示为 H 形结构的压电传感器。左右压电元件通过横螺栓固紧在中心立柱上，具有更好的静态特性，更高的信噪比和宽的高低频特性，装配方便。

图 5.26(d)所示为三角结构的压电传感器。三块压电晶片和扇形质量块呈三角空间分布，由预紧筒固紧在三角中心柱上，取消胶结，改善了线性和温度特性。

3) 复合式

复合式泛指那些具有组合结构、差动原理或复合材料构成的压电传感器。

(1) 剪切-压缩复合型。剪切–压缩复合型压电加速度传感器有三组压电元件和单一压电元件两种结构之分。

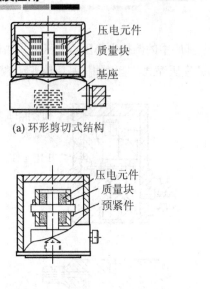

(a) 环形剪切式结构　　(c) 扁环形剪切式结构

(c) H形剪切式结构　　(d) 三角形剪切式结构

图 5.26　剪切式压电陶瓷传感器结构示意

图 5.27 所示为由一个质量块和三组压电元件构成的复合型三向压电加速度传感器的结构示意图。它可同时测量三个方向的加速度，但不同于通常由三个质量块和三组压电元件组合成的结构，而仅由一个质量块和三组压电元件构成。X、Y、Z 三组压电元件分别采用纵压电效应和横压电效应的方向切割，分别敏感 x、y、z 三轴的加速度分量。X 组和 Y 组压电元件在测量时受到质量块和基座形成的沿各自方向的剪切力，并分别输出正比于各自方向的加速度分量的电荷。Z 组压电元件则与质量块构成中心压缩型压电加速度计，用以测量 z 轴的加速度分量。

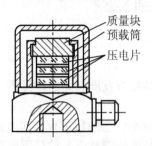

图 5.27　压电式三向加速度传感器结构示意

图 5.28(a) 所示为日本研制的一种剪切—压缩复合型三向压电加速度传感器。它可同时测三个方向的加速度，但仅由一个质量块和一组压电元件构成。这是因为它采用了特殊的电极结构以及获取各电极间电位差的方法非常巧妙。图 5.28(b) 所示为压电传感器在测量 x 和 y 方向时的原理图。压电元件受到质量块和基座形成的沿各自方向的剪切力，并分别输出正比于各自方向的加速度分量的电荷。图 5.27(c) 所示为压电传感器在测量 z 方向时的原理图。压电元件则与质量块构成中心压缩式压电加速度计，用以测量 z 轴的加速度分量。

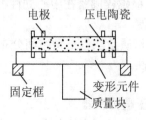
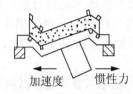
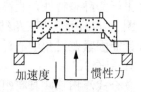

(a) 断面　　(b) x 和 y 方向加速度检测原理　　(c) z 方向加速度检测原理示意

图 5.28　压电式三向加速度传感器断面示意

(2) 组合一体化压电加速度传感器。集传感器与电子线路于一身的组合一体化压电-电子加速度传感器如图 5.29 所示。

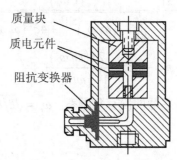

图 5.29 组合一体化压电-电子加速度传感器

2. 灵敏度

压电式加速传感器的灵敏度是指压电效应的产生的输出量(电荷或电压)与输入量(加速度)的比值,因此有两种表示法:当它与电荷放大器配合使用时,用电荷灵敏度 $K_q(\text{Cs}^2/\text{m})$ 表示;与电压放大器配合使用时,用电压灵敏度 $K_u(\text{Vs}^2/\text{m})$ 表示。其一般表达式为

$$K_q = Q/a \tag{5-51}$$

$$K_u = U_a/a \tag{5-52}$$

式中:Q 为传感器输出电荷量(C);U_a 为传感器的开路电压(V);a 为被测加速度(m/s²)。

压电元件受力后表面上产生的电荷为 $Q=dF$,而传感器质量块 m 在加速度 a 的作用下施加给压电元件的力为 $F=ma$(N),故压电式加速度传感器的电荷灵敏度和电压灵敏度可表示为

$$K_q = d \times m (\text{Cs}^2/\text{m}) \tag{5-53}$$

$$K_u = d \times m (\text{Vs}^2/\text{m}) \tag{5-54}$$

由上两式可知,压电式加速度传感器的灵敏度与压电材料的压电系数 d 成正比,也与传感器质量块的质量 m 成正比。为了提高灵敏度,可适当增加质量块的质量,但由于测试时传感器安装在试件上时,会同时增加试件的质量,可能影响到试件的振动响应,传感器的质量应越轻越好。所以提高传感器灵敏度的有效方法是选用压电系数较大的材料做压电元件,一般多选用压电陶瓷为敏感元件,如锆钛酸铅。

3. 频率特性

压电式加速度传感器可以简化成由集中质量为 m 的质量块、集中弹性系数为 k 的弹簧和阻尼器 c 组成的二阶单自由度系统,如图 5.24(b)所示。因此,当传感器感受振动体的加速度时,可以列出其运动方程为

$$m\frac{d^2 x_m}{dt^2} + c\frac{d(x_m - x)}{dt} + k(x_m - x) = 0 \tag{5-55}$$

式中:x 为振动体的绝对位移;x_m 为质量块的绝对位移。

式(5-55)可改写为

$$m\frac{d^2(x_m - x)}{dt^2} + c\frac{d(x_m - x)}{dt} + k(x_m - x) = -m\frac{d^2 x}{dt^2} \tag{5-56}$$

根据二阶传感器频响特性分析方法,可得压电式加速度传感器的幅频特性和相频特性分

别为

$$\left|\frac{x_m - x}{\ddot{x}}\right| = \frac{(1/\omega_n)^2}{\sqrt{\left[1-(\omega/\omega_n)^2\right]^2 + 4\xi^2(\omega/\omega_n)^2}} \quad (5\text{-}57)$$

$$\varphi = -\arctan\frac{2\xi(\omega/\omega_n)}{1-(\omega/\omega_n)^2} \quad (5\text{-}58)$$

式中：ω 为振动角频率；ω_n 为传感器的固有角频率，$\omega_n = \sqrt{k/m}$；ξ 为阻尼比，$\xi = c/(2\sqrt{km})$；$\ddot{x} = \dfrac{d^2 x}{dt^2}$ 为振动体加速度。

由于质量块与振动体之间的相对位移 $(x_m - x)$ 就是压电元件受到作用力后产生的变形量，因此，在压电元件的线性弹性范围内，有

$$F = k_y(x_m - x) \quad (5\text{-}59)$$

式中：F 为作用在压电元件上的力；k_y 为压电元件的弹性系数。

而压电片表面所产生的电荷量与作用力成正比，即

$$Q = d \cdot F = d \cdot k_y(x_m - x) \quad (5\text{-}60)$$

式中：d 为压电元件的压电常数；其余参数含义同前。

将式(5-60)代入式(5-57)，得到压电式加速度传感器灵敏度与频率的关系为

$$\frac{Q}{\ddot{x}} = \frac{d \cdot k_y/\omega_n^2}{\sqrt{\left[1-(\omega/\omega_n)^2\right]^2 + 4\xi^2(\omega/\omega_n)^2}} \quad (5\text{-}61)$$

当 $\omega \ll \omega_n$ 时，式(5-61)为

$$\frac{Q}{\ddot{x}} \approx d \cdot k_y/\omega_n^2 \quad (5\text{-}62)$$

此时传感器的电荷灵敏度 $K_q = Q/\ddot{x}$ 近似为一常数。即在这一频率范围内，灵敏度基本上不随频率变化而变化。这一频率范围就是传感器的理想工作范围。

对于与电荷放大器配合使用的情况，传感器的低频响应受电荷放大器的 3 dB 下限截止频率 $f_L = 1/(2\pi R_f C_f)$ 的限制。而一般电荷放大器的 f_L 可低至 0.3 Hz 甚至更低，因此当压电式传感器与电荷放大器配合使用时，低频响应很好，可以测量接近静态变化非常缓慢的物理量。

压电式传感器的高频响应特别好，只要放大器的高频截止频率远高于传感器自身的固有频率，那么，传感器的高频响应完全由自身的机械问题决定，放大器的通频带要做到 100 kHz 以上并不困难，因此，压电式传感器的高频响应只需考虑传感器的固有频率。但是，测量频率的上限不能设得跟传感器的固有频率一样高，因为在共振区附近传感器的灵敏度将随频率而急剧增加，其输出电量不再跟输入量成正比；并且，由于在共振区附近工作时，传感器的灵敏度要比出厂时的校正灵敏度高得多，若不进行灵敏度修正，将造成很大的测量误差。因此实际测量的振动频率上限取 $\omega = (1/5 \sim 1/3)\omega_n$，在此区域，传感器的灵敏度基本不随频率变化而变化。由于传感器的固有频率相当高(一般可达 30 kHz 甚至更高)，因此，它的测量频率上限可达几千赫，甚至达十几千赫。

4. 压电式加速度传感器的应用

压电式加速度传感器应用广泛,在各种已使用传感器的总数中占了很大的比例。它在航空、航天、兵器、造船、纺织、农机、车辆、电气等各种系统中用于振动和冲击测试、信号分析、机械动态实验、环境模拟实验、振动校准、模态分析、故障诊断等。

【例5-4】应用振动测试分析诊断XA6132铣床故障。

解:机床结构的动态特性是机床的重要质量指标之一,它直接影响到工件的加工精度、表面质量和机床的可靠性及使用寿命。常年使用的机床由于机器磨损、基础下沉及部件变形,动态特性会出现错综复杂的变化;轴的不同心、部件磨损、转子变得不平衡并且间隙增加,会使轴承产生附加动载荷。随着振动能量的增加,直接影响到机床的可靠性及寿命。又如齿轮的故障在机床故障中占有较大比例,它会使机床的振动加剧,甚至发生严重的损坏。通过对有故障的XA6132铣床进行振动的测定,可提取信号并分析处理,找出故障位置和产生的原因,给出解决方法。

1) 铣床振动测试系统的构成

铣床振动信号的采集是由压电式加速度传感器进行,经DLF系列多通道电荷电压滤波积分放大器转换为电压信号,用INV310大容量数据自动采集系统和DASP软件进行信号处理,测试系统图如图5.30所示。测得的分析振动的频谱如图5.32~图5.34所示。

图5.30 测试系统框图

2) 实验方案

首先确定测点和转速。在机床空载状态下,通过触摸找出振动较大的部位。其次,在各部位用测试仪器确定在铣床空载状态下,振动较大的位置。改变转速,确定引起较大振动的转速。经反复测试后确定,当主轴转速在 n=30,75,150,300,475,600,750,950,1180,1500 r/min 时,1~10号点(图5.31)振动较大,并且其振动与加工精度有直接关系,因此作为这次研究的主要测试点(对称点也要进行相应测试,图中没有标出)。

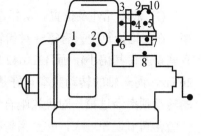

图5.31 铣床振动测试点布置示意

3) 测试过程

按照图5.30所示关系对仪器进行连接,打开测试系统电源,仪器仪表调整零位,设置参数。然后启动机床,观察接收的信号。改变转速和测点,记录每种工作状况下的数据。

4) 频谱分析

将各测点记录的振动信号回放后,使用DASP软件进行频谱分析,得到各个工况下各点的频谱图200余幅,图5.32所示为30 r/min时第4号点的频谱图。图5.33、图5.34所示分别为75 r/min时第5号点及1500 r/min时第5号点的频谱图。

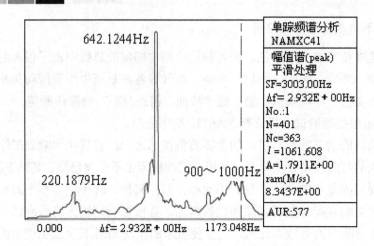

图 5.32 30 r/min 时第 4 号点的频谱

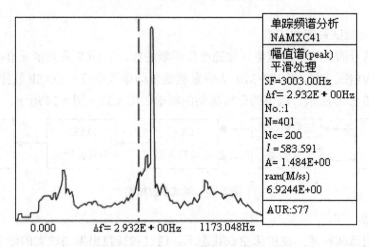

图 5.33 75 r/min 时第 5 号点的频谱

5) 故障诊断

(1) 故障元件及位置。从频谱图 5.33 中可以看出，642 Hz 是造成振动幅值偏大的主要频率。在理论计算中只有第一对齿轮啮合(26/54)的频率为 624 Hz(由于没有测量实际转速，可能有些误差使其偏小)，而且在 642 Hz 两侧存在一系列的边频(图 5.32)，边频的大小一般为 23～26 Hz，而一轴的转动频率正好是 24 Hz(轴的转动频率可以先计算出来)，充分说明这是由轴的转动频率经过第一对齿轮啮合频率调制所得。经过检查，发现第一对齿轮啮合(26/54)中有一齿轮基节误差过大，并且齿轮有一定的点蚀，每一圈均在此齿处产生猛烈冲击一次，造成振动幅值偏大。

(2) 在图 5.34 中可以看到，在 1002 Hz(23/23 啮合频率 498 Hz 的一倍频)的两侧也存在边频 23～26 Hz(与此轴的转动频率 24 Hz 相近)，说明 23/23 这对齿轮同样有问题。检查后发现，安装万能铣头时略有松动。

(3) 在万能铣头上选择这些点是为了更好地分析影响加工精度的因素，在此次实验中，发现 220 Hz 附近的幅值相对也比较大，这主要是由二、三轴齿轮啮合(16/39、19/36、22/33)振动造成的，但总体所占比例相对较小。检查或修理后对机床使用有很大的好处。

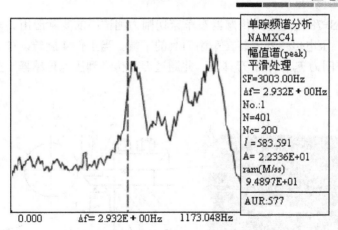

图 5.34 1500 r/min 时第 5 号点的频谱

5.5.2 压电式测力传感器

压电元件本身就是力敏元件，利用压电元件做成力-电转换的测力传感器的关键，是选取合适的压电材料、变形方式、机械上串联或并联的晶片数、晶片的几何尺寸和合理的传力结构。压电元件的变形方式以利用纵向压电效应的厚度变形最为方便，而压电材料的选择则取决于所测力的量程大小、测量精度和工作环境条件等。结构上大多采用机械串联而电气并联的两片晶片，因为机械上串联的晶片数增加会给加工、安装带来困难，而且还会导致传感器抗侧向干扰能力降低；同时，传感器的电压输出灵敏度并不增大。

图 5.35 所示为一种单向压电式测力传感器的结构图，它可用于机床动态切削力的测量。压电晶片为零度 x 切石英晶片，尺寸为 $\phi 8\times 1$ mm，上盖为传力元件，其变形壁的厚度为 0.1～0.5 mm，由测力范围决定，F_{max}=5000 N。绝缘套用来电气绝缘和定位。基座内外底面对其中心线的垂直度、上盖以及晶片、电极的上下底面的平行度与表面粗糙度都有极严格的要求，否则会使横向灵敏度增加或使晶片因应力集中而过早破碎。为提高绝缘阻抗，传感器装配前要经过多次净化(包括超声清洗)，然后在超净工作环境下进行装配，加盖之后用电子束封焊。YDS-78 型压电传感器的性能指标如表 5-2 所列。

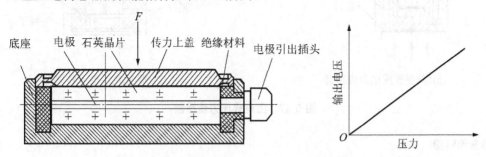

图 5.35 压电式单向测力传感器

表 5-2 YDS-78 型压电传感器性能指标

测力范围	0～5000 N	最小分辨力	0.1 g
绝缘阻抗	$2\times 10^{14}\Omega$	固有频率	50～60 kHz
非线性误差	<±1%	重复性误差	<1%
电荷灵敏度	38～44 pC/kg	质量	10 g

【例 5-4】 YDS-78 型压电式传感器在车床切削力测试中的实际应用。车床切削力测试系统如图 5.36 所示。压电传感器安装在车削刀具的下端。当工件 4 旋转，车刀 3 开始切削工件时，垂直方向的车削力 F_y 作用于刀具上，并通过刀具传递到压电传感器 1 上，由此完成对车削力 F_y 的测量。

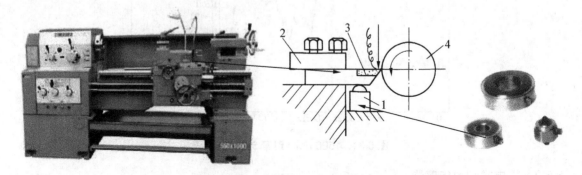

图 5.36　压电式动态力传感器在车床中用于动态切削力的测量
1—压电式动态力传感器；2—夹具；3—车刀；4—工件

5.5.3　压电式压力传感器

图 5.37(a)所示为一种压电式压力传感器结构图。拉紧的薄壁管对晶片提供预载力，而感受外部压力的是由挠性材料做成的很薄的膜片。预载筒外的空腔可以连接冷却系统，以保证传感器工作在一定的环境温度下，避免因温度变化造成预载力变化引起的测量误差。

图 5.37(b)所示为另一种结构的压力传感器，它采用两个相同的膜片对晶片施加预载力，从而可以消除由振动加速度引起的附加输出。

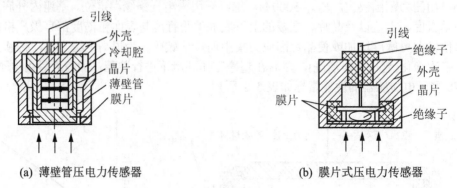

(a) 薄壁管压电力传感器　　　　　　　　(b) 膜片式压电力传感器

图 5.37　压电式压力传感器

知识链接

随着晶体物理学、材料学、微电子学、静电学的发展和现代测控技术的需要，压电效应的研究也开始从宏观向微观，从单纯正(逆)效应向正逆效应综合，从一次效应向二次、三次以至多次再生效应的研究方向发展。

(1) 逆压电效应的研发。随着各类自动化技术的发展，对压电执行器无论数量上还是质量上的需求越来越高，特别是对微小型压电执行器的研究与开发更是迫切需要。譬如，目前在电子扫描隧道显微镜下可以观测到细胞、分子乃至较大的原子，但要想对它进行微操作并非易事，这必须由相应的微执行器来完成。

(2) 双向压电效应的利用，传感器与执行器一体化、微型化的研究。受到仿生学的启示，目前国内外学者在重点研究智能结构、自感知执行器(self-sensing-actuators)、采用结构集成与信息集成等方法实现一体化，从而做到集传感器与执行器于一个压电晶片上，以简化结构，减小体积。结构集成多采用半导体工艺或微细加工与特种加工等手段；信息集成主要采用电桥法、分布电极法、分时复用等方法。

(3) 多次压电效应的深度研发。迄今所用的压电式传感器与执行器几乎均是利用一次压电效应。随着微测试与微测量技术的发展，要求压电传感器与执行器微型化、集成化，因此需要对二次、三次乃至多次压电效应进行开发研究。如利用二次压电效应和改变机电 4 个边界条件的办法，在 $X0^0$ 石英单晶组成的叠堆式执行器上实现微-纳级的微位移测量，进而可以实现微力测量。

在未来的信息产业、自动化产业、纳米技术、MEMS 技术等许多领域中，压电晶体等智能材料与压电(机电耦合)技术被认为是最有发展前途的技术之一。

本 章 小 结

本章学习了压电式传感器的基本结构、工作原理、特性参数以及前置放大器电路的相关知识，学习了压电式传感器的系统构成及应用实例，为今后设计和应用压电式传感器打下了基础。读者需要重点掌握以下几方面：

(1) 什么是压电效应？什么是正压电效应和逆压电效应？
(2) 压电传感器的等效电路是怎样的？
(3) 压电传感器的种类和各自的特点是什么？
(4) 压电传感器的主要特性参数有哪些？选用应变片时应如何参考这些技术指标？
(5) 压电传感器的前置放大器的作用是什么？电压前置放大器和电荷前置放大器各有何特点？
(6) 压电式传感器的实际应用有哪些？特点是什么？

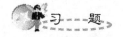

一、选择题

5-1 压电式加速度传感器是( )传感器。
    A．结构型   B．适于测量直流信号的
    C．适于测量缓变信号的   D．适于测量动态信号的
5-2 沿石英晶体的光轴 z 的方向施加作用力时，( )。
    A．晶体不产生压电效应   B．在晶体的电轴 x 方向产生电荷
    C．在晶体的机械轴 y 方向产生电荷   D．在晶体的光轴 z 方向产生电荷
5-3 在电介质极化方向施加电场，电介质产生变形的现象称为( )。
    A．正压电效应   B．逆压电效应
    C．横向压电效应   D．纵向压电效应
5-4 天然石英晶体与压电陶瓷比，石英晶体压电常数( )，压电陶瓷的稳定性( )。
    A．高，差   B．高，好

C. 低，差 D. 低，好

5-5 沿电轴 y 方向施加作用力产生电荷的压电效应称为( )。
A. 横向压电效应 B. 纵向压电效应
C. 正压电效应 D. 逆压电效应

5-6 为提高压电传感器的输出灵敏度，将两片压电片并联在一起，此时总电荷量等于( )倍单片电荷量，总电容量等于( )倍单片电容量。
A. 1，2 B. 2，2
C. 1，1/2 D. 2，1

二、简答题

5-7 什么是压电效应？纵向压电效应与横向压电效应有什么区别？

5-8 压电式传感器为何不能测量静态信号？

5-9 压电式传感器连接前置放大器的作用是什么？电压式与电荷式放大器有何区别？

5-10 影响压电加速度传感器灵敏度的因素有哪些？如何改善？

三、计算题

5-11 某石英压电元件 x 轴向切片 $d_{11}=2.31\times10^{-12}$ C/N，相对介电常数 $\varepsilon_r=4.5$，截面积 $S=8$ cm^2，厚度 $h=0.6$ cm，受到的纵向压力 $F_x=10$ N。试求两极片间输出电压。

5-12 某压电式传感器将两片完全相同的石英晶片的不同极性端粘接在一起，每片的尺寸为 $(3\times2\times0.3)$ cm^3，当 0.5 MPa 的压力沿 x 轴垂直作用时，求传感器输出的电荷量和总电容。

5-13 某压电式加速度计的阻尼比 $\xi=0.5$，固有频率 $f_n=50$ kHz，其输出幅值误差规定在 2% 以内。试确定其最高响应频率。

5-14 某压电式加速度计的灵敏度为 4 pC/g（g 为重力加速度），连接电荷放大器，其灵敏度为 125 mV/pC，系统的满量程输出电压为±5 V。试求可测试的加速度量程。

5-15 对于如图 5.36 所示前置电荷放大器电路，设 $C_a=19000$ pF，R_a 无穷大，$C_F=100$ pF，当 $A=10^4$ 时，规定输出信号的衰减不大于 2%，若考虑 C_c 的影响，对于电缆电容为 50 pF/m 的电缆，其最大允许长度是多少？

第 6 章　磁电式传感器

通过本章学习,掌握各种磁电式传感器的工作原理、基本结构、特性参数、误差及补偿以及转换电路的相关知识,了解磁电式传感器的实际应用,为磁电式传感器的选用和设计打下基础。

掌握磁电感应式传感器的工作原理、分类和基本结构,了解其实际应用;
掌握霍尔效应,熟悉霍尔传感器的结构、特性参数和基本电路;
会分析霍尔传感器误差来源和运用补偿方法,了解其实际应用;
掌握磁栅式传感器的工作原理和结构,熟悉其信号处理方法,了解其用途。

导入案例

磁电式传感器是通过磁电作用将被测量转换成电信号的一种传感器,包括磁电感应式传感器、霍尔式传感器、磁栅式传感器等,可以测量电流、磁场、位移、速度、加速度、压力、转速、流量等。例如磁电感应式传感器被广泛应用于地面振动测量及机载振动监视系统中和旋转设备转速测量,如航空发动机、各种大型电机、空气压缩机、机床、车辆、化工设备、各种水和气管道、桥梁、高层建筑等振动的监测。其实,在我们的日常生活中,磁电式传感器也被广泛应用。例如,在翻盖或滑盖的手机中,用来检测手机盖翻开或是滑动的器件就是霍尔传感器;再如在计算机键盘上,实现光标移动的滚动键也是由霍尔传感器组成的;还有,汽车变速箱、电动门窗等需要电动机的部件中也有霍尔传感器的应用。毫不夸张的说,我们每天的生活都在与磁电式传感器打交道。下面的图示为一些较典型的磁电式传感器。

磁电式速度传感器

霍尔式钳形电流表

霍尔转速传感器

6.1 磁电感应式传感器

磁电感应式传感器又称电动势式传感器,是利用电磁感应原理将被测量(如振动、位移、转速等)转换成电信号的一种传感器。它是利用导体和磁场发生相对运动而在导体两端输出感应电动势的。它是一种机-电能量变换型传感器,不需要供电电源,电路简单,性能稳定,输出阻抗小,又具有一定的频率响应范围(一般为 10~1000 Hz),所以得到普遍应用。

磁电感应式传感器是以电磁感应原理为基础的。由法拉第电磁感应定律可知,N 匝线圈在磁场中运动切割磁力线或线圈所在磁场的磁通变化时,线圈中所产生的感应电动势 $E(V)$ 的大小取决于穿过线圈的磁通 $\Phi(Wb)$ 的变化率,即

$$E = -N \frac{d\Phi}{dt} \tag{6-1}$$

磁通量 Φ 的变化可以通过很多办法来实现,如磁铁与线圈之间作相对运动;磁路中磁阻的变化;恒定磁场中线圈面积的变化等,一般可将磁电感应式传感器分为恒磁通式和变磁通式两类。

6.1.1 恒磁通式磁电感应传感器结构与工作原理

恒磁通式磁电感应传感器结构中,工作气隙中的磁通恒定,感应电动势是由于永久磁铁与线圈之间有相对运动——线圈切割磁力线而产生。这类结构有动圈式和动铁式两种,如图 6.1 所示。

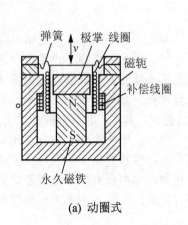
(a) 动圈式

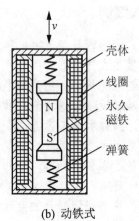
(b) 动铁式

图 6.1 恒磁通式传感器结构

在动圈式中,永久磁铁与传感器壳体固定,线圈和金属骨架(合称线圈组件)用柔软弹簧支承。在动铁式中,线圈组件与壳体固定,永久磁铁用柔软弹簧支承。两者的阻尼都是由金属骨架和磁场发生相对运动而产生的电磁阻尼。这里动圈、动铁都是相对于传感器壳体而言。动圈式和动铁式的工作原理是完全相同的,当壳体随被测振动体一起振动时,由于弹簧较软,运动部件质量相对较大,因此振动频率足够高(远高于传感器的固有频率)时,运动部件的惯性很大,来不及跟随振动体一起振动,接近于静止不动,振动能量几乎全被弹簧吸收,永久磁铁与线圈之间的相对运动速度接近于振动体的振动速度。磁铁与线圈相对运动使线圈切割磁

力线,产生与运动速度 dx/dt 成正比的感应电动势 E,其大小为

$$E = -NBl\frac{dx}{dt} \quad (6\text{-}2)$$

式中:N 为线圈在工作气隙磁场中的匝数;B 为工作气隙磁感应强度;l 为每匝线圈平均长度。

当传感器结构参数确定后,N、B 和 l 均为恒定值,E 与 dx/dt 成正比,根据感应电动势 E 的大小就可以知道被测速度的大小。

由理论推导可得,当振动频率低于传感器的固有频率时,这种传感器的灵敏度(E/v)是随振动频率而变化的;当振动频率远大于固有频率时,传感器的灵敏度基本上不随振动频率而变化,而近似为常数;当振动频率更高时,线圈阻抗增大,传感器灵敏度随振动频率增加而下降。

不同结构的恒磁通磁电感应式传感器的频率响应特性是有差异的,但一般频响范围为几十赫至几百赫。低的可到 10 Hz 左右,高的可达 2 kHz 左右。

6.1.2 变磁通式磁电感应传感器结构与工作原理

变磁通式磁电感应传感器一般做成转速传感器,产生感应电动势的频率作为输出,而电动势的频率取决于磁通变化的频率。变磁通式转速传感器的结构有开磁路和闭磁路两种。

图 6.2(a)所示为一种开磁路变磁通式转速传感器。测量齿轮 4 安装在被测转轴上与其一起旋转。当齿轮旋转时,齿的凹凸引起磁阻的变化,从而使磁通发生变化,因而在线圈 3 中感应出交变的电势,其频率等于齿轮的齿数 Z 和转速 n 的乘积,即

$$f = Zn/60 \quad (6\text{-}3)$$

式中:Z 为齿轮齿数;n 为被测轴转速(v/min);f 为感应电动势频率(Hz)。这样当已知 Z,测得 f 就知道 n 了。

开磁路式转速传感器结构比较简单,但输出信号小,另外当被测轴振动比较大时,传感器输出波形失真较大。在振动强的场合往往采用如图 6.2(b)所示闭磁路式转速传感器。被测转轴带动椭圆形测量轮 5 在磁场气隙中等速转动,使气隙平均长度周期性地变化,因而磁路磁阻和磁通也同样周期性地变化,则在线圈 3 中产生感应电动势,其频率 f 与测量轮 5 的转速 n(r/min)成正比,即 $f = n/30$。在这种结构中,也可以用齿轮代替椭圆形测量轮 5,软铁(极掌)制成内齿轮形式,这时输出信号频率 f 同式(6-3)。

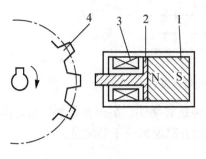

(a) 开磁路式

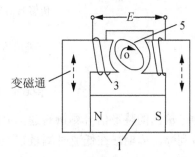

(b) 闭磁路式

图 6.2 变磁通式磁电传感器结构示意

1—永久磁铁;2—软磁铁;3—线圈;4—测量齿轮;5—测量轮

变磁通式传感器对环境条件要求不高，能在-150～+90℃的温度下工作，不影响测量精度，也能在油、水雾、灰尘等条件下工作。但它的工作频率下限较高，约为 50 Hz，上限可达 100 kHz。

🔑 特别提示

由磁电感应式传感器工作原理可知，它只适用于动态测量，可直接测量振动物体的速度或旋转体的角速度。如果后续接积分电路或微分电路，还可以用来测量位移或加速度。

6.1.3 磁电感应式传感器的应用

目前广泛应用于工业生产中的磁电感应式传感器主要有磁电感应式转速传感器、磁电感应式振动速度传感器和磁电感应式扭矩传感器。

1. 转速测量

在车辆上，转速传感器目前广泛采用磁电式转速传感器。它是由旋转的齿圈和固定的磁电感应式传感器两部分构成，如图 6.2(a)所示。线圈输出的交变感应电压经图 6.3 所示整形电路后，生成标准的方波信号。图 6.4 所示为齿圈和传感器感应头之间的相对位置、线圈输出信号和整形后信号的相互关系。

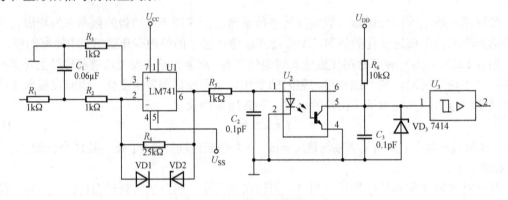

图 6.3 转速传感器信号整形电路

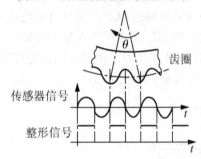

图 6.4 转速传感器输出信号示意

通过输出的整形信号测量转速，有两种方法：一种是周期法，另一种是频率法。两种方法各有利弊，周期法在低速时测量较准确，而频率法适合高速情况下的测量。

2. 振动测量

可以用于振动测量的磁电感应式传感器有磁电感应式速度传感器、加速度传感器和位移传感器。以 CD-1 型磁电感应式速度传感器为例，它是一种绝对振动传感器，其主要性能指标如表 6-1 所列，结构如图 6.5 所示。

表 6-1　CD-1 型磁电感应式速度传感器性能指标

工作频率	10～500 Hz	最大可测加速度	5g	精度	≤10%
固有频率	12 Hz	可测振幅范围	0.1～1000 μm	外形尺寸	φ45 mm×160 mm
灵敏度	604 mV·s·cm^{-1}	工作线圈内阻	1.9 kΩ	质量	0.7 kg

该传感器属于动圈式恒磁通型。永久磁铁通过铝架和圆筒形导磁材料制成的壳体固定在一起，形成磁路系统，壳体还起屏蔽作用。磁路中有两个环形气隙，右气隙中放有工作线圈，左气隙中放有用铜或铝制成的圆环形阻尼器。工作线圈和圆环形阻尼器用心轴连在一起组成质量块，用两圆形弹簧片支撑在壳体上。

使用时，将传感器固定在被测振动体上，永久磁铁、铝架和壳体一起随被测体振动，由于质量块产生一定的惯性力，而弹簧片又非常软，因此当振动频率远大于传感器固有频率时，线圈在磁路系统的环形气隙中相对永久磁铁运动，以振动体的振动速度切割磁力线，产生感应电动势，通过引线接到测量电路。同时良导体阻尼器也在磁路系统气隙中运动，感应产生涡流，形成系统的阻尼力，起衰减固有振动和扩展频率响应范围的作用。

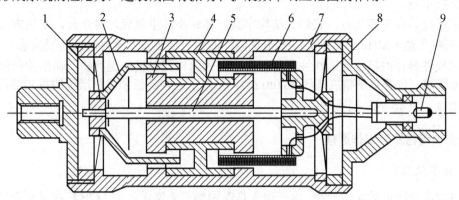

图 6.5　CD-1 型振动速度传感器

1、8—圆形弹簧片；2—圆环形阻尼器；3—永久磁铁；4—铝架；5—心轴；6—工作线圈；7—壳体；9—引线

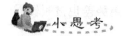

某些磁电式速度传感器中线圈骨架为什么采用铝骨架？

3. 扭矩测量

磁电感应式相位差扭矩传感器是一种比较成熟的传感器，现经改型成为不带辅助电动机的扭矩传感器，不但减轻了重量、缩小了体积、降低了成本，而且耐振性能好。其测量原理如图 6.6 所示。在转轴上固定两个齿轮 1 和 2，它们的材质、尺寸、齿形和齿数均相同。永久磁铁和线圈组成的磁电式检测头 1 和 2 对着齿顶安装。当转轴 5 不受扭矩时，两线圈输出信号相同，相位差为零。当被测轴感受扭矩时，轴的两端

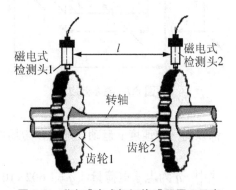

图 6.6　磁电感应式扭矩传感器原理示意

产生扭转角,因此两个传感器输出的两个感应电动势将因扭矩而有附加相位差φ_0。扭转角φ与感应电动势相位差的关系为

$$\varphi_0 = z\varphi \tag{6-4}$$

式中:z为传感器定子、转子的齿数。

磁电感应式传感器除了上述一些应用外,还可构成电磁流量计,用来测量具有一定电导率的液体流量。其优点为反应快、易于自动化和智能化,但结构较为复杂。

6.2 霍尔式传感器

霍尔式传感器是基于霍尔效应而将被测量转换成电动势输出的一种传感器。霍尔元件已发展成一个品种多样的磁传感器产品族,并已得到广泛的应用。霍尔器件是一种磁传感器,用它们可以检测磁场及其变化,可在各种与磁场有关的场合中使用。霍尔器件以霍尔效应为其工作基础。

按照霍尔器件的功能可将它们分为:霍尔线性器件和霍尔开关器件,前者输出模拟量,后者输出数字量。

霍尔器件具有许多优点,它们的结构牢固,体积小,重量轻,寿命长,安装方便,功耗小,频率高(可达1 MHz),耐振动,不怕灰尘、油污、水汽及盐雾等的污染或腐蚀。

霍尔线性器件的精度高、线性度好;霍尔开关器件无触点、无磨损、输出波形清晰、无抖动、无回跳、位置重复精度高(可达μm级)。采用了各种补偿和保护措施的霍尔器件的工作温度范围宽,可达-55~+150℃。

6.2.1 霍尔传感器的工作原理

1. 霍尔效应

霍尔效应是磁电效应的一种,这一现象是美国物理学家霍尔于1879年在研究金属的导电机理时发现的。它是指当电流垂直于外磁场通过导体时,在导体的垂直于磁场和电流方向的两个端面之间会出现电势差的现象,这个电势差也被叫做霍尔电势差如图6.7所示。

假设长、宽、厚分别为l、b和d的N型半导体薄片,磁感应强度B的方向垂直于薄片,如图6.7所示,在两个控制电极C、D上外加电压U,薄片中便形成一个沿x方向流动的控制电流I,由于N型半导体导电载流子为电子,在z轴方向的磁场作用下,这些电子将受到沿y轴负方向的洛伦兹力F_L作用而向左端面即霍尔电极A所在端面运动,若电子都以均一的速度v运动,那么在磁场作用下,电子所受的力为

$$F_L = qvB \tag{6-5}$$

式中:q为电子电荷量,$q = 1.602\times10^{-19}$C。

因此左端面由于电子的积累而带负电,右端面即霍尔电极B所在端面因缺少电子而带正

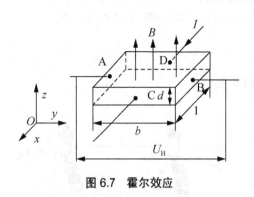

图6.7 霍尔效应

电，左右端面形成电场 E_H，相应的霍尔电极 A、B 之间也会形成霍尔电动势 U_H，该电场使运动中的电子受到反方向的电场力作用，F_H 为

$$F_H = -qE_H = \frac{-qU_H}{b} \tag{6-6}$$

当 $F_L+F_H=0$ 时，电子积累达到动态平衡，此时霍尔电动势 U_H 为

$$U_H = vbB \tag{6-7}$$

由式(6-7)可见，霍尔电压的大小决定于载流体中电子的运动速度，它随载流体材料的不同而不同。材料中电子在电场作用下运动速度的大小常用载流子迁移率来表征。所谓载流子迁移率，是指在单位电场强度作用下，载流子的平均速度值。载流子迁移率用符号 μ 表示，$\mu = v/E_I$。其中 E_I 是 C、D 两端面之间的电场强度，它是由外加电压 U 产生的，即 $E_I=U/l$。因此可以把电子运动速度表示为 $v = \mu U/l$。这时式(6-7)可改写为

$$U_H = \frac{\mu U}{l} bB \tag{6-8}$$

当材料中的电子浓度为 n 时，有如下关系式：$I=nqbdv$，即

$$v = \frac{I}{nqbd} \tag{6-9}$$

将式(6-9)代入(6-7)，得

$$U_H = \frac{1}{nqd} IB = R_H \frac{IB}{d} = k_H IB \tag{6-10}$$

式中：R_H 为霍尔系数，$R_H =1/(nq)$，由材料物理性质所决定；k_H 为灵敏度系数，$k_H = R_H/d$，它与材料的物理特性和几何尺寸有关，表示在单位磁感应强度和单位控制电流时的霍尔电动势的大小。

如果磁场和薄片法线有 α 角，那么，式(6-10)可写为

$$U_H = k_H IB \cos\alpha \tag{6-11}$$

式(6-11)表明，霍尔电动势与输入电流 I、磁感应强度 B 成正比，且当 B 的方向改变时，霍尔电动势的方向也随之改变。如果所施加的磁场为交变磁场，则霍尔电动势为同频率的交变电动势。

具有上述霍尔效应的元件称为霍尔元件。霍尔传感器就是由霍尔元件组成的。金属材料中的自由电子浓度 n 很高，因此 R_H 很小，不宜作霍尔元件。从式(6-8)可以看出，载流子迁移率 μ 越大，霍尔元件输出越大，如果是 P 型半导体，载流子为空穴。而一般电子的迁移率大于空穴迁移率，所以霍尔元件多用 N 型半导体材料。霍尔元件越薄(d 越小)，k_H 就越大，所以通常霍尔元件都较薄。薄膜霍尔元件的厚度只有 1 μm 左右。由于上述关系，实际的霍尔元件都是将霍尔系数及电子移动度大的材料加工制成薄的十字形。

2. 霍尔元件

霍尔元件的实物外形如图 6.8(a)所示，它是由霍尔片、4 根引线和壳体组成。霍尔片是一块矩形半导体单晶薄片(一般为 4 mm×2 mm×0.1 mm)，经研磨抛光，然用蒸发合金法或其他方法制作欧姆接触电极，最后焊上引线并封装。而薄膜霍尔元件则是在一片极薄的基片上用蒸发或外延的方法做成霍尔片，然后再制作欧姆接触电极，焊上引线最后封装。一般控制端引线采用红色引线，而霍尔输出端引线则采用绿色引线。霍尔元件的壳体用非导磁金属、陶

瓷或环氧树脂封装。图 6.8(b)所示为霍尔元件符号,图 6.8(c)是它的基本应用电路。

3. 霍尔元件的主要特性及材料

1) 霍尔元件的主要特性参数

(1) 灵敏度 k_H:表示元件在单位磁感应强度和单位控制电流下所得到的开路霍尔电动势,单位为 V/(A·T)。

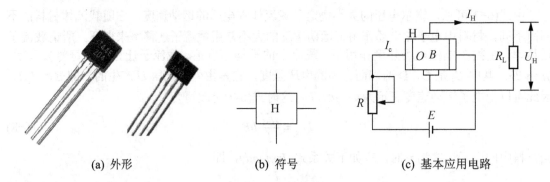

(a) 外形　　　　　　(b) 符号　　　　　　(c) 基本应用电路

图 6.8　霍尔元件

(2) 霍尔输入电阻 R_{in}:霍尔控制电极间的电阻值。

(3) 霍尔输出电阻 R_{out}:霍尔输出电极间的电阻值。

(4) 霍尔元件的电阻温度系数 α:表示在不施加磁场的条件下,环境温度每变化 1℃时电阻的相对变化率,单位为%/℃。

(5) 霍尔寄生直流电势 U_0:在外加磁场为零、霍尔元件用交流激励时,霍尔电极输出除了交流不等位电动势外,还有一直流电势,称为寄生直流电势。

(6) 霍尔最大允许激励电流 I_{max}:以霍尔元件允许最大温升为限制所对应的激励电流称为最大允许激励电流。

2) 霍尔元件的材料

锗(Ge)、硅(Si)、锑化铟(InSb)、砷化铟(InAs)和砷化镓(GaAs)是常见的制作霍尔元件的几种半导体材料。表 6-2 所列为制作霍尔元件的几种半导体材料主要参数。

表 6-2　几种半导体材料在 300K 时主要参数

材料(单晶)	禁带宽度 E_g/(eV)	电阻率 ρ/($\Omega \cdot$ cm)	电子迁移率 μ/(cm²/V·s)	霍尔系数 R_H/(cm³·C^{-1})	$\mu\rho^{1/2}$
N 型锗(Ge)	0.66	1.0	3500	4250	4000
N 型硅(Si)	1.107	1.5	1500	2250	1840
锑化铟(InSb)	0.17	0.005	60000	350	4200
砷化铟(InAs)	0.36	0.0035	25000	100	1530
磷砷铟(InAsP)	0.63	0.08	10500	850	3000
砷化镓(GaAs)	1.47	0.2	8500	1700	3800

根据前面的理论分析,半导体材料的电子迁移率 μ 和 $\mu\rho^{1/2}$ 值大,则制成的霍尔元件的灵敏度高。此外,好的温度特性也是需要考虑的重要因素。

由表 6-2 可见,锑化铟(InSb)的 $\mu\rho^{1/2}$ 值最大,且在温度为 77 K 时,其 μ 高达 400000 cm²/(V·s)。

InSb 与 GaAs 霍尔元件的输出特性如图 6.9 与图 6.10 所示。InSb 材料制成的霍尔元件具有灵敏度高，输出功率大的优点，但是 InSb 材料的禁带宽度小，温度特性差。锗的电子迁移率 μ 值不大，但是它的 $\mu\rho^{1/2}$ 较大，也是一种常用的霍尔元件材料。

锗霍尔元件的霍尔电动势和磁场、控制电流之间具有良好的线性关系，因此它是一种得到普遍应用的霍尔元件。

砷化镓材料禁带宽度大，电子迁移率高，所以 GaAs 霍尔元件灵敏度高，从图 6.10 可以看出该类型霍尔元件线性度好，可保证在 0.1%以下。另外它的温度特性好，在极低温度和高磁场情况下，能保持高的导电特性和灵敏度高等一系列优点，是比较理想的霍尔元件。

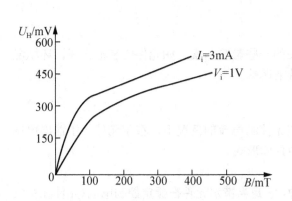
图 6.9 InSb 霍尔元件输出特性

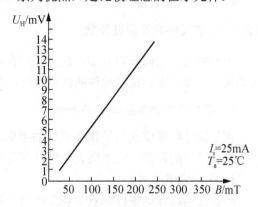
图 6.10 GaAs 霍尔元件输出特性

硅材料的电子迁移率低，输出功率较小，虽然禁带宽度相当宽，温度特性好，灵敏度也好，但从总体来说，硅不是制造单个霍尔元件的理想材料，由于硅是极好的集成电路材料，利用集成技术可以将霍尔元件和放大电路以及温度补偿电路等做成集成霍尔传感器，这时硅材料的局限性就在很大程度上被克服了。

从应用的角度讲，测量弱磁场时应选择灵敏度系数高而噪声系数低的元件。若系统要求低功耗，如在使用电池供电时，采用锗霍尔元件较好；若用在对运算精度要求高的乘法器上时，也应该采用对磁场线性度好的锗霍尔元件。应用时除了选择合适的材料，还要根据场合选择合适的封装。

例如压力计中的霍尔元件宜用封装得比较坚固的 HZ-3 元件；测量磁场的探头，宜用细长的 HZ-2 元件；乘法器的磁路气隙狭小，应当选用较薄的霍尔元件等。

表 6-3 所列为国产的有代表性的霍尔元件的参数表，供选用时参考。

表 6-3 霍尔元件参数表

参数	HZ-1 型	HZ-2 型	HZ-3 型	HZ-4 型	HT-1 型	HT-2 型	HS-1 型
几何尺寸($l×W×d$)/mm³	8×4×0.2	4×2×0.2	8×4×0.2	8×4×0.2	6×3×0.2	8×4×0.2	8×4×0.2
输入阻抗 R_i/Ω	110(1±20%)	110(1±20%)	130(1±10%)	45(1±20%)	0.8(1±20%)	0.8(1±20%)	1.2(1±20%)
输出阻抗 R_0/Ω	100(1±20%)	100(1±20%)	210(1±10%)	40(1±20%)	0.5(1±20%)	0.5(1±20%)	1(1±20%)
灵敏度 k_H/(mV·mA⁻¹·T⁻¹)	>12	>12	>12	>4	1.8(1±20%)	1.8(1±20%)	1(1±20%)
不等位电阻 r_0/Ω	<0.07	<0.05	<0.07	<0.02	<0.005	<0.005	<0.003
额定控制电流 I_c/mA	20	25	15	50	250	300	200

续表

参数	HZ-1 型	HZ-2 型	HZ-3 型	HZ-4 型	HT-1 型	HT-2 型	HS-1 型
霍尔电压温度系数 $\alpha/(\text{°C}^{-1}\cdot\%)$	0.05	0.06	0.02	0.03	−1.5	−1.5	—
内阻温度系数 $\beta/(\text{°C}^{-1}\cdot\%)$	0.5	0.4	0.5	0.3	−0.5	−0.5	—
工作温度范围 $T/\text{°C}$	0~60	0~60	0~60	0~75	0~40	0~40	−40~+60

注：(1) HZ-1 型~HZ-4 型的材料为 N 型锗，HT-1 型、HT-2 型材料为 N 型锑化铟，HS-1 型材料为砷化铟；
(2) 额定控制电流指霍尔元件在空气中温升为 10℃时的控制电流。

6.2.2 霍尔元件的误差及补偿

由于制造工艺问题以及实际使用时所存在的一些影响因素，如元件安装不合理、环境温度变化等，都会影响霍尔元件的转换精度，带来误差。

1. 霍尔元件的零位误差与补偿

霍尔元件的零位误差是指在无外加磁场或无控制电流的情况下，霍尔元件产生输出电压并由此而产生的误差。它主要表现为以下几种具体形式。

1) 不等位电动势

不等位电动势是零位误差中最主要的一种，它是当霍尔元件在额定控制电流(元件在空气中温升 10℃所对应的电流)作用下，不加外磁场时，霍尔输出端之间的空载电动势。不等位电动势产生的原因是由于制造工艺不可能保证将两个霍尔电极对称地焊在霍尔片的两侧，致使两电极点不能完全位于同一等位面上，如图 6.11(a)所示。此外霍尔片电阻率不均匀，或片厚薄不均匀，或控制电流极接触不良都将使等位面歪斜，如图 6.11(b)所示，致使两霍尔电极不在同一等位面上而产生不等位电动势。

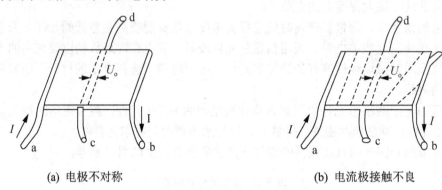

(a) 电极不对称　　　　　　　　　　(b) 电流极接触不良

图 6.11 不等位电动势产生示意

2) 寄生直流电势

在无磁场的情况下，元件通入交流电流，输出端除交流不等位电压以外的直流分量称为寄生直流电势。产生寄生直流电势的原因有两个方面：(1)由于控制电极焊接处接触不良而造成一种整流效应，使控制电流因正、反向电流大小不等而具有一定的直流分量。(2)输出电极焊点热容量不相等产生温差电动势。对于锗霍尔元件，当交流控制电流为 20 mA 时，输出电极的寄生直流电压小于 100 μV。

3) 感应零电动势

感应零电动势是在未通电流的情况下,由于脉动或交变磁场的作用,在输出端产生的电动势。根据电磁感应定律,感应电动势的大小与霍尔元件输出电极引线构成的感应面积成正比,如图6.12所示。

4) 自激场零电动势

霍尔元件控制电流产生自激场,如图6.13所示。由于元件的左右两半场相等,故产生的电动势方向相反而抵消。实际应用时由于控制电流引线也产生磁场,使元件左右两半场强不等,因而有霍尔电动势输出,这一输出电动势即是自激场零电动势。

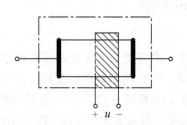
图6.12 感应零电动势示意

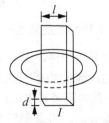
图6.13 自激场零电动势示意

在上述的4种零位误差中,寄生直流电动势、感应零电动势以及自激场零电动势,是由于制作工艺上的原因而造成的误差,可以通过工艺水平的提高加以解决。例如制作和封装霍尔元件时,改善电极欧姆接触性能和元件的散热条件,是减少寄生直流电压的有效措施。感应电动势和自激场零电压都可以用改变霍尔元件输出和输入引线的布置方法加以改善,而不等位电动势所造成的零位误差,则必须通过补偿电路给予克服。

对于霍尔元件来说,不等位电动势与不等位电阻是一致的,因此,可以将霍尔元件等效为一个电桥,并通过调整其电阻的方法来进行补偿。图6.14(a)所示为霍尔元件的结构,其中A、B为控制电极,C、D为霍尔电极,在极间分布的电阻用R_1、R_2、R_3、R_4表示,等效电路如图6.14(b)所示。

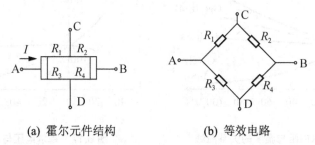

(a) 霍尔元件结构　　　　(b) 等效电路

图6.14 霍尔元件结构与等效电路

在理想情况下$R_1=R_2=R_3=R_4$,即可取得零位电动势为零(或零位电阻为零),从而消除不等位电动势。实际上,若存在零位电动势,则说明此4个电阻不完全相等,即电桥不平衡。为使其达到平衡,可在阻值较大的桥臂上并联可调电阻R_P或在两个臂上同时并联电阻R_P和R。理论上可采用3种调整方案,第一种方案为单桥臂挂可调电阻,如图6.15(a)所示;第二和第三种方案为双桥臂挂可调电阻如图6.15(b)、(c)所示。

以图(b)、(c)所示电路作为霍尔元件的补偿电路,不但电路简单,而且测量精度高、容易操作，可作为霍尔元件零位补偿电路的首选。

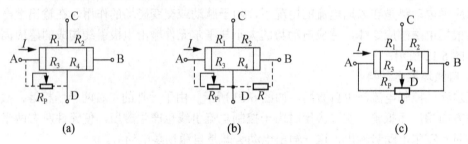

图 6.15　霍尔元件零位误差补偿电路

2. 霍尔元件的温度误差及补偿

与一般半导体一样，由于电阻率、迁移率以及载流子浓度随温度变化，所以霍尔元件的性能参数如输入/输出电阻、霍尔常数等也随温度而变化，致使霍尔电动势变化，产生温度误差。不同材料的内阻及霍尔电压与温度的关系曲线如图 6.16 和图 6.17 所示。内阻和霍尔电压都用相对比率表示。将温度每变化 1℃时，霍尔元件输入电阻或输出电阻的相对变化率 R_i/R_o 称为内阻温度系数，用 β 表示。从图 6.16 可以看出：砷化铟的内阻温度系数最小，其次是锗和硅，锑化铟最大。除了锑化铟的内阻温度系数为负之外，其余均为正温度系数。

将温度每变化 1℃时，霍尔电压的相对变化率 U_{Ht}/U_{H0} 称为霍尔电压温度系数，用 α 表示（图 6.17）。α 有正负之分，α 为负表示元件的 U_H 随温度的升高而下降；α 愈小愈好。锑化铟(InSb)的霍尔电压温度系数为 -2%/℃～-0.3%/℃，砷化铟(InAs)的霍尔电压温度系数为 0.1%/℃，硅(Si)、锗(Ge)的霍尔电压温度系为 10^{-4}/℃数量级，砷化镓(GaAs)元件为 10^{-5}/℃数量级。

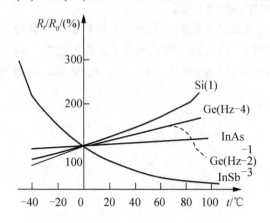

图 6.16　霍尔内阻与温度的关系曲线

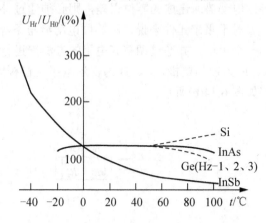

图 6.17　霍尔电压与温度的关系曲线

为了减小温度误差，除了根据实际情况选用温度系数较小的材料如砷化铟外，还可以采用适当的补偿电路。下面简单介绍几种温度误差的补偿方法。

1) 采用恒压源和输入回路串联电阻

利用输入回路串联电阻 R 进行补偿，图 6.18 所示为输入补偿的基本电路。根据温度特性、霍尔效应、欧姆定律可得如下关系式：

$$R_{Ht} = R_{H0}(1+\alpha t) \tag{6-12}$$

$$R_{it} = R_{i0}(1+\beta t) \tag{6-13}$$

$$U_H = R_{Ht} \frac{IB}{d} \tag{6-14}$$

$$I = \frac{E}{R + R_{it}} \tag{6-15}$$

式中：R_{Ht} 为温度 t 时霍尔系数；R_{H0} 为 0℃时的霍尔系数；R_{it} 为温度为 t 时的输入电阻；R_{i0} 为 0℃时的输入电阻；α 为霍尔电压的温度系数；β 为输入电阻的温度系数；R 为补偿电阻，E 为恒压源电压。

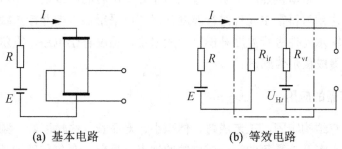

图 6.18 采用恒压源输入回路串联电阻补偿原理示意

综合式(6-12)~式(6-15)可以得出霍尔电压随温度变化的关系式为

$$U_H = \frac{R_{Ht}}{R + R_{it}} \cdot \frac{EB}{d} \tag{6-16}$$

对上式求温度的导数，可得增量表达式为

$$\Delta U_H = U_{H0}(\alpha - \frac{R_{i0}\beta}{R + R_{i0}})\Delta t \tag{6-17}$$

要使温度变化时霍尔电压不变，必须使

$$R = \frac{R_{i0}(\beta - \alpha)}{\alpha} \tag{6-18}$$

式(6-18)中的第一项表示因温度升高霍尔系数引起霍尔电压的增量，第二项表示输入电阻因温度升高引起霍尔电压减小的量。很明显，只有当第一项为正时，才能用串联电阻的方法减小第二项，实现自补偿。霍尔元件的 R_{i0}、α 和 β 值均可以在产品说明书上查到，可以根据式(6-18)计算输入回路串联电阻 R，使误差减到极小而不致影响到霍尔元件的其他性能。实际上 R 也随温度变化而变化，但其温度系数远比 β 小，故可以忽略不计。

若采用恒流源给霍尔元件供电，并采用接入电阻的方式进行补偿，补偿电阻该怎么接？电阻阻值取多少？

2) 合理选择负载电阻 R_L 的阻值

霍尔元件的输出电阻 R_o 和霍尔电动势 U_H 都是温度的函数(设为正温度系数)，当霍尔元件接有负载 R_L 时，在 R_L 上的电压为

$$U_L = \frac{R_L U_{H0}[1 + \alpha(t - t_0)]}{R_L + R_{o0}[1 + \beta(t - t_0)]} \tag{6-19}$$

式中：R_{o0} 为温度 t_0 时的霍尔元件输出电阻，其他符号含义同上。为了负载上的电压不随温度

变化，应使 $dU_L/d(t-t_0)=0$，即

$$R_L = R_{o0}(\frac{\beta}{\alpha}-1) \qquad (6-20)$$

可采用串、并连电阻的方法使上式成立来补偿温度误差，但霍尔元件的灵敏度将会降低。

3) 采用温度补偿元件(如热敏电阻、电阻丝)

这是一种常用的温度误差补偿方法。由于热敏电阻具有负温度系数，电阻丝具有正温度系数，可采用输入回路串接热敏电阻，输入回路并接电阻丝，或输出端串接热敏电阻对具有负温度系数的锑化铟材料霍尔元件进行温度补偿。可采用输入端并接热敏电阻方式对输出具有正温度系数的霍尔元件进行温度补偿。一般来说，温度补偿电路、霍尔元件和放大电路应集成在一起制成集成霍尔传感器。

6.2.3 霍尔传感器的应用

霍尔元件具有结构牢固、工艺成熟、体积小、寿命长、线性度好、频率高、耐振动、不怕灰尘、油污、水汽及盐雾等的污染或腐蚀的优点，目前，霍尔传感器是全球使用量排名第三的传感器产品，它被广泛应用到工业、汽车业、计算机、手机以及新兴消费电子领域中。

1. 霍尔元件基本电路连接方法

霍尔元件有无铁心型、铁心型、测试用探针霍尔集成电路等几种类型，有 3 脚、4 脚、5 脚元件等几种结构形式。图 6.19 是 3～5 脚(端子)的霍尔元件的基本电路连接方法。图 6.20～图 6.22 是霍尔元件的供电电路。

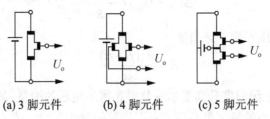

(a) 3 脚元件　　(b) 4 脚元件　　(c) 5 脚元件

图 6.19　霍尔元件基本电路连接方法

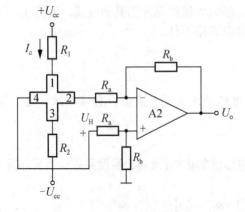

图 6.20　定电压驱动电路之一

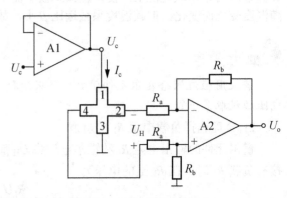

图 6.21　定电压驱动电路之二

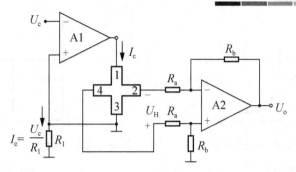

图 6.22　定电流驱动电器

霍尔元件有下列 3 种用法：

(1) 事先使一定电流流过霍尔元件，用以检出磁场强度或变换成磁场的其他物理量的方法。

(2) 利用元件的电流、磁场及作为其变量的该两种量的乘法作用的方法。

(3) 利用非相反性(在一定磁场中，使与输入端子通以电流时所得的输出同方向的电流流过输出端子时，在输入端子会产生与最初的电压反方向的霍尔电压的现象)的方法。

2. 霍尔集成电路

在一个晶片中形成有霍尔元件及放大并控制其输出电压的电路，而具有磁场-电气变换机能的固态组件称为霍尔集成电路。

该电路如图 6.23 所示，具有与树脂封闭型晶体管、集成电路等相同的构造，即多半呈现在大小 5 mm 见方、厚 3 mm 以下的长方形板状组件上附设四根导线的构造。导线系由金属薄片所形成，各个金属薄片上均附有半导体结晶片(通常为硅芯片)，而在结晶体中利用集成电路技术形成有霍尔元件及信号处理电路。为防止整个组件性能的劣化，通常利用树脂加以封闭，另外为了使磁场的施加容易起见，其厚度也尽量减薄。

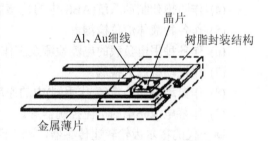

图 6.23　霍尔集成电路的构造

磁场强度可利用形成在结晶片的一部份的霍尔组件变换成电气信号(参照前述霍尔组件的作用原理)。结晶通常使用半导体硅，霍尔组件的磁场灵敏度为 10～20 mV/Oe(1Oe=79.5775 A/m)。此信号经形成在同一结晶中的信号处理电路放大后，作为适合所定目的的信号电压被取出。通常四根导线中的两根连接于一方接地的电源，而从剩下的两根的一根取出正极性的信号电压，并从另一根取出负极性的信号电压。霍尔元件的输入电阻通常需符合信号处理电路的电源，以便可利用定电压使霍尔元件。此时元件的输出电压不管在 N 型或 P 材料型均无大差异。又因输出电压与电子或空穴的移动度成正比，故温度特性也应该尽量保持一定，这是与单体霍尔元件不同的地方。

依输出信号的性质不同，霍尔集成电路可分为线性型和开关性型两类。如图 6.24 所示，线性型(linear type)霍尔集成电路可以获得与磁场强度成正比的输出电压。磁场灵敏度虽然可利用电路的放大加以调节，但在高灵敏度时，比例范围会变窄(虽电源 5 V 使灵敏度达到 10 mV/Oe，但比例范围在 500 Oe 以下)。

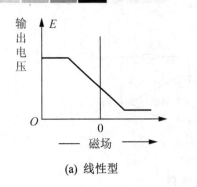 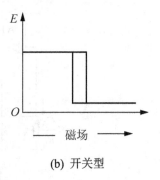

(a) 线性型　　　　　　　　　　　　　(b) 开关型

图 6.24　霍尔集成电路的输出特性

3. 霍尔传感器在汽车中的应用

在一辆电子控制系统比较完整的豪华轿车中，可以有 20～30 个霍尔传感器用于下列工作状态的测量和控制：

(1) 在汽车发动机点火中作电子断续分电点火用。以发动机点火为例，在电子点火分电盘上装上几个与汽缸数量相同的磁钢，并在磁钢位置相应处装上霍尔开关传感器，当磁钢转到霍尔开关传感器正面时，霍尔开关传感器就输出一个脉冲，该脉冲经放大升压后送至点火线圈，于是在点火线圈的次级线圈便产生供发动机各汽缸火花塞点火用的高电压。

(2) 作汽车发动机转速和曲轴角度传感器。

(3) 作各种自动门和车窗的开关系统；作速度表和里程表。

(4) 作防抱死制动系统(ABS)中的传感器。

(5) 作各种液体液位检测器。

(6) 作各种用电负载的电流检测及工作状态诊断。

(7) 作发动机熄火检测。

(8) 作自动制动系统(替代手刹)中的速度传感器。

(9) 作蓄电池充电的电流控制器等。

新一代的霍尔齿轮转速传感器，除广泛用于新一代的汽车智能发动机中作为点火定时用的转速传感器外，还用于 ABS 中作为车轮转速传感器等。

ABS 的工作原理如图 6.25 所示。在汽车制动过程中，控制器不断接收来自车轮转速传感器与车轮转速相对应的脉冲信号并进行处理，得到车辆的滑移率和减速信号，按其控制逻辑及时准确地向制动压力调节器发出指令，调节器及时准确地做出响应，使制动气室执行充气、保持或放气指令，调节制动器的制动压力，以防止车轮抱死，达到抗侧滑、甩尾的目的，提高制动安全及制动过程中的可驾驭性。在这个系统中，霍尔传感器作为车轮转速传感器，是制动过程中的实时速度采集器，是 ABS 中的关键部件之一。

图 6.26 所示为霍尔车轮转速传感器的工作原理示意。霍尔齿轮传感器由传感头和齿圈组成。传感头由永久磁铁、霍尔元件和电子电路等组

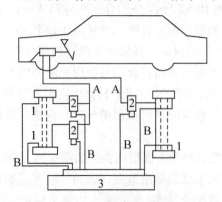

图 6.25　ABS 的工作原理示意

1—车轮转速传感器；2—压力调节器；3—控制器

成。特殊设计的 IC 带分离的电容和偏置磁钢，被密封在探头形式的外壳内。霍尔齿轮传感器由传感头和齿圈组成。传感头由永久磁铁，霍尔元件和电子电路等组成。永磁体的磁力线穿过霍尔元件通向齿轮。当齿轮齿底位于传感器时，穿过霍尔元件的磁力线分散，磁场相对较弱；而当齿轮齿峰位于传感器时，穿过霍尔元件的磁力线集中，磁场相对较强。齿轮转动时，使得穿过霍尔元件的磁力线密度发生变化，因而引起霍尔电压的变化，霍尔元件将输出一个毫伏级的准正弦波电压。此信号由电路转换成标准的脉冲电压，如图 6.27 所示。

霍尔轮速传感器具有以下优点：
(1) 输出信号电压幅值不受转速的影响。
(2) 频率响应高。其响应频率高达 20 kHz，相当于车速为 1000 km/h 时所检测的信号频率。
(3) 抗电磁波干扰能力强。

因此，霍尔传感器不仅广泛应用于 ABS 轮速检测，也广泛应用于其他控制系统的转速检测中。

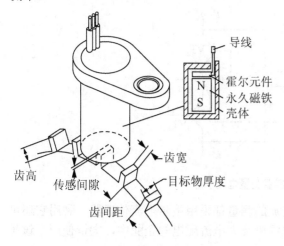

图 6.26　霍尔车轮转速传感器工作原理示意

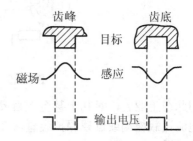

图 6.27　霍尔转速传感器输出信号

4. 磁场检测

霍尔传感器检测磁场的方法极为简单，将霍尔元件制成各种形式的探头，放在被测磁场中，根据霍尔效应 $U_H=k_H IB\cos\alpha$ 可以看出，霍尔元件只对垂直于霍尔片的表面的磁感应强度敏感，所以必须令磁力线和霍尔元件表面垂直，再通过控制电流 I 不变，则输出电压 U_H 正比于被测磁场的磁感应强度。若不垂直，则应求出其垂直分量来计算被测磁场的磁感应强度值。另外，因霍尔元件的尺寸极小，可以进行多点检测，由计算机进行数据处理，可以得到磁场的分布状态，并可对狭缝、小孔中的磁场进行检测。

用霍尔元件做探头的高斯计，一般能测量 $10^{-6}\sim 10\mathrm{T}$ 量级的磁场。在对地磁场等弱磁场进行检测时，需要采用降低元件噪声来提高信噪比的方法，一种有效的方法就是采用高磁导率的磁性材料集中磁通来增强磁场的集束器。利用霍尔元件检测磁场的能力，可以构成磁罗盘，在宇航和航海中得到应用。

5. 电流测量

根据安培定律，在载流导体周围将产生正比于该电流的磁场，用霍尔元件检测这一磁场，就可以获得正比于该磁场的霍尔电动势。通过检测霍尔电动势的大小来间接测量电流的大小是霍尔钳形电流表的基本测量原理。因此霍尔电流传感器检测电流时是非接触测量,具有测量精度高、不需要切断电路电流、测量频率范围广、功耗低等优点。

一种典型的零磁通式(也称为磁平衡式或反馈补偿式)霍尔电流传感器如图 6.28 所示。图中 H 为霍尔元件,I_o 为被测电流,N_1 为初级绕组的匝数,一般取 $N_1=1$,N_2 为补偿绕组的匝数,I_s 为补偿绕组中的电流。

霍尔器件放置在聚磁环气隙中,将被测电流产生的磁场转换成霍尔电动势输出,经电压放大后,再经电流放大,并让这个电流通过补偿线圈。补偿线圈产生的磁场和被测电流产生的磁场方向相反,若满足条件 $I_oN_1=I_sN_2$,则聚磁环中的磁通为 0,这时 $I_o=I_s(N_2/N_1)$,即可由 I_s 及匝数比 N_2/N_1 得到 I_o。这个平衡过程是自动建立的,是一个动态平衡。建立平衡所需的时间极短。平衡时,霍尔器件处于零磁通状态。聚磁环中的磁感应强度极低(理想状态应为 0),不会产生磁饱和,也不会产生大的磁滞损耗和涡流损耗。恰当地选择聚磁环材料和线路元件,可做出性能优良的零磁通电流传感器。

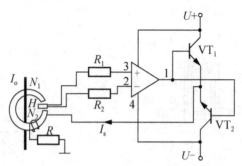

图 6.28 霍尔传感器测量电流示意

因此在工业上,对几十甚至上百安的大电流的测量都采用霍尔电流传感器,利用它还可制成电流过载检测或过载保护装置。在使用电焊机及大电流配电的企业中,大量使用了该种电流传感器。

6. 旋转参数测量

工程应用中,常用开关型霍尔集成元件来检测各种旋转设备的参数。开关型霍尔集成元件,如图 6.29 所示,是将霍尔元件、稳压电路、放大器、施密特触发器、OC 门(集电极开路输出门)等电路做在同一个芯片上。当外加磁场强度 B 超过规定的工作点时,OC 门由高阻态变为导通状态,输出变为低电平;当外加磁场强度 B 低于释放点时,OC 门重新变为高阻态,输出高电平。这类器件中较典型的有 UGN3020、3022 型芯片等。回程差的存在使开关电路的抗干扰能力增强。

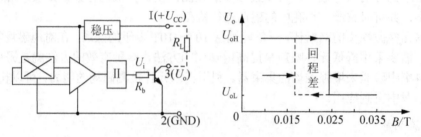

图 6.29 霍尔开关电路与其输出特性

按图 6.30 所示的各种方法设置磁体,将它们和霍尔开关电路组合起来可以构成各种旋转传感器。霍尔电路通电后,磁体每经过霍尔电路一次,便输出一个电压脉冲。由此,可对转动物体实施转数、转速、角度、角速度等物理量的检测。在转轴上固定一个叶轮和磁体,用流体(气体、液体)去推动叶轮转动,便可构成流速、流量传感器。在车轮转轴上装上磁体,在靠近磁体的位置上装上霍尔开关电路,可制成车速表、里程表等。

7. 霍尔机械振动传感器

图 6.31 所示为一种霍尔机械振动传感器。霍尔元件固定在非磁性材料的平板上,平板紧固在顶杆上,顶杆通过触点与被测对象接触,随之做机械振动。霍尔元件置于磁系统中。当触头靠在被测物体上时,经顶杆、平板使霍尔元件在磁场中按被测物的振动频率振动,霍尔元件输出的霍尔电压的频率和幅度反映了被测物的振动规律。

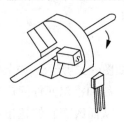
(a) 径向磁极

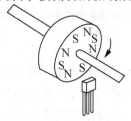
(b) 轴向磁极

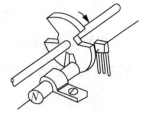
(c) 遮断式

图 6.30 旋转传感器磁设置

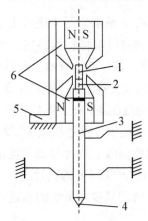

图 6.31 霍尔机械振动传感器结构原理示意

1—霍尔元件;2—平板;3—顶杆;4—触点;5—外壳;6—磁系统

8. 霍尔加速度传感器

图 6.32 所示为霍尔加速度传感器的结构原理和静态特性曲线。在盒体的 O 点上固定均质弹簧片 S,片 S 的中部 U 处装一惯性块 M(质量为 M 的惯性块),片 S 的末端 b 处固定测量位移的霍尔元件 H,H 的上下方装上一对永磁体,它们同极性相对安装。盒体固定在被测对象上,当它们与被测对象一起作垂直向上的加速运动时,惯性块在惯性力的作用下使霍尔元件 H 产生一个相对盒体的位移,产生霍尔电压 U_H 的变化。可从 U_H 与加速度的关系曲线上求得加速度。

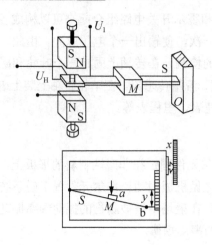
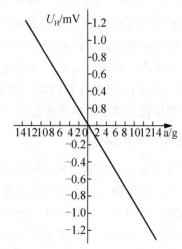

图 6.32 霍尔加速度传感器的结构原理和特性曲线

9. 霍尔压力传感器

霍尔压力传感器由弹性元件、磁系统和霍尔元件等部分组成，如图 6.33 所示。加上压力为 P 液体或气体后，波纹管伸长，使磁系统和霍尔元件间产生相对位移，改变作用到霍尔元件上的磁场，从而改变它的输出电压 U_H。由事先校准的 $P \sim f(U_H)$ 曲线即可得到被测压力 P 的值。

10. 霍尔应力检测装置

图 6.34 所示为用来进行土壤或砂子与钢界面上的法向和切向应力检测的霍尔传感器装置。箭头所指是施加的外力方向。在图 6.34(a)中，霍尔应力仪器上用钢做成上下两个钢块，它们之间有两条较细的梁支撑，在下钢块上置一销柱，销柱上贴两对永磁体，形成均匀梯度磁场，在上钢块上贴两个霍尔传感器。当霍尔传感器受剪切力作用后，支撑梁发生形变，使霍尔传感器和磁场间发生位移，使传感器输出发生变化。由霍尔传感器的输出可从事先校准的曲线上查得与该装置相接的砂或土受到的剪切应力。

图 6.34(b)中的磁体固定在受力后产生形变的膜片上，霍尔传感器固定在一杆上。检测原理同上。应用检测压应力的原理，可构成检测重量的装置，称做霍尔称重传感器。

图 6.33 波纹管式霍尔压力传感器的构成示意

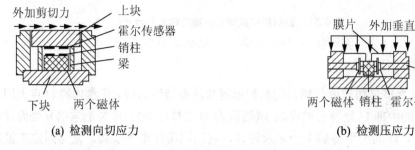

(a) 检测向切应力　　(b) 检测压应力

图 6.34 霍尔应力检测装置

6.3 磁栅式传感器

6.3.1 磁栅式传感器的工作原理和结构

磁栅式传感器主要由磁栅和磁头组成。磁栅上录有等间距的磁信号，它是利用磁带录音的原理将等节距的周期变化的电信号(正弦波或矩形波)用录磁的方法记录在磁性尺子或圆盘上而制成的。装有磁栅传感器的仪器或装置工作时，磁头相对于磁栅有一定的相对位置，在这个过程中，磁头把磁栅上的磁信号读出来，这样就把被测位置或位移转换成电信号。

1. 磁栅

1) 磁栅的结构

磁栅结构如图 6.35 所示，磁栅基体是用不导磁材料做成的，上面镀一层均匀的磁性薄膜，经过录磁，其磁信号排列情况如图中所示，要求录磁信号幅度均匀，幅度变化应小于 10%，节距均匀。目前长磁栅常用的磁信号节距一般为 0.05 mm 和 0.02 mm 两种，圆磁栅的角节距一般为几分至几十分。

磁栅基体要有良好的加工性能和电镀性能，其线膨胀系数应与被测件接近，基体也常用钢制作，然后用镀铜的方法解决隔磁问题，铜层厚度为 0.15~0.20 mm。长磁栅基体工作面平直度公差应不大于 0.005~0.01 mm/m，圆磁栅工作面圆度公差应不大于 0.005~0.01 mm。粗糙度 R_a 在 0.16 μm 以下。

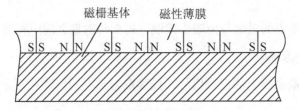

图 6.35 磁栅结构示意

磁性薄膜的剩余磁感应强度 B_r 要大、矫顽力 H_c 要高、性能稳定、电镀均匀。目前常用的磁性薄膜材料为镍钴磷合金，其 B_r=0.7~0.8 T，H_c=6.37×10^4 A·m^{-1}。薄膜厚度在 0.10~0.20 mm 之间。

2) 磁栅的类型

磁栅分为长磁栅和圆磁栅两大类，如图 6.36 所示，前者用于测量直线位移，后者用于测量角位移。

长磁栅又可分为尺型、带型和同轴型三种。一般常用尺型磁栅是在一根不导磁材料(例如铜或玻璃)制成的尺基上镀一层 Ni-Co-P 或 Ni-Co 磁性薄膜，然后录制而成。磁头一般用片簧机构固定在磁头架上，工作中磁头架沿磁尺的基准面运动，磁头不与磁尺接触。尺型磁栅主要用于精度要求较高的场合。

当量程较大或安装面不好安排时，可采用带型磁栅，如图 6.36(a)所示。带状磁尺是在一条宽约 20 mm、厚约 0.2 mm 的铜带上镀一层磁性薄膜，然后录制而成的。带状磁尺的录磁与工作均在张紧状态下进行。磁头在接触状态下读取信号，能在振动环境下正常工作。为了防止磁尺磨损，可在磁尺表面涂上一层几微米厚的保护层，调节张紧预变形量可在一定程度上补偿带状尺的累积误差与温度误差。

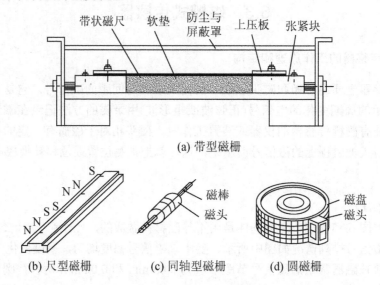

(a) 带型磁栅

(b) 尺型磁栅   (c) 同轴型磁栅   (d) 圆磁栅

图 6.36 磁栅的类型

同轴型磁栅是在 $\phi 2mm$ 的青铜棒上电镀一层磁性薄膜，然后录制而成。磁头套在磁棒上工作，两者之间具有微小的间隙。由于磁棒的工作区被磁头围住，对周围的磁场起了很好的屏蔽作用，增强了它的抗干扰能力。这种磁栅传感器结构特别小巧，可用于结构紧凑的场合或小型测量装置中。

圆磁栅磁盘圆柱面上的磁信号由磁头读取，磁头与磁盘之间应有微小间隙以避免磨损。

2. 磁头及其工作原理

磁头的作用是读取磁栅上的记录信号，按读取方式不同，磁头可分为动态磁头和静态磁头两种。

1) 动态磁头

动态磁头又称速度响应磁头。它由铁镍合金材料制成的铁心和一组线圈组成，如图 6.37 所示。

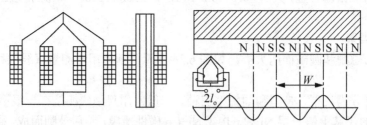

图 6.37 动态磁头结构与读出信号

当磁头与磁栅间有相对运动时，因为各位置处的磁通不同，所以在磁头的线圈中感应的电动势也就不同。设磁栅记录的磁信号 Φ 为

$$\Phi = \Phi_m \sin \frac{2\pi x}{W} \tag{6-21}$$

式中：W 为磁信号节距；x 为磁头位移。则磁头与磁栅间有相对运动时，在磁头线圈中的感

应电动势由电磁感应定律为

$$e = N \cdot \frac{d\Phi}{dt} = N\Phi_m \omega \cos\frac{2\pi x}{W} \tag{6-22}$$

令 $k = N\Phi_m\omega =$ 常量，则

$$e = k\cos\frac{2\pi x}{W} \tag{6-23}$$

由式(6-23)可知，磁头与磁栅间有不同相对位移量 x 值，就有不同的电势 e 产生，线圈中的感应电动势 e 就反映了位移量的变化。

2) 静态磁头

静态磁头是一种调制式磁头，又称磁通响应式磁头，它由铁心和两组线圈组成，如图 6.38 所示。它与动态磁头的根本不同就是在磁头与磁栅之间没有相对运动的情况下也有信号输出。

静态磁头磁栅漏磁通 Φ_0 的一部分 Φ_2 通过磁头铁心，另一部分 Φ_3 通过气隙，则有：

$$\Phi_2 = \Phi_0 R_\sigma /(R_\sigma + R_T) \tag{6-24}$$

式中：R_σ 为气隙磁阻；R_T 为铁心磁阻。一般情况下，可以认为 R_σ 不变，R_T 则与励磁线圈所产生的励磁磁通 Φ_1 有关。在励磁电压 u 变化的一个周期内，铁心被励磁电流所产生的磁通 Φ_1 饱和两次，R_T 变化两个周期。由于铁心饱和时其 R_T 很大，Φ_2 不能通过，因此在 u 的一个周期内，Φ_2 也变化两个周期，可近似认为

$$\Phi_2 = \Phi_0(\alpha_0 + \alpha_2 \sin 2\omega t) \tag{6-25}$$

式中：α_0、α_2 分别为与磁头结构参数有关的常数；ω 为励磁电源的角频率。在磁栅不动的情况下，Φ_0 为一常量，输出绕组中产生的感应电动势 e_0 为

$$e_0 = N_2(d\Phi_2/dt) = 2N_2\Phi_0\alpha_2\omega\cos 2\omega t = k\Phi_0\cos 2\omega t \tag{6-26}$$

式中：N_2 为输出绕组匝数；$k = 2N_2\alpha_2\omega$。

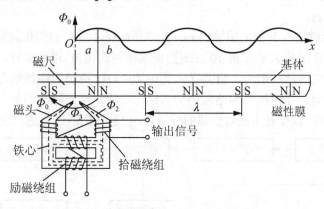

图 6.38 静态磁头结构及读出信号原理

漏磁通 Φ_0 是磁栅位置的周期函数。当磁栅与磁头相对移动一个节距 W 时，Φ_0 就变化一个周期。因此 Φ_0 可近似为

$$\Phi_0 = \Phi_m \sin(2\pi x/W) \tag{6-27}$$

于是可得

$$e_0 = k\Phi_m \sin(2\pi x/W)\cos 2\omega t \tag{6-28}$$

式中：x 为磁栅与磁头之间的相对位移；Φ_m 为漏磁通的峰值。

由此可见，静态磁头的磁栅是利用它的漏磁通变化来产生感应电动势的。静态磁头输出

信号的频率为励磁电源频率的两倍,其幅值则与磁栅与磁头之间的相对位移成正弦(或余弦)关系。

6.3.2 磁栅式传感器的信号处理方法

动态磁头只有一个磁头和一组线圈,利用磁栅与磁头间以一定速度的相对移动读出磁栅上的信号,将此信号进行处理后使用。检测电路也较为简单。

静态磁头在实际应用中总是成对使用,即用两个间距为$(n+\frac{1}{4})W$的磁头,其中n为正整数,W为磁信号节距,也就是两个磁头布置成在空间相差90°。其信号处理方式分为鉴幅和鉴相型两种,其中鉴相型信号处理方式应用广泛,下面进行分析。

将一组磁头的励磁信号移相45°(或把其输出信号移相90°),则两磁头输出电压分别为

$$e_1 = U_m \sin(2\pi x/W) \cos 2\omega t \tag{6-29}$$
$$e_2 = U_m \cos(2\pi x/W) \sin 2\omega t \tag{6-30}$$

再将此两电压相加得总输出电压为

$$e_0 = e_1 + e_2 = U_m \sin(2\pi x/W + 2\omega t) \tag{6-31}$$

由式(6-31)可见,输出信号是一个幅值不变、相位随磁头与磁栅相对位置而变化的信号,可由图6.39所示鉴相型检测电路测量出来。

鉴相型检测电路原理如下:

(1) 由400 kHz励磁电压,经80倍分频得到5 kHz励磁电压,再经滤波、放大送入磁头1励磁线圈后产生励磁输出电压e_1。

(2) 经滤波后的5 kHz信号,再经45°移相器移相并送入功率放大器后,供给磁头2的励磁线圈输出电压e_2。

(3) e_1和e_2同时送入求和电路输出e_0,此电压幅值不变,而相位是随位移x变化的等幅波,将此电压送入选频放大器保留10 kHz(励磁电压两次谐波)频率信号,再经整形微分电路后得到与位移x有关的脉冲信号,将其送入到由400 kHz控制的鉴相细分电路。鉴相电路的作用是判别位移方向,并根据判别结果控制可逆计数器作输入脉冲的加、减运算;细分电路的作用是使信号倍频,以提高系统对位移的分辨力。位移变化通过可逆计数器计数值显示出来。

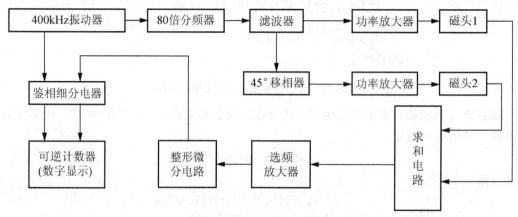

图6.39 鉴相型检测电路框图

静态磁头式磁栅传感器能否消除磁场偶次谐波的影响?

6.3.3 磁栅式传感器的应用

磁栅式传感器目前有以下两个方面的应用:

(1) 可以作为高精度测量长度和角度的测量仪器用。由于可以采用激光定位录磁，而不需要采用感光、腐蚀等工艺，因而可以得到较高的精度，目前可以做到系统精度为±0.001 mm/m，分辨力可达 1~5 μm。

(2) 可以用于自动化控制系统中的检测元件(线位移)。例如在三坐标测量机、程控数控机床及高精度中型机床控制系统中的测量装置上，均得到了应用。

知识链接

自 1879 年美国物理学家霍尔在研究金属的导电机理时发现了金属的霍尔效应，霍尔效应的应用经历了三个阶段:

第一阶段是从霍尔效应的发现到 20 世纪 40 年代前期。由于金属材料中的电子浓度很大，霍尔效应十分微弱，所以没有引起人们的重视，研究处于停顿状态。

第二阶段是从 20 世纪 40 年代中后期半导体技术出现之后，随着半导体材料、制造工艺和技术的应用，出现了各种半导体霍尔元件，特别是锗的采用推动了霍尔元件的发展，相继出现了采用分立霍尔元件制造的各种磁场传感器。

第三阶段是自 20 世纪 60 年代开始，随着集成电路技术的发展，出现了将霍尔半导体元件和相关的信号调节电路集成在一起的霍尔传感器。进入 20 世纪 80 年代，随着大规模、超大规模集成电路和微机械加工技术的进展，霍尔元件从平面向三维方向发展，出现了三端口或四端口固态霍尔传感器，实现了产品的系列化、加工的批量化、体积的微型化。

对霍尔效应的研究也一直在持续。在霍尔效应发现约 100 年后，德国物理学家克利青等在研究极低温度和强磁场中的半导体时发现了量子霍耳效应，这是当代凝聚态物理学令人惊异的进展之一，克利青为此获得了 1985 年的诺贝尔物理学奖。之后，美籍华裔物理学家崔琦和美国物理学家劳克林、施特默在更强磁场下研究量子霍尔效应时发现了分数量子霍尔效应，这个发现使人们对量子现象的认识更进一步，他们为此获得了 1998 年的诺贝尔物理学奖。最近，复旦校友、斯坦福教授张首晟与母校合作开展了"量子自旋霍尔效应"的研究。"量子自旋霍尔效应"最先由张首晟教授预言，之后被实验证实。这一成果是美国《科学》杂志评出的 2007 年十大科学进展之一。如果这一效应在室温下工作，它可能导致新的低功率的"自旋电子学"计算设备的产生。

霍尔元件本身也朝着微型化(工作面仅 300 μm×300 μm)、高灵敏度、高集成度等方向发展。

本 章 小 结

本章我们学习了磁感应式传感器、霍尔传感器和磁栅式传感器的工作原理、基本结构、特性参数、误差及补偿以及它们应用电路的相关知识，学习了以上三种传感器的系统构成及应用，为今后设计和使用磁电式传感器打下了基础。读者应掌握以下关键点：

(1) 法拉第电磁感应定律内容是什么？基于电磁感应定律的传感器有哪几类？
(2) 磁电感应式传感器有哪几种结构？它们的工作原理是什么？
(3) 磁电感应式传感器实际应用的时候主要用来测量哪些物理量？
(4) 什么是霍尔效应？霍尔元件主要特性参数有哪些？选用时应如何参考这些技术指标？
(5) 霍尔元件的基本电路、误差影响因素及其补偿方法，霍尔传感器的应用。
(6) 磁栅式传感器有哪两种基本结构，各自工作原理是什么？
(7) 磁栅式传感器可采用哪些信号处理方法？各有什么特点？

一、简答题

6-1 试述磁电感应式传感器的工作原理及基本结构。
6-2 简述恒磁通式和变磁通式磁电传感器的工作原理。
6-3 为什么说磁电感应式传感器是一种有源传感器？
6-4 磁电式传感器与电感式传感器有哪些不同？磁电式传感器主要用于测量哪些物理量？
6-5 为什么霍尔元件用半导体薄片制成？
6-6 简述霍尔效应以及霍尔式传感器可能的应用场合。
6-7 霍尔元件的不等位电动势的概念是什么？温度补偿的方法有哪几种？
6-8 动态磁头式和静态磁头式磁栅传感器有哪些不同点？
6-9 请说明鉴相型磁栅信号处理方式的基本原理。

二、计算题

6-10 已知恒磁通磁电式速度传感器的固有频率为 10 Hz，质量块重 2.08 N，气隙磁感应强度为 1 T，单匝线圈长度为 4 mm，线圈总匝数为 1500 匝，试求弹簧刚度 k 值和电压灵敏度 K_u(mV/(m/s))。

6-11 某霍尔元件 $l \times b \times d$ =10 mm×3.5 mm×1 mm，沿 l 方向通以电流 I=1.0 mA，在垂直于 lb 面方向上加有均匀磁场 B=0.3 T，传感器的灵敏度系数 K_H=22 V/(A·T)，试求其输出霍尔电动势及载流子浓度。

6-12 有一霍尔元件，其灵敏度 K_H=1.2 mV/(mA·kGs)，把它放在一个梯度为 5 kGs/mm 的磁场中，如果额定控制电流是 20 mA，设霍尔元件在平衡点附近作±0.1 mm 的摆动，问输出电压范围是多少？

6-13 有一测量转速装置，调制盘上有 100 对永久磁极，N、S 极交替放置，调制盘由转轴带动旋转，在磁极上方固定一个霍尔元件，每通过一对磁极霍尔元件产生一个方脉冲送到计数器。假定 t=5 min 采样时间内，计数器收到 N=15(万)个脉冲，求转速 n(r/min)。

第7章 热电式传感器

通过本章学习,掌握热电式传感器的工作原理、基本结构、特性参数、误差及补偿以及转换电路的相关知识,了解热电式传感器的实际应用。

掌握热电偶的工作原理、温度补偿方法和测量定律;
掌握常用热电阻的材料、测温范围以及测量电路;
掌握热敏电阻的电阻温度特性、测温范围以及测量电路;
了解新型温度传感器的工作原理、基本结构和应用特点;
能根据测温范围和使用条件正确选用温度传感器。

导入案例

温度是一个基本的物理量,在工业生产及实验研究中,如机械、食品、化工、电力、石油、冶金、航空航天以及汽车等领域,温度常常是表征对象和过程状态的重要参数。温度传感器是最早开发、应用最广的一类传感器。根据美国仪器学会的调查,1990年,温度传感器的市场份额大大超过了其他的传感器。从17世纪初伽利略发明温度计开始,人们开始利用温度进行测量。真正把温度变成电信号的传感器是1821年由德国物理学家赛贝克发明的,这就是后来的热电偶传感器。五十年以后,另一位德国人西门子发明了铂电阻温度计。在半导体技术的支持下,20世纪相继开发了半导体热电偶传感器、PN结温度传感器和集成温度传感器。下面的图示就是在日常生活和生产中经常用到的各种温度传感器。

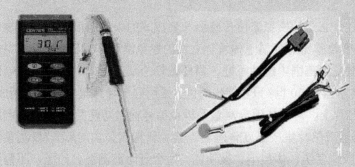

表面/液体热电偶　　　　　冰箱温度传感器

AD590集成温度传感器

7.1 概　论

从理论上讲，凡随温度变化，其物理性质也发生变化的物质皆能作为测温传感器。在工农业生产和科学研究中温度测量的范围极宽，从零下几百度到零上几千度，而各种材料做成的温度传感器只能在一定的温度范围内使用。常用的温度传感器分类如表7-1所列。

温度传感器可以分为接触式和非接触式两大类。所谓接触式就是传感器直接与被测物体接触，这是测温的基本形式。这种形式是通过接触方式把被测物体的热能量传送给温敏传感器，这就降低了被测物体的温度。特别是被测物较小，热能量较弱时，不能正确地测得物体的真实温度。因此，采用接触方式时，测得物体真实温度的前提条件是，被测物体的热容量必须远大于温度传感器。非接触方式是测量被测物体的辐射热的一种方式，它可以测量远距离物体的温度，这是接触方式做不到的。

热电式温度传感器是利用敏感元件的电参数随温度变化的特性，对温度和与温度有关的参量进行测量的装置。在表7-1中，热电偶、电阻式、P-N结式都是热电式温度传感器。

表7-1　温度传感器分类

分　类	器　件	分　类	器　件
电阻式	铂电阻	热电式	热电偶
	铜电阻	热膨胀式	水银
	半导体陶瓷热敏电阻		双金属
P-N结式	温敏二极管		液体压力
	温敏晶体管		气体压力
	温敏闸流晶体管	其他	全辐射高温计
	集成温度传感器		超声波
辐射式	光学高温计		红外线
	比色高温计		光纤温度计
	光电高温计		热敏电容

按照输出信号的模式，又可将温度传感器划分为三大类：模拟式温度传感器、逻辑输出温度传感器、数字式温度传感器。

1) 模拟温度传感器

模拟温度传感器分为两类：分立式的模拟温度传感器和集成式的模拟温度传感器。热电偶、热敏电阻和铂电阻(RTD)温度传感器等都属于传统分立式的模拟温度传感器。这些模拟温度传感器对温度的监控，在一些温度范围内线性不好，需要进行冷端补偿或引线补偿，热惯性大，响应时间慢。集成温度传感器在20世纪80年代问世，采用硅半导体集成工艺而制成。它是将温度传感器集成在一个芯片上、可完成温度测量及模拟信号输出功能的专用IC，因此亦称为IC温度传感器、硅传感器或单片集成温度传感器。其主要特点是功能单一(仅测量温度)、测温误差小、价格低、响应速度快、体积小、微功耗，适合远距离测温、控温，不需要进行非线性校准，外围电路简单。常见的模拟温度传感器有电流输出型的AD590、电压输出型的MAX6610/6011、LM3911、LM335、LM45等芯片。

2) 逻辑输出型温度传感器

逻辑输出式温度传感器是只根据温度限值提供开、关信号的温度传感器。在不需要严格测量温度值，只关心温度是否超出了一个设定范围的应用场合，一旦温度超出所规定的范围，则发出报警信号，启动或关闭风扇、空调、加热器或其他控制设备，此时可选用逻辑输出式温度传感器，典型产品有 LM56、MAX6509 芯片。某些增强型集成温度控制器(例如 TC652/653)中还包含了 A/D 转换器以及固化好的程序，这与智能温度传感器有某些相似之处。但它自成系统，工作时并不受微处理器的控制，这是二者的主要区别。

3) 数字式温度传感器(智能温度传感器)

数字温度传感器是在 20 世纪 90 年代中期问世的。它是微电子技术、计算机技术和自动测试技术(ATE)的结晶。目前，国际上已开发出多种数字智能温度传感器系列产品。数字温度传感器内部都包含温度传感器、A/D 转换器、信号处理器、存储器(或寄存器)和接口电路。有的产品还带多路选择器、中央控制器(CPU)、随机存取存储器(RAM)和只读存储器(ROM)。数字温度传感器的特点是能输出与温度值对应的数字编码及相关的温度控制量，可直接与各种微控制器(MCU)连接；并且它是在硬件的基础上通过软件来实现测试功能的，其智能化程度也取决于软件的开发水平。

7.2 热 电 偶

热电偶是目前工业上应用较为广泛的热电式传感器。热电偶是一种发电型的温敏元件，它将温度信号转换成电动势信号，配以测量电动势信号的仪表或变送器，便可以实现温度的测量或温度信号的变换。热电偶应用广泛的原因是因为它有如下特点：

(1) 热电偶的测温精度可达 0.1～0.2℃，仅次于热电阻。由于热电偶具有良好的复现性和稳定性，所以国际实用温标中规定热电偶作为复现 630.74～1064.43℃范围的标准仪表。

(2) 结构简单，制造极为方便。

(3) 用途非常广泛。除了用来测量各种流体的温度外，还常用来测量固定表面的温度。热电偶的测温范围为-270～+2800℃，热电偶可直接反映平均温度或温差。

(4) 动态特性好。由于热电偶的测量端可以制成很小的接点，响应速度快，其时间常数可达毫秒级甚至微秒级。

7.2.1 热电偶的工作原理

1. 热电效应

将两根性质不同的金属丝或合金丝 A 与 B 的两个端头焊接在一起，就构成了热电偶，如图 7.1 所示。A、B 叫做热偶丝，也叫热电极。在闭合回路旁放置一个小磁针，当热电偶两端的温度 $T=T_0$ 时，磁针不动；当 $T \neq T_0$ 时，磁针就发生偏转，其偏转方向和热电偶两端温度的高低及两极的性质有关。上述现象说明，当热电偶两端温度 $T \neq T_0$ 时，回路中产生了电流，这种电流称为热电流，其电动势称为热电动势，这种物理现象称为热电效应。

放置在被测介质中的热电偶的一端，称为工作端，或称测量端。热电偶一般用于测量高温，所以工作端一般置于高温介质中，因而工作端也称热端；另外一端则称为参考端，也称自由端。热电偶测温时，参考端用来接测量仪表，如图 7.2 所示，其温度 T_0 通常是环境温度，或某个恒定的温度(如 50℃，0℃等)，它一般低于工作端温度，所以常称为冷端。

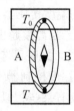
图 7.1 热偶的热电现象

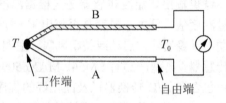
图 7.2 热电偶原理示意

当自由端的温度 T_0 保持一定时，热电动势的方向及大小仅与热电极的材料和工作端的温度有关，即热电动势是工作端温度 T 的函数。这即是热电偶测温的物理基础。热电动势由接触电动势和温差电动势两部分组成。

1) 接触电动势

导体中都存在自由电子，材料不同，自由电子浓度不同。设导体 A、B 的自由电子浓度分别为 n_A 和 n_B，并且 $n_A > n_B$，如图 7.3 所示。

当两导体接触后，自由电子便从浓度高的一方向浓度低的一方扩散，结果界面附近导体 A 失去电子带正电，导体 B 得到电子带负电而形成电位差，当电子扩散达到动态平衡时，界面的接触电动势为

$$E_{AB}(T) = \frac{kT}{e} \ln \frac{n_A}{n_B} \tag{7-1}$$

式中：k 为玻耳兹曼常数，$k = 1.38 \times 10^{-23}$ J/K；T 为接触点处的绝对温度(K)；e 为电子电荷，$e = 1.6 \times 10^{-19}$ C。

由式(7-1)可以看出，当 A、B 材料相同(即 $n_A = n_B$)时，$E_{AB} = 0$。

2) 温差电动势

在一根金属导体上，如果存在温度梯度，也会产生电动势。因为温度不同自由电子的运动速度不同。温度梯度的存在必然形成自由电子运动速度的梯度，电子从速度大的区域向速度小的区域扩散，造成电子分布不均，形成电势差，称为温差电动势。

当 A、B 两种导体两端温度分别为 T、T_0 时，其温差电动势分别为

$$\begin{cases} E_A(T) = \int_{T_0}^{T} \sigma_A dT \\ E_B(T) = \int_{T_0}^{T} \sigma_B dT \end{cases} \tag{7-2}$$

式中：T、T_0 分别为高、低温端的绝对温度；σ 为温差系数，它表示温差为一度时所产生的电动势值，与材料性质及导体两端的平均温度有关。

通常规定，当电流方向与导体温度降低的方向一致时，σ 取正值；当电流方向与导体温度升高的方向一致时，σ 取负值。在图 7.4 所示的回路中，如果接点温度 $T > T_0$，回路的温差电动势等于导体温差电动势的代数和，即

$$E_A(T, T_0) - E_B(T, T_0) = \int_{T_0}^{T} \sigma_A dT - \int_{T_0}^{T} \sigma_B dT = \int_{T_0}^{T} (\sigma_A - \sigma_B) dT \tag{7-3}$$

从热电现象的讨论中知道，在图 7.4 所示的热电偶回路中，两电极接触处有接触电动势 $E_{AB}(T)$ 和 $E_{AB}(T_0)$，A 导体和 B 导体的两端之间有温差电动势 $E_A(T, T_0)$ 和 $E_B(T, T_0)$，如果

$T > T_0$，各电动势方向如图 7.4 所示。

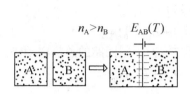

图 7.3 接触电子示意

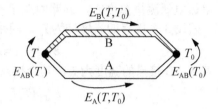

图 7.4 热电偶的热电势

由于回路中的接触电动势 $E_{AB}(T)$ 和 $E_{AB}(T_0)$ 的方向相反，故回路的接触电动势为

$$E_{AB}(T) - E_{AB}(T_0) = \frac{kT}{e}\ln\frac{n_A}{n_B} - \frac{kT_0}{e}\ln\frac{n_A}{n_B} = \frac{k}{e}(T - T_0)\ln\frac{n_A}{n_B} \tag{7-4}$$

综上所述，当接点温度 $T > T_0$ 时，由热电极 A、B 组成的热端偶(图 7.4)的总电动势等于回路中各电动势的代数和，用符号 $E_{AB}(T, T_0)$ 来表示，即

$$\begin{aligned}E_{AB}(T, T_0) &= \int_{T_0}^{T}\sigma_A dT - \int_{T_0}^{T}\sigma_B dT + \frac{kT}{e}\ln\frac{n_A}{n_B} - \frac{kT_0}{e}\ln\frac{n_A}{n_B} \\ &= [\int_{0}^{T}(\sigma_A - \sigma_B)dT + \frac{kT}{e}\ln\frac{n_A}{n_B}] - [\int_{0}^{T_0}(\sigma_A - \sigma_B)dT + \frac{kT_0}{e}\ln\frac{n_A}{n_B}] \\ &= E(T) - E(T_0)\end{aligned} \tag{7-5}$$

式中：$E(T)$ 为热端的分热电动势；$E(T_0)$ 为冷端的分热电动势。

根据式(7-5)可以得出如下结论：

(1) 如果热电偶两个电极的材料相同，则 $\sigma_A = \sigma_B$，$n_A = n_B$，由此，无论两端温差多大，热电偶回路中也不会产生热电动势。

(2) 如果热电偶两电极材料不同，而热电偶两端的温度相同，即 $T = T_0$，热电偶的闭合回路中也不产生热电动势。

(3) 如果热电偶两电极材料不同(材料分别为 A、B)，且如果 T_0 保持不变即 $E(T_0)$ 为常数，则回路热电动势只是热电偶热端温度 T 的函数。即

$$E_{AB}(T, T_0) = E(T) - C \tag{7-6}$$

这表明，热电偶回路的总热电动势 $E_{AB}(T, T_0)$ 与热端温度 T 有单值对应关系，这是热电偶测温的基本公式。

2. 热电偶的工作定律

热电偶的工作定律是通过对热电偶的电阻、电流和电动势的关系的反复试验，在理论上深入研究论证而得出的使用规律。

1) 均匀导体定律

由单一的均匀金属构成的热电偶闭合回路(即满足 $\sigma_A = \sigma_B$，$n_A = n_B$)，无论冷、热端的温差多大，也不会产生热电动势。

此定律可用于对热电偶电极丝材质的均匀性的检验。即将热电偶电极丝首尾相接，如图 7.5 所示，在任意位置加温，观测检流计的指针是否摆动。指针摆动，说明回路中有热电动势，该电极丝材质不均匀。

2) 中间导体定律

用热电偶测量温度时，回路中总要接入仪表和连接导线，即插入第三种材料 C 如图 7.6 所示。假设 3 个接点的温度均为 T_0，回路的总热电动势为

$$E_{ABC}(T_0) = E_{AB}(T_0) + E_{BC}(T_0) + E_{CA}(T_0) = 0 \tag{7-7}$$

若 A、B 接点的温度为 T，其余接点温度为 T_0，且 $T > T_0$，则回路的总热电动势为

$$E_{ABC}(T, T_0) = E_{AB}(T) + E_{BC}(T_0) + E_{CA}(T_0) \tag{7-8}$$

由式(7-7)得

$$E_{AB}(T_0) = -[E_{BC}(T_0) + E_{CA}(T_0)] \tag{7-9}$$

将式(7-9)代入式(7-8)可得

$$E_{ABC}(T, T_0) = E_{AB}(T) - E_{AB}(T_0) = E_{AB}(T, T_0) \tag{7-10}$$

由此证明，在热电偶回路中插入测量仪表或插入第三种材料，只要插入材料的两端的温度相同，则插入后对回路热电动势没有影响。利用中间导体定律可以用第三种廉价导体将测量时的仪表和观测点延长至远离热端的位置，而不影响热电偶的热电动势值。

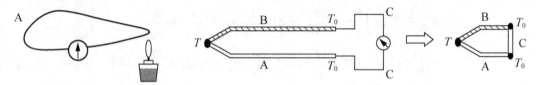

图 7.5　均匀导体定律　　　　　图 7.6　中间导体定律

3) 中间温度定律

任何两种均匀材料构成的热电偶，接点温度为 T、T_0 时的热电动势等于此热电偶在接点温度为 T、T_n 和 T_n、T_0 的热电动势的代数和，如图 7.7 所示，即

$$E_{AB}(T, T_0) = E_{AB}(T, T_n) + E_{AB}(T_n, T_0) \tag{7-11}$$

式中：T_n 称为中间温度。

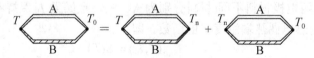

图 7.7　中间温度定律

中间温度定律是制定热电偶的分度表的理论基础。热电偶的分度表都是以冷端为 0℃时做出的。而在工程测试中，冷端往往不是摄氏零度，这时就需要利用中间温度定律修正测量的结果。

7.2.2　热电偶的常用类型和结构

热电偶通常分为标准化热电偶和非标准化热电偶两类。

1. 标准化热电偶

标准化热电偶是指制造工艺比较成熟，应用广泛，能成批生产，性能优良而稳定，并已列入工业标准化元件中的那些热电偶。标准化热电偶具有统一的分度表，同一型号的标准化热电偶具有互换性。1975 年国际电工委员会(IEC)向世界各国推荐 7 种标准化热电偶，如

表 7-2 所列。此外，我国还有自行定型批量生产的热电偶。

表 7-2 热电偶的温度范围及误差限

热电偶型号	允差等级	1	2	3
	允差值(±)	1℃或[1+(t-1100)×0.003]℃	1.5℃或0.25%t	4℃或0.5%
	符合误差限的测温范围			
R 型(铂铑$_{13}$-铂)		0~1600℃	0~1600℃	
S 型(铂铑$_{10}$-铂)		0~1600℃	0~1600℃	
B 型(铂铑$_{30}$-铂铑$_6$)			600~1700℃	600~1700℃
	允差值(±)	1.5℃或0.4%t	2.5℃或0.75%t	2.5℃或1.5%t
	符合误差限的测温范围			
K 型(镍铬-镍硅)		-40~1000℃	-40~1200℃	-200~40℃
E 型(镍铬-康铜)		-40~800℃	-40~900℃	-200~40℃
J 型(铁-康铜)		-40~750℃	-40~750℃	
	允差值(±)	0.5℃或0.4%t	1℃或0.75%t	1℃或1.5%t
	符合误差限的测温范围			
T 型(铜-康铜)		-40~350℃	-40~750℃	-200~40℃

注：表中 t 为被测温度的绝对值。

1) 铂铑$_{10}$-铂热电偶(S 型热电偶)

这是贵金属热电偶，可用于测量高温，长时间使用可达 1300℃，短时间使用可达 1600℃。它的物理、化学稳定性好，能在氧化性气氛中长期使用，但不能在还原性气氛及含有金属及非金属蒸气气氛中使用，除非外面加保护套管。这种热电偶的缺点是价格昂贵，热电动势小，热电势率平均 9μV/℃，故需配灵敏度高的显示仪表。

2) 铂铑$_{13}$-铂热电偶(R 型热电偶)

该热电偶与 S 型热电偶的特点相同，由于在正极铂铑合金中增加了铑的含量，它比 S 型热电偶的性能更加稳定，热电动势也较大。

3) 铂铑$_{30}$-铂铑$_6$热电偶(B 型热电偶)

这也是贵金属热电偶，使用温度比第一种更高，长期使用最高温度可达 1600℃，短期使用可达 1800℃。该热电偶与铂铑$_{10}$-铂热电偶相比，提高了抗氧化能力和机械强度，热电特性更加稳定，但产生的热电动势更小。

4) 镍铬-镍硅(镍铝)热电偶(K 型热电偶)

这是一种应用非常广泛的廉价金属热电偶。长期使用的最高温度可达 900℃，短期使用的最高温度可达 1200℃。该热电偶由于在热电极中含有大量镍，故在高温下抗氧化能力及抗腐蚀能力都很强。该热电偶的热电动势率比 S 型热电偶大 4~5 倍，而且热电动势与温度的关系近似直线。

镍铬-镍铝热电偶与镍铬-镍硅热电偶的热电特性几乎完全一样，但镍铝合金在高温下易氧化，稳定性差，而镍硅合金在抗氧化和热电特性的稳定性方面都比镍铝合金要强，因此，我国已基本使用镍铬-镍硅热电偶取代了镍铬-镍铝热电偶。

5) 铜-康铜热电偶(T 型热电偶)

该热电极材料均匀性好，热电动势大，灵敏度高，线形好，在-200~+300℃范围内，廉价金属热电偶中它的准确度最高。由于铜热电极极易被氧化，故一般在氧化性气氛中使用时不宜超过300℃。在低于-200℃以下使用时线形差，灵敏度迅速下降，所以一般都用在-200℃以上。

6) 镍铬-康铜热电偶(E型热电偶)

E型热电偶的最大特点是在常用热电偶中其热电动势率最大，即灵敏度最高。在相同的温度下，其热电动势比K型热电偶几乎高一倍。该热电偶适宜在-250～+870℃范围内的氧化或惰性气氛中使用。为了和国际标准一致，镍铬-康铜热电偶现已取代我国原标准化镍铬-考铜热电偶。

7) 铁-康铜热电偶(J型热电偶)

可用于氧化性和还原性气氛中，在高温下铁热电极极易被氧化，在具有氧化气氛中使用温度上限为750℃，但在还原性气氛中使用温度可达950℃。在低温下，铁电极极易变脆，性能不如T型热电偶。

2. 非标准化热电偶

非标准化热电偶是指没有统一分度表的热电偶，虽然在使用范围和数量上均不及标准化热电偶，但在许多特殊工况下，如高温、低温、超低温、高真空和有核辐射以及某些在线测试等，这些热电偶具有某些特别良好的性能。

1) 钨铼系热电偶

钨铼热电偶是目前最耐高温的金属热电偶，最高可以使用到3000℃，是还原、真空、高温环境的主用热电偶，具有热电动势率高、灵敏度高、温度-电动势线性好、热稳定性好、原材料丰富、价格便宜等特点。特别是高温耐氧化套管的开发应用，使得这种测温最高的廉金属热电偶几乎可以覆盖所有的应用领域，在大多数场合都能取代贵金属热电偶而且价格相对很低，具有很好的市场前景。

现已标准化的钨铼热电偶有W5/26、W3/25和W5/20三种分度号，均已成熟地应用于工业生产的各个领域，其中W5/26的用量相对较大。

值得注意的是钨铼裸丝只能在真空、氢气、惰性气氛中使用，在300℃以上的氧化性气氛中会迅速被氧化，须采取保护措施才能使用。分度到1600℃的可使用到1800℃，分度到2000℃的可使用到2300℃。钨铼裸丝有$\phi 0.5$、$\phi 0.4$、$\phi 0.25$、$\phi 0.1$四种，精度有$1.0\%t$、$0.5\%t$。

2) 铱铑系热电偶

该类热电偶适用于真空、惰性气体及微氧化性气氛中，特别是在氧化气氛中可测2000℃的高温。该类热电偶质地较脆。

3) 镍铬-金铁热电偶

该热电偶是一种理想的低温热电偶，在温度为4K时也能保持大于$10\mu V/℃$的热电动势。

4) 自然热电偶

该类热电偶系指"刀具-工件"热电偶，主要用于切削温度的在线测量。图7.8所示为对车削温度在线测量时，刀具材料A与工件材料B形成了"自然热电偶"。其热电势-温度曲线基本呈线形关系。在800℃工况时，其热电动势可达十余毫伏。

5) 非金属热电偶

该类热电偶已有热解石墨热电偶等多种。其测温精度可达$\pm(1～1.5)\%$，在氧化性气氛中可使用到1700℃左右。

3. 热电偶的结构

1) 普通热电偶

普通热电偶由热电偶丝、绝缘套管、保护套管以及接线盒等部分组成，如图 7.9 所示。实验室用时，也可不装保护套管，以减小热惯性。普通热电偶在测量时将测量端插入被测对象的内部，主要用于测量容器或管道内的气体、液体等介质的温度。

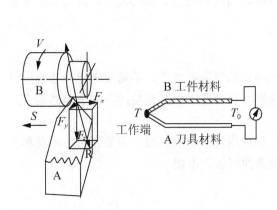

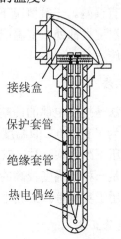

图 7.8 刀具—工件形成自然热电偶　　　　图 7.9 普通热电偶结构示意

2) 铠装式热电偶

把热电极材料与高温绝缘材料预置在金属保护管中，运用同比例压缩延伸工艺将这三者合为一体，制成各种直径、规格的铠装偶体，再截取适当长度，将工作端焊接密封，配置接线盒即成为柔软、细长的铠装热电偶。所以又称套管式热电偶。

铠装热电偶的特点为：内部的热电偶丝与外界空气隔绝，有着良好的抗高温氧化、抗低温水蒸气冷凝、抗机械外力冲击的特性。铠装热电偶可以制作得很细，能解决微小、狭窄场合的测温问题，且具有抗震、可弯曲、超长等优点。图 7.10 所示为铠装式热电偶工作端结构的几种形式。

3) 片状薄膜热电偶

用真空蒸镀等方法将两种热电极材料蒸镀到绝缘板上而形成片状薄膜热电偶，如图 7.11 所示。由于热接点极薄(0.01～0.1μm)，因此特别适用于对壁面温度的快速测量。安装时，用粘接剂将它粘接在被测物体壁面上。目前我国试制的有铁-镍、铁-康铜和铜-康铜 3 种，尺寸为(60×6×0.2)mm；绝缘基板用云母、陶瓷片、玻璃及酚醛塑料纸等；测温范围在 300℃ 以下，反应时间仅为几毫秒。

(a) 碰底型　　(b) 不碰底型　　(c) 露头型　　(d) 帽型

图 7.10 铠装热电偶结构示意　　　　图 7.11 薄膜热电偶结构示意

7.2.3 热电偶的冷端温度补偿

热电偶输出的热电动势是两结点温度差的函数。为了使输出的热电动势是被测温度的单一函数,通常要求冷端 T_0 保持恒定。而热电偶分度表是以冷端等于 0℃ 为条件的,因此,只有满足 $T_0=0$ 的条件,才能直接应用分度表。所以使用热电偶测温时,冷端若不是 0℃,测温结果必然会有误差。一般情况下,只有在实验室才可能有保证 0℃ 的条件。而通常的工程测温中,冷端温度大都处在室温或一个波动的温度区,这时要测出实际的温度,就必须采取修正或补偿措施。

1. 冰点法

这种方法是把热电偶的冷端直接放置在恒为 0℃ 的恒温容器中,不需要考虑冷端温度补偿或修正。为了获得 0℃ 的温度条件,需专门设置冰点容器。一般是将纯净的水与冰混合,在一个大气压下冰水共存时,其温度即为 0℃。

冰点法是一种准确度较高的冷端处理方法,但使用起来比较麻烦,需要保持冰水两相共存,故仅适用于实验室。工业生产过程和现场测温使用极为不便。

2. 温度修正法

在实际使用中,热电偶冷端保持 0℃ 很不方便,但总可以保持在某一不变的温度下,此时可以采用冷端温度修正方法(如例 7-1)。

根据中间温度定律,有

$$E_{AB}(T,T_0) = E_{AB}(T,T_n) + E_{AB}(T_n,T)$$

由上式可知,当冷端温度不是 0℃,而是 T_n 时,热电偶输出的热电动势为 $E_{AB}(T, T_n)$,而不是 $E_{AB}(T, T_0)$,故不能直接查分度表。还须加上 $E_{AB}(T_n, T_0)$,才可以用分度表由 $E_{AB}(T, T_0)$ 查得被测温度 T 的正确值。

【例 7-1】 用铂铑₁₀-铂热电偶测油温。已知冷端温度为 25℃,输出电动势为 0.668 mV,试求被测对象的温度 T。

解: 此问题是冷端温度不为 0℃ 时,求热端温度。根据中间温度定律式(7-11),有

$$E_{AB}(T,0) = E_{AB}(T,25) + E_{AB}(25,0)$$

已知此热电偶在接点温度为 T, $T_n=25$℃ 时的热电动势为 0.668 mV,即 $E_{AB}(T,25) = 0.668\,\text{mV}$。查分度表得此热电偶在接点温度为 $T_n=25$℃, $T_0=0$℃ 时的热电动势为 0.143 mV,即 $E_{AB}(25,0) = 0.143\,\text{mV}$,由此可得

$$E_{AB}(T,0) = E_{AB}(T,25) + E_{AB}(25,0) = (0.668 + 0.143)\text{mV} = 0.811\,\text{mV}$$

再查分度表得此热电偶在输出电动势为 0.811 mV 时的被测温度为 122℃。

若直接用测得的热电动势 0.668 mV 查分度表,则其值为 103℃,比实际油温低了 19℃,产生了 -19℃ 的测量误差。

3. 补偿导线法

实际应用时,为保持热电偶冷端温度 T_0 的稳定,减小冷端温度变化产生的误差,需要将热电偶的冷端延伸到数十米外的仪器或控制器中去。根据中间导体定律,可以用第三种廉价导体将测量时的仪表和观测点延长至远离热端的位置,而不影响热电偶的热电动势值。这种

补偿导线应选用直径大、导热系数大的材料制作,以减小热电偶回路的电阻,节省电极材料。同时,补偿导线的热电性能还应与电极丝相匹配。表7-3 所列为补偿导线的分类型号和分度号。

特别提示

热电偶补偿导线只起延伸热电极,使热电偶的冷端移动到远离热源的控制室的仪表端子上,以保持热电偶冷端温度 T_0 的稳定的作用。它本身并不能消除冷端温度 $T_0 \neq 0℃$ 时对测温的影响,不起冷端补偿作用。

表7-3 补偿导线的分类型号和分度号

补偿导线型号	配用热电偶的分度号	补偿导线合金丝		补偿导线颜色	
		正极	负极	正极	负极
SC	S 型(铂铑10-铂)	SPC(铜)	SNC(铜镍)	红	绿
KC	K 型(镍铬-镍硅)	KPC(铜)	KNC(铜镍)	红	蓝
KX	K 型(镍铬-镍硅)	KPX(镍铬)	KNX(镍硅)	红	黑
EX	E 型(镍铬-康铜)	EPX(镍铬)	ENX(铜镍)	红	棕
JX	J 型(铁-康铜)	JPX(铁)	JNX(铜镍)	红	紫
TX	T 型(铜-康铜)	TPX(铜)	TNX(铜镍)	红	白

1) 补偿导线的分类

补偿导线从原理上可分为延长型和补偿型。延长型的补偿导线其合金丝的名义化学成分与配用的热电偶相同,因而热电动势也相同,在型号中以"X"表示;补偿型的补偿导线其合金丝的名义化学成分与配用的热电偶不同,但在其工作温度范围内,热电动势与所配用热电偶的热电动势标称值相近,在型号中以"C"表示。

按补偿精度分,补偿导线可分为普通级和精密级。精密级补偿后的误差大体上只有普通级的一半,通常用在测量精度要求较高的地方。如 S、R 分度号的补偿导线,精密级的允差为±2.5℃,普通级的允差为±5.0℃;K、N 分度号的补偿导线,精密级的允差为±1.5℃,普通级的允差为±2.5℃。在型号中普通级的不标,精密级的加"S"表示。

按工作温度分,补偿导线可分为一般用和耐热用两种。一般用补偿导线的工作温度为 0~100℃(少数为 0~70℃);耐热用补偿导线的工作温度为 0~200℃。

2) 补偿导线分度号和极性的判断

各种分度号的补偿导线只能与相同分度号的热电偶配用,否则可能欠补偿或过补偿,常用热电偶在 100℃和 200℃时需补偿的热电势值见表7-4。当用 K 分度号的补偿导线配用 N 分度号的热电偶,将造成过补偿,显示温度偏高;反之,用 N 分度号的补偿导线配用 K 分度号的热电偶,将造成欠补偿,显示温度偏低。

表7-4 常用热电偶在 100℃和 200℃时的热电势值

热电偶名称	热电偶分度号	参考端为 0℃时的热电势 mV	
		100℃	200℃
铂铑10-铂	S	0.646	1.441
铂铑13-铂	R	0.647	1.469
铂铑30-铂铑6	B	0.033	0.178
镍铬-镍硅	K	4.096	8.138
镍铬硅-镍硅	N	2.774	5.913
镍铬-铜镍	E	6.319	13.421

续表

热电偶名称	热电偶分度号	参考端为 0℃时的热电势 mV	
		100℃	200℃
铁-铜镍	J	5.269	10.779
铜-铜镍	T	4.279	9.288

有时可根据资料所列补偿导线的材料、绝缘层及护套颜色来判断补偿导线的分度号和极性，但由于国内新旧标准、IEC 标准的规定有差异，用这个方法对补偿导线的分度号和极性常常难以准确判断。

最可靠、最常用的判断方法是测试法，就是将补偿导线的两端剥去绝缘层，把两根导线绞合在一起制成热电偶的热端，放到沸腾的水中，两根导线的另一端与直流电位差计相连(不应该与动圈式直读毫伏表相连，因测量时其读数偏低)，将测得的热电动势与表 7-4 比较，与之最接近的即为补偿导线的分度号，根据电位差计的正负极可确定补偿导线的极性。由于测试时由补偿导线构成的热电偶的参比端温度不一定是 0℃，例如是 20℃，则所测热电动势低于参比端为 0℃的热电动势值。以某种不明分度号的补偿导线为例，如参比端温度约 20℃，测量值如在(3.928±0.150) mV 范围内，则可判断这种补偿导线的分度号是 K。3.928 是 K 分度号热电偶 100℃和 20℃时热电动势的差值，0.150 是 K 分度号普通级补偿导线的允差。

🔑 **特别提示**

在常用的热电偶中，分度号 B 的双铂铑(铂铑$_{30}$-铂铑$_6$)热电偶是一个例外，它没有专用的补偿导线，即在实际应用中，它一般没有必要使用补偿导线。在不常用的热电偶中，镍钴-镍铝热电偶 200℃以下热电动势几乎为零，可不用补偿导线。镍铁-镍铜热电偶在 50℃以下的热电动势微乎其微，在这个温度范围内也不用补偿导线。

4. 补偿系数修正法

利用中间温度定律可以求出 $T_0 \neq 0$ 时的热电动势。该法较精确，但繁琐。因此，工程上常用补偿系数修正法实现补偿。设冷端温度为 T_0，此时测得温度为 T_1，其实际温度应为

$$T = T_1 + kT_0 \tag{7-12}$$

式中：k 为修正系数。k 的取值如表 7-5 所列。

【例 7-2】对例 7-1 的例子用补偿系数修正法求被测对象的实际温度 T。

解：已知铂铑$_{10}$-铂热电偶冷端温度为 T_H=25℃，输出电动势为 0.668 mV。查 S 型热电偶的分度表，得出与 0.668 mV 热电动势相对应的温度为 T_1=103.1℃。查表 7-5 得 k=0.82，则

$$T=(103.1+0.82\times25)℃=123.6℃$$

与温度修正法的例 7-1 比较，两种方法的误差为 122℃-123.6℃=1.6℃，相对误差不大于 $(1.6/122)\times\%$=1.3%。用这种办法简单一些。

表 7-5　几种常用热电偶的修正系数 k 值表

工作端温度 T/℃	热电偶种类				
	铜-康铜	镍铬-康铜	铁-康铜	镍铬-镍硅	铂铑-铂
0	1.00	1.00	1.00	1.00	1.00
20	1.00	1.00	1.00	1.00	1.00
100	0.86	0.90	1.00	1.00	0.82
200	0.77	0.83	0.99	1.00	0.72

续表

工作端温度 T/℃	热电偶种类				
	铜-康铜	镍铬-康铜	铁-康铜	镍铬-镍硅	铂铑-铂
300	0.70	0.81	0.99	0.98	0.69
400	0.68	0.83	0.98	0.98	0.66
500	0.65	0.79	1.02	1.00	0.63
600	0.65	0.78	1.00	0.96	0.62
700	—	0.80	0.91.	1.00	0.60
800	—	0.80	0.82	1.00	0.59
900	—	—	0.84	1.00	0.56
1000	—	—	—	1.07	0.55
1100	—	—	—	1.11	0.53
1200	—	—	—	—	0.52
1300	—	—	—	—	0.52
1400	—	—	—	—	0.52
1500	—	—	—	—	0.52
1600	—	—	—	—	0.52

5. 补偿电桥法

补偿电桥法是利用不平衡电桥产生的电动势来补偿热电偶因冷端温度变化而引起的热电动势变化值,补偿原理如图 7.12 所示。

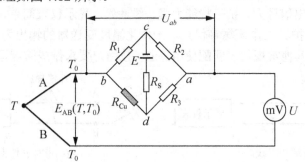

图 7.12 补偿电桥法

补偿电桥桥臂电阻 R_1、R_2、R_3 和 R_{Cu} 与热电偶冷端处于相同的环境温度下。其中 $R_1=R_2=R_3$,都是锰铜线绕电阻,电阻温度系数很小。R_{Cu} 是铜导线绕制的补偿电阻。E 为桥路电源,R_S 是限流电阻,其阻值取决于热电偶材料。

使用时,选择 R_{Cu} 的阻值使桥路在某一温度时处于平衡状态,此时电桥输出 $U_{ab}=0$。当冷端温度升高时,R_{Cu} 随着增大,电桥失去平衡,U_{ab} 也随着增大,而热电偶的热电势 E_{AB} 却随着冷端温度升高而减小。如果 U_{ab} 的增加量等于 E_{AB} 的减小量,那么 $U(U=E_{AB}+U_{ab})$ 的大小就不随冷端温度而变化。

设计时,在 0℃下使补偿电桥平衡($R_1=R_2=R_3=R_{Cu}$),此时 $U_{ab}=0$,电桥对仪表读数无影响,并在 0~40℃或-20~+20℃的范围起补偿作用。

🔑 特别提示

桥臂 R_{Cu} 必须和热电偶的冷端靠近,使之处于同一温度之下。不同材质的热电偶所配的冷端补偿电路中的限流电阻 R_S 不一样,互换时必须重新调整。

7.2.4 热电偶的测量电路及应用

1. 测量某一点的温度

实际工程测量中,常需要测量物体表面某一点的温度,这时可采用图 7.13 所示的几种热电偶的测量电路。

图 7.13(a)所示为由热电偶、补偿导线和显示仪表(如毫伏表)组成的普通测温电路。测量时,将热电偶的热端接点固定在被测点上,通过毫伏表可以直接读出热电动势的值。

图 7.13(b)所示为由热电偶、补偿导线、补偿器和显示仪表组成的测温电路。补偿器的作用是补偿热电偶冷端因环境温度变化而造成热电动势的输出误差。

图 7.13(c)所示为由热电偶、补偿导线、温度变送器和显示仪表组成的测温电路。热电偶温度变送器一般由基准源、冷端补偿、放大单元、线性化处理、V/I 转换、断偶处理、反接保护、限流保护等电路单元组成。它是将热电偶产生的热电动势经冷端补偿放大后,再由线性电路消除热电动势与温度的非线性误差,最后放大转换为 4~20 mA 电流输出信号。为防止热电偶测量中由于电偶断丝而使控温失效造成事故,变送器中还设有断电保护电路。当热电偶断丝或接解不良时,变送器会输出最大值(28 mA)以使仪表切断电源。

图 7.13(d)所示为由一体化温度变送器、铜导线和显示仪表组成的测温电路。一体化温度变送器一般由测温探头(热电偶或热电阻传感器)和两线制固体电子单元组成。采用固体模块形式将测温探头直接安装在接线盒内,从而形成一体化的变送器。一体化温度变送器具有结构简单、节省引线、输出信号大、抗干扰能力强、线性好、显示仪表简单、固体模块抗震防潮、有反接保护和限流保护、工作可靠等优点。一体化温度变送器的输出为统一的 4~20 mA 信号;可与微机系统或其他常规仪表匹配使用。也可按用户要求做成防爆型或防火型测量仪表。

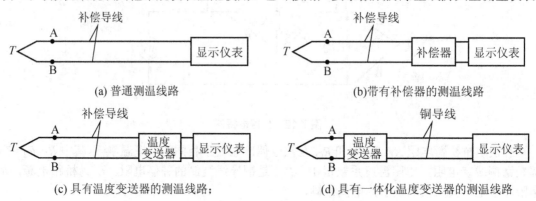

图 7.13 热电偶的测量电路

2. 热电偶的串联或并联使用

特殊情况下,热电偶可以串联或并联使用,但只能是同一分度号的热电偶,且冷端应在同一温度下。如热电偶正向串联(图 7.14),可获得较大的热电动势输出和提高灵敏度,且避免了热电偶并联线路存在的缺点,可立即发现是否有断路。其缺点是:只要有一支热电偶断路,整个测温系统将停止工作。在测量两点温差时,可采用热电偶反向串联的电路(图 7.15)。利用热电偶并联(图 7.16)可以测量多点的平均温度。当有一只热电偶烧断时,难以觉察出来,但不会中断整个测温系统的工作。

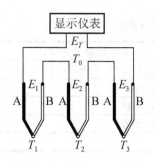
图 7.14 热电偶正向串联

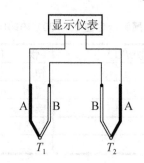
图 7.15 热电偶反向串联

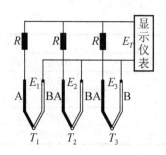
图 7.16 热电偶并联

7.3 热 电 阻

利用金属材料电阻率随温度变化而变化的温度电阻效应制成的传感器称为热电阻传感器，在工业上广泛应用于-200～+500℃范围的温度检测。

7.3.1 热电阻的工作原理

热电阻是中低温区(-200～+850℃。少数情况下，低温可测量至1K，高温达1000℃)常用的一种测温元件。热电阻利用物质在温度变化时本身电阻也随着发生变化的特性来测量温度。热电阻的受热部分(感温元件)是用细金属丝均匀的缠绕在绝缘材料制成的骨架上，当被测介质中有温度梯度存在时，所测得的温度是感温元件所在范围内介质层中的平均温度。它的主要特点是测量精度高，性能稳定。其中铂热电阻的测量精确度最高。

大多数金属导体的电阻都具有随温度变化的特性。原因是当温度升高时，金属导体内部原子晶格的振动加剧，从而使金属内部的自由电子通过金属导体时的阻碍增大，宏观上表现出电阻率变大，电阻值增加，即电阻值与温度的变化趋势相同，它们具有正温度系数效应。这些金属及合金的电阻值随温度的变化关系符合以下公式：

$$R_t = R_0 [1+\alpha(t-t_0)] \tag{7-13}$$

式中：R_t、R_0 分别为热电阻在 t℃和 t_0℃时的电阻值；α 为热电阻的电阻温度系数(1/℃)。

在一定的温度范围内，大多数金属的这种电阻-温度关系是线性的。亦即 α 值可近似为常数。表7-6给出了一些金属和合金以及非金属在0～100℃内的温度系数 α。但在更广泛的温度范围内，电阻-温度关系可能是非线性的，它们的一般表达式为

$$R_t = R_0 \left[1+\alpha_1 t + \alpha_2 t^2 + \cdots + \alpha_n t^n\right] \tag{7-14}$$

式中：$\alpha_1, \alpha_2 \cdots \alpha_n$ 分别为金属导体的热电阻-温度特性多项式的常系数。

根据上述公式可以制出金属电阻温度计。这种温度计常用的材料必须具有以下特点：

(1) 材料的电阻温度系数 α 大，且为常数，这样可以使响应速度快，灵敏度高，便于实现温度仪表的线性刻度；

(2) 材料的物理、化学性质稳定，从而具有稳定的测量值；

(3) 电阻率较大，减小热惯性，减小体积；

(4) 良好的输出特性，即应有线性或接近线性的输出。

适宜以上要求的热电阻的材料有铂、铜、镍和铁等。

表7-6 常见金属和合金在0～100℃内的电阻温度系数α

物质	电阻温度系数α/℃⁻¹	物质	电阻温度系数α/℃⁻¹
铁	0.00651(20℃)	铂	0.00374(0℃～60℃)
银	0.0038(20℃)	康铜	50×10⁻⁶
铜	0.00393(20℃)	镍铬	70×10⁻⁶
金	0.00324(20℃)	镍铬铁	150×10⁻⁶
镍	0.0069(0℃～100℃)		

7.3.2 常用热电阻(RTD)

1. 铂热电阻的温度特性

铂是一种贵金属。铂的电阻-温度特性在一个很广的范围内(-263～+545℃)保持着良好的线性。室温下铂电阻温度计可检测到10^{-4}℃量级的温度变化。它的特点是稳定性好,精度高,性能可靠,尤其是耐氧化性能很强。铂很容易提纯,有良好的工艺性,可制成很细的铂丝(0.02 mm 或更细)或极薄的铂箔。与其他材料相比,铂有较高的电阻率,因此是一种很好的热电阻材料。铂电阻的缺点是电阻温度系数比较小(见表7-5),价格贵。

铂电阻的电阻-温度特性可以用下式表示:

在0～+660℃范围内

$$R_t = R_0(1 + At + Bt^2) \tag{7-15}$$

在-190～0℃范围内

$$R_t = R_0[1 + At + Bt^2 + C(t-100)t^3] \tag{7-16}$$

式中:$A=3.968471×10^{-3}$/℃;$B=-5.847×10^{-7}$/℃²;$C=-4.22×10^{-12}$/℃⁴。

2. 铜热电阻的温度特性

铜容易提纯,在-50～+150℃范围内,其物理、化学性能稳定,输出—输入特性接近线性,价格低廉。铜电阻的电阻-温度特性可表示为

$$R_t = R_0[1 + At + Bt^2 + Ct^3] \tag{7-17}$$

式中:$A=4.28899×10^{-3}$/℃;$B=-2.133×10^{-7}$/℃²;$C=1.233×10^{-9}$/℃³。

3. 其他热电阻

铂、铜热电阻不适宜作低温和超低温测量。目前一些新的热电材料陆续被开发出来。这些新的热电阻和常见的热电阻的性能和测温范围如表7-7所列。

表7-7 热电阻的性能和测温范围

热电阻名称		分度号	温度系数/(℃⁻¹×10⁻³)	温度范围	温度为0℃时阻值 R_0/Ω	主要特点
标准热电阻	铂	Pt10	3.92	-200～850℃	10±0.01	测量精度高,稳定性好,可作为基准仪器
		Pt50			50±0.05	
		Pt100			100±0.1	
	铜	Cu50	4.25	-50～+150℃	50±0.05	稳定性好,便宜,但体积大,机械强度较低
		Cu100			100±0.1	

续表

热电阻名称	分度号	温度系数 /(℃⁻¹×10⁻³)	温度范围	温度为0℃时阻值 R_0/Ω	主要特点
标准热电阻	镍 Ni100	6.60	−60~180℃	100±0.1	灵敏度高,体积小;但稳定性和复制性较差
	Ni300			300±0.3	
	Ni500			500±0.5	
低温热电阻	铟	—	—	3.4~90K	100	复现性较好,在4.5~15K温度范围内,灵敏度比铂电阻高十倍;但复制性较差,材质软,易变形
	铑铁	—	—	2~300K	20、50或100,$R_{4.2K}/R_{273K}$ 约为0.07	有较高的灵敏度,复现性好,在0.5~20K温度范围内可作精测量;但长期稳定性和复制性较差
低温热电阻	铂钴			2~100K	100,$R_{4.2K}/R_{273K}$约为0.07	热响应好,机械性能好,温度低于300K时,灵敏度大大高于铂;但不能作为标准温度计

4. 热电阻传感器的结构

热电阻温度计有不同的结构形式。如铂电阻温度计通常将铂金属丝绕制成一个自由螺旋形式或绕在一绝缘支架上,然后根据不同的温度测量范围和不同的应用条件将温度计置入一保护管中,管材料可以是玻璃、石英、陶瓷、不锈钢或镍。图7.17所示为几种热电阻传感器的结构。

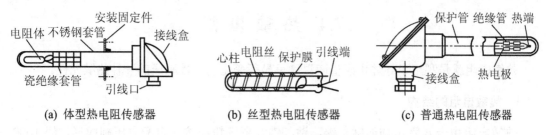

(a) 体型热电阻传感器　　(b) 丝型热电阻传感器　　(c) 普通热电阻传感器

图 7.17　热电阻传感器结构

7.3.3　热电阻的测量电路

热电阻传感器的传感元件是电阻丝。电阻丝将温度的变化转变成电阻的变化。因此它们必须接入测量电路中,将电阻的变化转换成电流或电压的变化,再进行后续测量。电阻温度计的测量电路最常用的是电桥电路,精度较高的是自动平衡电桥。为消除由于连接导线电阻随环境温度变化而造成的测量误差,测量电桥常采用三线和四线连接法。

图7.18所示为三线连接法的原理图。G为检流计,R_1、R_2、R_3为固定电阻,R_a为零位调节电阻。热电阻R_t通过电阻为r_1、r_2、r_g的三根导线和电桥连接,r_1和r_2分别接在相邻的两臂内,当温度变化时,只要它们的长度和电阻温度系数α相等,它们的电阻变化就不会影响电桥的状态。电桥在零位调整时,就使用$R_4 = R_a + R_{t0}$。R_{t0}为热电阻在参考温度(如0℃)时的电阻值。三线接法中可调电阻R_a的触点、接触电阻和电桥臂的电阻相连,可能导致电桥的零点不稳。

图7.19所示为四线连接法。调零的R_a电位器的接触电阻和检流计串联,这样,接触电阻

的不稳定不会破坏电桥的平衡和正常工作状态。

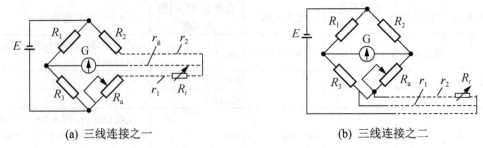

(a) 三线连接之一　　　　　　　　(b) 三线连接之二

图 7.18　热电阻测温电桥的三线连接法

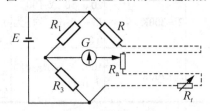

图 7.19　热电阻测温电桥的四线连接法

热电阻式温度计性能最稳定，测量范围广、精度也高。特别是在低温测量中得到广泛的应用。其缺点是需要辅助电源。热容量大限制了它在动态测量中的应用。为避免热电阻中流过电流的加热效应，在设计电桥时，应使流过热电阻的电流尽量小，一般小于 10 mA。

7.4　热 敏 电 阻

热敏电阻就是利用半导体电阻值随温度呈显著变化的特性制成的一种热敏元件。

7.4.1　热敏电阻的结构

热敏电阻由金属氧化物如锰、镍、钴、铁、铜等粉料按一定配方压制成形，经 1000～1500℃高温烧结而成，其引出线一般是银线。热敏电阻的实物、结构和符号如图 7.20 所示。

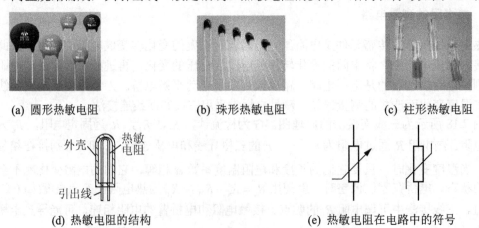

(a) 圆形热敏电阻　　　　(b) 珠形热敏电阻　　　　(c) 柱形热敏电阻

(d) 热敏电阻的结构　　　　　　　(e) 热敏电阻在电路中的符号

图 7.20　热敏电阻的结构及符号

7.4.2 热敏电阻的类型和特性

1. 热敏电阻的类型

热敏电阻为一种半导体温度传感器。根据热敏电阻温度特性的不同,可将热敏电阻分为以下3种类型:

(1) 正温度系数(PTC)热敏电阻。PTC热敏电阻以钛酸钡($BaTO_3$)为主要材料,当温度超过某一数值后,其电阻向正的方向急剧增加。其用途主要是电器设备的过热保护,发热源的定温控制,彩电的消磁,还用作加热元件等。

(2) 负温度系数(NTC)热敏电阻。NTC热敏电阻为随温度升高其电阻下降的热敏电阻。

NTC热敏电阻具有很高的负电阻温度系数,特别适用于-100~+300℃之间测温。在点温、表面温度、温差、温场等测量中得到日益广泛的应用,同时也广泛地应用在自动控制及电子线路的热补偿线路中。

(3) 临界温度系数(CTR)热敏电阻。CTR热敏电阻采用VO_2等系列材料,当温度超过某一温度值后其电阻急剧减少。因此主要用做温度开关。

3种热敏电阻的温度特性曲线如图7.21所示。在实际温度测量方面,多采用NTC热敏电阻,下面以NTC热敏电阻为例做介绍。

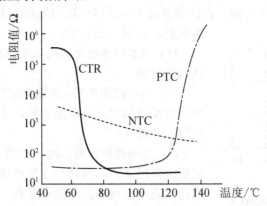

图7.21 热敏电阻的温度特性

NTC热敏电阻与热电阻相比,其特点是:

(1) 电阻温度系数大,灵敏度高,约为热电阻的10倍;可测量微小的温度变化值,可以测出0.001~0.005℃的温度变化;

(2) 结构简单,体积小,直径可小到0.5 mm,可以测量点温度;

(3) 电阻率高,热惯性小,响应快,响应时间可短到毫秒级,适宜动态测量;

(4) 易于维护和进行远距离控制,因为元件本身的电阻值可达3~700 kΩ,当远距离测量时,导线电阻的影响可不考虑;

(5) 在-50~+350℃的温度范围内,具有较好的稳定性。

缺点是互换性差,非线性严重。热敏电阻是非线性元件,它的温度-电阻关系是指数关系,通过热敏电阻的电流和热敏电阻两端的电压不服从欧姆定律。

2. NTC热敏电阻的温度特性

NTC热敏电阻的电阻-温度关系曲线是一负指数曲线(图7.21),可用经验公式表示如下:

$$R_T = Ae^{B/T} \tag{7-18}$$

式中：R_T 为温度 T 时的电阻值；A 为与热敏电阻尺寸、形式以及它的半导体物理性能有关的常数；B 为与半导体物理性能有关的常数；T 为热敏电阻的绝对温度。

若已知两个电阻值 R_1 和 R_2 以及相应的温度值 T_1 和 T_2，便可求出 A，B 两个常数：

$$B = \frac{T_1 T_2}{T_2 - T_1} \ln \frac{R_1}{R_2} \tag{7-19}$$

$$A = R_1 e^{-B/T} \tag{7-20}$$

在由阻值求解被测物体温度时，为简化计算，可根据热敏电阻的温度特性式(7-18)进行对数运算，即

$$\frac{1}{T} = \frac{1}{B} \ln \frac{R}{R_0} + \frac{1}{T_0} \tag{7-21}$$

式中：T 为被测温度；R 为被测温度下的阻值；T_0 为基准温度；R_0 为基准温度下的阻值；B 为热敏常数。

若将阻抗变化的电压变化信号进行 A/D 转换后，由微型计算机完成数据处理，会使温度的计算变得非常的简单。

3. NTC 热敏电阻的伏安特性

热敏电阻的伏安特性是指：在稳态情况下，通过热电阻的电流 I 与其两端之间的电压 U 的关系。由图 7.22 可知：

(1) 当流过热敏电阻的电流较小时，曲线呈直线状，服从欧姆定律。

(2) 当电流增加时，热敏电阻自身温度明显增加，由于负温度系数的关系，阻值下降，于是电压上升速度减慢，出现了非线性。

(3) 当电流继续增加时，热敏电阻自身温度上升更快，阻值大幅度下降，其减小速度超过电流增加速度，于是出现电压随电流增加而降低的现象。

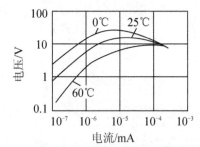

图 7.22 NTC 热敏电阻的伏安特性

热敏电阻的电流值通常限制在毫安量级，主要是为了不使它产生自发热现象，从而保证在所测量的温度范围内具有线性的电压-电流关系。此外还常采用线性化电路与热敏电阻相连，来扩大它们的测量范围和提高精度。图 7.23 所示为一种金属电阻与热敏电阻串联以实现非线性校正的方法。串联或并联温度系数很小的金属电阻，使热敏电阻阻值在一定范围内呈线性关系。只要金属电阻 R_x 选得合适，在一定温度范围内可得到近似双曲线特性如图 7.23(b)所示，即温度与电阻的倒数呈线性关系，从而使温度与电流呈线性关系如图 7.23(c)所示。近年来已出现利用微机实现较宽温度范围内线性化校正的方案。

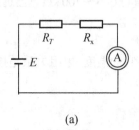 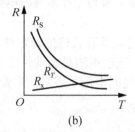 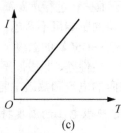

(a)　　　　　　　　　(b)　　　　　　　　　(c)

图 7.23 热敏电阻非线性校正

热敏电阻的灵敏度较高，一般为±6 mV/℃，比热电偶和电阻温度检测器的灵敏度高许多。其最大的非线性度约为±0.06℃～±0.5℃。尽管热敏电阻不如铂电阻温度计那样具有十分好的长时间稳定性，但它们足以满足大多数应用的要求。

7.4.3 热敏电阻的测量电路及应用

1. 热敏电阻的测量电路

热敏电阻 R_T 的测量电路有分压测量电路和电桥电路两种，如图 7.24 所示。根据式(7-18)，负温度系数的热敏电阻其特性还可以表示为

$$R_T = R_{T_0} e^{B(\frac{1}{T} - \frac{1}{T_0})} \tag{7-22}$$

式中：R_T、R_{T_0} 分别为温度为 T 和 T_0 时的电阻值。因此当温度变化时，热敏电阻阻值的变化将导致测量电路的输出电压变化，其关系可表示为

$$\frac{U_0}{R_{T_0}} = \frac{U_T}{R_T} \tag{7-23}$$

式中：U_T、U_{T_0} 分别为温度为 T 和 T_0 时的测量电路的输出电压值。

根据上面两式得到测量电路的输出电压值与被测温度的关系为

$$\frac{1}{T} = \frac{1}{B} \ln \frac{U_T}{U_{T_0}} + \frac{1}{T_0} \tag{7-24}$$

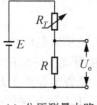 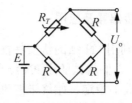

(a) 分压测量电路 　　　　　　　(b) 电桥测量电路

图 7.24　热敏电阻的连接方法

2. 热敏电阻的应用

(1) 图 7.25 所示为数字式热敏电阻体温表的电路，图中 R_T 是热敏电阻。

(2) 图 7.26 所示为桥式电路构成的模拟式热敏电阻温度表的电路，图中 R_T 是热敏电阻。

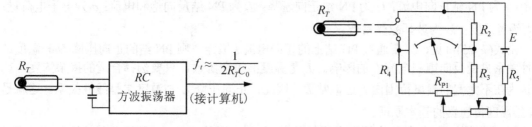

图 7.25　数字式热敏电阻体温表的电路　　　图 7.26　模拟式热敏电阻体温表的电路

(3) 热敏电阻在电子镇流器及节能灯中的应用。热敏电阻(PTCR)应用在电子镇流器、节能灯中作为预热软启动，能极大地提高灯管的开关次数和使用寿命。如图 7.27 所示，电路刚接通时，R_T 处于常温态，其阻值远低于 C_2 的阻抗，电流通过 C_1、R_T 形成回路预热灯丝。约

0.4~2s 后，R_T 温度超过开关温度进入高阻态，其阻值远远高于 C_2 的阻抗，电流通过 C_1、C_2 形成回路导致 LC 谐振，产生高压点亮灯管。

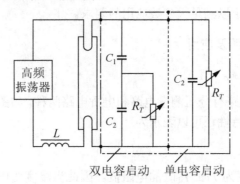

图 7.27　数字式热敏电阻体温表的电路

7.5　新型温度传感器

随着计算机技术和电子技术的发展，新型传感器的研发日新月异，PN 结温度传感器、集成温度传感器、逻辑开关式温度传感器、数字式温度传感器等集成了新技术的传感器大量涌现。本节重点介绍这三类传感器。

7.5.1　PN 结温度传感器及应用

这种传感器是利用 PN 结的伏安特性与温度之间的关系研制成的一种固态传感器。早在 20 世纪 60 年代初，人们就试图用 PN 结正向压降随温度升高而降低的特性作为测温元件，由于当时 PN 结的参数不稳定，始终未能进入实用阶段。随着半导体工艺水平的提高以及人们不断地探索，到 20 世纪 70 年代时，PN 结以及在此基础上发展起来的晶体管温度传感器，已成为一种新的测温技术应用于许多领域了。

1. PN 结测温的工作原理

PN 结的伏安特性可用下式表示

$$U = \frac{kT}{q}\ln\frac{I}{I_S} \tag{7-25}$$

式中：I 为 PN 结正向电流；U 为 PN 结正向压降；I_S 为 PN 结反向饱和电流；q 为电子电荷量；T 为绝对温度；k 为玻耳兹曼常数。

由式(7-25)可见，只要通过 PN 结上的正向电流 I 恒定，则 PN 结的正向压降 U 与温度的线性关系只受反向饱和电流 I_S 的影响。I_S 是温度的缓变函数，只要选择合适的掺杂浓度，就可认为在不太宽的温度范围内 I_S 近似常数。因此，正向压降 U 与温度 T 呈线性关系。这就是 PN 结温度传感器的基本原理。

例如硅管的 PN 结的结电压在温度每升高 1℃时，下降-2 mV，利用这种特性，一般可以直接采用二极管或采用硅晶体管(可将集电极和基极短接)接成二极管来做 PN 结温度传感器。这种传感器有较好的线性，尺寸小，其热时间常数为 0.2~2s，灵敏度高。测温范围为-50~+150℃。典型的温度曲线如图 7.28 所示。同型号的二极管或晶体管特性不完全相同，因此它们的互换性较差。

2. PN 结温度传感器的应用

图 7.29 所示为采用 PN 结温度传感器(图中的 VD 为玻璃封装的开关二极管 1N4148，或将硅晶体管的 b、e 极短接成的二极管)的数字式温度计，测温范围-50~+150℃，分辨力为 0.1℃，在 0~100℃范围内精度可达±1℃。

图中的 R_1、R_2、VD、R_{P1} 组成测温电桥，其输出信号接差动放大器 A1，经放大后的信号输入 0~±2.000 V 数字式电压表(DVM)显示。放大后的灵敏度为 10 mV/℃。A2 接成电压跟随器，与 R_{P2} 配合可调节放大器 A1 的增益。

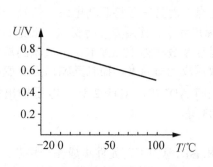

图 7.28 PN 结温度特性曲线

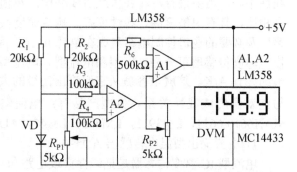

图 7.29 采用 PN 结温度传感器的数字式温度计

通过 PN 结温度传感器的工作电流不能过大，以免二极管自身的温升影响测量精度。一般工作电流为 100~300 mA。采用恒流源作为传感器的工作电流较为复杂，一般采用恒压源供电，但必须有较好的稳压精度。

精确的电路标定非常重要。可以采用广口瓶装入碎冰渣(带水)作为 0℃的标准，采用恒温水槽或油槽及标准温度计作为 100℃或其他温度标准。在没有恒温水槽时，可用沸水作为 100℃的标准(可用 0~100℃的水银温度计来校准)。将 PN 结传感器插入碎冰渣广口瓶中，等温度平衡，调整 R_{P1}，使 DVM 显示为 0V，将 PN 结传感器插入沸水中(设沸水为 100℃)，调整 R_{P2}，使 DVM 显示为 100.0 V，若沸水温度不是 100℃时，可按照水银温度计上的读数调整 R_{P2}，使 DVM 显示值与水银温度计的数值相等。再将传感器插入 0℃环境中，等平衡后看显示是否仍为 0 V，必要时再调整 R_{P1} 使之为 0 V，然后再插入沸水，看是否与水银温度计计数相等，经过几次反复调整即可。

图中的 DVM 是通用 3 位半数字电压表模块 MC14433，可以装入仪表及控制系统中作显示器。MC14433 的应用电路可参考常用 A/D 转换器中的技术手册。

7.5.2 集成温度传感器及应用

集成温度传感器在 20 世纪 80 年代问世，采用硅半导体集成工艺而制成。它是将温度传感器集成在一个芯片上、可完成温度测量及模拟信号输出功能的专用 IC，因此亦称为 IC 温度传感器、硅传感器或单片集成温度传感器。其主要特点是功能单一(仅测量温度)、测温误差小、价格低、响应速度快、体积小、微功耗，适合远距离测温、控温，不需要进行非线性校准，外围电路简单。

集成温度传感器是利用晶体管的 b-e 结压降的不饱和值 U_{be} 与热力学温度 T 和通过发射极的电流 I 的下述关系实现对温度的检测。即

$$\Delta U_{be} = U_{be1} - U_{be2} = \frac{kT}{q}\ln\gamma \tag{7-26}$$

式中：T 为绝对温度；k 为玻耳兹曼常数(1.38×10^{-23}J/K)；q 为电子电荷(1.59×10^{-19}C)。式(7-26)表明，ΔU_{be} 正比于绝对温度 T，这就是集成温度传感器的基本原理。

集成温度传感器按输出信号的模式不同，可大致划分为三大类：模拟式温度传感器、逻辑输出温度传感器、数字式温度传感器。

1. 集成模拟温度传感器

传统的模拟温度传感器如热电偶、热敏电阻和 RTDS 对温度的监控，在一些温度范围内线性不好，需要进行冷端补偿或引线补偿；热惯性大，响应时间慢。集成模拟温度传感器与之相比，具有灵敏度高、线性度好、响应速度快等优点，而且它还将驱动电路、信号处理电路以及必要的逻辑控制电路集成在单片 IC 上，有实际尺寸小、使用方便等优点。常见的集成模拟温度传感器可分为电压型和电流型。电压型的温度系数约为 10 mV/K，电流型的温度系数约为 1μA/K。这就很容易从它们输出信号的大小换算成绝对温度，而且其输出电压或电流与绝对温度成线性关系。典型产品有：电流输出型有 AD590，AD592 等，电压输出型有 MAX6610/6611，LM3911，LM335，LM45，AD22103 等。

1) 电流输出型温度传感器 AD590

电流型 IC 温度传感器是把线性集成电路和与之相容的薄膜工艺元件集成在一块芯片上，再通过激光修版微加工技术，制造出性能优良的测温传感器。这种传感器的输出电流正比于热力学温度，即 1μA/K；其次，因电流型输出恒流，所以传感器具有高输出阻抗，其值可达 20 MΩ。所以它不必考虑选择开关或 CMOS 多路转换器所引入的附加电阻造成的误差，适用于多点温度测量和远距离温度测量及控制。输出电流信号传输距离可达到 1 km 以上，这为远距离传输深井测温提供了一种新型器件。

AD590 是一款典型的二端口电流型集成电路温度传感器，AD590 元件外形如图 7.30(a)所示。AD590 用于 $-55 \sim +150$℃的温度传感应用中，这是目前常规电子温度传感器的工作范围。单片集成电路的天生低成本，加上无需外围支持电路，使得 AD590 成为许多温度测量场合最具吸引力的选择方案。在 AD590 应用中不再需要线性电路、精确电压放大器、热阻测量电路以及冷接点补偿等等。AD590 采用金属壳 3 脚封装，其中 1 脚为电源正端 $U+$；2 脚为电流输出端 I_0；3 脚为管壳，一般不用。集成温度传感器的电路符号如图 7.30(b)所示。AD590 的主特性参数如表 7-8 所列。

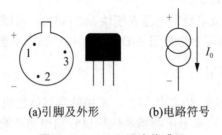

(a)引脚及外形　　(b)电路符号

图 7.30　AD590 温度传感器

表 7-8　AD590 的主要特性参数

参　数	数　据	参　数	数　据
工作电压	4～30 V	正向电压	+44 V
工作温度	$-55\sim+150$℃	反向电压	-20 V
保存温度	$-65\sim+175$℃	灵敏度	1μA/K
输出电流	223 μA(-50℃)～423 μA($+150$℃)	—	—

🔑 **特别提示**

AD590 的输出电流是以绝对温度零度(-273℃)为基准,每增加 1℃,它会增加 1μA 输出电流。因此在室温 25℃时,其输出电流 I_o=(273+25)×1μA=298μA。

AD590 基本电路如图 7.31 所示,说明如下:

(1) U_o 的值为 I_o 乘上 10kΩ,以室温 25℃而言,输出值为 10kΩ×298μA=2.98V。

(2) 测量 U_o 时,不可分出任何电流,否则测量值会不准。

AD590 的实际应用电路如图 7.32 所示。电路分析如下:

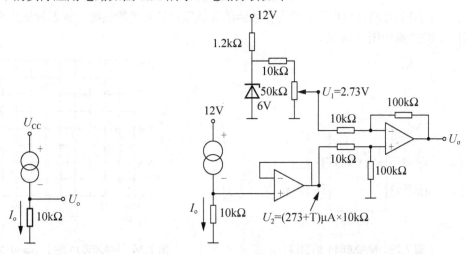

图 7.31　AD590 基本电路　　　　图 7.32　AD590 实际应用电路

(1) AD590 的输出电流 I=(273+T) μA(T 为摄氏温度),因此测量的电压 U_2 为 (273+T)μA×10kΩ=(2.73+T/100) V。为了将电压测量出来,又要使输出电流 I 不分流出来,故使用电压跟随器,其输出电压 U_2 等于输入电压 U_o。

(2) 由于一般电源在供应较多器件之后,电源带有杂波,因此使用齐纳二极管作为稳压元件,再利用可变电阻分压,其输出电压 U_1 需调整至 2.73V。

(3) 最后使用差动放大器,其输出 U_o 为(100kΩ/10kΩ)×(U_2-U_1)=T/10。如果现场温度为摄氏 28℃,则输出电压为 2.8 V;输出电压接 A/D 转换器,那么 A/D 转换输出的数字量就和摄氏温度成线形比例关系。

2) 电压输出型温度传感器 MAX6610/6611

电压型 IC 温度传感器是将温度传感器基准电压、缓冲放大器集成在同一芯片上,制成四端器件。因器件内有放大器,故输出电压高,线性输出为 10 mV/℃。

MAX6610/6611 是美信公司 2002 年推出的一款电压型 IC 温度传感器,适用于系统温度监控、温度补偿、通风系统、家用电器等领域。其主要性能参数如表 7-9 所例。

表 7-9　MAX6610/6611 性能参数

型号	灵敏度	参考电压	温度系数	工作电压	测温范围	测温精度	非线性误差
MAX6610	16 mV/℃	2.560 V	10ppm/℃	3.0~5.5 V	-40~+125℃	25℃时:±1.2℃;	1℃
MAX6611	16 mV/℃	4.096 V	10ppm/℃	4.5~5.5 V	-40~+125℃	-10~+55℃时:±2.4℃; -20~+85℃时:±3.7℃	1℃

注:ppm 表示百万分之一,或称百万分率。

MAX6611 为六脚 SOT-23 封装,如图 7.33 所示,各引脚功能为:1 脚(V_{CC})为电源正端,接 0.1 μF 旁路电容;2 脚、6 脚(GND)为电源负端,接地;3 脚($\overline{SHND}$)为关闭控制端,低电平(≤0.5V)有效,高电平(≥0.5 V)时正常工作,不用时接 V_{CC};4 脚(TEMP)输出与温度成正比的模拟电压;5 脚(REF)为 4.096 V 基准电压输出端,其驱动电流可达 1 mA,接 1 nF~1 μF 的旁路电容。

MAX6611 输出电压 U_{TEMP} 与测量温度 T 的关系为

$$U_{TEMP}=U_o+S\times T \tag{7-27}$$

式中:U_o 为 0℃时的输出电压;S 为传感器的灵敏度;T 为测量温度。该芯片输出电压 U_{TEMP} 与温度 T 的关系如图 7.34 所示。

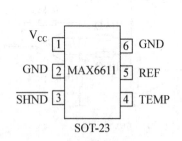
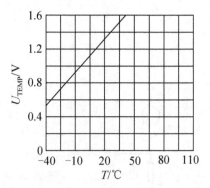

图 7.33 MAX6611 的引脚   图 7.34 MAX6611 的 U_{TEMP}-T 关系

MAX6611 在电路中的典型应用电路如图 7.35 所示。它是由 MAX6611 及微控制器 μC 组成。μC 芯片内带有 ADC,将 MAX6611 输出的模拟电压转换为相应的数字电压,TEMP 端直接接 μC 的 ADC IN 接口,并将 MAX6611 的 REF 端输出的 4.096 V 基准电压输入 μC 的 REF IN 端,提供 ADC 所需的基准电压。分辨力的高低与 ADC 的位数有关,若采用 8 位 ADC,分辨率可达 1℃,采用 10 位时分辨率则为 0.25℃。

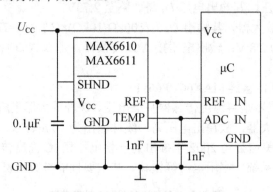

图 7.35 MAX6611 的典型应用电路

【例 7-3】集成温度传感器 MAX6611 在镍铬电池快速充电器中的应用实例。

由 MAX6611 型温度传感器 IC1、电压比较器 IC2、和 LM317 型三端可调集成稳压器构成的镍镉电池快速充电器,电路如图 7.36 所示。该电路对 3~4.5 V 的镍镉电池组可进行快速、安全地充电。通常当被充电电池的温度升高 5℃时就充到额定容量的 80%;此时充电器就改用 40 mA 的小电流继续给电池充电,这种自动切换方式不仅能节省充电时间,还不会造成过充电现象。

温度传感器 MAX6611 的 4 脚(TEMP)输出与温度成正比的电压信号,与比较器的反相端相连接,MAX6611 的 5 脚(REF)输出的基准电压经 100 kΩ 电位器分压后与比较器的同相端相连,$U_{TEMP}=1.2V+S×T$。

三端稳压集成电路 LM317 引脚如图 7.36 所示,该芯片的特性为:由 V_{IN} 端给它提供工作电压以后,便可以保持其+V_{OUT} 端(2 脚)比 ADJ 端(1 脚)的电压高 1.25 V。因此,只需用极小的电流来调整 ADJ 端的电压,便可在+V_{OUT} 端得到比较大的电流输出,并且电压比 ADJ 端高出恒定的 1.25 V。

电压比较器 IC2,两路电压 U_{TEMP} 与 U_2 输入比较器得到输出电压 U_o,其表达式为

$$U_o = \frac{(R_1+R_F)U_2 - R_F U_{TEMP}}{R_1} \tag{7-28}$$

图 7.36 中当电压比较器 IC2 输出的电压 U_o 为高电平时,VD 截止,因为 LM317 的 V_{OUT}-ADJ 端的内部基准电压 E_0=1.25 V,所以该恒流源的输出电流 $\frac{1.25\,V}{1.2\,\Omega}$=1.04A,同时+5 V 电源还通过 R_4 给镍镉电池充电,充电电流为 $I_2 = \frac{(5-0)V}{R_4} = \frac{(5-3)V}{50\Omega}$ = 40 mA,因为 $I_2 \ll I_1$,所以快速充电时的总充电电流近似等于 I_1=1 A。

当温度升高时(约 5℃),传感器输出电压 U_{TEMP} 变大,使得电压比较器输出低电平,此时 VD 导通,LM317 的调整端电位 $U_{ADJ} \approx 0.7$ V,进而使+$V_{OUT}=E_0+U_{ADJ}$=(1.25+0.7) V ≈ 2 V,由于 R_3 的下端接电池的正极,因此 LM317 处于反向偏置状态而不工作。此时靠流经电阻 R_4 上的电流 I_2 给电池充电。

例如:R_1=100 kΩ,R_F=10 MΩ 时,在室温 T=25℃时,U_{TEMP}=1.6 V,调节 100 kΩ 电位计使 U_2=1.65 V,则 U_o=6.65 V 为高电平,VD 截止;在充电过程中温度升高(T=30℃)时,U_{TEMP}=1.68 V,则 U_o=-1.35 V 为低电平,VD 导通,于是电路用弱电流给电池充电。

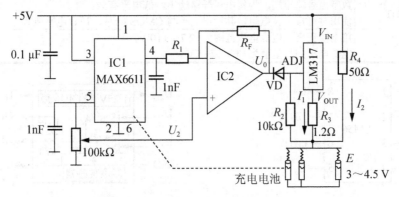

图 7.36 镍镉电池快速充电器电路

2. 逻辑输出型温度传感器

在许多应用中,往往并不需要严格测量温度值,而只关心温度是否超出了一个设定范围。一旦温度超出所规定的范围,则发出报警信号,启动或关闭风扇、空调、加热器或其他控制设备。此时可选用逻辑输出型温度传感器。LM56、MAX6501~MAX6504、MAX6509/6510 是其典型代表。

1) LM56 温控开关

LM56 是美国国家半导体公司(NSC)推出的低功耗、可编程集成温度控制器,内部含有温度传感器和基准电压源。两个集电极开路的数字信号输出端,用来进行温度控制,利用外接电阻分压器可以方便地对上下限温度进行设定。当温度超过上限温度或低于下限温度时,其数字信号输出端输出相应的逻辑电平,经驱动电路实现对温度的控制,控温范围为-40~+125℃,控温误差小于±2℃。内部含有迟滞电压比较器,利用迟滞电压比较器的滞后特性,可有效地避免执行机构在控温点附近频繁动作,滞后温度 THYST 为 5℃。另有一个模拟信号输出端,输出与摄氏温度成线性关系的电压信号。该电压信号经模/数转换后,可用来驱动显示装置,以实现对自身温度的精确测量。该集成温度控制器可广泛应用于家用电器和办公设备的过热保护、数据采集系统及电池供电系统的温度监测、工业过程控制、降温风扇控制、电器设备的过热保护等领域。

(1) 引脚功能及内部结构。LM56 采用 SO-8 表面封装或超小型化的 MSOP-8 封装。LM56 的引脚排列如图 7.37 所示,引脚功能如表 7-10 所列。LM56 的内部结构框图如图 7.38 所示。该器件内部主要包括内部温度传感器、1.25 V 带隙基准电压源、迟滞电压比较器以及集电极开路输出等。

表 7-10 LM56 的引脚功能

引脚序号	引脚符号	引脚功能
1	U_{REF}	1.25 V 基准电压引出端,外接电阻分压器可分别设定上、下限温度
2	U_{TH}	上限阈值电压设定输入端,由基准电压和外接电阻分压器共同确定上限电压阈值
3	U_{TL}	下限阈值电压设定输入端,由基准电压和外接电阻分压器共同确定下限电压阈值
4	GND	公共接地端
5	U_o	温度传感器的模拟电压输出端,输出电压与温度的关系为 $U_o = K_V T + 0.395$ mV(K_V 为电压温度系数,其值为+6.2 mV/℃)
6	OUT_2	数字信号输出端,为集电极开路输出,低电平有效; 使用时可接上拉电阻,其输出电平与 CMOS 电路、TTL 电平兼容
7	OUT_1	数字信号输出端,为集电极开路输出,低电平有效; 使用时可接上拉电阻,其输出电平与 CMOS 电路、TTL 电平兼容
8	U+	接电源正极,电源电压范围为+2.7~+10 V; 电源电压的典型值为+3 V 或+5 V

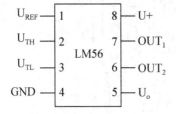

图 7.37 LM56 引脚排列

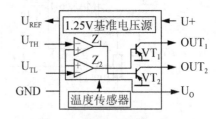

图 7.38 LM56 的内部结构框示意

(2) 工作原理。LM56 首先将内部温度传感器感知的温度转换成电压信号。一路送到模拟电压输出端,另一路送到迟滞电压比较器的同相输入端。1.25 V 基准电压 U_{REF} 经过电阻分压器分压后得到的上限阈值电压 U_{TH} 和下限阈值电压 U_{TL},将分别被送到迟滞电压比较器的反相输入端,然后与同相输入端所加的温度传感器输出的电压 U_o 进行比较。当温度大于上限温度时(即 $T>TH$),$U_o>U_{TH}$,迟滞电压比较器 Z_1 输出高电平,VT_2 导通,从而使得输出端 OUT_2

为低电平。当温度小于上限温度与滞后温度之差时(即 $T<TH-THYST$，$U_o<U_{TH}$，迟滞电压比较器 Z_1 输出低电平，VT_2 截止，从而使输出端 OUT_2 为高电平。当温度大于下限温度时(即 $T>TL$)，$U_o>U_{TL}$，迟滞电压比较器 Z_2 输出高电平，VT_1 导通，输出端 OUT_1 为低电平。而当温度小于下限温度与滞后温度之差时(即 $T<TL-THYST$)，$U_o<U_{TL}$，迟滞电压比较器 Z_2 输出低电平，VT_1 截止，输出端 OUT_1 为高电平。

(3) 上下限阈值电压的设定。分压电阻 R_1、R_2、R_3 与 LM56 的连接如图 7.39 的左边所示。其中 R_1、R_2、R_3 为分压电阻，总阻值 $R=R_1+R_2+R_3=27\text{k}\Omega$。设计时，$R_1$、$R_2$、$R_3$ 分压电阻应选高精度的金属膜电阻。LM56 的上下限阈值电压由下式确定：

$$U_{TH} = \frac{R_1}{R \times U_{REF}} \tag{7-29}$$

$$U_{TL} = \frac{R_1 + R_2}{R \times U_{REF}} \tag{7-30}$$

而上下限阈值电压所对应的温度 TH、TL 由下面的式子确定：

$$\begin{cases} TH = (U_{TH} - 395\text{mV})/K_V \\ TL = (U_{TL} - 395\text{mV})/K_V \end{cases} \tag{7-31}$$

式中：K_V=+6.20 mV/℃。

(4) 应用电路。由集成温度控制器 LM56 构成的温度控制电路如图 7.39 所示。该电路将集成温度控制器 LM56 以合适的方式放置在被控装置的适当部位上，如大功率音频放大器的散热片上，这样当音频放大器的表面温度超过设定值 TL 时，LM56 的数字信号输出端 OUT_1 将输出低电平，以使 P 沟道功率场效应晶体管 NDS356P 导通，开启降温风扇给音频放大器降温。随着温度降低到 $T<TL-THYST$ 时，LM56 的数字信号输出端 OUT_1 将输出高电平，从而使 P 沟道功率场效应晶体管 NDS356P 截止，风扇关闭。当异常情况使得系统温度过高时，即音频放大器的表面温度超过设定值 TH 时，LM56 的数字信号输出端 OUT_2 将输出低电平，并通过执行电路迅速关断电源，从而使放大电路得到保护。图 7.39 中 R_4、R_5 为 10kΩ 上拉电阻。设计时，为了减小外界噪声的干扰，通常在 U+与 GND 之间并联一个 0.1 μF 的电容器。

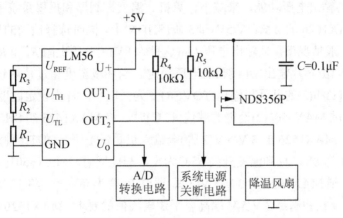

图 7.39 LM56 构成的温度控制电路

2) MAX6501/02/03/04 温度开关

MAX650X 是美国 MAXIM 公司开发的 MAX 系列具有逻辑输出和 SOT-23 封装的温度开关集成电路，温控范围为 45～115℃。在系统保护应用中，"过温位"用来触发有序的系统停机,避免系统电源切断造成数据丢失。

图 7.40 所示为 MAX650X 的内部电路,图 7.41 所示为 MAX6502 的工作电路。这种单片器件结合了传感器、比较器、电压基准和外部电阻等多种功能。MAX650X 的设计非常简单:用户选择一种接近于自己需要的控制的温度门限(由厂方预设在-45～+115℃,预设值间隔为10℃),直接将其接入电路即可使用,无需任何外部元件。其中 MAX6501/MAX6503 提供热温度预置门限(-35～+115℃),当温度高于预置门限时报警;MAX6502/MAX6504 提供冷温度预置门限(-45～+15℃),当温度低于预置门限时报警。对于需要一个简单的温度超限报警而又空间有限的应用如笔记本式计算机、蜂窝移动电话等应用来说是非常理想的,该器件的典型温度误差是±0.5℃,最大±4℃。此外,通过一个引脚接 V+或接地,可设置 2℃或 10℃的滞回,以避免温度接近门限值时输出不稳定。这类器件的工作电压范围为 2.7～5.5 V,典型工作电流 30 μA。

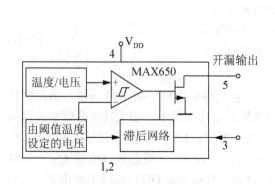
图 7.40 MAX650X 的内部电路

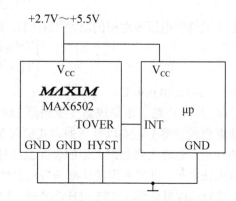
图 7.41 MAX6502 的工作电路

【例 7-4】逻辑输出型温度传感器 MAX6501 的应用实例。

图 7.42 所示为由 MAX6501 等构成的风扇电动机转速控制电路。这种电路通过选择 MDH626 的关闭与输出电压功能,来减小计算机、温度控制器和报警系统中的噪声和功耗。逻辑电平加到 MAX1626 的 2 脚(3V/5V)和 3 脚(SHDN)上,同时选择适当的反馈电阻(R_1 和 R_2)设定输出电压。一般情况下,低输出电压 U_{01}(这里为 8V)由分压电阻 R_1 和 R_2 决定,高输出电压 U_{02} 这里为 12 V 由芯片输出端(4 脚)的电压决定。当环境温度超过片内设定阀值时,监视温度的 MAX6501(1)和(2)的开漏极输出(TOVER)变为低电平,片内设定温度阀值范围为 35～115℃。当温度超过 MAX6501(2)设定的域值(45℃)时,将 MAX1626 的 SHDN(3 脚)电平变低使其接通。这时,MAX1626 的 3 V/5 V(2 脚)端输入仍是低电平,OUT(1 脚)输出 3.3 V,则加到电动机上的电压为 8V,直到温度升到 65℃为止。与此同时,MAX6501(1)的输出变为低电平,使 VT_2 截止,则 MAX1626 的 3 V/5 V(2 脚)通过 R_3 变为高电平,将 12 V 电压加到电动机上。VT_2 用于信号反相和满足 3 V/5 V 端高电平逻辑阈值的要求。MAX1626 输出 100%占空比的波形,负载电流为 1A 时,能使电压降低为 150 mV。变换效率取决于输出电压,但输出电流在 10 mA 和 1A 之间变化时,变换效率为 85%和 96%。风扇控制的平均效率为 90%。在温度较低(低于 45℃)时,变换器关闭,电路电流低于 100 μA。

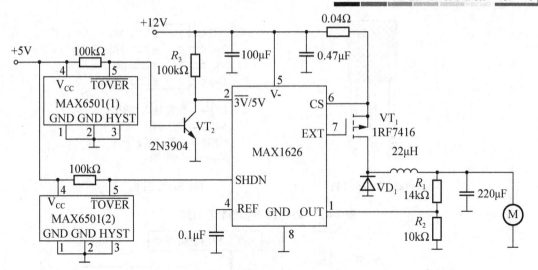

图 7.42　风扇电机转速控制电路

3. 数字输出型温度传感器

数字温度传感器是在 20 世纪 90 年代中期问世的。它是微电子技术、计算机技术和自动测试技术(ATE)的结晶。目前，国际上已开发出多种智能温度传感器系列产品。智能温度传感器内部都包含温度传感器、A/D 转换器、信号处理器、存储器(或寄存器)和接口电路。有的产品还带多路选择器、中央控制器(CPU)、随机存取存储器(RAM)和只读存储器(ROM)。智能温度传感器的特点是能输出温度数据及相关的温度控制量，适配各种微控制器(MCU)；并且它是在硬件的基础上通过软件来实现测试功能的，其智能化和谐也取决于软件的开发水平。下面介绍数字温度传感器中的典型产品 DS1820。

DS1820 是由美国 DALLAS 公司提供的一种单总线系统的数字温度传感器，它可提供二进制 9 位温度信息，分辨力为 0.5℃，可在-55℃到+125℃的范围内测量温度。从中央处理器到 DS1820 仅需连接一条信号线和地线，其指令信息和数据信息都经过单总线接口与 DS1820 进行数据交换。DS1820 完成读、写和温度变换所需的电源可以由数据线本身提供，也可以由外部供给。并且，每个 DS1820 有唯一的系列号，因此同一条单总线上可以挂接多个 DS1820，构成主从结构的多点测温传感器网络。此特性可普遍应用在包括环境监测、建筑物和设备内的温度场测量，以及过程监视和控制中的温度检测中。

图 7.43 所示为 DS1820 的引脚排列，图 7.44 所示为 DS1820 的主要部件的原理框图。它主要包括寄生电源、温度传感器、64 位激光 ROM 单线接口、存放中间数据的高速暂存器(内含便笺式 RAM)，用于存储用户设定的温度上下限值的 TH 和 TL 触发器存储与控制逻辑、8 位循环冗余检验码(CRC)发生器等七部分。

1) 寄生电源

DS1820 可以采用寄生电源供电，也可用外部 5V 电源供电。在未知供电方式的情况下，总线主机可通过发出读电源的指令得知器件以何种方式供电。

寄生电源由两个二极管和寄生电容组成。电源检测电路用于判定供电方式。寄生电源供电时，电源端接地，器件从总线上获取电源。在 I/O 线呈低电平时，改由寄生电容上的电压继续向器件供电。寄生电源两个优点：一是检测远程温度时无需本地电源；二是缺少正常电源时也能读取 ROM。若采用外部电源，则通过二极管向器件供电。

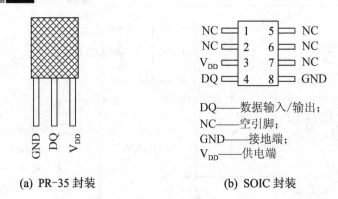

(a) PR-35 封装　　　　　　　　(b) SOIC 封装

图 7.43　DS1820 外部形状及引脚

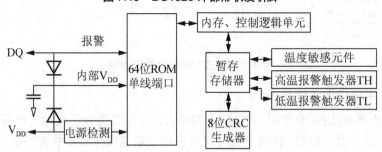

图 7.44　DS1820 引脚排列和原理示意

2) 64 位激光 ROM

每个 DS1820 的 64 位 ROM 中都保存着该 DS1820 的产品信息和产品系列编码，ROM 结构如图 7.45 所示。其中，前 8 位为后 56 位的检验码，其等效多项式为

$$CRC = X^8 + X^5 + X^4 + 1$$

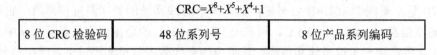

| 8 位 CRC 检验码 | 48 位系列号 | 8 位产品系列编码 |

图 7.45　DS1820 的 ROM 结构

单总线上所有 DS1820 器件可以通过检索器件的 ROM 中的内容进行识别。64 位 ROM 编码和 ROM 操作指令是 DS1820 作为一个单总线器件正常工作的基础，只有当 ROM 操作指令被满足后，才可继续访问 DS1820 控制部分的功能。主机操作 ROM 的命令有 5 种，如表 7-11 所列。

表 7-11　主机操作 ROM 的命令

指令	说明
读 ROM(33H)	读 DS1820 的序列号
匹配 ROM(55H)	继续读完 64 位序列号的一个命令，用于多个 DS1820 时定位
跳过 ROM(CCH)	此命令执行后的存储器操作将针对在线的所有 DS1820
搜 ROM(F0H)	识别总线上各器件的编码，为操作各器件做好准备
报警搜索(ECH)	仅温度越限的器件对此命令作出响应

3) 高速暂存器 RAM

DS1820 存储器结构如图 7.46 所示，存储器由一个高速暂存(便携式)RAM 和一个非易失性的电可擦除 RAM(EERAM)组成。所有 RAM 中的数据会在每一次上电复位时刷新。而非易失性的 EERAM 中存储的高温度和低温度报警触发器 TH 和 TL 的备份将不会丢失。数据先写入 RAM，经校验后再传给 EERAM。便笺式 RAM 占 9 字节，包括温度信息(第 1、2 字节)、TH 和 TL 值(第 3、4 字节)、计数寄存器(第 7、8 字节)、CRC(第 9 字节)等，第 5、6 字节不用。暂存器的命令共 6 条，见表 7-12 所列。

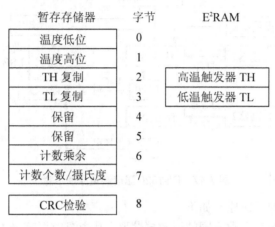

图 7.46　DS1820 存储器结构

表 7-12　DS1820 存储器控制指令

指　　令	说　　明
温度转换(44H)	启动在线 DS1820，做温度 A/D 转换
读数据(BEH)	从高速暂存器读 9bit 温度值和 CRC 值
写数据(4EH)	将数据写入高速暂存器的第 0 和第 1 字节中
复制(48H)	将高速暂存器中第 2 和第 3 字节复制到 EEPRAM
读 EERAM(B8H)	将 EEPRAM 内容写入高速暂存器中第 2 和第 3 字节
读电源供电方式(B4H)	了解 DS1820 的供电方式

4) 测温原理

DS1820 单线通信功能是分时完成的，它有严格的时隙概念。因此系统对 DS1820 的各种操作必须按协议进行。经过单总线接口访问 DS1820 的协议处理顺序为：初始化单总线系统；执行某种 ROM 操作指令；执行存储器操作指令；处理数据。具体处理过程如下：

(1) 初始化单总线系统。单总线上的所有处理均从初始化序列开始。初始化序列包括总线主机发出一复位脉冲(不小于 480μs 的低电平脉冲)，然后释放总线，总线被 5 kΩ 上拉电阻拉高，接着由从机向总线发送存在脉冲(60～240μs 的低电平脉冲)，表示从机存在于总线上。总线主机检测到存在脉冲后表示初始化过程成功。

(2) 执行 ROM 操作指令。ROM 操作指令包括：读 ROM，比较 ROM，跳过 ROM，搜索 ROM，报警搜索。一旦总线主机检测到从机的存在，主机就可以发出 ROM 操作指令。

(3) 执行存储器控制指令。存储器控制指令包括：温度变换，读存储器，写暂存存储器，复制暂存存储器，重新调出 EERAM，读电源状态。用户可以根据应用的需要执行相应的存储器指令，完成温度转换操作、读/写存储器操作等。从而完成温度测量并从 DS1820 获得测量结果。

(4) 用户根据自己的需要进行数据处理,如通过计算获得较高的温度分辨力或进行温度测量控制工作。

DS1820 使用了单片(on-board)温度测量专利技术来测量温度。温度值的产生是通过对温敏振荡器进行计数获得的。温度测量电路的原理如图 7.47 所示。

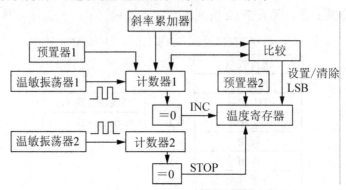

图 7.47 DS1820 温度测量原理示意

DS1820 测温系统的工作原理如下:

DS1820 内含两个温度系数不同的温敏振荡器,其中温敏振荡器 1 相当于测温元件,温敏振荡器 2 相当于标尺,通过不断比较两个温敏振荡器的振荡周期,得到两个温敏振荡器在测量温度下的振荡频率比值,根据频率比值和温度的对应曲线,得到相应的温度值。其具体测温过程如下:首先由预置器 2 将温度寄存器预置为对应于温度下限(-55℃)的值。然后,由预置器 1 对计数器 1 也预置一个对应于温度下限(-55℃)的计数值,计数器 1 接收温敏振荡器 1 的输出信号并进行减法运算。计数器 2 接收温敏振荡器 2 的输出信号得到实际温度值并送给温度寄存器作为比较的标尺。如果计数器 1 首先递减到 0,那么将向温度寄存器输出一个信号,温度寄存器的值将增加一位,对应温度值增加 0.5℃,说明实测温度高于-55℃。随后,斜率累加器根据两个温敏振荡器的温度特性曲线计算出下一个温度位置处计数器 1 的预置计数值,对计数器 1 再次进行预置。计数器 1 和计数器 2 再次开始计数。如果计数器 1 仍先于计数器 2 到达 0,则重复执行上面给出的步骤,直至计数器 2 先于计数器 1 达到 0,完成一次测温。温度寄存器中的值为测量所得的当前温度值。通过这个过程不仅完成了测温,而且将完成温度值的数字化,省去了 A/D 转换器。

在 DS1820 中,温度是以两字节的格式表示的,其中最高有效位为 1 字节,它为全 0 或全 1,表示温度在 0℃以上还是 0℃以下。最低有效位也为 1 字节,表示不同的温度值。温度与数据的对应关系如表 7-13 所列。还可以通过读出计数器 1 中的剩余值和计数器 1 的预置值来获得较高的分辨力。公式如下:

温度=温度寄存器对应的温度值-0.75+(计数器 1 的预置值-计数器 1 中的剩余值)

表 7-13 DS1820 的温度与数据的对应关系

温 度	数字输出(二进制)	数字输出(十六进制)
+125℃	00000000 11111010	00FAH
+25℃	00000000 00110010	0032H
+0.5℃	00000000 00000001	0001H
0℃	00000000 00000000	0000H

续表

温　　度	数字输出(二进制)	数字输出(十六进制)
−0.5℃	11111111　11111111	FFFFH
−25℃	11111111　11001110	FFCEH
−55℃	11111111　10010010	FF92H

5) 典型应用电路

温度检测系统原理图如图 7.48 所示，采用寄生电源供电方式。为保证在有效的 DS1820 时钟周期内，提供足够的电流，用一个 MOSFET 管和 89C51 的一个 I/O 口(P1.0)来完成对 DS1820 总线的上拉。当 DS1820 处于写存储器操作和温度 A/D 转换操作时，总线上必须有强的上拉，上拉开启时间最大为 10μs。采用寄生电源供电方式时 VDD 必须接地。由于单线制只有一根线，因此发送接收口必须是三态的，为了操作方便我们用 89C51 的 P1.1 口作发送口 T_x，P1.2 口作接收口 R_x。试验表明，此种方法可挂接 DS1820 数十片，距离可达到 50 m，若用一个口时仅能挂接 10 片 DS1820，距离仅为 20 m。同时，由于读写在操作上是分开的，故不存在信号竞争问题。

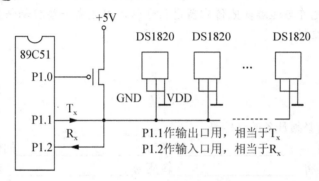

图 7.48　温度检测系统原理示意

知识链接

随着电子技术和计算机技术的迅速发展，热电传感器技术也得到了很大的发展。热电式温度传感器因能将温度转变为电量(或电参量)，可方便地与计算机或其他专用电子设备相接，进行数据的传输、处理、变换和存储，而使其在众多的温度传感器中具有独特的优势。

目前，扩展各种热电式传感器的测温范围是热电式传感器研发的一个重要方向。热电阻的应用范围已扩展到 1～5 K 的超低温领域，同时在 1000～1200℃范围内也有足够好的特性。

其次是智能温度传感器正朝着高精度、多功能、总线标准化、高可靠性及安全性、开发虚拟传感器和网络传感器、研制单片测温系统等高科技的方向迅速发展。虚拟传感器是基于传感器硬件和计算机平台并通过软件开发而成的。利用软件可完成传感器的标定及校准，以实现最佳性能指标。网络温度传感器是包括数字传感器、网络接口和处理单元的新一代智能传感器。数字传感器首先将测量结果传输给网络，以便实现各传感器之间、传感器与执行器之间、传感器与系统之间的数据交换及资源共享，在更换传感器时无须进行标定和校准，可做到"即插即用(Plug&Play)"。单片系统(System On Chip)是在芯片上集成一个系统或子系统，其集成度将高达 108～109 元件/片，这将给 IC 产业及 IC 应用带来划时代的进步。目前，国际上一些著名的 IC 厂家已开始研制单片测温系统，相信在不久的将来即可面市。

本 章 小 结

本章主要讨论了热电偶、热电阻、热敏电阻、PN 结温度传感器、集成温度传感器等热电式温度传感器的工作原理、温度特性和性能参数,给出了各种热电式温度传感器的测量电路和应用实例。

IC 温度传感器与热敏电阻这两种传感器都具备小外形尺寸并且提供模拟输出,但 IC 传感器具有更高的线性和更宽的工作温度范围。它可以集成其他的内置功能,例如提供数字输出的 ADC、数模转换器(DAC)、参考电压源和风扇控制电路。IC 传感器集成复杂电路的能力意味着比热敏电阻的总系统成本低(热敏电阻需要许多附加的外部元件),并且随着 IC 制造线宽的进一步缩小,IC 传感器的封装尺寸也将减小。

数字输出温度传感器与其他 3 种主要类型模拟输出温度传感器(热电偶、RTD 和热敏电阻)不同,数字输出 IC 温度传感器不需要外部线性化电路转换。此外,由于其 IC 集成特性,它们自然会降低成本。它们可与常见的计算机总线(例如 I2C 总线、SPI 总线和 SMBus 等)连接。而且,它们允许与远端其他传感器进行通信,以完成一些控制任务(例如风扇转速控制和总体系统温度控制)。

习　　题

一、填空题

7-1 热电偶测温必须具备的条件是_____,_____。

7-2 热电阻是将_____转变为_____的传感器。

7-3 热敏电阻是将_____转变为_____的传感器。

二、简答题

7-4 常用的热电阻有哪几种?适用范围如何?

7-5 热敏电阻与热电阻相比较有什么优缺点?

7-6 用热敏电阻进行线性温度测量时必须注意什么问题?

7-7 什么是中间导体定律和中间温度定律?它们在利用热电偶测温时有什么实际意义?

7-8 什么是均匀导体定律?它有什么实际意义?

7-9 图 7.21 所示的哪根曲线属于 PTC 热敏电阻、NTC 热敏电阻、CTR 热敏电阻?

7-10 热敏电阻与 IC 温度传感器这两种传感器有何不同?

7-11 数字输出温度传感器与其他 3 种主要类型模拟输出温度传感器(热电偶、RTD 和热敏电阻)有何不同?

7-12 实验室备有铂铑-铂热电偶、铂电阻器和半导体热敏电阻器,今欲测量某设备外壳的温度,已知其温度约为 300~400℃,要求精度达到±2℃,试问应选用哪一种?为什么?

三、计算题

7-13 用铂铑$_{10}$-铂热电偶(S 型)测温,已知冷端温度 T_H=35℃,这时热电动势为 11.348 mV。请用补正系数法求被测温度 T。

7-14 用镍铬-镍硅热电偶测得高炉温度为 800℃,若参考温度为 25℃,问高炉的实际温度为多少?

第 8 章 光电式传感器

通过本章学习,掌握光电式传感器的工作原理、光电器件的基本结构、特性参数、基本转换电路的相关知识,了解光电式传感器的实际应用,为光电式传感器的选用和设计打下基础。

掌握光电效应原理,熟悉常见光电器件及其基本特性,会选用合适的光电器件构成各种光电传感器。

熟悉位置敏感型器件 PSD 的原理、特性及应用。

熟悉固态图像传感器的原理、特性及应用。

熟悉光栅式传感器的工作原理、系统构成及其应用。

了解光学编码器的工作原理及系统构成。

导入案例

数码照相机、视频摄像头、扫描仪等是在我们生活中随处可见、经常使用的设备,可你知道它们是怎么实现图像采集的吗?以下面图示的扫描仪为例,在扫描仪中装有线阵式 CCD 光电图像传感器,利用线光源的移动和光学成像系统,以扫描成像的方式将平面图像或文字逐行成像到 CCD 光敏面上,由它将图像、文字等光能变化信号转换成易于传输、存储、处理的电信号。

光电传感器的物理基础是光电效应,它实现了光能向电能的转换。若其他物理量的变化能转换成光能的变化,就可以利用光电传感器来实现这些物理量的测量。

光电传感器是一种常用传感器,种类很多,应用领域广泛,可以用来测量转速、位移、距离、温度、浓度、浊度等参量,也可用于生产线上产品的计数、做光电开关等;光电图像传感器还广泛用于扫描仪、传真机、内窥镜、数码照相机和摄像机等产品。

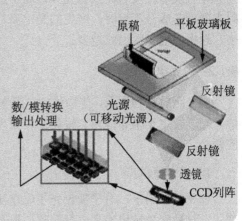

8.1 光电效应

光电传感器的工作原理基于光电效应。光电效应是指物体吸收了光能后转换为该物体中某些电子的能量,从而产生的电效应。光电效应分为外光电效应和内光电效应两大类。

8.1.1 外光电效应

在光线的作用下,物体内的电子逸出物体表面向外发射的现象称为外光电效应。外光电效应多发生于金属和金属氧化物,向外发射的电子称为光电子。基于外光电效应的光电器件有光电管、光电倍增管等。

光子是具有能量的粒子,每个光子的能量为

$$E=h\nu \tag{8-1}$$

式中:h 为普朗克常数,$h=6.626\times10^{-34}$J·s;ν 为光的频率(Hz)。

根据爱因斯坦光电效应理论,一个电子只能接受一个光子的能量,所以要使一个电子从物体表面逸出,必须使光子的能量大于该物体的表面逸出功 A_0,超过部分的能量表现为逸出电子的动能。根据能量守恒定理,列出方程如下:

$$h\nu = \frac{1}{2}mv_0^2 + A_0 \tag{8-2}$$

式中:m 为电子质量;v_0 为电子逸出速度;A_0 为物体的表面电子逸出功。

该方程称为爱因斯坦光电效应方程。由式(8-2)可知,光电子能否产生,取决于光子的能量是否大于该物体的表面电子逸出功 A_0。不同的物质具有不同的逸出功,即每一种物质都有一个对应的光频阈值,称为红限频率,根据式(8-2),红限频率为

$$\nu_0 = A_0/h \tag{8-3}$$

对应的波长限为

$$\lambda_0 = hc/A_0 \tag{8-4}$$

式中:c 为真空中的光速,$c \approx 3\times10^8$m/s。

光线频率低于红限频率,光子能量不足以使物体内的电子逸出,即使光强再大也不会产生光电子发射;反之,入射光频率高于红限频率,即使光线微弱,也会有光电子射出。当入射光的频谱成分不变时,产生的光电流与光强成正比,即光强愈大,意味着入射光子数目越多,逸出的电子数也就越多。

8.1.2 内光电效应

当光照射在物体上,使物体的电阻率ρ发生变化,或产生光生电动势的现象称为内光电效应,它多发生于半导体内。根据工作原理的不同,内光电效应分为光电导效应和光生伏特效应两类。

1. 光电导效应

在光线作用下,电子吸收光子能量从键合状态过渡到自由状态,从而引起材料电导率的变化,这种现象被称为光电导效应。基于这种效应的光电器件有光敏电阻。

如图 8.1 所示,当光照射到半导体材料上时,价带中的电子受到能量大于或等于禁带宽

度的光子轰击，使其由价带越过禁带跃入导带，材料中导带内的电子和价带内的空穴浓度增加，从而使电导率变大。

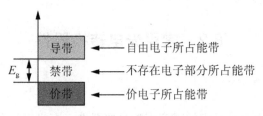

图 8.1　半导体材料电子能带分布

为了实现能级的跃迁，入射光的能量必须大于光电导材料的禁带宽度 E_g，即

$$h\nu = \frac{hc}{\lambda} = \frac{1.24}{\lambda} \geqslant E_g \tag{8-5}$$

式中：ν、λ 分别为入射光的频率和波长。

材料的光导性能决定于禁带宽度 E_g，对于一种光电导材料，同样存在一个照射光波长限 λ_0，只有波长小于 λ_0 的光照射在光电导体上，才能产生电子能级间的跃迁，从而使光电导体的电导率增加。

2. 光生伏特效应

在光线作用下能够使物体产生一定方向的电动势的现象叫做光生伏特效应。

光生伏特效应有两种：结光电效应(也称为势垒效应)和横向光电效应(也称为侧向光电效应)。基于光生伏特效应的光电器件有光电池、光敏二极管和光敏晶体管等。

1) 结光电效应

众所周知，由半导体材料形成的 PN 结，在 P 区的一侧，价带中有较多的空穴，而在 N 区的一侧，导带中有较多的电子。由于扩散的结果，使 P 区带负电、N 区带正电，它们积累在结附近，形成 PN 结的自建场，自建场阻止电子和空穴的继续扩散，最终达到动态平衡，在结区形成阻止电子和空穴继续扩散的势垒，如图 8.2 所示。

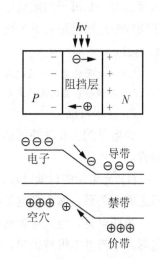

在入射光照射下，当光子能量 $h\nu$ 大于光电导材料的禁带宽度 E_g 时，就会在材料中激发出光生电子-空穴对，破坏结的平衡状态。在结区的光生电子和空穴以及新扩散进结区的电子和空穴，在结电场的作用下，电子向 N 区移动，空穴向 P 区移动，从而形成光生电流。这些可移动的电子和空穴，称为材料中的少数载流子。在探测器处于开路的情况下，少数载流子积累在 PN 结附近，降低势垒高度，产生一个与平衡结内自建场相反的光生电场，也就是光生电动势。

图 8.2　半导体 PN 结势垒和能带

2) 横向光电效应

当半导体光电器件受光照不均匀时，光照部分吸收入射光子的能量产生电子-空穴对，光照部分载流子浓度比未受光照部分的载流子浓度大，就出现了载流子浓度梯度，因而载流子就要扩散。如果电子迁移率比空穴大，那么空穴的扩散不明显，则电子向未被光照部分扩散，就造成光照射的部分带正电，未被光照射部分带负电，光照部分与未被光照部分产生光电动势。这种现象称为横向光电效应，也称为侧向光电效应。基于该效应的光电器件有半导体光电位置敏感器件(PSD)，本章第4节将重点讨论。

8.2 常用光电转换器件

8.2.1 外光电效应器件

外光电效应器件一般都是真空的或充气的光电器件，有光电管和光电倍增管。

1. 光电管及其基本特性

1) 结构与工作原理

光电管有真空光电管和充气光电管两类。两者基本结构相似，由一个阴极和一个阳极构成，并且密封在一只玻璃管内。基本结构如图8.3所示。阴极装在玻璃管内壁上，其上涂有光电发射材料。阳极通常用金属丝弯曲成矩形或圆形，置于玻璃管的中央。在阳极与阴极间施加电压，当有满足波长条件的光照射阴极时，就会有电子发射，在两极间及外电路中形成电流。

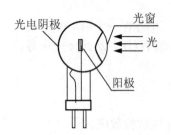

图8.3 光电管结构示意

为了获得高灵敏度的光电管，可在真空光电管中充入低压惰性气体，这便是充气光电管。充气光电管中的光电子向阳极加速运动过程中，撞击惰性气体，使其电离成正、负离子，正离子向阴极运动，负离子向阳极运动，运动过程中再度加速，并撞击其他惰性气体分子电离，因而在同样的光通量照射下，充气光电管的光电流比真空光电管大，灵敏度得到改善。

🔑 特别提示

充气光电管的灵敏度虽较真空光电管高，但稳定性差，线性不好，暗电流也大，噪声高，响应时间长，因此已逐渐被性能更优良的光电倍增管代替。

2) 基本特性

光电管的主要性能包括伏安特性、光照特性、光谱特性、响应时间、峰值探测率和温度特性。

(1) 光电管的伏安特性。在一定的光照射下，光电管阴极和阳极间所加电压与产生的光电流之间的关系，称为光电管的伏安特性。光电管的伏安特性如图8.4所示。

由图可见，当入射光通量一定时，电流先是随外加偏压升高而增大；当电压增加到一定值后，电流基本维持恒定，此恒定值即饱和电流值，相应的偏压称为饱和工作电压。这说明只有当偏置电压增加到一定值时，阴极发射的光电子才能全部为阳极所收集。因此，光电管在使用时，应使其工作在饱和状态下。伏安特性曲线还表明，工作偏压一定时，饱和电流随入射到阴极的光通量增大而增大，但在加有工作电压却没有光照射情况下，也仍有光电流输出，这就是暗电流。

(2) 光电管的光照特性。当光电管的阳极和阴极之间所加电压一定时，光通量与光电流之间的关系，称为光电管的光照特性，如图8.5所示。其中氧铯阴极光电管的光电流I与光通量有很好的线性关系。

光照特性曲线的斜率(光电流与入射光光通量之比)称为光电管的灵敏度。

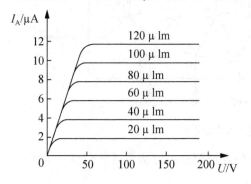

图 8.4 光电管的伏安特性

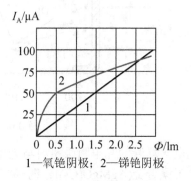

1—氧铯阴极；2—锑铯阴极

图 8.5 光电管的光照特性

(3) 光电管的光谱特性。保持光通量和电压不变，阳极电流与光波长之间的关系称为光电管的光谱特性。对于光电阴极材料不同的光电管，它们有不同的红限频率 v_0，因此工作于不同的光谱范围。除此之外，即使照射在阴极上的入射光的频率高于红限频率 v_0，强度相同、频率不同的入射光，阴极发射的光电子的数量也会不同，即对于不同频率的光，光电管的灵敏度不同。

国产 GD-4 型的光电管，阴极是锑铯材料，其红限 $\lambda_0 = 700$ nm，它对可见光范围的入射光灵敏度比较高，转换效率达 25%～30%，适用于白光光源，因而被广泛应用于各种光电式自动检测仪表中。对红外光源，常用银氧铯阴极，构成红外传感器。对紫外光源，常用锑铯阴极和镁镉阴极。另外，锑钾钠铯阴极的光谱范围较宽，为 300～850 nm，灵敏度也较高，与人的视觉光谱特性很接近，是一种新型的光电阴极；但也有些光电管的光谱特性和人的视觉光谱特性有很大差异，因而在测量和控制技术中，这些光电管可以担负人眼所不能胜任的工作，如坦克和装甲车的夜视镜等。

2. 光电倍增管及其基本特性

当入射光很微弱时，普通光电管产生的光电流很小，只有零点几 μA，很不容易探测。这时可使用光电倍增管。

1) 结构和工作原理

光电倍增管由半透明的光电阴极、倍增极以及阳极三部分组成。图 8.6 所示为其工作原理图。当入射光子照射到半透明的光电阴极 k 上时，将激发出光电子。光电子被第一倍增极 D_1 与阴极 k 之间的电场所会聚并加速后，与倍增极 D_1 碰撞。第一倍增极在高动能电子的作用下，将发射比入射电子数目更多的二次电子。这些二次电子又被 D_1～D_2 之间的电场所加速，打到第二个倍增级上，同样在第二个倍增级上产生电子倍增。依此类推，经 n 级倍增级后，电子被放大 n 次。光电倍增管的倍增极可多达 30 级。产生的电子最后被阳极 a 收集。收集到的电子数是阴极发射电子数的 10^5～10^8 倍。光电倍增管的灵敏度比普通光电管高几万倍到几百万倍。因此在很微弱的光照时，它也能产生很大的光电流。

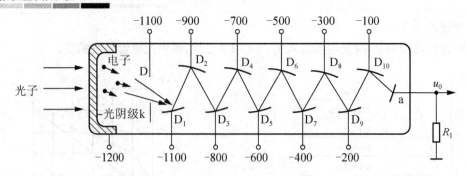

图 8.6 光电倍增管工作原理示意

光电倍增管的光电阴极材料与光电管阴极材料大致相似。倍增级材料有锑化铯(CsSb)、氧化的银镁合金(AgMgO[Cs])、铜-铍合金等。

2) 主要参数

(1) 倍增系数 M。倍增系数 M 等于 n 个倍增极的二次电子发射系数 δ 的乘积。如果 n 个倍增极的 δ 都相同，则 $M=\delta^n$。因此，阳极电流 I 为

$$I = i \cdot \delta^n \tag{8-6}$$

式中：i 为光电阴极的光电流。

则光电倍增管的电流放大倍数 β 为

$$\beta = \frac{I}{i} = \delta^n \tag{8-7}$$

M 与所加电压有关，如图 8.7 所示。M 在 $10^5 \sim 10^8$ 之间，稳定性为 1% 左右。电压稳定性要在 0.1% 以内，如果有波动，倍增系数也要波动，因此 M 具有一定的统计涨落。一般阳极和阴极之间的电压为 $1000 \sim 2500$ V，两个相邻的倍增电极的电位差为 $50 \sim 100$ V。所加电压越稳越好，这样可以减小统计涨落，从而减小测量误差。

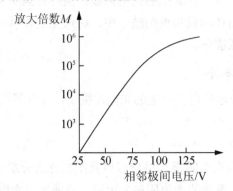

图 8.7 光电倍增管特性曲线

(2) 灵敏度。灵敏度是衡量光电倍增管质量的重要参数，它反映光电阴极材料对入射光的敏感程度和倍增级的倍增特性。光电倍增管的灵敏度分为阴极灵敏度和阳极灵敏度。

阴极灵敏度指光电倍增管阴极电流与入射光谱辐射通量之比。阳极灵敏度指阳极输出电流与入射光谱辐射通量之比。光电倍增管的阳极灵敏度最大可达 10 A/lm，极间电压越高，灵敏度越高；但极间电压也不能太高，太高反而会使阳极电流不稳。

🔑 特别提示

由于光电倍增管的灵敏度很高，所以不能受强光照射，否则将会损坏。

(3) 暗电流和本底脉冲。一般在使用光电倍增管时，必须在暗室里避光使用，使其只对入射光起作用；但是由于环境温度、热辐射和其他因素的影响，即使没有光信号输入，加上电压后阳极仍有电流，这种电流称为暗电流，暗电流通常可以用补偿电路消除。

光电倍增管暗电流值在正常情况下一般为 $10^{-16} \sim 10^{-10}$ A，是所有光电探测器暗电流最低的器件。

如果光电倍增管与闪烁体放在一处，在完全避光情况下，出现的电流称为本底电流，其值大于暗电流。这是由于宇宙射线对闪烁体的照射使其激发，被激发的闪烁体照射在光电倍增管上而造成的，本底电流具有脉冲形式。

(4) 光电倍增管的光照特性。光照特性反映了光电倍增管的阳极输出电流与照射在光电阴极上的光通量之间的函数关系。对于较好的光电倍增管，在很宽的光通量范围之内（$<10^{-4}$ lm），这个关系是线性的，如图 8.8 所示。

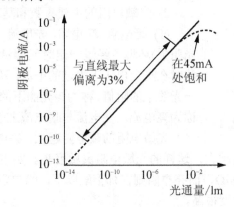

图 8.8 光电倍增管的光照特性

8.2.2 内光电效应器件

1. 光敏电阻

光敏电阻又称光导管，为纯电阻元件，其工作原理基于光电导效应，其阻值随光照增强而减小。

光敏电阻具有很高的灵敏度，很好的光谱特性，光谱响应范围从紫外区到红外区。而且其体积小、重量轻、性能稳定、价格便宜，因此应用比较广泛。

1) 光敏电阻的结构

光敏电阻的结构如图 8.9 所示。光敏电阻管心是一块安装在绝缘衬底上带有两个欧姆接触电极的光电导体。由于光电导体吸收光子而产生的光电效应只限于光照的表面薄层，因此光电导体一般都做成薄层。由于光电导灵敏度随光敏电阻两电极间距的减小而增大，因此，为了获得高的灵敏度，光敏电阻的电极一般采用梳状图案。它是在一定的掩模下向光电导薄膜上蒸镀金或铟等金属形成的。这种梳状电极，由于在间距很近的电极之间有可能采用大的极板面积，所以提高了光敏电阻的灵敏度。

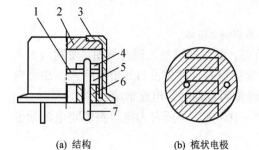 

(a) 结构　　　　　　(b) 梳状电极　　　　(c) 电路符号　　　　(d) 光敏电阻实物

图 8.9　光敏电阻的结构、符号和实物

1—光导层；2—玻璃窗口；3—金属外壳；4—电极；5—陶瓷基座；6—黑色绝缘玻璃；7—电阻引线

光敏电阻的灵敏度易受湿度的影响，因此要将光电导体严密封装在玻璃壳体中。如果把光敏电阻连接到外电路中，在外加电压的作用下，用光照射就能改变电路中电流的大小，其测量电路如图 8.10 所示。

2) 光敏电阻的主要参数和基本特性

(1) 暗电阻、亮电阻、光电流。光敏电阻在室温、全暗(无光照射)环境下经过一定时间测量的电阻值，称为暗电阻。此时在给定电压下流过的电流，称为暗电流。光敏电阻在某一光照下的阻值，称为该光照下的亮电阻。此时流过的电流，称为亮电流。亮电流与暗电流之差，称为光电流。

图 8.10　光敏电阻的基本测量电路

光敏电阻的暗电阻越大，亮电阻越小则性能越好。也就是说，暗电流越小，光电流越大，这样的光敏电阻灵敏度高。实用的光敏电阻的暗电阻往往超过 1 MΩ，甚至高达 100 MΩ，而亮电阻则在几千欧以下，暗电阻与亮电阻之比在 $10^2 \sim 10^6$ 之间，可见光敏电阻的灵敏度很高。

(2) 光照特性。图 8.11 所示为硫化镉(CdS)光敏电阻的光照特性。它是在一定外加电压下，光敏电阻的光电流和光通量之间的关系。不同类型光敏电阻光照特性不同，但光照特性曲线均呈非线性。因此它不宜作定量检测元件，一般在自动控制系统中用作光电开关。

(3) 光谱特性。光谱特性与光敏电阻的材料有关。从图 8.12 中可知，硫化铅光敏电阻在较宽的光谱范围内均有较高的灵敏度，峰值在红外区域；硫化镉、硒化镉的峰值在可见光区域。因此，在选用光敏电阻时，应把光敏电阻的材料和光源的种类结合起来考虑，才能获得满意的效果。

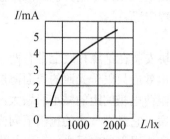 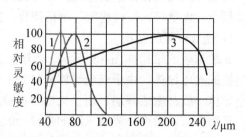

图 8.11　硫化镉光敏电阻的光照特性　　　　**图 8.12　光敏电阻的光谱特性**

1—硫化镉；2—硒化镉；3—硫化铅

(4) 伏安特性。在一定照度下,加在光敏电阻两端的电压与电流之间的关系称为光敏电阻的伏安特性。图 8.13 中曲线 1、2 分别表示照度为零及照度为某定值时的伏安特性。

由曲线可知,在给定偏压下,光照度越大,光电流也越大。在一定的光照度下,所加的电压越大,光电流越大,而且无饱和现象。但是电压不能无限地增大,因为任何光敏电阻都受额定功率、最高工作电压和额定电流的限制。超过最高工作电压和最大额定电流,可能导致光敏电阻永久性损坏。

(5) 频率特性。当光敏电阻受到脉冲光照射时,光电流要经过一段时间才能达到稳定值,而在停止光照后,光电流也不立刻为零,这称为光敏电阻的惰性或时延特性。由于不同材料的光敏电阻时延特性不同,所以它们的频率特性也不同,如图 8.14 所示。硫化铅的使用频率比硫化镉高得多,但多数光敏电阻的时延都比较大,所以,它不能用在要求快速响应的场合。

(6) 稳定性。图 8.15 中曲线 1、2 分别表示两种型号 CdS 光敏电阻的稳定性。

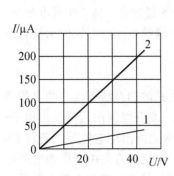
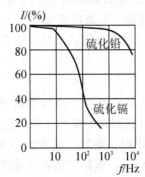
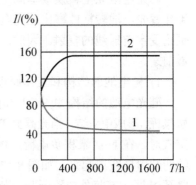

图 8.13　光敏电阻的伏安特性　　图 8.14　光敏电阻的频率特性曲线　　图 8.15　光敏电阻的稳定性曲线

初制成的光敏电阻,由于体内机构工作不稳定,以及电阻体与其介质的作用还没有达到平衡,所以性能是不够稳定的。但在人为地加温、光照及加负载情况下,经一至二周的老化,性能可达稳定。光敏电阻在开始一段时间的老化过程中,有些样品阻值上升,有些样品阻值下降,但最后达到一个稳定值后就不再变了。这就是光敏电阻的主要优点。光敏电阻的使用寿命在密封良好、使用合理的情况下,几乎是无限长的。

(7) 温度特性。光敏电阻性能(灵敏度、暗电阻)受温度的影响较大。随着温度的升高,暗电阻和灵敏度下降,如图 8.16(a)所示;光谱特性曲线的峰值向波长短的方向移动,如图 8.16(b)所示。有时为了提高灵敏度,或为了能够接收远红外光等较长波段的辐射,将元件降温使用。例如,可利用制冷器使光敏电阻的温度降低。

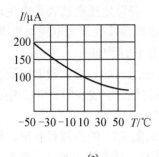
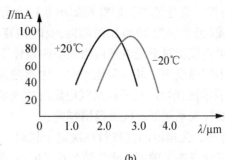

(a)　　　　　　　　　　(b)

图 8.16　光敏电阻的温度特性曲线

2. 光电池

光电池是利用光生伏特效应把光直接转变成电能的器件，是发电式有源元件。由于它可把太阳能直接变为电能，因此又称为太阳能电池。它有较大面积的 PN 结，当光照射在 PN 结上时，在结的两端出现电动势。

光电池的命名方式是把光电池的半导体材料的名称冠于光电池之前。如，硒光电池、砷化镓光电池、硅光电池等。目前，应用最广、最有发展前途的是硅光电池。

硅光电池有两种类型：一种是以 P 型硅为衬底的 N 掺杂 PN 结，称为 2DR 系列；另一种是以 N 型硅为衬底的 P 掺杂 PN 结，称为 2CR 系列。一般硅光电池的开路电压约为 0.55 V，短路电流为 35～40 mA·cm^{-2}，转换效率一般在 10%左右，光谱响应峰值在 0.7～0.9 μm，响应范围为 0.4～1.1 μm，响应时间为 10^{-3}～10^{-9} s。

硒光电池光电转换效率低(约 0.02%)、寿命短，但适于接收可见光(响应峰值波长 560 nm)。砷化镓光电池转换效率比硅光电池稍高，光谱响应特性与太阳光谱最吻合，且工作温度最高，更耐受宇宙射线的辐射。因此，它在宇宙飞船、卫星、太空探测器等电源方面的应用很有发展前途。

1) 光电池的结构和工作原理

硅光电池的结构如图 8.17(a)所示。它是在一块 N 型硅片上用扩散的办法掺入一些 P 型杂质(如硼)形成 PN 结。当光照到 PN 结区时，如果光子能量足够大，将在结区附近激发出电子-空穴对，在 N 区聚积负电荷，P 区聚积正电荷，这样 N 区和 P 区之间出现电位差。若将 PN 结两端用导线连起来，如图 8.17(b)所示，电路中即有电流流过，电流的方向由 P 区流经外电路至 N 区。若将外电路断开，就可测出光生电动势。光电池的表示符号、基本电路及等效电路如图 8.18 所示。

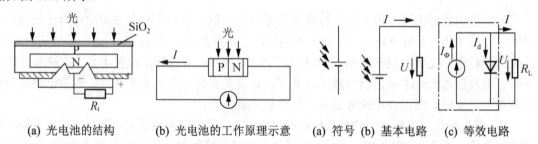

(a) 光电池的结构　　(b) 光电池的工作原理示意　　(a) 符号　(b) 基本电路　(c) 等效电路

图 8.17　光电池的结构和工作原理示意　　　　图 8.18　光电池符号、基本电路及等效电路

2) 基本特性

(1) 光照特性。光电池的光照特性如图 8.19 所示，开路电压曲线表示光生电动势与照度之间的关系曲线，当照度为 2000 lx 时趋向饱和。短路电流曲线表示光电流与照度之间的关系。短路电流指外接负载相对于光电池内阻很小的条件下的输出电流。

光电池在不同照度下，其内阻也不同，因而应选取适当的外接负载近似地满足"短路"条件。图 8.20 表示硒光电池接不同负载电阻时的光照特性。曲线表明，负载电阻 R_L 越小，光电流与强度的线性关系越好，线性范围越宽。

(2) 光谱特性。光电池的光谱特性决定于材料。从图 8.21 的曲线可看出，硒光电池在可见光谱范围内有较高的灵敏度，峰值波长在 540 nm 附近，适宜测可见光。硅光电池应用的范围为 400～1100 nm，峰值波长在 850 nm 附近，因此硅光电池可以在很宽的范围内应用。

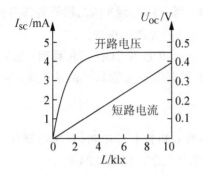

图 8.19 硅光电池的光照特性　　　　图 8.20 负载对光电池输出性能的影响

(3) 频率特性。光电池作为测量、计数、接收元件时常用调制光输入。光电池的频率响应就是指输出电流随调制光频率变化的关系。由于光电池 PN 结面积较大，极间电容大，故频率特性较差。图 8.22 所示为光电池的频率响应曲线。由图可知，硅光电池具有较好的频率响应，硒光电池则较差。

(4) 温度特性。光电池的温度特性是指开路电压和短路电流随温度变化的关系。由图 8.23 可见，开路电压与短路电流均随温度而变化，它将引起应用光电池的仪器设备的温度漂移，使精度下降，因此，当光电池作为测量元件时，最好能保持温度恒定，或采取温度补偿措施。

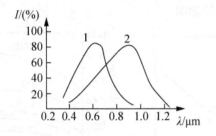

图 8.21 光电池的光谱特性

1—硒光电池；2—硅光电池

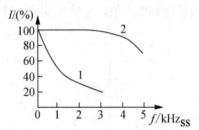

图 8.22 光电池的频率响应曲线

1—硒光电池；2—硅光电池

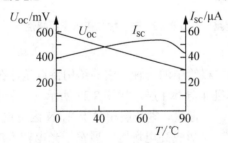

图 8.23 硅光电池的温度特性曲线

U_{OC}—开路电压；I_{SC}—短路电流

3. 光敏二极管

光敏二极管和光电池一样，其基本结构也是一个 PN 结。它和光电池相比，重要的不同点是结面积小，因此它的频率特性特别好。普通光敏二极管的频率响应时间达 $10\mu s$，高于光敏电阻和光电池。光敏二极管的光生电势与光电池相同，但输出电流普遍比光电池小，一般

为几 μA 到几十 μA。按材料分，光敏二极管有硅、砷化镓、锑化铟光敏二极管等许多种。按结构分，有同质结与异质结之分。其中最典型的是同质结硅光敏二极管。

国产硅光敏二极管按衬底材料的导电类型不同，分为 2CU 和 2DU 两种系列。2CU 系列以 N-Si 为衬底，2DU 系列以 P-Si 为衬底。2CU 系列的光敏二极管只有两条引线，而 2DU 系列光敏二极管有三条引线。

1) 光敏二极管

光敏二极管的结构与一般二极管相似，装在透明玻璃外壳中，其 PN 结装在管顶，可直接受到光照射。光敏二极管在电路中一般是处于反向工作状态，如图 8.24 所示。

当没有光照射时，光敏二极管处于截止状态，反向电阻很大。这时只有少数载流子在反向偏压的作用下，渡越阻挡层形成微小的反向电流即暗电流；受光照射时，PN 结附近受光子轰击，吸收其能量而产生电子-空穴对，从而使 P 区和 N 区的少数载流子浓度大大增加，因此在外加反向偏压和内电场的作用下，P 区的少数载流子渡越阻挡层进入 N 区，N 区的少数载流子渡越阻挡层进入 P 区，从而使通过 PN 结的反向电流大为增加，这就形成了光电流。

光敏二极管的光电流 I 与照度之间呈线性关系，如图 8.25 所示，所以光敏二极管特别适合检测等方面的应用。

图 8.26 所示为硅光敏二极管的伏安特性曲线，横坐标表示所施加的反向电压。当光照时，反向电流随着光照强度的增大而增大，在不同的照度下，伏安特性曲线几乎平行，所以只要光电流没达到饱和值，它输出实际上不受电压大小的影响。

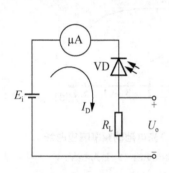
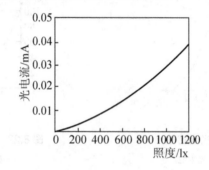
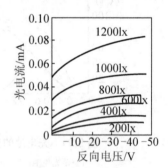

图 8.24　光敏二极管基本应用电路　　图 8.25　硅光敏二极管光照特性　　图 8.26　硅光敏二极伏安特性

2) PIN 光敏二极管

PIN 光敏二极管是光敏二极管中的一种。它的结构特点是，在 P 型半导体和 N 型半导体之间夹着一层相对很厚的本征半导体 I 层，如图 8.27 所示。由于本征层的引入加大了耗尽层厚度，本征层相对于 P、N 区有更高的电阻，反向偏压在这里形成高电场区，展宽了光电转换的有效工作区域，降低了暗电流，从而使灵敏度得以提高。

PIN 光敏二极管最大特点是频带宽，可达 1 GHz。另一个特点是，因为 I 层很厚，在反偏压下运用可承受较高的反向电压，线性输出范围宽。

PIN 光敏二极管的不足是：由于 I 层电阻很大，管子的输出电流小，一般多为零点几微安至数微安。目前有将 PIN 光敏二极管与前置运算放大器集成在同一硅片上并封装于一个

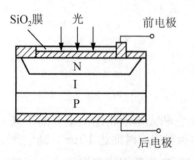

图 8.27　PIN 光敏二极管结构

管壳内的商品出售。

3) 雪崩光敏二极管(APD)

雪崩光敏二极管是利用 PN 结在高反向电压下产生的雪崩效应来工作的一种光敏二极管。这种管子工作电压很高，100～200 V，接近于反向击穿电压。结区内电场极强，光生电子在这种强电场中可得到极大的加速，同时与晶格碰撞而产生电离雪崩反应。因此，APD 有很高的内增益，可达到几百。当电压等于反向击穿电压时，电流增益可达 10^6，即产生所谓的雪崩效应。目前，噪声大是雪崩光敏二极管的一个主要缺点。由于雪崩反应是随机的，所以它的噪声较大，特别是工作电压接近或等于反向击穿电压时，噪声可增大到放大器的噪声水平，以致无法使用。但由于 APD 的响应时间极短，灵敏度很高，它在光通信中应用前景广阔。

特别提示

雪崩光敏二极管的响应速度特别快，响应时间通常为 0.5～1 ns，带宽可达 100 GHz，是目前响应速度最快的一种光敏二极管。

4. 光敏三极管

光敏三极管有 PNP 型和 NPN 型两种，其结构与一般三极管很相似。用 N 型硅材料为衬底制作的光敏三极管为 NPN 型结构，称为 3DU 型；用 P 型硅材料为衬底制作的光敏三极管为 PNP 型结构，称为 3CU 型。图 8.28 所示为 NPN 型光敏三极管结构及电路图。

光敏三极管也具有电流增益，只是它的发射极做的很大，以扩大光的照射面积，且其基极不接引线。当集电极加上正电压，基极开路时，集电极处于反向偏置状态。当光线照射在集电结的基区时，会产生电子-空穴对，在内电场的作用下，光生电子被拉到集电极，基区留下空穴，使基极与发射极间的电压升高，这样便有大量的电子流向集电极，形成输出电流，且集电极电流为光电流的 β 倍。

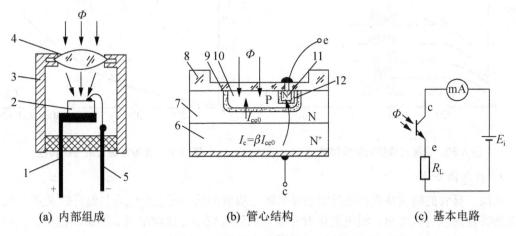

图 8.28 光敏三极管结构图及电路

1—集电极引脚；2—管心；3—外壳；4—聚光镜；5—发射极引脚；6—N⁺衬底；7—N 型集电区；8—SiO₂保护圈；9—集电结；10—P 型基区；11—N 型发射区；12—发射结

1) 光谱特性

光敏三极管的光谱特性如图 8.29 所示。光敏晶体管存在一个最佳灵敏度的峰值波长。当入射光的波长增加时，相对灵敏度要下降。因为光子能量太小，不足以激发电子-空穴对。当入射光的波长缩短时，相对灵敏度也下降，这是由于光子在半导体表面附近就被吸收，并且在表面激发的电子-空穴对不能到达 PN 结所致。

由图 8.29 可见,硅的峰值波长为 9000 Å(1 Å=10^{-10} m),锗的峰值波长为 15000 Å。由于锗管的暗电流比硅管大,因此锗管的性能较差。故在可见光或探测赤热状态物体时,一般选用硅管;但对红外线进行探测时,则采用锗管较合适。

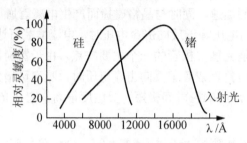

图 8.29 光敏三极管的光谱特性

2) 伏安特性

光敏三极管的伏安特性曲线如图 8.30 所示。光敏三极管在不同的照度下的伏安特性,就像一般晶体管在不同的基极电流时的输出特性一样。因此,只要将入射光照在发射极 e 与基极 b 之间的 PN 结附近所产生的光电流看作基极电流,就可将光敏三极管看作一般的晶体管。光敏晶体管能把光信号变成电信号,而且输出的电信号较大。

3) 光照特性

光敏三极管的光照特性如图 8.31 所示。它给出了光敏三极管的输出电流 I 和照度之间的关系,它们之间呈现了近似线性关系。当光照足够大(几千勒)时,会出现饱和现象,这使光敏三极管既可作线性转换元件,也可作开关元件。

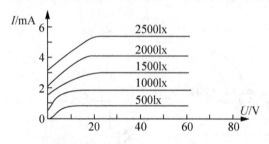

图 8.30 光敏三极管的伏安特性

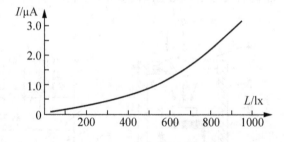

图 8.31 光敏三极管的光照特性

4) 温度特性

光敏三极管的温度特性曲线反映的是光敏三极管的暗电流及光电流与温度的关系。从图 8.32 的特性曲线可以看出,温度变化对光电流的影响较小,而对暗电流的影响很大,所以设计电路时应该对暗电流进行温度补偿,否则将会导致输出误差。

5) 光敏三极管的频率特性

光敏三极管的频率特性曲线如图 8.33 所示。光敏三极管的频率特性受负载电阻的影响,减小负载电阻可以提高频率响应。

一般来说,光敏三极管的频率响应比光敏二极管差。对于锗管,入射光的调制频率要求在 5kHz 以下。硅管的频率响应要比锗管好。

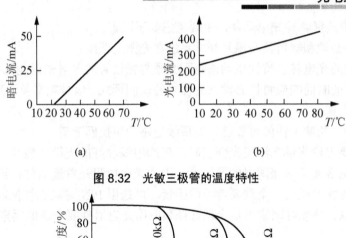

图 8.32 光敏三极管的温度特性

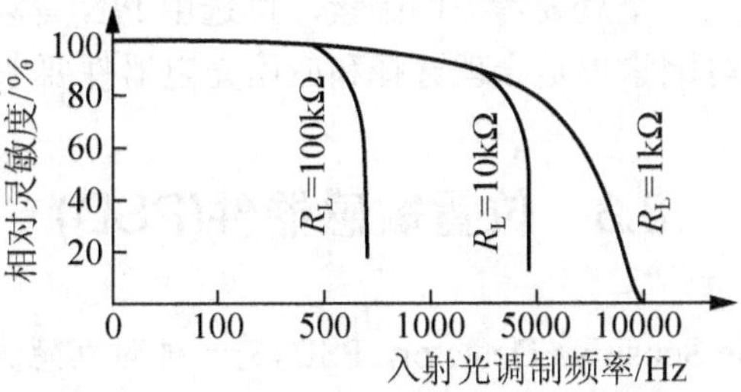

图 8.33 光敏三极管的频率特性

8.2.3 半导体光电器件的应用选择

现将本节介绍的几种半导体光电器件特性参数列于表 8-1。

表 8-1 半导体光电器件的特性参数

光电器件	光谱响应/nm		灵敏度 /(A/W)	输出电流 /mA	光电响应 线性	频率响应 /MHz	暗电流及 噪声	应用
	范围	峰值						
CdS 光敏电阻	400～900	640	1 A/lm	$10\sim10^2$	非线性	0.001	较低	集成或分离式光电开关
CdSe 光敏电阻	300～1220	750	1 A/lm	$10\sim10^2$	非线性	0.001	较低	
PN 结光敏二极管	400～1100	750	0.3～0.6	≤1.0	好	≤10	最低	光电检测
硅光电池	400～1100	750	0.3～0.8	1～30	好	0.03～1	较低	—
PIN 光敏二极管	400～1100	750	0.3～0.6	≤2.0	好	≤100	最低	高速光电检测
GaAs 光敏二极管	300～950	850	0.3～0.6	≤1.0	好	≤100	最低	高速光电检测
HgCdTe 光敏二极管	1000～12000	与 Cd 组分有关	—	—	好	≤10	较低	红外探测
光敏三极管 3DU	400～1100	880	0.1～2	1～8	线性差	≤0.2	低	光电探测与开关

根据表 8-1 提供的参数，找出哪种器件灵敏度最高？哪种器件动态特性最好？

在实际应用中选择哪种光电器件，主要考虑如下因素：

(1) 光电器件必须和辐射信号源及光学系统在光谱上匹配；

(2) 光电器件的光电转换特性或动态范围必须与光信号的入射辐射能量相匹配；

(3) 光电器件的时间响应特性必须与光信号的调制形式、信号频率及波形相匹配，以确保转换后的信号不失真；

(4) 使用环境、长期工作的可靠性、与后续电路的阻抗匹配等。

一般，在需要定量测量光源发光强度时，应选用线性好的光敏二极管；但在要求对弱辐射进行探测时，就必须考虑探测器的灵敏度，因此光敏电阻是首选器件；当测量高速运动对象时，动态响应特性就成为一个重要考虑的因素，可选用 PIN 等动态特性好的器件。此外，成本、体积、电源、环境等因素也是合理选择和应用光电器件要考虑的因素。

8.3 位置敏感器件(PSD)

位置敏感器件(Position Sensitive Detector, PSD)是一种对其感光面上入射光点位置敏感的器件，也称为坐标光电池。PSD 有两种，一维 PSD 和二维 PSD。一维 PSD 用于测定光点的一维坐标位置，二维 PSD 用于测定光点的二维坐标位置，其工作原理与一维 PSD 相似。

PSD 器件在光点位置测量方面有许多优点。例如，它对光斑的形状无严格要求，即它的输出信号与光斑是否聚焦无关；另外，它可以连续测量光斑在 PSD 上的位置，且分辨力高，一维 PSD 的位置分辨力高达 $0.2\,\mu m$。

8.3.1 PSD 的工作原理

PSD 的基本结构如图 8.34 所示。PSD 一般为 PIN 结构。在硅板的底层表面上以胶合的方式制成 2 片均匀的 P 和 N 电阻层，在 P 和 N 电阻层之间注入离子而产生 I 层，即本征层。在 P 层表面电阻层的两端各设置一个输出电极。

当一束具有一定强度的光点从垂直于 P 的方向照射到 PSD 的 I 层时，光点附近就会产生电子-空穴对，在 PN 结电场的作用下，空穴进入 P 区，电子进入 N 区。由于 P 区掺杂浓度相对较高，空穴迅速沿着 P 区表面向两侧扩散，最终导致 P 层空穴横向(X 方向)浓度呈现梯度变化，这时，同一层面上的不同位置呈现一定的电位差，这种现象称为横向光电效应，也称侧向光电效应。

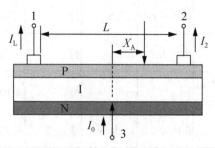

图 8.34　PSD 结构示意

PSD 通常工作在反向偏压状态，即 PSD 的公共极 3 接正电压，输出电极 1、2 分别接地。这时，流经电极 3 的电流 I_0 与入射光的强度成正比，流经电极 1、2 的电流 I_1、I_2 与入射光点的位置有关，由于 P 层为均匀电阻层，因此，I_1、I_2 与入射光点到相应电极的距离成反比，并且有 $I_0=I_1+I_2$。

如果将坐标原点设置在 PSD 器件的中心点，I_1、I_2 与 I_0 之间存在如下关系：

$$I_1 = \frac{1}{2}(1-\frac{2}{L}X_A)I_0 \tag{8-8}$$

$$I_2 = \frac{1}{2}(1+\frac{2}{L}X_A)I_0 \tag{8-9}$$

式中：L 为 PSD 的长度；X_A 为入射光点的位置。

由 I_1、I_2 与 I_0 之间的关系式可以得出

$$X_A = \frac{1}{2} \times \frac{I_2-I_1}{I_2+I_1}L \tag{8-10}$$

可见，PSD 的测量结果 X_A 与 I_1、I_2 的比值关系有关，而入射光强的变化并不影响测量结果。这给测量带来了极大的方便。

表 8-2 所列为几种典型 PSD 器件基本特性参数，供应用时参考。

表 8-2 PSD 器件基本参数

维数	型号	有效面积/mm²	峰值灵敏度/(A/W)	偏置电压/V	位置检测误差/μm	位置分辨力/μm	暗电流/nA	上升时间/μs	极间电阻/kΩ	最大光电流/μA
一维	S1771	1×3	0.6	20	±15	0.2	1	4	100	160
	S1544	1×6			±30	0.3	2	8	100	80
	S1545	1×12			±60	0.3	4	18	200	40
	S1532	1×33			±125	7	30	8	25	1000
	S1662	13×13			±100	6	100	8	10	1000
二维	S1743	4.1×4.1	0.6	20	±50	3	20	2.5	10	1
	S1200	1.3×1.3			±150	10	1000	8		1
	S1869	2.7×2.7			±300	20	2000	20		1
	S1880	12×12			±80	6.0	50	12		1
	S1881	22×22			±150	12	100	40		1

8.3.2 PSD 的特性

1. 受光面积

PSD 是检测受光面上点状光束的中心(光强度中心)位置的光敏感器件，因此，通常在 PSD 前面设置聚光透镜，在受光面上得到光点，使用时应选择最适宜的受光面积的 PSD，确保光点进入受光面。

【例 8-1】欲测量图 8.35 所示在 PSD 前一定距离 1000 mm 范围内左右移动物体的位置，试确定所需 PSD 的受光面积。

解：在此物体上安装直径为 5mm 的发光二极管 LED，物体移动时带动该发光二极管 LED，使其通过聚光透镜的像点在 PSD 上的位置变化，PSD 的输出信号即反映了物体位置的变化情况。

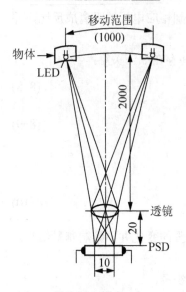

图 8.35 例 8-1

根据几何光学成像计算公式,光点投射到 PSD 上的直径为:$5\text{ mm} \times \dfrac{20}{2000} = 0.05 \text{ mm}$。

光点在 PSD 上的移动范围为:$1000 \text{ mm} \times \dfrac{20}{2000} = 10 \text{ mm}$。

因此,可选用受光面为 $1\text{ mm} \times 12\text{ mm}$ 的一维 PSD 器件,型号 S1545。

2. 信号光源与敏感波长范围

在 PSD 外部有遮挡的情况下,由于周围的干扰光不能进入 PSD,在其敏感波长范围内,采用任何光源 PSD 都能正常工作。然而,对于有环境杂光干扰的情况,过强的环境光会将来自信号光源的光"淹没"。这时,要采用可见光截止型窗口材料的 PSD,信号光源可以使用红外 LED 及白炽灯。

3. 响应速度

在 PSD 受光面上光点高速移动时,若信号光源为调制信号,PSD 的响应时间就应该考虑。PSD 的电极间基本相当于电阻工作,因此需要高速响应工作时,就应该选用电极间电阻小的 PSD,在较大的反偏电压和较小的电容状态下使用。

4. 位置检测误差

PSD 的位置检测误差是指测量时,实际的光点位置与检测的光点位置的差值,最大为全受光长度的 2%~3%。

PSD 的位置检测特性近似于线性。图 8.36 所示为典型一维 PSD(S1544)位置检测误差曲线,由曲线可知,越接近中心位置的检测误差越小。因此,利用 PSD 来检测光斑位置时,应尽量使光点靠近器件中心。

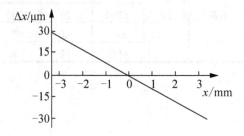

图 8.36 一维 PSD 位置检测误差曲线

5. 位置分辨力

位置分辨力是指在 PSD 受光面上能够检测出的最小位置变化,用受光面上的距离表示。由式(8-10)可知

$$\dfrac{I_2 - I_1}{I_2 + I_1} = \dfrac{2X_A}{L} \tag{8-11}$$

则由微小位置变化 Δx_A 引起的位置计算变化量为

$$\Delta(\frac{I_2-I_1}{I_2+I_1}) = \frac{\Delta(I_2-I_1)}{I_2+I_1} = \frac{2}{L}\Delta x_A \tag{8-12}$$

故可得：

$$\Delta x_A = \frac{L}{2} \cdot \frac{\Delta(I_2-I_1)}{I_2+I_1} = \frac{L}{2} \cdot \frac{\Delta(I_2-I_1)}{I_0} \tag{8-13}$$

即在电流差较小的情况下，电流 I_1、I_2 中含有的噪声电流分量决定了位置分辨力。

➤ 特别提示

PSD 多在周围有环境光的情况下使用，周围的光强可以达到什么样的程度，通常以 PSD 是否具有位置检测能力作为其饱和电流值的大致标准。周围为强光情况下，若 PSD 仍能正常工作，则电极间电阻越小，反偏电压越大，饱和电流就越大。

8.4 固态图像传感器

固态图像传感器(Solid State Imaging Sensor)是指在同一半导体衬底上生成若干个光敏单元与移位寄存器构成一体的集成光电器件，其功能是把按空间分布的光强信息转换成按时序串行输出的电信号。目前最常用的固态图像传感器是电荷耦合器件 CCD(Charge Coupled Device)。CCD 自 1970 年问世以后，由于它的低噪声等特点，被广泛应用于广播电视、可视电话和传真、数码照相机、摄像机等方面，在自动检测和控制领域也显示出广阔的应用前景。图 8.37 所示为 CCD 实物图。

图 8.37 线阵和面阵 CCD 实物

8.4.1 CCD 的结构和基本原理

1. MOS 光敏单元

一个完整的 CCD 器件由光敏元阵列、转移栅、读出移位寄存器及一些辅助输入、输出电路组成。光敏元的结构如图 8.38 所示，它是在 P 型(或 N 型)硅衬底上生长一层厚度约为 120 nm 的 SiO_2，再在 SiO_2 层上沉积一层金属电极，这样就构成了金属-氧化物-半导体结构元(MOS)。

当向电极加正偏压时，在电场的作用下，电极下的 P 型硅区域里的空穴被赶尽，从而形成一个耗尽区，也就是说，对带负电的电子而言是一个势能很低的区域，这部分称为"势阱"。如果此时有光线入射到半导体硅片上，在光子的作用下，半导体硅片上就产生了光生电子和空穴，光生电子就被附近的势阱所吸收

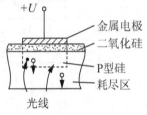

图 8.38 MOS 光敏元的结构

(或称为"俘获"),而同时产生的空穴则被电场排斥出耗尽区。此时势阱内所吸收的光生电子数量与入射到势阱附近的光强成正比。人们也称这样的一个 MOS 光敏元为一个像素,把一个势阱所收集的若干光生电荷称为一个电荷包。

通常在半导体硅片上制有几百或几千个相互独立的 MOS 光敏元,呈线阵或面阵排列。在金属电极上施加一正电压时,在半导体硅片上就形成几百或几千个相互独立的势阱。如果照射在这些光敏元上的是一幅明暗起伏的图像,那么通过这些光敏元就会将其转换成一幅与光照强度相对应的光生电荷图像。

2. 读出移位寄存器

读出移位寄存器是电荷图像的输出电路,图 8.39 所示为其结构原理图。它也是 MOS 结构,但在半导体的底部覆盖上一层遮光层,防止外来光线的干扰。

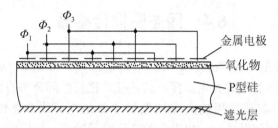

图 8.39 读出移位寄存器结构原理示意

实现电荷定向转移的控制方法,非常类似于步进电动机的步进控制方式。也有二相、三相等控制方式之分。下面以三相控制方式为例说明读出移位寄存器控制电荷定向转移的过程。

如图 8.40(a)所示,把 MOS 元的电极 3 个分为一组,依次在其上施加 3 个相位不同的控制脉冲 Φ_1、Φ_2、Φ_3,如图 8.40(b)所示。在 $t=t_0$ 时,第一相时钟 Φ_1 为高电平,Φ_2、Φ_4 为低电平,在 P_1 极下方形成深势阱,信息电荷存储其中;在 $t=t_1$ 时,Φ_1、Φ_2 处于高电平,Φ_4 为低电平,P_1 极、P_2 极下都形成势阱。由于两电极下势阱间的耦合,原来在 P_1 下的电荷将在 P_1、P_2 两电极下分布;当 P_1 回到低电位时,电荷全部流入 P_2 下的势阱中($t=t_2$)。在 $t=t_3$ 时刻,P_3 为高电平,P_2 电平降低,电荷包从 P_2 下转到 P_3 下的势阱。以此控制,最终 P_1 下的电荷转移到 P_3 下。在三相脉冲的控制下,信息电荷不断向右转移,直到最后位依次向外输出。

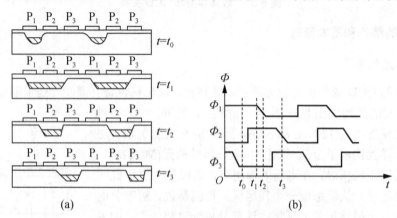

图 8.40 三相控制方式电荷转移过程

3. 电荷的输出

图 8.41 所示为利用二极管的输出方式。在阵列末端衬底上扩散形成输出二极管,当输出二极管加上反相偏压时,在结区内产生耗尽层。当信号电荷在时钟脉冲作用下移向输出二极管,并通过输出栅极 OG 转移到输出二极管耗尽区内时,信号电荷将作为二极管的少数载流子而形成反向电流 I_o。输出电流的大小与信号电荷大小成正比,并通过负载电阻 R_1 变为信号电压 U_o 输出。

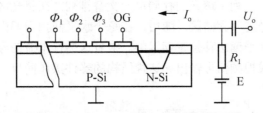

图 8.41 利用二极管的电荷输出原理示意

8.4.2 线阵 CCD 图像传感器

线阵 CCD 图像传感器的结构如图 8.42 所示。有单侧传输和双侧传输两种结构形式。当入射光照射在光敏元件阵列上,在各光敏元梳状电极施加高电压时,光敏元聚集光电荷,进行光积分,光电荷与光照强度和光积分时间成正比。在光积分时间结束时,转移栅上的电压提高(平时为低电压),将转移栅打开,各光敏元中所积累的光电荷并行地转移到移位寄存器中。当转移完毕,转移栅电压降低,同时在移位寄存器上加时钟脉冲,在移位寄存器的输出端依次输出各位的信息,这是一次串行输出的过程。

目前,实用的线型 CCD 图像传感器多采用双侧结构。单、双数光敏元中的信号电荷分别转移到上、下方的移位寄存器中,然后,在控制脉冲的作用下,自左向右移动,在输出端交替合并输出,这样就形成了原来光敏信号电荷的顺序。

双侧结构虽然复杂些,但电荷包转移效率高、损耗小。

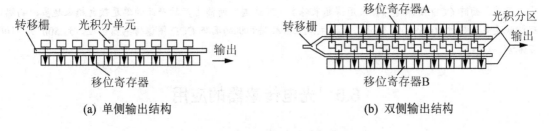

(a) 单侧输出结构 (b) 双侧输出结构

图 8.42 线阵 CCD 图像传感器结构示意

8.4.3 面阵 CCD 图像传感器

面阵 CCD 图像传感器是把光敏元排列成矩阵的器件,目前存在 3 种典型结构形式,如图 8.43 所示。

图 8.43(a)所示结构由行扫描电路、垂直输出寄存器、感光区和输出二极管组成。行扫描电路将光敏元内的信息转移到水平(行)方向上,由垂直方向的寄存器将信息转移到输出二极管,输出信号由信号处理电路转换为视频图像信号。这种结构易于引起图像模糊。

图 8.43(b)所示结构增加了具有公共水平方向电极的不透光的信息存储区。在正常垂直回

扫周期内,具有公共水平方向电极的感光区所积累的电荷同样迅速下移到信息存储区。在垂直回扫结束后,感光区回复到积光状态。在水平消隐周期内,存储区的整个电荷图像向下移动,每次总是将存储区最底部一行的电荷信号移到水平读出器,该行电荷在读出移位寄存器中向右移动以视频信号输出。当整帧视频信号自存储器移出后,就开始下一帧信号的形成。该CCD结构具有单元密度高、电极简单等优点,但增加了存储器。

图8.43(c)所示结构是用得最多的一种结构形式。它将图8.43(b)中感光元与存储元件相隔排列,即一列感光单元、一列不透光的存储单元交替排列。在感光区光敏元积分结束时,转移控制栅打开,电荷信号进入存储区。随后,在每个水平回扫周期内,存储区中整个电荷图像一次一行地向上移到水平读出移位寄存器中。接着这一行电荷信号在读出移位寄存器中向右移位到输出器件,形成视频信号输出。这种结构的器件操作简单,感光单元面积减小,图像清晰,但单元设计复杂。

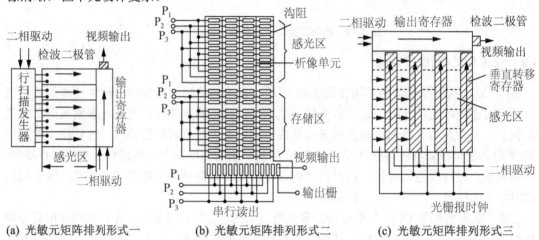

图 8.43 面阵 CCD 图像传感器结构示意

🔑 特别提示

目前,面阵CCD图像传感器使用得越来越多,发达国家所能生产的产品的单元数也越来越多,高端数码相机最多已超过4096×4096像元,我国主流家用数码相机的面阵CCD图像传感器已经达到500万～1000万像素。

8.5 光电传感器的应用

光电传感器可以应用于多种非电量的测量。根据光通量对光电元件的作用原理不同,按照其输出量的性质可将光电传感器分为两类:一类是把被测量转换为与之成单值对应关系的连续变化的光电流,称为模拟式光电传感器;另一类是把被测量转换为断续变化的光电流,系统输出为开关量的电信号,称为数字式光电传感器。

8.5.1 模拟式光电传感器的应用

模拟式光电传感器的应用一般有下面几种情况:

(1) 光辐射本身是被测物,如图8.44(a)所示,被测物发出的光通量作为光源射向光电元件。如光电高温比色温度计、光照度计。

(2) 让恒光源的光通量穿过被测物,部分被吸收后到达光电元件上。光通量的吸收量取决于被测物介质中被测的参数,如图 8.44(b)所示。典型例子如测量液体、气体的透明度、浑浊度的光电比色计。

(3) 恒光源的光通量入射到被测物后,再从被测物表面反射投射到光电元件上。光电元件的输出信号取决于被测物表面的反射条件,而被测物表面的反射条件由表面的性质和状态决定,从而间接测量被测物表面的性质和状态,如图 8.44(c)所示。典型的例子如用反射式光电法测转速、表面粗糙度的光电传感器。

(4) 从恒光源发射到光电元件的光通量,遇到被测物遮挡,改变了照射到光电元件上的光通量,如图 8.44(d)所示。典型的例子如振动测量、工件尺寸测量等。

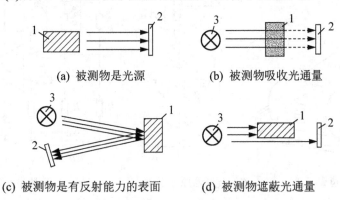

图 8.44 模拟式光电传感器的几种形式

1—被测物;2—光电元件;3—恒光源

【例 8-2】烟尘浊度监测仪的使用。

防止工业烟尘污染是环保的重要任务之一。为了消除工业烟尘污染,首先要知道烟尘排放量,因此必须对烟尘源进行监测、自动显示和超标报警。烟道里的烟尘浊度是用通过光在烟道里传输过程中的变化大小来检测的,如图 8.45 所示。如果烟道浊度增加,光源发出的光被烟尘颗粒的吸收和折射增加,到达光电探测器的光减少,其输出信号的强弱便可反映烟道浊度的变化。

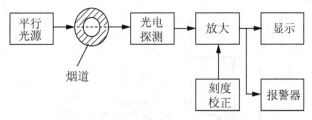

图 8.45 吸收式烟尘浊度检测系统原理示意

【例 8-3】光电式带材跑偏仪的使用。

带材跑偏控制装置是用于冷轧带钢生产过程中控制带钢运动途径的一种装置。冷轧带钢厂的某些工艺线采用连续生产方式,如连续酸洗、连续退火、连续镀锡等,在这些生产线中,带钢在运动过程中容易发生走偏,从而使带材的边缘与传送机械发生碰撞,这样就会使带材产生卷边和断带,造成废品,同时也会使传送机械损坏,所以在自动生产过程中必须自动检测带材的走偏量并随时给予纠偏,才能使生产线高速运行。光电带材跑偏仪就是为检测带材跑偏并提供纠偏信号而设计的。它由光电式边缘位置传感器、测量电桥等电路组成,如图 8.46

所示。

当带材处于平行光束的中间位置时,电桥处于平衡状态,输出信号为"0",如果带钢向左偏移时,遮光面积减少,照射到光敏电阻的光通量增加,电桥失去平衡,输出为正;当带钢向右偏移时,光通量减少,输出为负。输出信号经功率放大后驱动位置调节装置,实现带材走偏量的自动纠正。

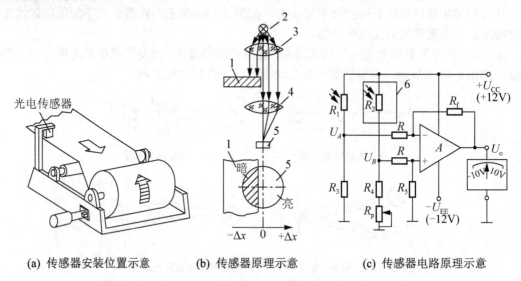

(a) 传感器安装位置示意　　(b) 传感器原理示意　　(c) 传感器电路原理示意

图 8.46 光电式带材跑偏检测仪示意

1—带材;2—白炽灯;3、4—透镜;5—光敏电阻 R_1;6—光敏电阻 R_2(不受光照)

【例 8-4】PSD 距离传感器的使用。

该传感器构成原理如图 8.47 所示。光源使用红外 LED,脉冲式发光。为了得到强光量,投影透镜要使用能量密度高且能够得到小直径光点像的透镜;如果光源有足够尖锐的指向性,也可以不使用投影透镜。

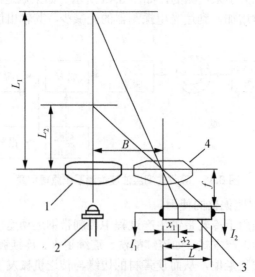

图 8.47 距离传感器构成原理示意

1—投影透镜;2—红外 LED;3——维 PSD;4—聚光透镜

用一维 PSD 作距离传感器时，利用的是三角测距原理。设测距范围为 $L_2 \sim L_1$，投影透镜与聚光透镜的光轴距离为 B，聚光镜与 PSD 受光面之间距离为 f，则有

$$\begin{cases} x_1 = \dfrac{Bf}{L_1} \\ x_2 = \dfrac{Bf}{L_2} \end{cases} \tag{8-14}$$

若在 x_1 和 x_2 两位置得到光点，则其光电流为

$$\begin{cases} I_{11} = I_{01} \dfrac{L - x_1}{L} \\ I_{21} = I_{01} \dfrac{x_1}{L} \\ I_{12} = I_{02} \dfrac{L - x_2}{L} \\ I_{22} = I_{02} \dfrac{x_2}{L} \end{cases} \tag{8-15}$$

于是有

$$\begin{cases} \dfrac{I_{11}}{I_{11} + I_{21}} = \dfrac{L - x_1}{L} = 1 - \dfrac{Bf}{L_1 L} \\ \dfrac{I_{21} - I_{11}}{I_{11} + I_{21}} = \dfrac{2 x_1}{L} - 1 = \dfrac{2 Bf}{L_1 L} - 1 \end{cases} \tag{8-16}$$

像这样的求入射位置计算变成了与距离 L_1 成反比的形式，不便于直接计算。为此可以采用计算全光电流 I_0 与 I_2 之比的办法，可以得出计算的结果与被测任意距离 L_n 成正比的结论，即

$$\begin{cases} I_{01} = I_{02} = I_0 \\ \dfrac{I_0}{I_2} = \dfrac{L}{x_n} = \dfrac{L L_n}{Bf} \end{cases} \tag{8-17}$$

于是，被测距离 L_n 的计算公式为

$$L_n = \dfrac{Bf I_0}{L I_2} \tag{8-18}$$

【例 8-5】用线阵 CCD 器件精密检测工件直径。

利用 CCD 的高位置分辨力和高灵敏度，可以构成物体位置、工件尺寸的精确测量及工件缺陷的检测系统。图 8.48(a)所示为线阵 CCD 器件检测工件直径工作原理图。光源发出的光，经透镜准直后变成平行光，投射到工件上，并由成像透镜成像在线阵 CCD 器件上。而 CCD 输出的串行脉冲信号如图 8.48(b)所示(假设器件是 2048 位线阵 CCD)，此信号经过整形、反相后如图 8.48(c)所示，与图 8.48(d)所示时钟脉冲 CP 相"与"，而图 8.48(e)所示为与门 Y 的输出脉冲，它由计数器计数，根据脉冲数系统就可以自动计算工件直径。

如果 CCD 器件为 $N=2048$ 位，线长 $L_{max}=28.672$ mm，则测量分辨力 δ 为

$$\delta = \dfrac{L_{max}}{N} = 28.672 \text{ mm} / 2048 = 14 \text{ μm}$$

又若时钟脉冲 CP 的频率与 CCD 器件串行输出信号脉冲重复频率相同，计数器计数结果为 $n=80$，则工件直径 D 为

$$D = n\delta = 80 \times 14 \mu m = 112 \mu m$$

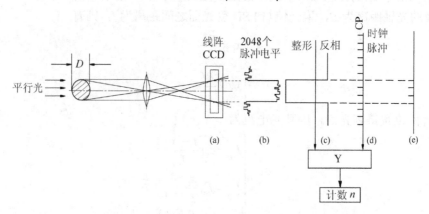

图 8.48　线阵 CCD 精密测径原理示意

【例 8-6】文字图像识别系统的使用。

图 8.49 所示为邮政编码识别系统工作原理图。写有邮政编码的信封放在传送带上，传感器光敏元的排列方向与信封的运动方向垂直，光学镜头将编码的数字聚焦到光敏元上。当信封运动时，传感器以逐行扫描的方式把数字依次读出。

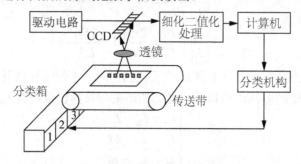

图 8.49　邮政编码识别系统工作原理示意

读出的数字经二值化等处理，与计算机中存储的数字特征比较，最后识别出数字码。由数字码和计算机控制分类机构，最终把信件送入相应分类箱中。

8.5.2　数字式光电传感器的应用

数字式光电传感器利用光电元件受到光照或无光照时，有、无信号输出的特性，将被测量转换成断续变化的开关信号。这类传感器要求光电元件的灵敏度高，而对光照特性的线性要求不高，主要用于零件或产品的自动记数、光控开关、电子计算机的光电输入设备、光电编码器、光电报警等方面。

【例 8-7】光电数字式转速表的使用。

图 8.50 所示为光电数字式转速表的工作原理图。图 8.50(a)是在待测转速轴上固定一带孔的转速调制盘，光源发出的光，透过盘上小孔到达光敏二极管上，光敏二极管输出电信号经过放大整形电路后，输出相应数量的电脉冲信号。图 8.50(b)所示为反射式光电转速传感器原理图，它是在待测转速的轴上固定一个圆周面涂上黑白相间条纹的圆盘。当转轴转动时，由于条纹不同的反射率，反光与不反光交替出现，光电敏感器件间断地接收光的反射信号，转换为电脉冲信号。

如果调制盘转动一周产生 Z 个脉冲，测量电路计数时间为 $T(s)$，被测转速为 $N(r/min)$，则计数值 C 为

$$C = \frac{ZTN}{60} \tag{8-19}$$

为了能从读数 C 直接读转速 N 值，一般取 $ZT=60\times10^n(n=1,2,\cdots)$。

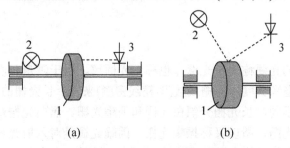

图 8.50 光电数字式转速表的工作原理示意

1—调制盘；2—光源；3—光敏二极管

8.6 光栅传感器

在一块长条形(圆形)光学玻璃(或金属)上进行均匀刻划,可得到一系列密集刻线,如图 8.51 所示,这种具有周期性刻线分布的光学元件称为光栅。

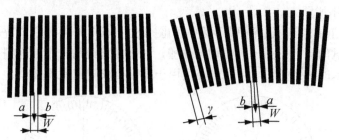

图 8.51 光栅栅线放大示意

图中, a 为光栅刻线宽度, b 为光栅缝隙宽度, $a+b=W$ 称为光栅的栅距(也称光栅常数)。为了方便处理,通常取 $a=b=W/2$。

光栅式传感器有如下的特点：

(1) 大量程兼有高分辨力和高精度。在大量程长度与直线位移测量方面,长光栅测量精度仅低于激光干涉传感器；圆分度和角位移测量方面,圆光栅测量精度最高。一般长光栅测量精度达$(0.5\sim3)\,\mu m$/3000 mm,分辨力达 $0.1\,\mu m$,圆光栅测量精度达 $0.15''$,分辨力达 $0.1''$。

(2) 可实现动态测量,易于实现测量及数据处理的自动化。

(3) 具有较强的抗干扰能力,适合一般实验室条件和环境较好的车间现场。

光栅式传感器在几何量测量领域有着广泛的应用,所有与长度(位移)和角度(角位移)测量有关的精密仪器中都经常使用光栅式传感器,此外,在测量振动、速度、应力、应变等机械测量中也常有应用。

8.6.1 计量光栅的种类

利用光栅的莫尔条纹现象进行精密测量的光栅称为计量光栅。根据基材不同，分为金属光栅与玻璃光栅；根据刻划形式不同，分为振幅光栅与相位光栅；根据光线的走向，分为透射光栅与反射光栅；根据用途不同，分为长光栅与圆光栅。下面主要按照用途不同对计量光栅进行分类介绍。

1. 长光栅

刻划在玻璃尺上的光栅称为长光栅，也称为光栅尺，用于测量长度或直线位移。其刻线相互平行，一般以每毫米长度内的栅线数(即栅线密度)来表示长光栅的特性。

根据栅线型式的不同，长光栅分黑白光栅和闪耀光栅。黑白光栅是指只对入射光波的振幅或光强进行调制的光栅，所以又称振幅光栅。闪耀光栅是对入射光波的相位进行调制，也称相位光栅。振幅光栅的栅线密度一般为20~125 线/毫米，相位光栅的栅线密度通常在600 线/毫米以上。

振幅光栅与相位光栅相比，突出的特点是容易复制，成本低廉，这也是大部分光栅传感器都采用振幅光栅的一个主要原因。

2. 圆光栅

刻划在玻璃盘上的光栅称为圆光栅，也称光栅盘，用来测量角度或角位移。圆光栅的参数多数是以整圆上刻线数或栅距角(也称为节距角)γ来表示，它是指圆光栅上相邻两栅线之间的夹角，如图8.51所示。

根据栅线刻划的方向，圆光栅分两种，如图8.52所示。一种是径向光栅，其栅线的延长线全部通过光栅盘的圆心；另一种是切向光栅，其全部栅线与一个和光栅盘同心的直径只有零点几或几个毫米的小圆相切。切向光栅适用于精度要求较高的场合。

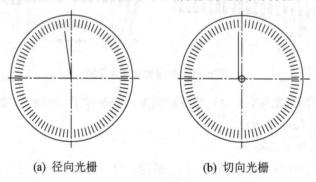

(a) 径向光栅　　　　(b) 切向光栅

图8.52　圆光栅的栅线方向

8.6.2 莫尔条纹

莫尔条纹是光栅传感器工作的基础。

1. 形成莫尔条纹的光学原理

对于栅距较大的振幅光栅，可以忽略光的衍射效应。如图8.53所示，若将两块光栅重叠，之间留很小的间隙，且使它们的刻线相交一个微小的夹角，当光照射光栅尺时，由于挡光效应，两光栅栅线透光部分与透光部分叠加，光线可以透过形成亮带，如图中 a—a 线，而两光栅透光部分与不透光部分叠加形成暗带，如图中 b—b 线。则在与光栅线纹大致垂直的方向上，将产生出亮暗相间的条纹，这些条纹称为"莫尔条纹"。

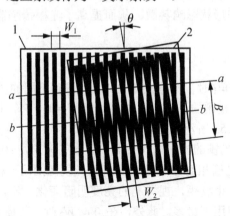

图 8.53 莫尔条纹的形成

长光栅莫尔条纹的宽度为

$$B = \frac{W_1 W_2}{\sqrt{W_1^2 + W_2^2 - 2W_1 W_2 \cos\theta}} \qquad (8\text{-}20)$$

式中：W_1 为标尺光栅 1(也称为主光栅)的光栅常数；W_2 为指示光栅 2 的光栅常数；θ 为两光栅栅线的夹角。

2. 莫尔条纹的特性

莫尔条纹有如下的重要特性：

1) 运动对应关系

莫尔条纹的移动量与移动方向与两光栅的相对位移量和位移方向有着严格的对应关系。在图 8.53 中，当主光栅向右运动一个栅距 W_1 时，莫尔条纹向下移动一个条纹间距 B；如果主光栅向左运动，则莫尔条纹向上移动。所以，光栅传感器在测量时，可以根据莫尔条纹的移动量和移动方向，来判定主光栅(或指示光栅)的位移量和位移方向。

2) 位移放大作用

若两光栅栅距 W 相同，两光栅栅线的夹角 θ 很小，从式(8-20)可得如下近似关系

$$B = \frac{W}{\sin\theta} \approx \frac{W}{\theta} \qquad (8\text{-}21)$$

可明显看出，莫尔条纹有位移放大作用，放大倍数为 $1/\theta$，两光栅夹角 θ 越小，莫尔条纹宽度 B 的值越大。所以，在测量中，尽管光栅的栅距很小，一般难以观察，但是莫尔条纹却清晰可见。

【例 8-8】已知光栅栅距 $W = 0.02$ mm，试计算当两光栅栅线的夹角 $\theta = 0.1°$ 时，莫尔条纹宽度为多少？

解：$\theta = 0.1° = 0.1 \times \dfrac{2\pi}{360} = 0.00175432$ rad。

根据式(8-21)，莫尔条纹宽度为

$$B = \frac{W}{\theta} = 11.4592 \text{ mm}$$

放大倍数 $1/\theta$ 约为 570。可见，莫尔条纹对光栅位移的放大作用十分明显。

3) 误差平均效应

莫尔条纹由光栅的大量刻线形成，对线纹的刻划误差有平均作用，几条刻线的栅距误差或断裂对莫尔条纹的位置和形状影响甚微，从而提高了光栅传感器的测量精度。

3. 莫尔条纹的种类

1) 长光栅的莫尔条纹

变化 W_1、W_2 和栅线夹角 θ 时，根据式(8-20)可以得到不同的莫尔条纹图案。

(1) 横向莫尔条纹。两光栅的光栅栅距相等，即 $W=W_1=W_2$，以夹角 θ 相交形成的莫尔条纹称为横向莫尔条纹。图 8.53 所示就是横向莫尔条纹。

(2) 光闸莫尔条纹。两光栅的光栅栅距相等，栅线的夹角 $\theta=0$ 时，由式(8-21)可知莫尔条纹宽度 B 趋于无穷大。两光栅相对移动时，对入射光就像闸门一样时启时闭，故称为光闸莫尔条纹。两光栅相对移动一个栅距，视场上的亮度明暗变化一次，如图 8.54 所示。

莫尔条纹在长光栅中应用得最多。此外，在 $W_1 \neq W_2$ 时，若栅线的夹角 $\theta=0$，可得到纵向莫尔条纹；若栅线的夹角 $\theta \neq 0$，可得到斜向莫尔条纹。但是，这两种莫尔条纹极少应用。

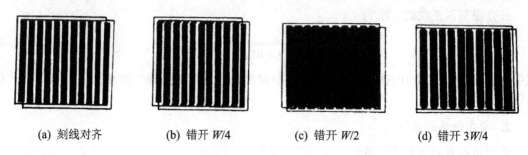

(a) 刻线对齐　　(b) 错开 $W/4$　　(c) 错开 $W/2$　　(d) 错开 $3W/4$

图 8.54　光闸莫尔条纹

2) 圆光栅的莫尔条纹

圆光栅的莫尔条纹种类繁多，而且有些形状很复杂。

(1) 径向光栅的莫尔条纹。在几何量的测量中，径向光栅主要使用两种莫尔条纹：圆弧形莫尔条纹和光闸莫尔条纹。

① 圆弧形莫尔条纹。两块栅距角 γ 相同的径向光栅以不大的偏心叠合，如图 8.55 所示，在光栅的各个部分，栅线的夹角 θ 均不同，便形成了不同曲率半径的圆弧形莫尔条纹。这种圆弧形莫尔条纹实际上是上下对称的两簇圆形条纹，它们的圆心排列在两光栅中心连线的垂直平分线上。圆弧形莫尔条纹的宽度不是定值，随着条纹位置的不同而不同。位于偏心方向垂直位置上的条纹近似垂直于栅线，称这部分条纹为横向莫尔条纹；沿着偏心方向位置上的条纹近似平行于栅线，称这部分条纹为纵向莫尔条纹。在实际使用中，主要应用横向莫尔条纹。

② 光闸莫尔条纹。两块栅距角 γ 相同的两块圆光栅同心叠合时，得到与长光栅中类似的光闸莫尔条纹。主光栅每转过一个栅距角 γ，透光亮度就变化一个周期。

(2) 切向光栅的莫尔条纹。两块切向相同、栅距角 γ 相同的切线光栅线面相对同心重合时，形成的莫尔条纹是以光栅中心为圆心的同心圆簇，称为环形莫尔条纹，如图 8.56 所示。环形莫尔条纹的突出优点是具有全光栅的平均效应，因而用于高精度测量和圆光栅分度误差的检验。

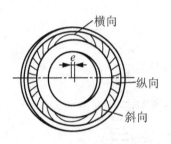

图 8.55 圆弧形莫尔条纹

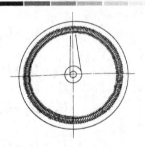

图 8.56 环形莫尔条纹

8.6.3 光栅式传感器

光栅式传感器有多种不同的光学系统，其中，比较常见的有透射式光栅传感器和反射式光栅传感器。

1. 透射式光栅传感器

图 8.57 和图 8.58 所示分别为透射式长光栅传感器和透射式圆光栅传感器工作原理图。在光源的照射下，标尺光栅和指示光栅形成莫尔条纹。指示光栅不动，标尺光栅随工作台移动，工作台每移动一个栅距，莫尔条纹移过一个莫尔条纹间距，光电元器件接收莫尔条纹移动时光强的变化，将光信号转换为电信号，输出的幅值可用光栅位移量 x 的正弦函数表示，以电压输出而言有：

$$U = U_0 + U_m \sin(\frac{\pi}{2} + \frac{2\pi x}{W}) \tag{8-22}$$

式中：U_0 为输出信号中的平均直流分量，对应莫尔条纹的平均光强；U_m 为输出信号的幅值，对应莫尔条纹明暗的最大变化。

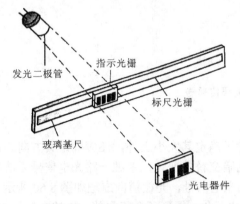

图 8.57 透射式长光栅传感器

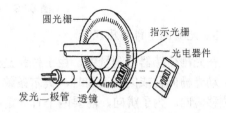

图 8.58 透射式圆光栅传感器

将输出的电压信号经过放大、整形变为方波，经微分电路转换成脉冲信号，再经过辨向电路和可逆计数器计数，就可以数字形式实时地显示出位移量的大小。

图 8.57 和图 8.58 所示的指示光栅是一种裂相光栅，一般由 4 个部分构成，每一部分的刻线间距与对应的标尺光栅完全相同，但各个部分之间在空间上依次错开 $(n+\frac{1}{4})W$ 的距离（n 为整数），根据式(8-22)，若用光电器件分别接收裂相光栅 4 个部分的透射光，可以得到相位依次相差 $\frac{\pi}{2}$ 的 4 路信号如下：

$$\begin{cases} U_1 = U_0 + U_m \sin(\frac{2\pi x}{W}) \\ U_2 = U_0 + U_m \sin(\frac{\pi}{2} + \frac{2\pi x}{W}) = U_0 + U_m \cos(\frac{2\pi x}{W}) \\ U_3 = U_0 + U_m \sin(\pi + \frac{2\pi x}{W}) = U_0 - U_m \sin(\frac{2\pi x}{W}) \\ U_4 = U_0 + U_m \sin(\frac{3\pi}{2} + \frac{2\pi x}{W}) = U_0 - U_m \cos(\frac{2\pi x}{W}) \end{cases} \quad (8-23)$$

将 4 路信号中 U_1 与 U_3、U_2 与 U_4 分别相减，消除信号的直流电平，可得到两路相位差为 90°的信号，然后将它们送入细分和辨向电路，即可实现对位移的测量。

🔑 特别提示

相位差为 90°的两路信号是辨向电路所必需的，单独一路信号无法实现位移方向辨别。

2. 反射式光栅传感器

典型的反射式光栅传感器如图 8.59 所示。平行光以一定的角度射向裂相指示光栅，莫尔条纹是由标尺光栅的反射光与指示光栅作用形成，光电器件接收莫尔条纹的光强。

反射式光栅传感器一般用在数控机床上，主光栅为金属光栅，它坚固耐用，而且线膨胀系数与机床基体的接近，能减小温度误差。

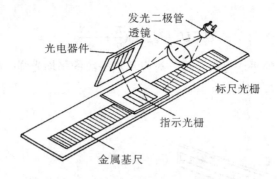

图 8.59 反射式长光栅传感器

3. 光栅测量辨向原理

在光栅传感器的测量中，由于位移是矢量，除了确定其大小之外，还应确定其方向。但是，动光栅向前或向后运动时，莫尔条纹都是作明暗交替的变化，单独一路光电信号无法实现位移辨向。为了辨向，需要两个有一定相位差的光电信号，光栅辨向原理如图 8.60 所示。

在相隔 1/4 莫尔条纹间距的位置上放置两个光电元件，得到两个相位差 $\pi/2$ 的电信号 U_{01} 和 U_{02}，经过整形后得两个方波信号 U'_{01} 和 U'_{02}。当光栅沿 A 方向移动时，莫尔条纹向 B 方向移动。U_{02} 超前 U_{01} 相位 90°，U'_{01} 经微分电路后产生的脉冲正好发生在 U'_{02} 的高电平时，从而经与门 Y_1 输出一个计数脉冲；而 U'_{01} 经反相并微分后产生的脉冲则与 U'_{02} 的低电平相与，与门 Y_2 被阻塞，无脉冲输出。

当光栅沿 $\bar{A}$ 方向移动时，莫尔条纹向 $\bar{B}$ 方向移动。U_{01} 超前 U_{02} 相位 90°。U'_{01} 的微分脉冲发生在 U'_{02} 为低电平时，与门 Y_1 无脉冲输出；而 U'_{01} 的反相微分脉冲则发生在 U'_{02} 的高电平时，与门 Y_2 输出计数脉冲。如果用 Y_1、Y_2 输出的脉冲分别作为计数器的加、减计数脉冲，则计数器的工作状态就可以正确反映光栅尺的移动状态。

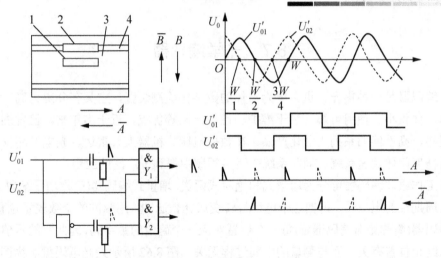

图 8.60 光栅传感器辨向工作原理示意
1、2—光电元件；3—指示光栅；4—莫尔条纹

4. 细分技术

为了进一步提高光栅传感器分辨力，测量比栅距更小的位移量，在测量系统中往往采用细分技术。细分技术的基本思想是，在一个栅距即一个莫尔条纹信号变化周期内，发出 n 个脉冲，每个脉冲代表原来栅距的 $1/n$，由于细分后计数脉冲频率提高了 n 倍，因此也称为 n 倍频。细分方法很多，在此以电子四倍频细分为例来说明细分原理。

前述辨向原理中，在 $B/4$ 的位置上安放了两个光电元件，得到两个相差 $\pi/2$ 的电压信号 U_{01} 和 U_{02} (设为 S 和 C)，将这两个信号整形、反相得到 4 个依次相差 $\pi/2$ 的电压信号 $0°$ (S)，$90°$ (C)，$180°$ ($\bar{S}$)，$270°$ ($\bar{C}$)，将 4 个信号送入图 8.61 所示电路中，进行与、或逻辑运算。很明显，在正向移过一个光栅栅距时，可得到 4 个加计数脉冲；反向移过一个光栅栅距时，得到 4 个减计数脉冲，从而实现了四倍频细分。

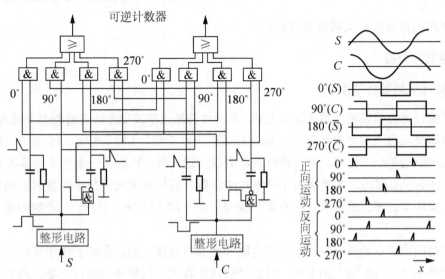

图 8.61 四倍频细分电路
S—正弦信号；C—余弦信号

8.7 光学编码器

光学编码器是一种集光、机、电为一体的数字化检测装置,它具有分辨力高、精度高、结构简单、体积小、使用可靠、易于维护、性价比高等优点,近十多年来,已发展为一种成熟的多规格、高性能的系列工业化产品,在数控机床、机器人、雷达、光电经纬仪、地面指挥仪、高精度闭环调速系统、伺服系统等诸多领域中得到了广泛的应用。

按照工作原理编码器可分为增量式和绝对式两类。增量式编码器(简称增量编码器)是将位移转换成周期性的电信号,再把这个电信号转变成计数脉冲,用脉冲的个数表示位移的大小。绝对式编码器(简称绝对编码器)的每一个位置对应一个确定的数字码,因此它的示值只与测量的起始和终止位置有关,而与测量的中间过程无关。图 8.62 所示为光电码盘实物图。

图 8.62　光电绝对式码盘和增量式码盘

绝对式码盘与增量式码盘有何区别?

8.7.1 绝对编码器

1. 绝对编码器的码盘

绝对编码器的码盘采用照相腐蚀工艺,在一块圆形光学玻璃上刻有透光与不透光的码形。绝对编码器光码盘上有许多道刻线,每道刻线依次以 2 线、4 线、8 线、16 线……编排,这样,在编码器的每一个位置,通过读取每道刻线的通、暗,可获得一组从 2 的零次方到 2 的 $n-1$ 次方的唯一的编码,这就称为 n 位绝对编码器。这样的编码器是由码盘的机械位置决定的,它不受停电、干扰的影响,没有累积误差。图 8.63 所示为 6 位(道)二进制码盘和循环码盘图。

二进制码的优点是直观,易于后续电路和计算机处理,但码盘转到相邻区域时会出现多位码同时产生"0"或"1"的变化,可能产生同步误差。而循环码的特点是,码盘转到相邻区域时,编码中只有一位发生变化,即每次只有一位产生"0"或"1"的变化。只要适当限制各码道的制作误差和安装误差,就不会产生粗大误差。

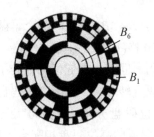 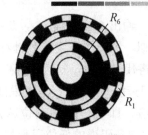

(a) 6 位二进制码盘　　　　　　(b) 6 位循环码盘

图 8.63　绝对码编码器的码盘

2. 绝对编码器的工作原理

光电式绝对编码器的基本结构如图 8.64 所示，它由光源、绝对式光码盘、接收光电元件及后续光电读出装置组成。

以 4 位绝对码盘的光电读出装置为例，如图 8.65 所示，由最外向内依次为 2^0，2^1，2^2，2^3 位，图中 4 个光敏晶体管的读出值表明装置正处在码盘第 8 号角度位置，只有最里面码道的光敏晶体管对着不透光区，不受光照，管子截止，输出电平为 B_4=[1]。其他 3 个码道光敏晶体管均对着透光区，受光照而导通，输出电平均为[0]。因此，码盘第 8 号角度位置对应的输出数码为[1000]。码盘转动某一角度，光电读出装置就输出一个数码。码盘转动一周，光电读出装置就输出 16 种不同的 4 位二进制数码。

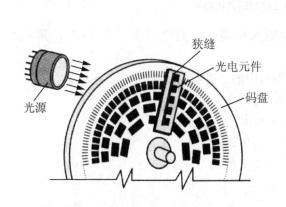 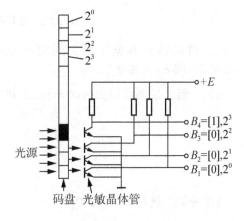

图 8.64　光电式绝对编码器的基本结构　　　图 8.65　编码器光电读出电路原理示意

3. 提高分辨力的措施

绝对码盘所能分辨的旋转角度，即码盘的分辨力 α 为

$$\alpha = 360°/2^n \tag{8-24}$$

式中：n 为码道数。

由式(8-24)可见，码道数越多，能分辨的角度越小，就越精确。为了提高角位移的分辨力，常规方法就是增加码盘的码道数。当然这要受到制作工艺的限制。为此，可以采用多级码盘，以达到提高分辨力的目的。

以两级码盘为例，设低位码盘有 5 条码道，其输出为 5 位数码[B_5，B_4，B_3，B_2，B_1]，高位码盘有 6 条码道,输出 6 位数码$[B_{11}, B_{10}, B_9, B_8, B_7, B_6]$,两个码盘的关系同钟表的分针与秒针的关系相似。同一个表盘,秒针移动 60 格(1 圈)分针才移一格,分针移动一格代表一分,秒针移动一秒代表一秒,分辨力提高 60 倍。同理,若低位码盘转了一圈后(输出 $2^5=32$ 个数码)高位码盘才移动一个码位,或者说低位码盘转 $2^5=32$ 圈,高位码盘才旋转一圈,那么分辨力将提高 32 倍,即可分辨的角位移是高位码盘分辨力 $\alpha=360°/2^6=5.625°$ 的 1/32,即 $0.176°$,这就是说由 5 条码道的低位码盘与 6 条码道的高位码盘相配合,可输出 11 位数码,角分辨力可达 $360°/2^{11}=0.176°$。

4. 减小误码率

采用二进制的码盘,对码盘的制作和安装要求很严格,否则会产生严重的错码。为了提高精度,限制错码率,常用循环码盘。

循环码的特点是相邻两个数的代码只有一位码是不同的,故用循环码(格雷码)来代替直接二进制码,就可消除多位错码现象。此时光电读出装置输出的循环码必须经"循环码-二进制码"转换电路变回二进制码,转换电路如图 8.66 所示。

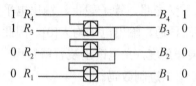

图 8.66 循环码向二进制码转换电路

将二进制码 B_i 和循环码 R_i 进行相互转换的规律是:最高位不变,即 $R_n=B_n$,第 i 位 $R_i=B_i \oplus B_{i+1}$ 或 $B_i=R_i \oplus B_{i+1}$。

例如,若 4 位循环码$[R_4R_3R_2R_1]$为[1100],则对应的二进制码$[B_4B_3B_2B_1]$的各位为

最高位不变 $B_4=R_4=1$

其他位 $B_3=R_3 \oplus B_4=0$

$B_2=R_2 \oplus B_3=0$

$B_1=R_1 \oplus B_2=0$

故相应的二进制码为[1000]。

8.7.2 增量编码器

1. 增量编码器的结构与工作原理

增量编码器又称脉冲盘式编码器,在增量编码器的圆盘上等角距地在两条码道上开有透光的缝隙,内外码道(A、B 码道)的相邻两缝距离错开半条缝宽,如图 8.67(a)所示。

增量编码器的第三条码道是在最外圈只开有一个透光狭缝,表示码盘零位。在圆盘两侧面分别安装光源和光电接收元件。当码盘转动时,光源经过透光和不透光的区域,每个码道将有一系列光脉冲由光电元件输出,码道上有多少缝隙就有多少个脉冲输出。放大、整形后 A、B 两列脉冲信号如图 8.67(b)所示。

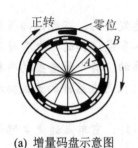 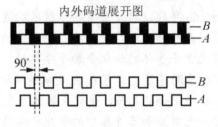

(a) 增量码盘示意图　　　　　(b) A、B 两相脉冲信号

图 8.67　增量编码器的结构与工作原理示意

2. 旋转方向的判别

为了辨别码盘旋转方向，可采用图 8.68 所示电路实现。经过放大整形后的 A、B 两相脉冲分别输入到 D 型触发器的 D 端和 CP 端。由于 A、B 两列脉冲相差 90°，D 触发器在 A 脉冲(CP)的上升沿触发。当正转时，B 脉冲超前 A 脉冲 90°，故 Q= "1"，表示正转；当反转时，A 脉冲超前 B 脉冲 90°，D 触发器在 A 脉冲(CP)上升沿触发时，D 输入端的 B 脉冲为低电平 "0"，故 Q= "0"，而 $\bar{Q}$= "1"，表示反转。分别用 Q 和 $\bar{Q}$ 控制可逆计数器是正向还是反向计数，即可将光脉冲变成编码输出。C 相脉冲接至计数器的复位端，实现每转动一圈复位一次计数器。无论正转还是反转，计数码每次反映的都是相对上次角度的增量，故通常称为增量编码器。

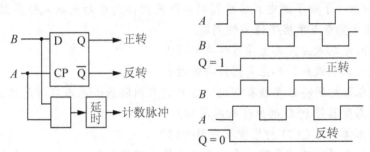

图 8.68　增量编码器的辨向原理示意

3. 增量式光电编码器的特点

增量式光电编码器的缺点是它无法直接读出转动轴的绝对位置信息。其优点包括：
(1) 原理构造简单、易于实现；
(2) 机械平均寿命长，可达到几万小时以上；
(3) 分辨力高；
(4) 抗干扰能力较强，信号传输距离较长，可靠性较高。

知识链接

1839 年 A. E. 贝克勒尔发现当光线落在浸没于电介质溶液中的两个金属电极上，后者之间就产生电动势，后来称这种现象为光生伏打效应，即光伏效应。

1873 年 W. 史密斯和 Ch. 梅伊发现硒的光电导效应。

1887 年 H. R. 赫兹发现外光电效应。基于外光电效应的光电管和光电倍增管在 20 世纪 50~60 年代被广泛应用，直到目前仍在微光探测等场合继续使用。

虽然早在 1919 年 T.W. 凯斯就已取得硫化铊光导探测器的专利权，但半导体光敏元件却是在 20 世纪 60 年代以后随着半导体技术的发展而开始迅速发展的。在此期间各种光电材料都得到了全面的研究和广泛的应用。它们的结构有单晶和多晶薄膜的，也有非晶的，它们的成分有元素半导体的和化合物半导体的，也有多元混晶的。其中最重要的两种是硅和碲镉汞。硅的原料丰富，工艺成熟，是制造从近红外到紫外波段光电器件的优良材料。碲镉汞是碲化汞和碲化镉的混晶，是优良的红外光敏材料。

通过对光电效应和器件原理的研究已发展了多种光电器件，有单点的光电器件如光敏电阻、光敏二极管、光敏晶体管、光电池等，也有高集成度的阵列器件如 CCD 等，适用于不同的场合。光电传感器件的制造工艺也随薄膜工艺、平面工艺和大规模集成电路技术的发展而达到很高的水平，并使产品的成本大为降低。被称为新一代摄像器件的聚焦平面集成光敏阵列正在取代传统的扫描摄像系统。光电式传感器的最新发展方向是采用有机化学汽相沉积、分子束外延、单分子膜生长等新技术和异质结等新工艺。

光电传感器的应用领域已扩大到纺织、造纸、印刷、医疗、环境保护等领域，在红外探测、辐射测量、光纤通信，自动控制等传统应用领域中也在不断发展。

本 章 小 结

本章我们学习了光电式传感器的工作原理、光电器件的基本结构、特性参数、基本测量电路的相关知识，了解了光电式传感器的实际应用，为今后光电式传感器的选用和设计打下了基础。读者要重点掌握下述关键问题：

(1) 什么是内光电效应？其主要器件有哪些？
(2) 什么是外光电效应？其主要器件有哪些？
(3) 常见光电器件的特性参数有哪些？各自的应用特点和基本应用是什么？
(4) 位置敏感型器件 PSD 的原理及应用如何？
(5) 固态图像传感器 CCD 的原理及应用如何？
(6) 光栅式传感器的工作原理、系统构成及基本应用如何？
(7) 光学编码器的工作原理是什么？

习 题

一、填空题

8-1 光电式传感器的物理基础是光电效应，常用的外光电器件有_____等，常用的内光电器件有_____、_____等。

8-2 光敏电阻的光电流是指_____与_____之差。

8-3 光敏电阻的光谱特性反映的是光敏电阻的灵敏度与_____的关系。

8-4 莫尔条纹的 3 个重要特性是_____、_____、_____。

二、简答题

8-5 什么是光电效应？光电效应有哪几种？与之对应的光电元器件各有哪些？
8-6 叙述光电倍增管的工作原理。
8-7 常用的半导体光电器件有哪些？它们的电路符号是什么？

8-8 什么是光电器件的光谱特性？

8-9 为什么说光敏电阻不适合于用作线性测量元件？

8-10 莫尔条纹是如何形成的？它有哪些特性？

8-11 如何提高光栅传感器的分辨力？

8-12 模拟式光电传感器有哪几种常见形式？

8-13 绝对式光电编码器和增量式光电编码器各有何优缺点？

8-14 要想提高增量编码器的分辨力，应该如何实现？

三、计算题

8-15 若两个 100 线/毫米的光栅相互叠合，它们的夹角为 0.1°，试计算所形成的莫尔条纹的宽度。

8-16 用 4 个光敏二极管接收长光栅的莫尔条纹信号，如果光敏二极管的响应时间为 1×10^{-6} s，光栅的线密度为 50 线/毫米，试计算长光栅所允许的运动速度。

8-17 一光电式增量编码器的计数器计了 100 个脉冲，对应的角位移量为 $\Delta\alpha$ =17.58°，则该编码器的分辨力为多少？

第9章 光纤传感器

明确各类光纤传感器基本结构原理和应用特点,会运用本章知识对光纤传感器进行功能分析和基本参数计算,为光纤传感器的设计计算和元件选型、校核打下基础。

掌握光纤传感器的基本概念、性能参数及各种光纤传感器的结构、工作原理、性能特点及工程应用;掌握光纤的类型、结构、工作原理、性能特点及应用。

导入案例

光纤传感技术就是以光为信息载体,以光纤为传输或传感手段探测光波一种或多种属性的变化(如强度、波长、相位、偏振等)的多学科融合的新一代传感技术。光纤传输的光信号是非电信号,对电绝缘,此外光纤传感器还具有很多优异的性能,例如:抗电磁干扰和原子辐射的性能,径细、质软、质量轻的机械性能,绝缘、无感应的电气性能,耐水、耐高温、耐腐蚀的化学性能等。它能够在人达不到的地方(如高温区),或者对人有害的地区(如核辐射区),接收人的感官所感受不到的外界信息。因此,在应用电信号检测会造成危害的场合,如大型油罐的温度检测(电火花会导致火灾),高电压场合,易燃、易爆等危险物品的检测,强电磁场干扰环境下的检测,多点分布测量等,都是光纤传感器被广泛应用的领域。

下面的图片是光纤传感器的几个应用实例。

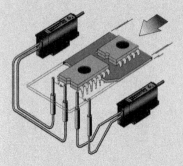
光纤式光电开关检测 IC 芯片引脚

光纤安全互锁系统

智能型降落伞

9.1 光纤传感器的基本知识

光纤传感技术是随着光纤及光纤通信技术的发展而逐步发展起来的一门崭新技术。在光纤通信系统中人们发现，光纤受到外界环境因素的影响，如温度、压力、电场、磁场等环境条件变化时，将引起其传输的光波量如光强、相位、频率、偏振态等发生变化。因此，如果测出光波量的变化，就可以知道导致这些光波量变化的温度、压力、电场、磁场等物理量的大小，于是出现了光纤传感技术。

由于光纤传感器的独特优点，使它发展迅速。自1977年光纤传感器出现以来已研制出多种光纤传感器，现已被广泛应用于位移、速度、加速度、液位、压力、流量、振动、温度、电流、电压、磁场和核辐射等的测量。

9.1.1 光纤的结构

光纤是光导纤维的简称，形状一般为圆柱形，材料是高纯度的石英玻璃为主，掺少量杂质锗、硼、磷等。光纤的结构如图9.1所示，它由折射率 n_1 较大(光密介质)的纤芯和折射率 n_2 较小(光疏介质)的包层构成双层同心圆柱结构。由于纤芯的折射率比包层的折射率稍大，当满足一定条件时，光就被"束缚"在光纤里面传播(图9.3)。实际的光纤在包层外面还有一层保护层，其用途是保护光纤免受环境污染和机械损伤。因此，光纤是用光透射率高的电介质(如石英、玻璃、塑料等)构成的光通路。

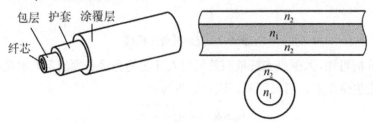

图 9.1 光纤的基本结构

9.1.2 光纤的传光原理

光纤的工作基础是光的全反射现象。

根据几何光学理论，当光线以某一较小的入射角 θ_1 (光线与法线间的夹角)，由折射率为 n_1 的光密物质射向折射率为 n_2 的光疏物质(即 $n_1 > n_2$)时，则一部分入射光以折射角 φ_2 折射入光疏物质，其余部分以 θ_1 角度反射回光密物质，如图9.2所示。根据折射定律(斯涅尔定律)，光折射和反射之间的关系为

$$n_1 \sin\theta_1 = n_2 \sin\varphi_2 \tag{9-1}$$

当光线的入射角 θ_1 增大到某一角度 θ_c 时，透射入光疏物质的折射光则沿界面传播，即 $\varphi_2 = 90°$，称此时的入射角 θ_c 为临界角。那么，由斯涅尔定律得

$$\sin\theta_c = \frac{n_2}{n_1} \tag{9-2}$$

由此可知临界角 θ_c 仅与介质的折射率的比值有关。

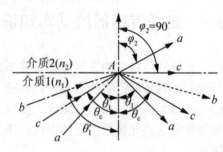

图 9.2　光在两介质界面上的折射和反射

当入射角 $\theta_1 > \theta_c$ 时，光线不会透过其界面，而全部反射到光密物质内部，也就是说光被全反射。根据这个原理，如图 9.3 所示，只要使光线射入光纤端面的光与光轴的夹角 θ_0 小于一定值，则入射到光纤纤芯和包层界面的角 θ_1 就满足大于临界角 θ_c 的条件，光线就射不出光纤的纤芯。光线在纤芯和包层的界面上不断地产生全反射而向前传播，光就能从光纤的一端以光速传播到另一端，这就是光纤传光的基本原理。

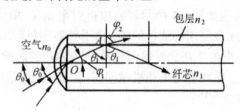

图 9.3　光纤的传光机理

根据以上分析可知，入射到光纤端面并折射入纤芯的光线必须满足入射角 θ_0 小于一定值，才能在光纤中发生全反射。可以证明，该入射角为

$$\sin\theta_0 = \frac{1}{n_0}\sqrt{n_1^2 - n_2^2} \tag{9-3}$$

式中：n_0 为空气的折射率。

θ_0 的大小表示光纤能接收光的范围。θ_0 越大，光纤入射端的端面上接收光的范围越大，进入纤芯的光线越多，因此它是描述光纤集光性能的重要参数，称为光纤的"数值孔径"NA，即

$$\mathrm{NA} = \sin\theta_0 = \frac{1}{n_0}\sqrt{n_1^2 - n_2^2} \tag{9-4}$$

上式表明，光纤的数值孔径的大小取决于纤芯和包层的折射率，它们折射率差值越大，数值孔径就越大，光纤集光能力越强。所以无论光源发射功率多大，只有 $2\theta_0$ 张角内的光才能被光纤接收、传播(全反射)。

【例 9-1】 试证明图 9.3 所示光纤的数值孔径 $\mathrm{NA} = \sin\theta_0 = \dfrac{1}{n_0}\sqrt{n_1^2 - n_2^2}$。

证明：根据斯涅尔定律，并结合图示角度关系 $\varphi_1 + \theta_1 = 90°$，有

$$n_0 \sin\theta_0 = n_1 \sin\varphi_1 = n_1 \cos\theta_1$$

当入射光线在纤芯-包层界面上发生全反射时，临界角为 $\sin\theta_1 = \sin\theta_c = \dfrac{n_2}{n_1}$，即 $\cos\theta_1 = \sqrt{1-\left(\dfrac{n_2}{n_1}\right)^2} = \dfrac{1}{n_1}\sqrt{n_1^2 - n_2^2}$，代入上式可得：$\sin\theta_0 = \dfrac{1}{n_0}\sqrt{n_1^2 - n_2^2}$，此即光纤数值孔径 NA，证毕。

9.1.3 光纤的种类

光纤的主要分类方法如下：

1. 按材料分类

1) 高纯度石英(SiO_2)玻璃纤维

这种材料的光损耗比较小，在波长 $\lambda = 1.2\ \mu m$ 时，最低损耗约为 0.47 dB/km。锗硅光纤，包层用硼硅材料，其损耗约为 0.5 dB/km。

2) 多组分玻璃光纤

用常规玻璃制成，损耗也很低。如硼硅酸钠玻璃光纤，在波长 $\lambda = 0.84\ \mu m$ 时，最低损耗为 3.4 dB/km。

3) 塑料光纤

用人工合成导光塑料制成，其损耗较大，当 $\lambda = 0.63\ \mu m$ 时，达到 100～200 dB/km。但其重量轻，成本低，柔软性好，适用于短距离导光。

2. 按折射率分类

按折射率分为阶跃折射率光纤和渐变折射率光纤，如图 9.4 所示。在纤芯和包层的界面上，纤芯的折射率不随半径而变，但在纤芯与包层界面处折射率有突变的称为阶跃型；而光纤纤芯的折射率沿径向由中心向外呈抛物线由大渐小，至界面处与包层折射率一致的称为渐变型。

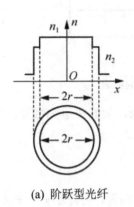

(a) 阶跃型光纤　　　　　　　　(b) 渐变型光纤

图 9.4　光纤的折射率断面

3. 按光纤的传播模式分类

光纤传输的光波，可以分解为沿纵轴向传播和沿横切向传播的两种平面波成分。后者在纤芯和包层的界面上会产生全反射。当它在横切向往返一次的相位变化为 2π 的整倍数时，将形成驻波。形成驻波的光线组称为"模";它是离散存在的,即一定纤芯和材料的光纤只能传输特定模数的光。

根据传输模数的不同,光纤可分为单模光纤和多模光纤。

单模光纤纤芯直径仅有几微米,接近波长。其折射率分布均为阶跃型。单模光纤原则上只能传送一种模数的光,常用于光纤传感器。这类光纤传输性能好,频带很宽,具有较好的线性度;但因芯小,难以制造和耦合。

多模光纤允许多个模数的光在光纤中同时传播,通常纤芯直径较大,达几十微米以上。由于每一个"模"光进入光纤的角度不同,它们在光纤中走的路径不同,因此它们到达另一端点的时间也不同,这种特征称为模分散。特别是阶跃折射率多模光纤,模分散最严重。这限制了多模光纤的带宽和传输距离。

渐变折射率多模光纤纤芯内的折射率不是常量,而是从中心轴线开始沿径向大致按抛物线形成递减,中心轴折射率最大,因此,光纤在纤芯中传播会自动地从折射率小的界面向中心会聚,光纤传播的轨迹类似正弦波形,如图9.5所示,具有光自聚焦效果,故渐变折射率多模光纤又称为自聚焦光纤。因此渐变折射率多模光纤的模分散比阶跃型小得多。

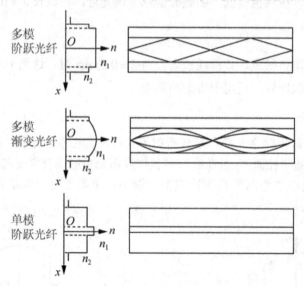

图 9.5 光纤模式及其对光信号传输的影响

单模光纤只能允许一束光传播,所以它没有模分散现象,故其传输频带宽、容量大,传输距离长。光纤模式及其对光信号传输的影响如图9.5所示。

9.1.4 光纤传感器的基本组成

构成光纤传感器除光导纤维之外,还必须有光源和光探测器,另外还有一些光无源器件。各部分的作用可通过图9.6的例子进行说明。图9.6所示为一遮光式光纤温度计。光源发射的光信号通过光纤传输,在光发射端输出准直后的平行光束,该光束照射到光接收端并被耦合进入光纤传播,接收端的光强度受温度变化的调制。当温度升高时,双金属片的变形量增大,带动遮光板在垂直方向产生位移从而使接收端光强度减小。光强度的变化通过光电器件转换成电信号,送入二次仪表和计算机处理,从而得到温度值大小。这种光纤温度传感器可以在

10~50℃温度范围内进行较为精确的温度测量。光纤的传输距离可达 5000m。它可应用于雷雨区高压线铁塔上的温度测量。

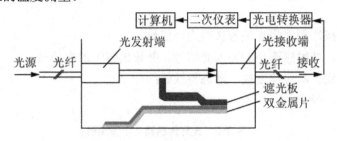

图 9.6 遮光式光纤温度计

1. 光纤传感器常用光源

光源的作用是产生光信号。由于光纤传感器的工作环境特殊，对光源有如下基本要求：
(1) 光源的体积小，便于和光纤耦合；
(2) 光源发出的光波长应合适，以减少在光纤中传输的能量损耗；
(3) 光源要有足够的亮度，且长期工作稳定性好，噪声小，驱动电路简单；
(4) 在相当多的光纤传感器中，对光源的相干性也有一定要求。

目前光纤传感器中常用的光源有半导体激光器 LD、半导体发光二极管 LED、放大自发辐射 ASE 光源和半导体分布反馈激光器 DFB 等，各种光源特性如表 9-1 所列。

表 9-1 光纤传感器常用光源

类型	名 称		特性描述及应用
相干光源	半导体激光器	激光二极管(LD)	体积小、价格低、调制方便，可用于光纤干涉测量传感器；在非干涉测量中应用于大功率脉冲激光器和相阵激光器；能量运输中，提供大功率准直光源
		DFB 激光器	在高速调制下有单纵模激光输出，为动态单纵模激光器，多用于通信光源
		量子阱激光器	为呈现量子限制效应的异质节半导体激光器(小于 20nm 的有源层)；可高速调制
	光纤激光器		掺稀土的光纤，在外部泵浦时，表现出可调激光行为
	气体激光器		常用的如 He-Ne 激光器和 Ar^+ 离子激光器等。具有很好的单色性和方向性。用于温度场、应力场的光纤传感测量
非相干光源	白炽光源		电流加热合适的材料产生热辐射发光，发射连续光谱
	气体放电光源		光谱不连续，发光强度高、波长短，用于检测物质的温度、含量
	ASE 光源		宽带光源，用于 FBG 传感器、陀螺仪等
	发光 LED		体积小、价格低、驱动电路简单。约 20 nm 的短相干长度，功率-电流线性度好，用于非相干测量传感器

2. 光纤传感器的光探测器

光探测器的作用是对光纤传出的光信号进行检测并转换成电信号，以便送往后续的电子仪器进行信号处理。常用的光探测器主要有光敏二极管、光敏晶体管、光敏电阻、光电倍增管和光电池等，详见表 9-2 所列。

在光纤传感器中,光探测器性能好坏既影响被测物理量的变化准确度,又关系到光探测接收系统的质量。它的线性度、灵敏度、带宽等参数直接关系到传感器的总体性能。对光探测器的要求是:

(1) 线性好,按比例地将光信号转换为电信号;

(2) 灵敏度高,能敏感微小的输入光信号,并输出较大的电信号;

(3) 响应频带宽、响应速度快,动态特性好;

(4) 性能稳定,噪声小。

表 9-2　光纤传感器常用探测器

名　称	特性及应用
PIN 光敏二极管	在 P 型和 N 型半导体中间加有高阻抗的 I 层(本征半导体材料),提高了响应速度。广泛用于光电子集成电路
雪崩式光敏二极管(APD)	用雪崩倍增效应使光电流得到倍增的高灵敏度的探测器,用于微弱光检测,频响特性好
光电晶体管	光敏二极管和普通二极管的结合,光入射到基极,在集电极可得到已放大的光电流
单片集成接收器组件	PIN-PD-FET 或 APD-FET,即 PIN 或 ADP 与场效应晶体管的集成
光电池(光敏电阻)	经光照后导电性增加的半导体(内光电效应)
电荷耦合器件阵列探测器(CCD)	入射到特定部位的总光功率的电荷积累起来,然后在适当的时钟系统控制下,按顺序读出来。线阵和面阵器件都在光纤传感器中得到广泛应用
光电倍增管(PMT)	光电子发射型(外光电效应)探测器,特别适用于微弱光信号探测

3. 光无源器件

光无源器件是一种不必借助外部的任何光或电的能量,由自身能够完成某种光学功能的光学元器件,光无源器件按其功能可分为光连接器件、光衰减器件、光功率分配器件、光波长分配器件、光隔离器件、光开关器件、光调制器件等。

光纤耦合器又称分路器,是将光信号从一条光纤中分至多条光纤中的元件。光纤耦合器可分为标准耦合器(双分支,单位 1×2,可将光信号分为两个功率相等的信号)、星状/树状耦合器等。

光纤活动连接器一般称为光纤连接器,主要用于连接两根光纤或光缆形成连续光通路,是目前使用数量最多的光无源器件。

自聚焦透镜是指折射率分布沿径向渐变的柱状光学透镜。它用在光纤准直器中,可以对光纤中传输的高斯光束进行准直,以提高光纤与光纤间的耦合效率,是光纤传感系统中的基本光学器件。

9.2　光纤传感器的分类及其工作原理

光纤传感器与电类传感器有很多相似之处,两者在检测过程中的作用对比如图 9.7 所示和表 9-3 所列。通过对比可以看到,光纤传感器的作用是将被测参量转换为光信号参数的变化。而且，光纤既可做成传感器又可作为传输介质使用。

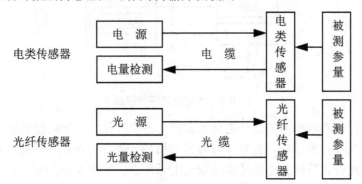

图 9.7　光纤传感器与电类传感器的对比

表 9-3　光纤传感器与电类传感器的对比

分类内容	光纤传感器	电类传感器
调制参量	光的振幅、相位、频率、偏振态	电阻、电容、电感等
敏感材料	温-光敏、力-光敏、磁-光敏	温-电敏、力-电敏、磁-电敏
传输信号	光	电
传输介质	光纤、光缆	电线、电缆

9.2.1　光纤传感器分类

光纤传感器一般可分为两大类：

1. 功能型光纤传感器

如图 9.8 所示，它指利用对外界信息具有敏感能力和检测能力的光纤(或特殊光纤)作传感元件，将"传"和"感"合为一体的传感器。功能性光纤传感器中光纤不仅起传光作用，而且还利用光纤在外界因素的作用下，其光学特性(光强、相位、频率、偏振态等)的变化来实现"传"和"感"的功能。因此，传感器中光纤是连续的。由于光纤连续，增加其长度，可提高灵敏度。这类传感器主要使用单模光纤。

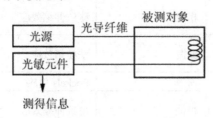

图 9.8　功能型光纤传感器

2. 非功能型(传光型)光纤传感器

如图 9.9 所示，这类光纤传感器中光纤仅起导光作用，只"传"不"感"，对外界信息的"感觉"功能依靠其他物理性质的功能元件完成，光纤在系统中是不连续的。此类光纤传感器无需特殊光纤及其他特殊技术，比较容易实现，成本低；但灵敏度也较低，用于对灵敏度要求不太高的场合。

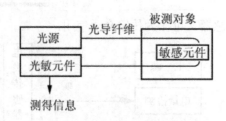

图 9.9 传光型光纤传感器

非功能型光纤传感器使用的光纤主要是数值孔径和芯径大的阶跃型多模光纤。

在非功能型光纤传感器中,也有不需要外加敏感元件的情况。光纤把测量对象辐射的光信号或测量对象反射、散射的光信号传播到光电元件上,如图 9.10 所示。这种光纤传感器也称作传感探针型光纤传感器。通常使用单模或多模光纤。典型的例子有光纤激光多普勒速度计、辐射式光纤温度传感器等。其特点是非接触测量,且具有较高精度。

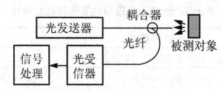

图 9.10 探针型光纤传感器

光纤传感器的应用极为广泛,它可以探测的物理量很多,目前已实现用光纤传感器测量的物理量近 70 种。按照被测对象的不同,光纤传感器又可分为位移、压力、温度、流量、速度、加速度、振动、应变、磁场、电压、电流、化学量、生物医学量等各种光纤传感器。根据对光进行调制的手段不同,光纤传感器又有强度调制、相位调制、频率调制、偏振调制等不同工作原理的光纤传感器。光纤传感器的详细分类如表 9-4 所列。

表 9-4 光纤传感器的分类

被测物理量	测量方法	光的调制方法	光学现象	材料
电流磁场	FF	偏振	法拉第效应	石英系玻璃
				铅系玻璃
		相位	磁致伸缩效应	镍
				68 碳莫合金
	NF	偏振	法拉第效应	YIG 强磁体
				FR-5 铅系玻璃
电流磁场	FF	偏振	Pockels 效应	亚硝基苯胺
		相位	电致伸缩效应	陶瓷振子
				压电元件
	NF	偏振	Pockels 效应	LiNbO$_3$
速度	FF	相位	Sagnac 效应	石英系玻璃
		频率	多普勒效应	石英系玻璃
	NF	断路	风标的旋转	旋转圆盘
振动压力音响	FF	频率	多普勒效应	石英系玻璃
		相位	干涉现象	石英系玻璃
		光强	微小弯曲损失	薄膜+膜条

续表

被测物理量	测量方法	光的调制方法	光学现象	材料
振动压力音响	NF	光强	散射损失	$C_{45}H_{78}O_2$+VL2255N
		断路	双波长透射率变化	振子
		光强	反射角变化	薄膜
射线	FF	光强	生成着色中心	石英系玻璃、铅系玻璃
图像	FF	光强	光纤束成像	石英系玻璃
			多波长传输	石英系玻璃
			非线性光学	非线性光学元件
			光的聚焦	多成分玻璃
温度	FF	相位	干涉现象	石英系玻璃
		光强	红外线透射	SiO_2,CaF_2
		偏振	双变化	石英系玻璃
		开口数	折射率变化	石英系玻璃
	NF	断路	双金属片弯曲	双金属片
		断路	磁性变化	铁氧体
			水银的上升	水银
		透射率	禁带宽度变化	GaAs 半导体
			透射率变化	石蜡
		光强	荧光辐射	$(Gd_{0.99}Eu_{0.01})_2O_2S$

注：FF 指功能型光纤传感器，NF 指非功能型光纤传感器。

9.2.2 光调制技术

调制技术是指在时域上用被测信号对一个高频信号(如光纤传感器中的光信号)的某特征参量(幅值、频率或相位等)进行控制，使该特征参量随着被测信号的变化而变化。这样，原来的被测信号就被这个受控制的高频振荡信号所携带。一般将控制高频信号的被测信号称为调制信号；载送被测信号的高频信号称为载波；经过调制后的高频振荡信号称为已调制波。

按照调制方式分类，光调制可以分为强度调制、相位调制、频率调制、偏振调制和波长调制等。所有这些调制过程都可以归结为将一个携带信息的信号叠加到载波——光波上。而能完成这一过程的器件称为调制器。调制器能使载波光波参数随外信号变化而改变，这些参数包括光波的强度(幅值)、相位、频率、偏振、波长等。被信息调制的光波在光纤中传输，然后再由光探测系统解调，将原信号恢复。

1. 强度调制型光纤传感器

强度调制型光纤传感器是一种利用被测对象的变化引起敏感元件的折射率、吸收或反射等参数的变化，而导致光强度变化来实现敏感测量的传感器。光强度变化可直接用光电探测器进行检测。

常见的强度调制型光纤传感器有利用光纤的微弯损耗，各物质的吸收特性，振动膜或液晶的反射光强度的变化，物质因各种粒子射线或化学、机械的激励而发光的现象，以及物质的荧光辐射或光路的遮断等来构成压力、振动、温度、位移、气体等各种强度调制型光纤传感器。其优点是成本低廉，结构简单，用途广泛，其缺点是稳定性差。

【例 9-2】反射式强度调制-位移传感器(光强度外调制)的例子，如图 9.11 所示。外调制技术的调制环节通常在光纤外部，因而光纤本身只起传光作用。这里光纤分为两部分：发送光纤和接收光纤。两种常用的调制器是反射器和遮光屏。光源发送的光信号经光纤照射到 A 处的反射器上，反射器与被测对象连接在一起。当被测对象产生位移时，使反射光的强度发生变化，接收光纤将强度被位移调制的光信号送至光探测器，光探测器再将强度调制光信号转变为对应的电信号。

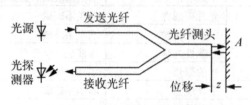
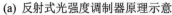
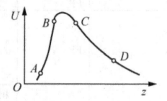

(a) 反射式光强度调制器原理示意　　　　　(b) 输出电压与位移的关系曲线

图 9.11　反射式强度调制-位移传感器

例 9-2 中如何区分非传感量(如光源产生的光信号的起伏、光探测器的特性漂移等)引起的光强变化？

2. 相位调制与干涉测量

相位调制型光纤传感器的基本原理是利用被测对象对敏感元件的作用，使敏感元件的折射率或传播系数发生变化，而导致光的相位变化，然后用干涉仪把相位变化变换为振幅变化，从而还原所检测的物理量。因此，相位调制与干涉测量技术并用，构成相位调制的干涉型光纤传感器。

根据光波的干涉测量基本知识，两束相干光(信号光束和参考光束)同时照射在一光电探测器上，若光振幅分别为 A_1 和 A_2，如果其中一光束的相位由于某种因素影响或调制，在干涉场中就会引起干涉条纹强度的变化。干涉场中各点的光强数学表达式为

$$A^2 = A_1^2 + A_2^2 + 2A_1A_2\cos(\Delta\varphi) \tag{9-5}$$

式中：$\Delta\varphi$ 为相位调制造成的两相干光之间的相位差。

式(9-5)表明，检测到干涉光强的变化就可以确定两光束间相位的变化，从而得到待测物理量的数值大小。

实现干涉测量的仪器称为干涉仪。常用的干涉仪主要有 4 种：迈克尔逊干涉仪、赛格纳克干涉仪、马赫-泽德干涉仪和法布里-珀罗干涉仪，如图 9.12 所示。

光学干涉仪的共同特点就是它们的相干光在空气中传播，由于空气受环境温度变化的影响，引起空气的折射振动及声波干扰。这种影响都会导致空气光程的变化从而引起干涉测量工作的不稳定，使精度降低。而光纤干涉仪利用单模光纤作干涉仪的光路，就可以排除上述影响，并可以克服光路加长时对相干长度的严格限制，从而可以制造出千米量级光路长度的光纤干涉仪，这种干涉仪成为相位调制型光纤传感器的一个重要组成部分。

▶特别提示

光纤干涉仪与光学干涉仪的不同在于：光学干涉仪中的分光器被光纤干涉仪的耦合器取代，空气光程被光纤光程取代，并且光纤干涉仪中都是以光纤作为相位调制元件(传感器)，被测物理量作用于光纤传感器，导致其光纤中光相位的变化或光的相位调制。

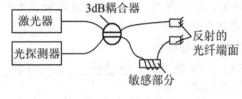
(a) 迈克尔逊干涉仪

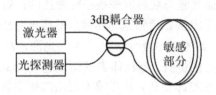
(b) 赛格纳克干涉仪

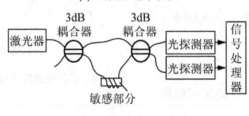
(c) 马赫泽-德干涉仪

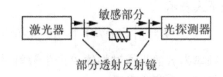
(d) 法布里-珀罗干涉仪

图9.12 常用的干涉仪

以图 9.12(a)所示迈克尔逊干涉仪为例,当被测量发生变化时,将引起测量光路光纤纤芯折射率 n 的变化和测量光纤长度 L 的变化,由此使通过测量光路的光束光程(等于 nL)发生改变,对应相位 $\varphi = 2\pi nL/\lambda_0$ 也相应改变,则测量光路和参考光路的相位差为

$$\Delta\varphi = \frac{4\pi}{\lambda_0}(L\Delta n + n\Delta L) \tag{9-6}$$

式中:λ_0 为光束在真空中的波长。

能引起光纤折射率和长度变化的物理量很多,故相位调制型光纤传感器通常有利用光弹效应的声、压力或振动传感器,利用磁致伸缩效应的电流、磁场传感器,利用电致伸缩的电场、电压传感器以及利用光纤赛格纳克(Sagnac)效应的旋转角速度传感器(光纤陀螺)等。这类传感器的灵敏度很高。但由于须用特殊光纤及高精度检测系统,因此成本也高。

3. 频率调制

频率调制光纤传感器是利用由被测对象引起的光频率的变化来进行监测的传感器。

光导纤维传感中的相位调制(或强度调制、偏振调制)是通过改变光纤本身的内部性能来达到调制的目的的,光纤也是敏感元件。而频率调制不是以改变光纤的特性来实现调制。因此,在这种调制中光纤往往只是起着传输光信号的作用,而不是作为敏感元件。通常有利用运动物体反射光和散射光的多普勒效应的速度、流速、振动、压力、加速度光纤传感器;利用物质受强光照射时的拉曼散射构成的测量气体浓度或监测大气污染的气体传感器。

1) 光学多普勒频移原理

光的频率调制主要是指光学多普勒频移。从物理学知识可知,光学中的多普勒现象是指由于观察者和目标的相对运动,使观察者接收到的光波频率产生变化的现象。如一频率为 f 的静止光源的光入射到速度为 v 的运动物体上时,从运动物体上观测的频率为 f_1,则 f_1 与 f 之间的关系为

$$f_1 = f\left[1-(v/c)^2\right]^{1/2}/\left[1-(v/c)\cos\theta\right] \approx f\left[1+(v/c)\cos\theta\right] \tag{9-7}$$

式中:c 为真空中的光速;θ 为物体至光源方向与物体运动方向的夹角。

式(9-7)是相对论多普勒频移的基本公式。但是,一般最关心的还是运动物体所散射的光的频

移,而光源与观察者则是相对静止的。对于这种情况,可以作为一个双重多普勒频移来考虑。即先考虑从光源到运动物体,然后再考虑从运动物体到观察者。

如图9.13所示,其中S为光源,P为运动物体,Q是观察者所处的位置。若物体P的运动速度为v,运动方向与PS及PQ的夹角为θ_1和θ_2,从光源S发出的频率为f的光经过运动物体P散射,观察者在Q作出观察。

物体P相对于光源S运动时,在P点所观者到的光频率f_1可由下式表示

$$f_1 = f\left[1-(v/c)^2\right]^{1/2} / \left[1-(v/c)\cos\theta_1\right] \qquad (9\text{-}8)$$

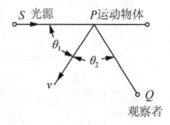

图 9.13 多普勒效应示意

频率为f_1的光通过物体P产生散射发出,在Q处所观察到的光频率f_2由下式表示:

$$f_2 = f_1\left[1-(v/c)^2\right]^{1/2} / \left[1-(v/c)\cos\theta_2\right] \qquad (9\text{-}9)$$

根据式(9-8)和式(9-9),并考虑到$v \ll c$,可以近似地把双重多普勒频移方程表示为

$$f_2 = f / \left[1-(v/c)(\cos\theta_1 + \cos\theta_2)\right] \qquad (9\text{-}10)$$

式(9-10)是多普勒频移方程中最有用的形式。

2) 光纤多普勒技术

根据上述多普勒频移原理,利用光纤传光功能组成测量系统,可用于普通光学多普勒测量装置不能安装的一些特殊场合,如密封容器中流速的测量和生物体中流体的研究。

图9.14所示为一个典型的激光多普勒光纤测速系统。激光沿着光纤入射到测速点A上,然后后向散射光与光纤端面的反射光或散射光一起沿着光纤返回,其中纤维端面的反射光或散射光是作为参考光使用。同时为了区别并消除从发射透镜和光纤前端面反射回来的光,在光探测器前装一块偏振片R,从而使光探测器只能检测出与原光束偏振方向相垂直的偏振光。于是信号光与参考光一起经光探测器进入频谱分析器处理,最后分析器给出测量结果。

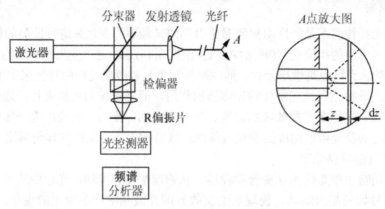

图 9.14 激光多普勒光纤测速系统

测量系统中,从目标返回的信号的强弱取决于后向散射光的强度、光纤接收面积和数值孔径。返回光所占散射光的比例决定于光纤的数值孔径和光纤面积。假定采用阶跃型光纤,并且在光纤出射光锥内的光功率是均匀分布的,如图9.14所示,则到达距离光纤端面为z的平面上的功率为

$$P_z = P_0 e^{-\alpha z} \tag{9-11}$$

式中：P_0 为光纤注入到被测介质中的光功率；α 为电场幅度的衰减系数，其单位为 1/km。

由 z 处的长度元 dz 散射的功率为

$$P_S = P_z e^{-\alpha_s dz} \approx P_z \alpha_S dz \tag{9-12}$$

式中：α_S 为散射衰减系数。

实验证明，光纤多普勒探测器对检测透明介质中散射体的运动是非常灵敏的，但是其结构决定了它的能量有限，只能穿透几个毫米以内的深度，仅适于微小流量范围的介质流动的测量，光纤多普勒探测的典型应用是在医学上对血液流动的测量。

9.3 光纤传感器的应用

9.3.1 光纤位移传感器

位移检测是机械量检测的基础，许多机械量都是转换成位移量来检测的。光纤位移传感器在原理上有传光型和功能型两类，是通过强度调制、相位调制、频率调制等方式来完成检测过程的。

1. 反射式光强调制测量位移

由光纤输出的光照射到反射面上发生反射，其中一部分反射光返回光纤，测出反射光的光强，就能确定反射面位移情况。这种传感器可使用两根光纤，分别作传输发射光及接收光用；也可以用一根光纤同时承担两种功能。为增加光通量可采用光纤束，此方法测量范围在 9 mm 以内，其光强调制的示意如图 9.15 所示。

由于光纤有一定的数值孔径，当光纤探头端部紧贴被测件时，发射光纤中的光不能反射到接收光纤中去，接受光纤中无光信号；当被测表面逐渐远离光纤探头时，发射光纤照亮被测表面的面积越来越大，于是相应的发射光锥和接收光锥重合面积 B_1 越来越大，因而接收光纤端面上被照亮的区 B_2 也越来越大，有一个线性增长的输出信号；当整个接收光纤被全部照亮时，输出信号就达到了位移输出信号曲线上的"光峰点"，光峰点以前的这段曲线叫前坡区；当被测表面继续远离时，由于被反射光照的面积 B_2 大于 C，即有部分反射光没有反射进接收光纤，还由于接收光纤更加远离被测表面，接收到的光强逐渐减小，光敏输出器的输出信号逐渐减弱，进入曲线的后坡区，如图 9.15(b)所示。

接收光通量 Φ 与位移 d 的关系为

$$\Phi = \begin{cases} 0; & d \leq d_0 \\ k(d-d_0)^{\frac{3}{2}}; & d_0 \leq d \leq d_m \\ \dfrac{P}{d^2}; & d \leq d_m \end{cases} \tag{9-13}$$

式中：k 为与光纤材料相关的参数；d 为当前变化位移；d_0 为光纤端面与测量处初始位移；d_m 为光峰点处的位移；P 为光纤束光纤排列参数。

在位移输出曲线的前坡区，输出信号的强度增加得非常快，这一区域可以用来进行微米级的位移测量。在后坡区，信号的减弱约与探头和被测表面之间的距离平方成反比，可用于距离较远而灵敏度、线性度和精度要求不高的测量。在光峰区，信号达到最大值，其大小取决于被测物体的表面状态。所示这个区域可用于对物体的表面状态进行光学测量。

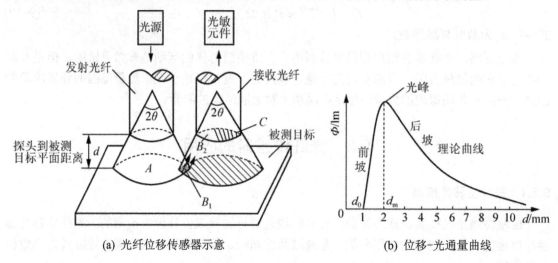

(a) 光纤位移传感器示意 (b) 位移-光通量曲线

图 9.15　光纤位移传感器示

由图 9.15 可见，$d \leqslant d_0$ 段为非工作段，是位移式光强调制型光纤传感器的死区；$d_0 < d < d_m$ 段为曲线的上升段，近似为大斜率直线，由于这一区段距离很短，灵敏度极高，一般不适合于选作传感器的工作段；$d \leqslant d_m$ 段为曲线的下降段，是二次曲线，基本上位于工作范围内，适合选作传感器的工作曲线。

反射式光强调制测量位移的优点是可实现非接触测量，但针对实际的应用条件其缺点很多，主要有：反射面的材料、粗糙度、曲率半径的变化对输出量有影响，这是一个较主要的测量误差源；由于其光路不封闭，光纤传感器工作环境照明光线的变化对输出量的干扰使其测试准确度极大地降低；此外，为扩大动态工作范围，需在光纤传感器探头尾部增加光学透镜组，这不但增加了探头体积还增加了光纤探头的加工工艺难度和成本。

2. 光纤开关与定尺寸检测装置

光纤开关与定尺寸检测装置是利用光纤中光强度的跳变来测出各种移动物体的极端位置，如定尺寸、定位、记数等。特别是用于小尺寸工件的某些尺寸的检测有其独特的优势。

图 9.16(a)所示为光纤电路板方向检测装置。当光纤发出的光穿过标志孔时，若无反射，说明电路板方向放置正确。

图 9.16(b)所示为光纤记数装置，被记数工件随传送带移动，一个工件从光纤断开处通过时，挡光一次，在光纤输出端得到一个光脉冲，用计数电路和显示装置将通过光纤的工件数显示出来。

图 9.16(c)所示为编码盘装置，转动的金属盘上穿有透光孔。当孔与光纤对齐时，在光纤输出端就有光脉冲输出，这是通过孔位的变化对光强进行调制，可用于测量轴的转速、转角等。

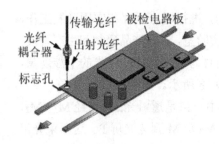 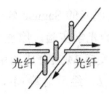 

(a) 光纤开关检测标志孔　　　　(b) 光纤开关检测工件数　　　　(c) 光纤开关检测转数

图 9.16　光纤开关检测装置

9.3.2　光纤液体浓度传感器

光波入射到两种媒质的交界面上以后，如果不考虑吸收、散射等其他形式的能量损耗，则入射光的能量只在反射光和折射光中重新分配，而总能量是守恒的。

光纤液体浓度 U 型敏感元件如图 9.17 所示。放入液体中的光纤部分为裸芯，此时液体起到了包层的作用，液体的折射率 n_2 就是包层折射率 n。由于折射率的改变致使光在纤芯中传播的光束模式发生变化，部分光由低阶模式转化为高阶模式，故有一部分入射光就不再满足全反射的条件，就会在两种媒质的交界面处发生光的折射现象，致使一部分光能量损失掉。

对于给定的光纤材料，出射光强 I 与入射光强 I_0 之间存在着如下关系：

$$I = I_0 e^{-\alpha(r\lambda n_2)l} \tag{9-14}$$

式中：r 为弯曲半径；λ 为入射光波长；α 为衰减系数，与光纤弯曲半径 r、入射光波长 λ 及液体的折射率 n_2 有关；l 为弯曲光纤的长度。

对于同一种液体来说，液体的折射率与液体的浓度存在着一定的线性关系，这样，就可以证明光纤接收端光探测器所接收到的信号的大小与被测液体的浓度之间也近似存在着一定的线性关系，由此可达到检测液体浓度的目的。

9.3.3　光纤陀螺仪

惯性导航系统在战术导弹、飞机、航海舰船、陆地战车等一些中低等精度军事应用领域逐渐代替平台式导航系统，并且在地质勘探、石油开采、智能交通以及重力测量等民用领域得到了广泛的应用。近年来，光纤

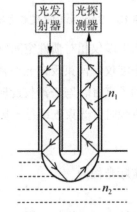

图 9.17　光纤液体浓度传感器原理示意

陀螺的技术趋于成熟，已经进入实用阶段。与传统的机械陀螺相比，光纤陀螺完全是一种固态设计，无转动部件、体积小、重量轻、启动快、抗冲击能力强、动态范围大，并且结构简单、容易加工、成本低。光纤陀螺非常适合用于中低精度的导航系统。因此，光纤陀螺在飞机、舰船、战车、兵器等军事导航系统和姿态控制系统中以及其他的一些民用领域方面，有着十分广阔的应用前景。光纤陀螺(FOG)是利用 Sagnac 效应的新型测量空间惯性转动的传感器。自 1976 年 V. Vali 和 R. W. Shorthill 首次提出光纤陀螺的概念之后，美国、法国、德

国、英国以及日本等发达国家先后投入了巨大的人力和物力,进行理论研究和实用开发工作,并取得了令人瞩目的成就。惯导级高精度光纤陀螺开始走出实验室,进入产品研制和生产阶段。

1913 年,法国科学家 Sagnac 发现光的 Sagnac 效应。当时为了观察转动中光的干涉现象,做了一个类似于旋转陀螺力学实验的光学实验,原理如图 9.18 所示。

从光源 O 发出的光到达半透半反镜 M 后分成两束:其中一束是透射光 a,它经 M_3、M_2、M_1 及 M 到达光屏 P;另一束反射光 b,经反射镜 M_1、M_2、M_3 及 M 到达光屏 P。这两束光沿着相反的方向汇合在光屏上,形成干涉条纹。当整个装置开始转动时,干涉条纹发生变化。

实际光纤陀螺仪用光纤构成环状光路,组成光纤 Sagnac 干涉仪。圆形光路的 Sagnac 效应如图 9.19 所示。图中光源发出的光在 A 点分为两束,一束为顺时针传播的光束 b,另一束为逆时针传播光束 a。当系统角速度 $\Omega=0$ 时,两光束从 A 点出发,经相同光程又回到 A 点。设光轨道由 N 匝光纤构成,光轨道的半径为 R,光纤总长度为 L。两束光绕行一周的光程为

$$L_a = L_b = 2\pi NR \tag{9-15}$$

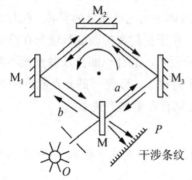
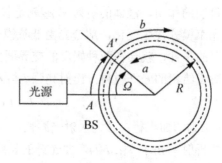

图 9.18 Sagnac 旋转陀螺力学实验原理示意   图 9.19 陀螺仪的 Sagnac 效应

当干涉仪相对惯性空间以角速度 Ω 旋转时,对于惯性参考系中的观测者来说,光从点 A 进入干涉仪,两束反向光束依然以真空中的光速 c 传播,但经过一段时间后分束点已从点 A 移动到了点 A',与干涉仪旋转方向一致的光束的光程要长于相应的反向传播的光束的光程。

设顺时针光束 b 绕行一周的时间为 t_b,则

$$t_b = \frac{2\pi NR}{c + R\Omega} \tag{9-16}$$

它的实际光程为

$$L_b = 2\pi NR + NR\Omega t_b \tag{9-17}$$

设逆时针光束 a 绕行一周的时间为 t_a,则

$$t_a = \frac{2\pi NR}{c - R\Omega} \tag{9-18}$$

它的实际光程为

$$L_a = 2\pi NR - NR\Omega t_a \tag{9-19}$$

由此可得两束光绕行一周到达分束点的时间差为

$$\Delta t = t_a - t_b = \frac{4\pi NR^2\Omega}{(c - R\Omega)(c + R\Omega)}$$

因为 $c \gg R\Omega$，所以有

$$\Delta t \approx \frac{4\pi NR^2 \Omega}{c^2} \qquad (9\text{-}20)$$

设光的波长为 λ，则相位差 $\Delta\varphi$ 为

$$\Delta\varphi = \Delta t \times 2\pi \times \frac{c}{\lambda} = \frac{8\pi^2 NR^2 \Omega}{\lambda c} \qquad (9\text{-}21)$$

式(9-21)表明，利用光的干涉原理测出干涉光的相位变化，就能知道旋转速度。它是目前惯性导航系统所用的环形激光陀螺和光线陀螺的设计基础。

干涉型光纤陀螺主要由光源、耦合器、集成光学器件(包括偏振器、Y分支器、两个相位调制器)、保偏光纤线圈等部分构成，如图 9.20 所示。光纤线圈感应旋转速率，并将其转化成微弱相移信号。探测器通过光电效应将此相移信号转化成电信号，并将其输出到信号处理电路进行处理。

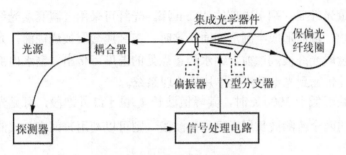

图 9.20 光纤陀螺结构示意

光路系统的工作过程为：光源产生的宽带相干激光经过耦合器进入集成光学器件，在集成光学器件中首先经偏振器起偏，形成具有单一偏振态的激光。然后由 Y 分支器以 1:1 的比例分成两束特性相同、方向相反的光进入保偏光纤线圈，一束沿顺时针方向，另一束沿逆时针方向。两束光经过保偏光纤线圈传输，回到 Y 分支器中被推挽结构的相位调制器进行相位调制，然后两束光会聚的时候产生干涉现象，从而把保偏光纤线圈的旋转速率转化成干涉光的相位差。然后干涉光沿原光路返回，经过偏振器、耦合器，再进入探测器。通过光电效应，探测器可以把干涉光的相位差再转换成一个余弦电流信号。

9.3.4 光纤高温测量系统

炼钢过程中有关钢水温度的测量与管理，是极其重要的。在钢的冶炼过程中，钢水的温度直接影响生产的进行。有关铁液、钢水温度的测量，世界上广泛采用消耗型热电偶。采用消耗型热电偶测温存在如下问题：

(1) 测温探头为一次性，测温费用较高；
(2) 每次测量后必须更换探头，难以自动化；
(3) 不能连续或高频率测温。

消耗型光纤辐射温度计可以克服上述缺点，是一种全新的测量熔融金属温度的方法。其系统构成如图 9.21 所示。

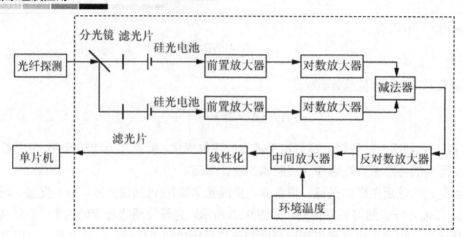

图 9.21 消耗型光纤辐射温度计系统的组成

测量时,测量光纤插入钢水内部约 40 cm 深。光纤可采用金属套层光纤,光纤插入钢水瞬间,光纤被烧蚀,端面形成半圆形凹面,这时,在金属套层被烧蚀前,光纤最前端可近似视为黑体。在测量段光纤被烧蚀前,钢水测量点处的温度可传出。钢水内部温度通过对光纤端面的辐射由光纤传输到光电转换及单片机处理系统。

当辐射体的温度低于 3000 K 时,其峰值波长 λ_m 位于红外波段,可见光辐射位于其短波一侧。如果选定的两个待测波长属于可见光波段,则可以利用普朗克公式的简化形式——维恩公式,即

$$L(\lambda,T) = C_1 \lambda^{-5} \exp\left[-\frac{C_2}{\lambda T}\right] \tag{9-22}$$

式中:C_1 为第一辐射常数($C_1 = 3.7418 \times 10^{-16}\,\mathrm{Wm^2}$);$C_2$ 为第二辐射常数($C_2 = 1.4388 \times 10^{-2}\,\mathrm{mK}$);$T$ 为被测物体的绝对温度(K);λ 为光辐射波长;$L(\lambda,T)$ 为光谱辐射亮度。

测量时选两个接近的波长 λ_1、λ_2,根据式(9-22),有

$$\frac{L(\lambda_1,T)}{L(\lambda_2,T)} = \left(\frac{\lambda_2}{\lambda_1}\right)^5 \exp\left[\frac{C_2}{T}\left(\frac{1}{\lambda_2} - \frac{1}{\lambda_1}\right)\right] \tag{9-23}$$

令

$$\left(\frac{\lambda_2}{\lambda_1}\right)^5 \exp\left[\frac{C_2}{T}\left(\frac{1}{\lambda_2} - \frac{1}{\lambda_1}\right)\right] = B \tag{9-24}$$

对式(9-23)两边取对数,并整理化简,可得

$$T = \frac{C_2\left(\frac{1}{\lambda_2} - \frac{1}{\lambda_1}\right)}{\ln\left[\frac{L(\lambda_1,T)}{L(\lambda_2,T)}\right] - 5\ln\left(\frac{\lambda_2}{\lambda_1}\right)} = \frac{C_2\left(\frac{1}{\lambda_2} - \frac{1}{\lambda_1}\right)}{\ln B - 5\ln\left(\frac{\lambda_2}{\lambda_1}\right)} \tag{9-25}$$

可见,测定在两个选定的波长 λ_1、λ_2 下黑体的光谱辐射亮度之比 B,即可确定黑体的温度 T。

如果测温对象为非黑体,根据非黑体的维恩公式可以导出

$$T = \frac{C_2\left(\dfrac{1}{\lambda_2} - \dfrac{1}{\lambda_1}\right)}{\ln B - \ln\left[\dfrac{\varepsilon(\lambda_1,T)}{\varepsilon(\lambda_2,T)}\right] - 5\ln\left(\dfrac{\lambda_2}{\lambda_1}\right)} \tag{9-26}$$

当测温对象在所选定的波长范围内，光谱发射率 $\varepsilon(\lambda,T)$ 不随波长改变，可作为灰体处理。即便在所选定波长范围内 $\varepsilon(\lambda_1,T) \neq \varepsilon(\lambda_2,T)$，由测得的非黑体光谱辐射亮度之比 B，也可求出接近于其真实温度的近似值 T_C。显而易见，此 T_C 值实际上是在选定波长 λ_1 和 λ_2 下光谱辐射亮度之比与待测非黑体的比色温度。

比色温度的定义是：绝对黑体辐射的两个波长 λ_1 和 λ_2 的光谱辐射亮度之比等于非黑体的相应的光谱辐射亮度之比时，则绝对黑体的温度即为这个非黑体的比色温度 T_C。

比色测温系统以测量两个波长的辐射亮度之比为基础，故称为"比色测温法"。通常，将波长选在光谱的红色和蓝色区域内。利用此法测温时，仪表显示的值为"比色温度"。物体的真实温度 T 与比色温度 T_C 的关系为

$$\frac{1}{T} - \frac{1}{T_C} = \frac{\ln\left(\dfrac{\varepsilon_{\lambda 1}}{\varepsilon_{\lambda 2}}\right)}{C_2\left(\dfrac{1}{\lambda_1} - \dfrac{1}{\lambda_2}\right)} \tag{9-27}$$

式中：$\varepsilon_{\lambda 1}$ 和 $\varepsilon_{\lambda 2}$ 分别为物体在波长 λ_1 和 λ_2 时的单色发射率(单色黑度系数)。

当 $\varepsilon_{\lambda 1}$ 和 $\varepsilon_{\lambda 2}$ 相等时，T 与 T_C 相同。一般，灰体的发射率(黑度系数)不随波长而变，故它们的比色温度等于真实温度。这是比色温度计的最大优点。

在实际测量中，选取两个相近的波长 λ_1 和 λ_2，则对应的单色黑度系数 ε_{λ_1} 和 ε_{λ_2} 接近相等，黑度系数的影响非常小，所以比色温度计用黑体标定后，不需修正，就可以直接读出测温对象的比色温度 T_C，且 T_C 值与其真实温度 T 相差很小。

不少瞬态高温辐射体的辐射特性与黑体辐射很相近，因此这种方法也可进行瞬态温度测量，例如爆炸温度的测量。在炸药爆炸的瞬间，爆炸产物的辐射特性可近似地按黑体辐射处理。又如密闭爆发器内、内燃机气缸内、火炮膛内的温度变化过程，也接近黑体辐射，原则上均可用该方法进行测温。对这种瞬息万变的短暂现象，目前还没有其他更好的测温技术。

9.3.5 光纤气体传感器

光纤气体传感器是利用气体在石英光纤透射窗口($0.8\sim1.7\,\mu m$)内的吸收峰进行测量，由气体吸收产生的光强衰减，得到气体的浓度。所依据的基本原理为比尔-朗伯定律：

$$I = I_0 \exp[-\alpha(\lambda)LC] \tag{9-28}$$

式中：I 为透射光的强度；I_0 为入射光的强度；$\alpha(\lambda)$ 为气体吸光系数，它与光波长有关；L 为吸收介质的厚度；C 为吸收介质的浓度。

常见的气体(如 CO、CH_4、C_2N_2、NO_2、CO_2)在石英光纤透射窗口都有光谱吸收线，在这一波段发光器件和接收器件都有比较理想的光谱特性。用这种方法可以对大多数的气体浓度进行较高精度的测量。利用吸收型的气体传感器的一大优点是具有简单可靠的气室结构，而且只需要调换光源，对准另外的吸收谱线，即可以用同样的系统来检测不同的气体。光谱吸

收型气体传感器是应用最为广泛的一类气体传感器,它采用的是普通多模光纤。

光谱吸收型气体传感器中的关键技术有光源、气室的吸收路径设计、双波束或双波长的光路安排以及模拟信息处理4个方面。这种光纤气体传感器是利用光纤界面附近的渐逝场被气体吸收峰衰减来测量气体浓度的,是一种功能型光纤传感器,从本质上说,也可以认为是一种特殊的光纤光谱吸收型传感器。对于光纤中的导模(传播模)可以认为光在光纤芯子和包层的界面上发生全反射。这时在包层中出现渐逝场,它的电场振幅随着离光纤芯子的距离的增大作指数衰减。在某种情况下,例如渐逝场区域内的包层部分被吸收型介质(如被测气体或染料指示剂)代替,这时部分渐逝波被这种介质吸收而发生衰减。对导模来说,它在芯子和包层界面的反射系数将会小于1,最终导模将发生衰减。一种典型的光纤渐逝场气体传感器是将普通光纤的包层去掉一部分形成所谓的 D 型光纤(D-fiber),使得包层中的一部分光波能量处于环境中,待测气体与渐逝场中的光波相互作用产生吸收,从而使出射光强发生变化。图 9.22 所示为采用 D-fiber 测甲烷(CH_4)的原理图。它所采用的是宽带边发射发光二极管 ELED,在接收光路中加一个 F-P 腔来滤波,F-P 腔的中心波长和甲烷的一条 R 支吸收线重合,因此,可以从 F-P 腔后的二次谐波中提取浓度信息,但实验研究结果并不理想,其纯甲烷的最小可检测浓度只有40%。

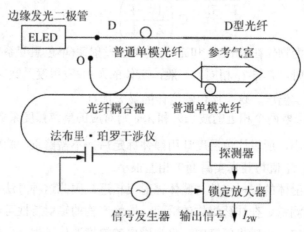

图 9.22 光纤气体传感器原理示意

知识链接

光时域反射技术(Optical Time Domain Reflectometer,OTDR)的出现,使得分布式光纤传感器技术得到了很大发展。分布式光纤传感技术中光纤既是传输介质,又是传感元件,以其可对被测量场的连续空间进行实时测量的特点而成为光纤传感技术中极其引人注目的一项新技术。分布式光纤传感技术不仅具有一般光纤传感器的特点,而且它可以同时获得被测量的空间分布状态和随时间变化的信息,还可以在整个光纤长度上对沿光纤分布的环境参数进行连续测量,同时可以实现几十甚至上百公里范围的连续测量,一举解决了许多重大应用场合下其他类型传感器难以胜任的测量任务,显示出十分经济和现实的应用前景,该类光纤传感技术是目前国内外研究的重要方向。

本 章 小 结

本章学习了光纤传感器的工作原理、基本结构、特性参数以及光导纤维的相关知识，讨论了光纤传感器的系统构成及各种类型的光纤传感器，并通过实例了解了光纤传感器的应用。

9-1 光纤传感器与其他类型的传感器相比有何优点？
9-2 什么叫功能性光强调制的光纤传感器？
9-3 光纤强度调制传感器如何补偿光源强度波动对测量的影响？试给出简单结构图。
9-4 相位调制光纤传感器是如何实现相位测量的？
9-5 频率调制光纤传感器所依据的原理是什么？目前有哪些应用？
9-6 简述光纤陀螺测量的基本原理。

第 10 章 红外传感器

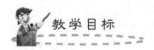

通过本章学习，掌握红外辐射测量基本知识以及红外传感器的分类、工作原理、特性参数和应用特点；了解红外传感器的实际应用，为正确选用红外传感器、设计红外测量系统打下基础。

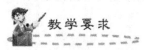

了解红外辐射的基本知识，掌握红外辐射基本定律。
掌握红外传感器的分类及其特点，理解红外传感器的特性参数，能正确选用传感器。
掌握三种红外辐射测温的工作原理，理解辐射温度、亮度温度、比色温度的概念。
了解红外传感器的实际应用。

导入案例

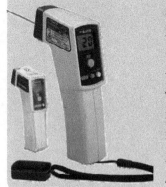

红外传感器是将红外辐射能量转换为电量的一种传感器。红外辐射（红外线）是一种人眼看不见的光线，波长范围大致在 0.76～100 μm。由于任何温度高于热力学零度（-273.15℃）的物体都会辐射红外线，红外技术在军事上广泛用于搜索和预警、探测和跟踪、夜视、武器瞄准、红外制导导弹等领域。在民用工程领域，红外技术在气象预报、环境监测、遥感资源调查以及电力、消防、石化等部门发挥着重要作用。各种高科技的红外技术其实离我们也并不遥远：如彩色电视、空调等家用电器的红外线遥控器，宾馆大厅自动门、自动灯、自动出水开关的控制，红外防盗警戒系统等等。图示的红外辐射温度计可以快捷、非接触地完成人体体温测量，它们曾经在 2003 年我国抗击"非典"的斗争中发挥了巨大作用，而今又在全世界与甲型 H1N1 流感的战斗中大显身手。所以，只要仔细观察，你就会发现红外技术就在我们身边！

10.1 红外辐射的基本知识

10.1.1 红外辐射

任何物体，只要它的温度高于热力学零度(-273.15 ℃)时，就会向外辐射能量，故称为热辐射，又称为红外辐射或俗称红外线。它是一种人眼看不见的光线，但实际上它与其他任何光线一样,也是一种客观存在的物质。在电磁辐射波谱中,红外线是位于可见光中红色光以外的光线,波长范围大致在 0.76~100μm,对应的频率大致在 $4×10^{14}$~$3×10^{11}$ Hz 之间。

红外线与可见光一样,也具有反射、折射、散射、干涉、吸收等特性,它在真空中的传播速度为光速,即 $c=3×10^8$m/s。

在红外技术中,一般将红外辐射分为 4 个区域:波长在 0.76~3μm 为近红外区;波长在 3~6μm 为中红外区;波长在 6~20μm 为中远红外区;波长在 20~100μm 为远红外区。

红外辐射在大气中传播时,由于大气中的气体分子、水蒸气以及固体微粒、尘埃等物质的吸收和散射作用,使辐射能在传输过程中逐渐衰减。但红外辐射在通过大气层时,在以下 3 个波段区间:2~2.6μm、3~5μm、8~14μm,大气对红外线几乎不吸收,故称之为"大气窗口"。这 3 个大气窗口对红外技术应用特别重要,红外仪器都工作在这 3 个窗口之内。

10.1.2 红外辐射的重要参数

红外辐射用以下重要参数描述其特性:

1) 辐射能 Q

以辐射的形式发射、传播或接收的能量称为辐射能。单位为焦耳(J)。

2) 辐射能通量 Φ

单位时间内发射、传输或接收的辐射能称为辐射能通量,其单位为瓦特(W):

$$\Phi = \frac{dQ}{dt} \tag{10-1}$$

3) 辐射强度 I

点辐射源向各个方向发出辐射,在某一方向,在单位立体角 $d\Omega$ 内发出的辐射能通量为 $d\Phi$,则辐射强度 I 为

$$I = \frac{d\Phi}{d\Omega} \tag{10-2}$$

辐射强度的单位为瓦/球面度(W/Sr)。

4) 辐射出射度 M

指辐射源单位发射面积发出的辐射能通量,即

$$M = \frac{d\Phi}{dS} \tag{10-3}$$

辐射出射度的单位为瓦/米²(W/m²)。

5) 辐射亮度 L 和光谱辐射亮度 L_λ

为了表征具有有限尺寸辐射源辐射能通量的空间分布,采用辐射亮度这样一个辐射量。如图 10.1 所示,单位面积为 dS 的辐射面,在和表面法线 N 成 θ 角方向,在单位立体角 $d\Omega$ 内发出的辐射能通量为 $d\Phi$,则辐射亮度 L 为

$$L = \frac{d\Phi}{\cos\theta dS d\Omega} \tag{10-4}$$

辐射亮度的单位为瓦/(球面度·米²)[W/(Sr·m²)]。

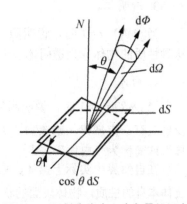

图 10.1 辐射亮度定义中各量的示意

辐射亮度实际上是包括所有波长的辐射能量。如果是辐射光谱中某一波长的辐射能量,则称为在此波长下的光谱辐射亮度 L_λ。

对于朗伯特辐射体(也称余弦辐射体),其在各个方向的辐射亮度都相等,且有 $M=\pi L$。实际辐射物体一般都可以看作朗伯特辐射体。

10.1.3 黑体、白体和透明体

1. 辐射能的分配

当物体接收到辐射能以后,根据物体本身的性质,会发生部分能量吸收、透射和反射的现象,如图 10.2 所示。设入射在物体上的总辐射能量为 Q,被吸收的部分为 Q_A,透射的部分为 Q_D,反射的部分为 Q_R,则有

$$\frac{Q_A}{Q}+\frac{Q_D}{Q}+\frac{Q_R}{Q}=\alpha+\tau+\rho=1 \tag{10-5}$$

式中:α 为吸收率,表示吸收的能量所占的比率;τ 为透射率,表示透射的能量所占的比率;ρ 为反射率,表示反射的能量所占的比率。

2. 黑体

当 $Q_A/Q=\alpha=1$ 时,则 $\tau=0$,$\rho=0$。这说明照射到物体上的辐射能全部被吸收,既无反射也无透射,具有这种性质的物体称为"绝对黑体"或简称为"黑体"。

在自然界中黑体是不存在的,但可以人为制造近似的黑体,如图 10.3 所示。在空腔的壁上开有一个小孔,它的尺寸比空腔的尺寸小很多,当入射能量进入空腔后,经过多次折射和吸收,最后只有很小一部分出射,这样就可认为入射的能量全部被吸收了,即 $\alpha=1$。

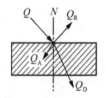
图 10.2 辐射能的分配

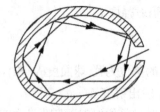
图 10.3 黑体模型

3. 透明体

当 $Q_D/Q=\tau=1$ 时,说明照射到物体上的辐射能全部透射过去,既无吸收又无反射。具有这种性质的物体称为透明体。

4. 白体

当 $Q_R/Q=\rho=1$ 时,说明照射到物体上的辐射能全部被反射出去。若物体表面平整光滑,反射具有一定规律,则该物体称之为"镜体";若反射无一定规律,则该物体称为"绝对白体"或简称为"白体"。

在自然界中实际上黑体、白体和透明体都是不存在的。物体的 α、τ 和 ρ 值主要取决于物体本身的性质、物体表面的状况、辐射波长和物体的温度等条件。如:玻璃对可见光是透明体,但对红外线几乎是不透明体;白色表面对可见光反射强烈,但却像黑布一样吸收红外线。

对红外线而言，石油、煤烟、白雪等接近黑体；磨光的金属表面接近白体；双原子气体 O_2、N_2 等接近透明体。红外线的波长穿透力不强，固体和液体很薄一层就能将它全部吸收和反射，所以 $\tau \approx 0$。对于一般工程材料来讲，$\tau = 0$ 而 $\alpha + \rho = 1$，称为灰体。

10.1.4 红外辐射的基本定律

红外辐射的基本定律表明了红外辐射的重要性质，是认识和掌握红外辐射的重要途径。

1. 基尔霍夫定律

基尔霍夫定律(简称基氏定律)是物体热辐射的基本定律，它建立了理想黑体和实际物体辐射之间的关系。基尔霍夫定律表明：各物体的辐射出射度和吸收率的比值都相同，它和物体的性质无关，是物体的温度 T 和发射波长 λ 的函数。即：

$$\frac{M_0(\lambda,T)}{\alpha_0(\lambda,T)} = \frac{M_1(\lambda,T)}{\alpha_1(\lambda,T)} = \frac{M_2(\lambda,T)}{\alpha_2(\lambda,T)} = \cdots = f(\lambda,T) \tag{10-6}$$

式中：$M_0(\lambda,T)$，$M_1(\lambda,T)$，$M_2(\lambda,T)$，$\cdots$ 分别为物体 A_0，A_1，A_2，$\cdots$ 的单色(λ)辐射出射度；$\alpha_0(\lambda,T)$，$\alpha_1(\lambda,T)$，$\alpha_2(\lambda,T)$，$\cdots$ 分别为物体 A_0，A_1，A_2，$\cdots$ 的单色(λ)吸收率。

若物体 A_0 是绝对黑体，则其单色吸收率 $\alpha_0(\lambda,T)=1$，根据式(10-6)，任意物体 A 的辐射出射度 $M(\lambda,T)$ 与黑体的辐射出射度 $M_0(\lambda,T)$ 之比为

$$\frac{M(\lambda,T)}{M_0(\lambda,T)} = \alpha(\lambda,T) = \varepsilon(\lambda,T) \tag{10-7}$$

式中：$\varepsilon(\lambda,T)$ 称为物体 A 的单色(λ)发射率或称为单色(λ)黑度系数。一般 $\varepsilon(\lambda,T) < 1$。$\varepsilon(\lambda,T)$ 越接近 1，表明它与黑体的辐射能力越接近。

式(10-7)说明物体的辐射能力与它的吸收能力是相同的，即 $\alpha(\lambda,T) = \varepsilon(\lambda,T)$。所以辐射能力越强的物体，它的吸收能力也越强。

在全波长内，任何物体的全辐射出射度等于单波长的辐射出射度在全波长内的积分，对式(10-7)求积分得

$$\frac{M(T)}{M_0(T)} = \frac{\int_0^\infty M(\lambda,T)\mathrm{d}\lambda}{\int_0^\infty M_0(\lambda,T)\mathrm{d}\lambda} = \int_0^\infty \varepsilon(\lambda,T)\mathrm{d}\lambda = \varepsilon_T \tag{10-8}$$

上式为基氏定律的积分形式。式中：$M(T)$ 为物体 A 在温度 T 下的全辐射出射度；$M_0(T)$ 为黑体在温度 T 下的全辐射出射度；ε_T 为物体 A 的全发射率，或称全辐射黑度系数。它表明了在一定的温度 T 下，物体 A 的辐射出射度与相同温度下黑体的辐射出射度之比。一般物体的 $\varepsilon_T < 1$，ε_T 越接近 1，表明它与黑体的辐射能力越接近。表 10-1 列出了一些材料的单色发射率 $\varepsilon_{\lambda T}$ 和全发射率 ε_T。

表 10-1 材料的单色发射率 $\varepsilon_{\lambda T}$ ($\lambda = 0.6\ \mu m$) 和全发射率 ε_T

材料名称	黑度系数					
	100℃		500℃		1000℃	
	$\varepsilon_{\lambda T}$	ε_T	$\varepsilon_{\lambda T}$	ε_T	$\varepsilon_{\lambda T}$	ε_T
铝(抛光的)	0.10	0.02	0.12	0.04	—	—
铜(抛光的)	0.24	0.04	—	0.06	—	0.08
(氧化的)	0.88	0.44	—	0.45	—	0.90

续表

材料名称	黑度系数					
	100℃		500℃		1000℃	
	$\varepsilon_{\lambda T}$	ε_T	$\varepsilon_{\lambda T}$	ε_T	$\varepsilon_{\lambda T}$	ε_T
金	0.12	0.02	0.13	0.03	0.14	0.04
铁(抛光的)	0.46	0.09	0.40	0.18	0.38	0.32
(氧化的)	0.88	0.74	—	0.80	—	0.85
铂	0.30	0.05	0.36	0.10	0.31	0.17
普通碳素钢	—	0.12	—	0.20	—	0.30
不锈钢	—	0.19	0.45	0.27	0.43	0.53

🔑 特别提示

物体的单色发射率 $\varepsilon_{\lambda T}$ 和全发射率 ε_T 是不同的。它们的值有较大的差别，但对 $\varepsilon_{\lambda T}$ 来讲，不同的 λ 时，$\varepsilon_{\lambda T}$ 变化较小。

2. 黑体辐射定律

所谓黑体，简单讲就是在任何情况下对一切波长的入射辐射吸收率都等于 1 的物体，也就是说全吸收。显然，因为自然界中实际存在的任何物体对不同波长的入射辐射都有一定的反射(吸收率不等于1)，所以，黑体只是抽象出来的一种理想化的物体模型。但黑体热辐射的基本规律是红外研究及应用的基础，它揭示了黑体发射的红外热辐射随温度及波长变化的定量关系。下面，着重介绍其中的 3 个基本定律。

1) 普朗克定律(单色辐射强度定律)

在基尔霍夫定律式(10-6)中，$f(\lambda, T)$ 的函数形式是怎样的？普朗克用量子学说建立了数学关系式，并得到了实验验证。普朗克建立的黑体的光谱辐射出射度 $M_0(\lambda, T)$ 计算公式为

$$M_0(\lambda, T) = C_1 \lambda^{-5} (e^{\frac{C_2}{\lambda T}} - 1)^{-1} \tag{10-9}$$

式中：C_1 为第一辐射常数，$C_1 = 3.74 \times 10^4 \text{ W} \cdot \mu\text{m}^4/\text{cm}^2$；$C_2$ 为第二辐射常数，$C_2 = 1.44 \times 10^4 \mu\text{m} \cdot \text{K}$；$T$ 为黑体绝对温度(K)。

由式(10-9)可算出不同波长和温度时黑体的光谱辐射出射度 $M_0(\lambda, T)$，如图 10.4 所示。从图中曲线可以得出黑体辐射的几个特性：

(1) 总的辐射出射度是随温度的升高而迅速增加的，温度越高则光谱辐射出射度越大。

(2) 当温度一定时，光谱辐射出射度随波长的不同按一定的规律变化，曲线有一个极大值，其波长定义为 λ_m，当波长小于 λ_m 时，辐射出射度随波长增加而增加，当波长大于 λ_m 时，变化规律相反。

(3) 当温度增加时，光谱辐射出射度的峰值波长会向短波方向移动。物体的辐射亮度增加，发光颜色也改变。

普朗克公式虽然结构较复杂，但它对于低温与高温段都是适用的。

2) 维恩公式

在式(10-9)中，当 $\lambda T \ll C_2$ 时，则有 $e^{\frac{C_2}{\lambda T}} \gg 1$，可得到维恩公式

$$M_0(\lambda, T) = C_1 \lambda^{-5} e^{-\frac{C_2}{\lambda T}} \tag{10-10}$$

维恩公式比普朗克公式简单，但仅适用于不超过 3000 K 的温度范围，辐射波长在 0.4～

0.75 μm 之间。当温度超过 3000 K 时，与实验结果就有较大偏差。

从式(10-10)可以看出，黑体的辐射本领是波长和温度的函数，当波长 λ 一定时，黑体的辐射本领就仅仅是温度的函数，这就是单色辐射式测温和比色测温的理论依据。

3) 斯蒂芬-玻尔兹曼定律(全辐射强度定律，也称为四次方定律)

对式(10-9)在全波长范围(0，∞)积分可得：

$$M_0(T)=\int_0^\infty M_0(\lambda,T)\mathrm{d}\lambda = \int_0^\infty C_1\lambda^{-5}(\mathrm{e}^{\frac{C_2}{\lambda T}}-1)^{-1}\mathrm{d}\lambda = \frac{2\pi^5 k^4}{15c^2 h^3}T^4 = \sigma T^4 \qquad (10\text{-}11)$$

式中：σ 为黑体辐射常数或称斯蒂芬-玻尔兹曼常数，$\sigma=5.66961\times10^{-3}$ W/(m^2·K^4)。

斯蒂芬-玻尔兹曼定律指出：温度为 T 的绝对黑体，单位面积元在半球方向所发射的全部波长的辐射出射度与温度 T 的四次方成正比。式(10-11)就是全辐射式测温的理论依据。

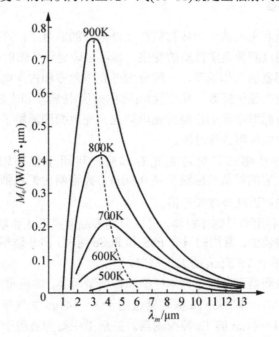

图 10.4　黑体辐射出射度与波长、温度关系曲线

10.2　红外传感器

红外传感器是将红外辐射能量的变化转换为电量变化的一种传感器，也常称为红外探测器。它是红外探测系统的核心，它的性能好坏，将直接影响系统性能的优劣。选择合适的、性能良好的红外传感器，对于红外探测系统是十分重要的。

按探测机理的不同，红外传感器分为热传感器和光子传感器两大类。

红外光子传感器的工作原理是基于光电效应。其主要特点是灵敏度高，响应速度快，响应频率高。但红外光子传感器一般需在低温下才能工作，故需要配备液氦、液氮制冷设备。此外，光子传感器有确定的响应波长范围，探测波段较窄。

红外热传感器的工作是利用辐射热效应。探测器件接收辐射能后引起温度升高，再由接触型测温元件测量温度改变量，从而输出电信号。与光子传感器相比，热传感器的探测率比光子传感器的峰值探测率低，响应速度也慢得多。但热传感器光谱响应宽而且平坦，响应范围可扩展到整个红外区域,并且在常温下就能工作,使用方便,应用仍相当广泛。

$$\text{红外传感器}\begin{cases}\text{红外光子传感器}\begin{cases}\text{光电导传感器}\\\text{光生伏特传感器}\\\text{光电子发射传感器}\\\text{光磁电传感器}\end{cases}\\\text{红外热传感器}\begin{cases}\text{热电偶型}\\\text{热敏电阻型}\\\text{热释电型}\end{cases}\end{cases}$$

10.2.1 红外光子传感器

红外光子传感器是利用某些半导体材料在红外辐射的照射下,产生光电效应,使材料的电学性质发生变化。通过测量电学性质的变化,就可以确定红外辐射的强弱。

按照红外光子传感器的工作原理,一般分为外光电效应和内光电效应传感器两种。内光电效应传感器又分为光电导传感器、光生伏特(简称光伏)传感器和光磁电传感器3种。

在第8章光电式传感器中我们已经对光电效应及光电探测器做了详细介绍,在此主要针对其在红外辐射探测中的应用进行讨论。

(1) 大部分外光电传感器只对可见光有响应。可用于红外辐射的光电阴极很少。S-1(Ag-O-Cs)是一种。它的峰值响应波长是 $0.8\,\mu m$,光谱响应扩展到 $1.2\,\mu m$。目前外光电效应探测器只用于可见光和近红外波长范围。

(2) 光电导探测器利用半导体作材料,可以分为多晶薄膜形式和单晶形式两种类型。薄膜型的光电导探测器品种较少,常用的只有 PbS 和 PbSe 两种。PbS 适用于 $1\sim3\,\mu m$ 近红外附近的大气窗口。PbSe 适用于 $3\sim5\,\mu m$ 的大气窗口。

单晶型的光电导探测器可再细分为本征型和掺杂型两类。本征型中 InSb 是 $3\sim5\,\mu m$ 区间最优良的探测器,HgCdTe 和 PbSnTe 探测器适用于 $8\sim14\,\mu m$ 大气窗口。此外还有适用于极近红外的 Si 与适用于 $1\sim4\,\mu m$ 的 Te 等探测器。掺杂型主要为适用于 $8\sim14\,\mu m$ 的 Ge∶Hg。此外,Ge∶Cu 和 Ge∶Cd 虽能探测波长更长的红外辐射,但工作时必须冷却到 4 K,使用不方便。此外 Si 掺杂的探测器近来亦有较大的进展。

(3) 光伏探测器按使用要求不同可分为两类,一类是用作能量转换和光电控制,如光电池;另一类是主要作为光电信号变换的光伏器件,如光敏二极管、光敏晶体管、雪崩光敏二极管、光伏 HgCdTe 和 PbSnTe 红外探测器。

光电池工作时不必加偏置电压,材料都采用单晶。常用的单晶材料有 Si(响应区间约 $0.5\sim1.5\,\mu m$)、Ge(峰值响应波长约为 $1.5\,\mu m$)、室温工作的 TnSb($1\sim3.8\,\mu m$)、77K 温度工作的 InAs($1\sim3.5\,\mu m$)、77 K 温度工作的 InSb($2\sim5.8\,\mu m$)等。

硅光敏二极管是一种常用光电探测器,其光谱范围在 $0.4\sim1.1\,\mu m$,峰值波长为 $0.9\,\mu m$,主要用于可见光和近红外探测。

PIN 硅光敏二极管的频率响应很高,达吉赫(GHz)量级,其峰值响应波长在 $1.04\sim1.06\,\mu m$ 之间。

目前制作的光伏 HgCdTe 红外探测器可分别工作于室温(300 K)和液氮(77 K)温区,其响应波长可覆盖 $1\sim14\,\mu m$。工作于 77 K 的 HgCdTe 工作波段为 $8\sim14\,\mu m$,峰值响应波长为 $10.6\,\mu m$

左右。

$Pb_{1-x}Sn_xTe$ 红外探测器可以通过改变其组分 x 和器件工作温度来得到不同的光谱响应，通常的工作温度可以有 15 K、77 K 等，其光谱响应范围是 $8\sim14\,\mu m$。

HgCdTe 和 PbSnTe 除了有单元器件外，还可制作线阵和面阵器件，它是当前红外成像系统中重要的光探测器。

(4) 光磁电传感器的工作原理是光磁电效应，如图 10.5 所示。半导体的上表面吸收光子后在上表面产生的电子-空穴对要向体内扩散。在扩散过程中，因受到强磁场的作用，电子和空穴各偏向一侧，因而产生电位差。这个现象就叫做光磁电效应。利用这个效应测量红外辐射的探测器称为光磁电探测器。常用的材料有 InSb 与 HgTe 等。

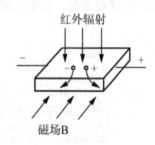

图 10.5 光磁电传感器原理示意

光磁电传感器的主要优点是不需要致冷设备和外加电源，但灵敏度比光导型和光伏型器件低，且需要外加强磁场。

10.2.2 红外热传感器

热探测器吸收红外辐射后温度升高，可以使探测材料产生温差电动势、电阻率变化、自发极化强度变化等，测量这些物理性能的变化就可以测定被吸收的红外辐射能量或功率。

1. 测辐射热电偶和热电堆

测辐射热电偶是利用温差电效应制成的红外探测器。所谓温差电效应是指把两种不同的金属或半导体细丝连接成一个封闭环路，当一个接头吸收红外辐射因而它的温度高于另一个接头时，环内就产生电动势，从电动势的大小可以测定接头处所吸收的红外辐射功率。

若干个热电偶串接在一起就成为热电堆。图 10.6 所示为一种热电堆探测器，共有 8 支串联的热电偶，8 支热电偶的热端焊接在镀有一薄层黑色的铂黑受热片上，热电偶的冷端焊在一个金属箔上，金属箔固定在两片绝缘绝热的云母环中间，云母环固定有引出线，从引出线上可以得到 8 支热电偶热电动势的和。这种热电堆能量损失小，具有较小的热惯性和较高的灵敏度。

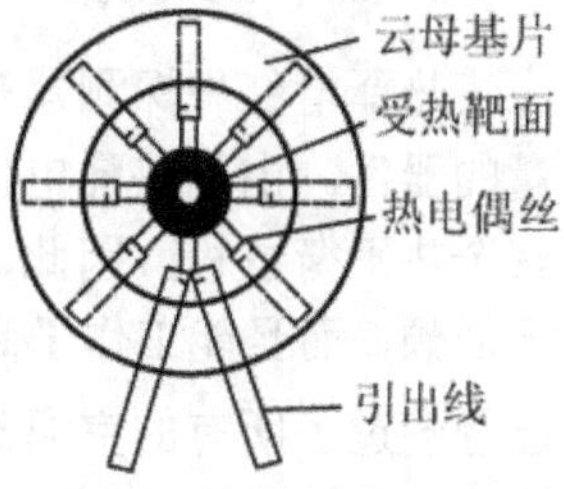

图 10.6 一种热电堆探测器

温差电偶型探测器的探测率可达 $1.4\times10^9\,cmHz^{1/2}W^{-1}$，响应时间约 $30\sim50\,ms$，目前生产的红外分光光度计大多采用温差电偶型探测器作为辐射接收器。

2. 测辐射热敏电阻

测辐射热敏电阻是利用材料的电阻对温度敏感的特性来探测红外辐射的器件。通常采用负温度系数氧化物半导体作为热敏材料。图 10.7 所示为测辐射热敏电阻的结构示意图。热敏电阻薄片的厚度约 $10\,\mu m$，形状呈方形或长方形，边长从 0.1 mm 到 10 mm，形状和大小根据实际需要确定。电阻值一般在几百千欧到几兆欧之间，电阻值取决于材料的电阻率和元件的几何尺寸。

热敏电阻薄片的两端蒸镀电极并接引线，上表面常涂有黑化层，以便增加对入射辐照的吸收，吸收率可以达到 90%左右。

典型的测辐射热敏电阻通常将结构和性能相同的两只热敏电阻组装在同一个管壳内,如图10.8所示。其中,一只用来接收红外辐射能量,称为工作元件,另一只被屏蔽起来不接收红外辐射能,称为补偿元件,它能起温度补偿作用。两只元件尽可能靠得近些,以便保证有相同的环境条件。测量电路常用电桥电路。

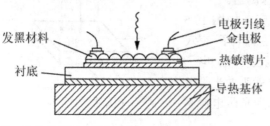 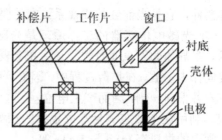

图 10.7　测辐射热敏电阻结构示意　　　　图 10.8　热敏电阻封装结构示意

测辐射热敏电阻技术性能并不高,其探测率在调制频率小于 30 Hz 的低频区一般为 2×10^8 cmHz$^{1/2}$W^{-1},这比热电堆的探测率约低一个数量级,比热释电探测器低一个数量级以上。热敏电阻的时间常数一般为几毫秒～几十毫秒,远不如热释电探测器响应快。但测辐射热敏电阻的稳定性好,又比较牢固,容易与放大器匹配,且是一种对各种波长都有相同响应的无选择性探测器件,在 1～15 μm 的常用红外波段内响应度基本上与波长无关,这是光子探测器所达不到的。目前热敏电阻在 8～14 μm 波段应用很广,所以它在基础科学研究、工业及空间技术等方面仍有相当数量的应用。例如在测辐射计、热成象仪和工业生产的自动控制等若干装置中都可以使用热敏电阻。

3. **热释电探测器**

热释电红外探测器是一种新型的热探测器,它是利用某些材料的热释电效应探测辐射能量的器件。由于热释电信号正比于器件温升随时间的变化率,而不像通常热探测器那样需要有个热平衡过程,因此,热释电探测器的响应速度比其他热探测器快得多。它不但可以工作于低频,而且能工作于高频,目前最好的热释电探测器的探测率可以高达 5×10^9 cmHz$^{1/2}$W^{-1},已经超过了所有的室温热探测器。因而热释电探测器不仅具有室温工作、光谱响应宽等热探测器的共同优点,而且也是探测率最高、频率响应最宽的热探测器。随着热释电探测器研究的不断深入和发展,其应用也日趋广泛,不仅应用于光谱仪、红外测温仪、热像仪和红外摄像管等方面,而且在快速激光脉冲监测和红外遥感技术中也得到了实际应用。

1) **热释电效应**

热释电探测器所用材料为热电晶体,如硫酸三甘肽(TGS)、铌酸锶钡(SBN)、钽酸锂、铌酸锂等,通常采用单晶小片,也有采用多晶或陶瓷小薄片的,如锆钛酸铅(PZT)就是一种热压陶瓷。近年来还出现一种属聚氟乙烯(PVF)一类的热电材料。

在具有非中心对称结构的极性晶体中,即使在外电场和应力均为零的情况下,本身也具有自发极化,自发极化强度 P_s 是温度的函数,即温度升高时,P_s 减小,当温度高于居里温度时,$P_s=0$。具有这种性质的晶体称为热电晶体。

由于自发极化,热电晶体的外表面上应出现面束缚电荷,在垂直于 P_s 的晶体表面上面束缚电荷密度 $\sigma_s=P_s$。但平时这些面束缚电荷常被晶体内部和外来的自由电荷所中和,因此晶体并不显出外电场。但是由于自由电荷中和面束缚电荷所需要的时间很长,大约从数秒到数小时,而晶体的自发极化的弛豫时间很短,约为 10^{-12} s,因此,当热电晶体温度以一定频率发生变化时,由于面束缚电荷来不及被中和,晶体的自发极化强度或面束缚电荷密度 σ_s 必然以同样的频率出现周期性变化,并产生一个交变的电场。这种现象就是热释电效应。

若用调制频率为 f 的红外辐射照射热电晶体,则晶体温度、自发极化强度以及由此引起的面束缚电荷密度均随频率 f 发生周期性变化。如果 $1/f$ 小于自由电荷中和面束缚电荷所需要的时间,那么在垂直于 P_s 的两端面间产生交变开路电压。若在这二个端面涂上电极,并通过负载连成闭合回路,在回路中就会有电流流过,而且在负载的两端产生交变的信号电压。这就是热释电探测器工作的基本原理。

有些热电晶体,它们的自发极化方向能随外电场改变,这种晶体称为铁电体或热电-铁电体,例如 TGS、SBN、$LiTaO_3$ 和 $BaTiO_3$ 等。另一些热电晶体,自发极化方向不能随外电场改变,这种晶体称为热电-非铁电体,例如 $Li_2SO_4 \cdot H_2O$。

2) 热释电红外传感器的结构

图 10.9 所示为热释电红外传感器结构示意图。在热释电材料上作上、下电极,受光表面加一层黑色氧化膜,用于提高转换效率。由于它的输出阻抗极高,且输出信号极其微弱,故在元件内部装有场效应晶体管(FET)及偏置厚膜电阻 R_G、R_S,以进行信号放大与阻抗变换,图 10.10 所示为热释电传感器的内部电路结构图。

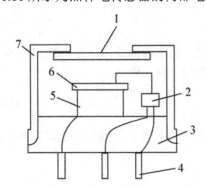

1—窗口;2—FET;3—绝缘基座;4—引脚;
5—导电性支撑台;6—热释电元件;7—外壳

图 10.9 热释电传感器结构示意

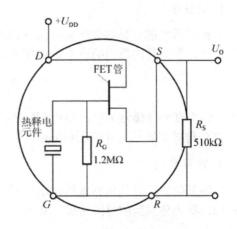

图 10.10 热释电传感器内部电路结构

热释电传感器按其内部安装敏感元件数量的多少,分为单元件、双元件、四元件及特殊形式等几种。最常用的为双元件型,如图 10.11 所示。所谓双元件是指在一个传感器中有两个反相串联的敏感元件,双元件传感器有如下优点:

(1) 当能量顺序地入射到两个元件上时,其输出要比单元件器件高一倍;

(2) 由于两个元件逆向串联使用,对同时输入的能量会相互抵消,由此可防止太阳的红外线引起的误动作;

(3) 可以防止由于环境温度变化引起的检测误差。

3) 热释电探测器的特点

(1) 在室温下即可正常工作,无需致冷。

(2) 使用温度必须低于热释电元件材料的居里点温度。如硫酸三甘肽(TGS)的居里点温度为49℃、钽酸锂为660℃、锆钛酸铅(PZT)为360℃。

(3) 对恒定辐照无响应。只有在变化辐照下,产生温度变化过程中,才有热释电电流输出。因此使用时必须用调制斩波器将入射辐照变换为交流信号,或使用脉冲光辐射。

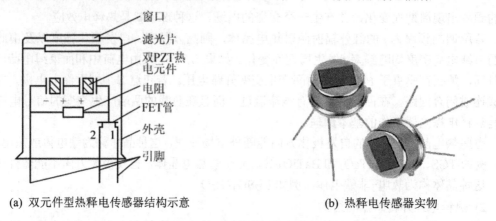

(a) 双元件型热释电传感器结构示意　　(b) 热释电传感器实物

图 10.11　双元件型热释电传感器

10.3　红外传感器的主要性能参数

1. 响应率

当经过调制的红外辐射照射到传感器的敏感面上时,传感器的输出电压与输入红外辐射功率之比,称为传感器的响应率,记作 R_v,单位为 V/W 或 μV/μW。

$$R_v = \frac{U_s}{P_0 A_0} \tag{10-12}$$

式中:U_s 为红外传感器的输出电压(V);P_0 为入射到红外敏感元件单位面积上的功率(W/cm²);A_0 为红外传感器敏感元件的面积(cm²)。

2. 时间常数

时间常数表示红外传感器的输出信号随红外辐射变化的速率。输出信号滞后于红外辐射的时间,称为传感器的时间常数,其值为

$$t = \frac{1}{2\pi f_c} \tag{10-13}$$

式中:f_c 为响应率下降到最大值的 0.707(3 dB)时的调制频率。

热传感器的热惯性和 RC 参数较大,其时间常数大于光子传感器,一般 τ 为毫秒级或更长,光子传感器的时间常数很小,一般为微秒级。

3. 响应波长范围

响应波长范围或称光谱响应,表示传感器的电压响应率与入射红外辐射波长之间的关系。由于热传感器的电压响应率与波长无关,它的响应曲线是一条平行于横坐标(波长)的直线。而光子传感器的电压响应率是波长的函数,因此是一条随波长变化的曲线,如图 10.12 所示,存在峰值波长(λ_m),把响应率下降到最大值的一半所对应的波长称为截止波长(λ_c),截止波长的区间表示了红外传感器响应波长的范围。

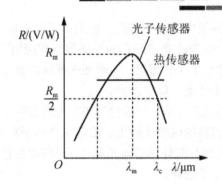

图 10.12　红外传感器的电压响应率曲线

4. 噪声等效功率

由于探测器存在噪声,所以不能无限地测量小的辐射信号,当辐射小到它在探测器上产生的信号完全被探测器的噪声所淹没时,这时探测器就无法肯定是否有辐射信号投射在探测器上,探测器探测辐射的能力就有了一个限度,通常我们用噪声等效功率 NEP 来表征探测器的这个特征。

当辐射在探测器上产生的信号电压正好等于探测器本身的噪声电压值(即信号噪声比为 1)时,所需投射到探测器上的辐射功率称为探测器的噪声等效功率,即

$$\text{NEP} = \frac{P_0 A_0}{U_s / U_N} = \frac{U_N}{R_v} \tag{10-14}$$

式中:P_0 为入射到红外敏感元件单位面积上的功率(W/cm²);A_0 为红外传感器敏感元件的面积(cm²);U_s 为红外传感器的输出电压(V);U_N 为红外传感器的综合噪声电压(V);R_v 为红外传感器的电压响应率(V/W)。

5. 探测率

探测率是噪声等效功率 NEP 的倒数,以 D 表示,单位为 W^{-1},即

$$D = \frac{1}{\text{NEP}} = \frac{R_v}{U_N} \tag{10-15}$$

红外传感器的探测率越高,表明传感器所能探测到的最小辐射功率越小,传感器就越灵敏。

6. 比探测率

比探测率又称归一化探测率,或称探测灵敏度。实质上就是当传感器的敏感元件面积为单位面积,放大器的带宽 Δf 为 1Hz 时,单位功率的辐射所获得的信号电压与噪声电压之比,通常用符号 D^* 表示,单位是 $\text{cmHz}^{1/2}\text{W}^{-1}$:

$$D^* = \frac{\sqrt{A_0 \Delta f}}{\text{NEP}} = D\sqrt{A_0 \Delta f} = \frac{R_v}{U_N} \cdot \sqrt{A_0 \Delta f} \tag{10-16}$$

由 D^* 的定义可知,比探测率与传感器的敏感元件面积和放大器的带宽无关。这样在不同的传感器对比时,就比较方便了。在一般情况下,D^* 越高,传感器的灵敏度越高、性能越好。

目前已有许多品种的红外探测器可供设计人员选择应用,探测的光谱覆盖区已扩大到 1~120μm。表 10-2 列举了目前典型红外探测器的性能指标。图 10.13 所示为常用红外探测器光谱探测率曲线。

红外传感器是红外探测系统中的重要部件，使用中应注意以下几个问题：

(1) 使用红外传感器时，必须注意了解它的性能指标和应用范围，掌握它的使用条件。

(2) 选择传感器时要注意它的工作温度。一般要选择能在室温工作的红外传感器，这样不需降温设备，使用方便，成本低廉，便于维护。

(3) 适当调整红外传感器的工作点。一般情况下，传感器有一个最佳工作点。只有工作在最佳偏流工作点时，红外传感器的信噪比最大。实际工作点最好稍低于最佳工作点。

(4) 选用适当的前置放大器与红外传感器相配合，以获得最佳的探测效果。目前已有多种红外传感器专用信号处理器可供选择。

(5) 辐射信号的调制频率应与红外传感器的频率响应相匹配。

(6) 传感器的光学部分不能用手去摸、擦，防止损伤与玷污。

(7) 传感器存放时注意防潮、防振、防腐蚀。

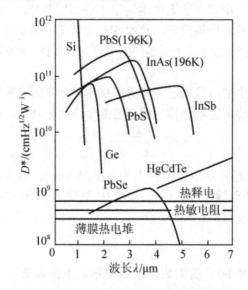

图 10.13　红外探测器光谱探测率曲线

表 10-2　红外探测器的性能参数

探测器材料	类型	响应波段 /μm	峰值波长 /μm	峰值探测率 D^*/(cm·Hz$^{1/2}$·W^{-1})	响应时间 τ/μs	工作温度 T/K
钽酸锂(LiTaO$_3$)	热释电	0.2~500	—	3×10^8	0.01s	300
硫酸三甘肽(TGS)	热释电	0.1~300	—	10^9	10^4	300
铌酸锶钡(SBN)	热释电	2~20	—	$10^8\sim5\times10^8$	5×10^4	300
热敏电阻	热敏	0.1~300	—	2.5×10^8	1.5×10^3	300
硫化铅(PbS)	光导	1~4	2.6	2×10^{11}	1×10^3	195
硒化铅(PbSe)	光导	1~6	4.5	2×10^{10}	30	195
锑化铟(InSb)	光伏	1~6	5	$10^{10}\sim3\times10^{10}$	0.02~0.2	77
碲镉汞(HgCdTe)	光导	1~24	4~21	3×10^{10}	0.05~0.5	77
锗掺金(Ge:Au)	光导	1~10	5	10^{10}	0.01~0.1	77
锗掺锌(Ge:Zn)	光导	1~41	39	$10^{10}\sim2\times10^{10}$	0.01~0.1	5
锗掺镓(Ge:Ga)	光导	1~150	100	2×10^{10}	<1	4
本征硅(Si)	光伏	0.5~1.05	0.84	$10^{12}\sim5\times10^{12}$	<1	300
硅掺锌(Si:Zn)	光导	1~3.3	2.5	10^{11}	<1	112

10.4 红外传感器应用举例

与其他探测技术相比,红外探测技术有如下主要优点:
(1) 环境适应性好,在夜间和恶劣气象条件下的工作能力优于可见光;
(2) 被动式工作,隐蔽性好,不易被干扰;
(3) 靠目标和背景之间各部分的温度和发射率形成的红外辐射差进行探测,因而识别伪装目标的能力优于可见光;
(4) 红外系统的体积小、质量轻、功耗低。

近年来,红外技术在军事领域和民用工程上,都得到了广泛应用。军事领域的应用主要包括:
(1) 侦查、搜索和预警;
(2) 探测和跟踪;
(3) 全天候前视和夜视;
(4) 武器瞄准;
(5) 红外制导导弹;
(6) 红外成像相机;
(7) 水下探潜、探雷技术。

在民用工程领域的应用主要是:
(1) 在气象预报、地貌学、环境监测、遥感资源调查等领域的应用;
(2) 在地下矿井测温和测气中的应用;
(3) 红外热像仪在电力、消防、石化以及医疗和森林火灾顶报中的应用。

10.4.1 红外测温

温度的测量方法可分为接触式测温和非接触式测温两类,测温传感器种类繁多,红外测温是一种比较先进的测温方法,主要特点是:

(1) 红外测温是远距离和非接触测温,特别适合于运动物体、带电体、高温及高压物体的温度测量。
(2) 红外测温反应速度快,它不需要与物体达到热平衡的过程,只要接收到目标的红外辐射即可定温。反应时间一般都在毫秒级甚至微秒级。
(3) 红外测温灵敏度高,因为物体的辐射能量与温度的四次方成正比。物体温度微小的变化,就会引起辐射能量较大的变化,红外探测器即可迅速地检测出来。
(4) 红外测温准确度较高,由于是非接触测量,不会破坏物体原来温度分布状况,因此测出的温度比较真实。测量准确度可达到 0.1℃,甚至更小。
(5) 红外测温范围广泛,可测摄氏零下几十度到零上几千度的温度范围。红外温度测量方法,几乎可以应用于所有温度测量场合。

1. 红外测温的基本方法

基于辐射体的温度与辐射能之间的不同物理定律的函数形式,红外辐射测温方法有 3 种:全辐射测温、单色辐射式测温、比色测温。

1) 全辐射测温(辐射温度)

全辐射测温的理论依据是斯蒂芬-玻尔兹曼定律,即总辐射强度与物体温度的四次方成正比。

基于全辐射测温原理的辐射温度计测出的温度称为辐射温度 T_F。辐射温度的定义为:黑体的总辐射能等于非黑体的总辐射能时,此黑体之温度即为非黑体的辐射温度。

根据式(10-11),总辐射能相等条件下可得

$$T = \frac{T_F}{\sqrt[4]{\varepsilon_T}} \tag{10-17}$$

式中:T 为非黑体的真实温度;T_F 为非黑体的辐射温度;ε_T 为非黑体的发射率。

因此用辐射温度计测量非黑体温度时,必须知道物体的发射率 ε_T 后才能换算成真实温度 T。由于非黑体的发射率 $\varepsilon_T < 1$,由式(10-17)可知,用辐射温度计测出的温度要比物体真实温度低,发射率越小,误差越大。

2) 单色辐射式测温(亮度温度)

根据维恩公式(10-10),黑体的辐射本领是波长和温度的函数,当波长一定时,就仅仅与温度有关,这就是单色辐射式测温的理论依据。

测量时接收到的实际是目标物体在某方向上的辐射出射度,即光谱辐射亮度,一般将测量物体看作余弦辐射体,则有

$$L_0(\lambda, T) = M_0(\lambda, T)/\pi \tag{10-18}$$

单色辐射式测温仪器是以黑体的光谱辐射亮度来刻度的,如果被测物体为非黑体时就会出现偏差。因为在同一温度下非黑体的光谱辐射亮度比黑体低,因此仪器测量的非黑体的温度比真实温度偏低。为了校正这个偏差,引入了亮度温度 T_L 的概念。

亮度温度定义为:当被测物体为非黑体,在同一波长下的光谱辐射亮度同绝对黑体的光谱辐射亮度相等时,则黑体的温度称为被测物体在波长为 λ 时的亮度温度。

根据亮度温度的定义,则有:

$$\varepsilon_{\lambda T} L_0(\lambda, T) = L_0(\lambda, T_L) \tag{10-19}$$

上式左边为非黑体光谱辐射亮度,右边为黑体的光谱辐射亮度,T_L 为亮度温度,T 为真实温度,$\varepsilon_{\lambda T}$ 为被测物体在温度为 T、波长为 λ 时的发射率。

根据维恩公式和式(10-19),可得:

$$\varepsilon_{\lambda T} e^{-\frac{C_2}{\lambda T}} = e^{-\frac{C_2}{\lambda T_L}} \tag{10-20}$$

对上式两边取对数并整理得:

$$\frac{1}{T} - \frac{1}{T_L} = \frac{\lambda}{C_2} \ln \varepsilon_{\lambda T} \tag{10-21}$$

若已知物体的单色发射率 $\varepsilon_{\lambda T}$,就可以从亮度温度 T_L 求出物体的真实温度 T。

为适合人眼的视觉范围,同时又有较大的辐射照度,单色辐射式测温仪一般使用中心波长为 $0.66\mu m$ 的红色滤光片,以获得较窄的辐射测量有效波长。

3) 比色测温(比色温度)

比色测温是通过测量辐射体在两个或两个以上波长的光谱辐射亮度之比来测量温度的。

对于温度为 T 的黑体,在波长为 λ_1 和 λ_2 时的光谱辐射亮度之比为 R,根据维恩公式,则有:

$$R = \frac{L_0(\lambda_1, T)}{L_0(\lambda_2, T)} = \left(\frac{\lambda_2}{\lambda_1}\right)^5 \cdot e^{\frac{C_2}{T}\left(\frac{1}{\lambda_2} - \frac{1}{\lambda_1}\right)} \tag{10-22}$$

对上式取对数并整理得

$$T = \frac{C_2\left(\dfrac{1}{\lambda_2} - \dfrac{1}{\lambda_1}\right)}{\ln R - 5\ln\left(\dfrac{\lambda_2}{\lambda_1}\right)} \tag{10-23}$$

由于比色测温仪是以黑体在 λ_1 和 λ_2 波长的光谱辐射亮度来刻度的，测量非黑体时会出现偏差，为此定义比色温度 T_S。比色温度是指：黑体辐射的两个波长 λ_1 和 λ_2 的光谱辐射亮度之比等于非黑体的相应的光谱辐射亮度之比时，黑体的温度即为这个非黑体的比色温度 T_S。根据比色温度的定义，可进一步求出物体的真实温度与比色温度的关系如下：

$$\frac{1}{T} - \frac{1}{T_S} = \frac{\ln\dfrac{\varepsilon_{\lambda_1 T}}{\varepsilon_{\lambda_2 T}}}{C_2\left(\dfrac{1}{\lambda_2} - \dfrac{1}{\lambda_1}\right)} \tag{10-24}$$

式中：$\varepsilon_{\lambda_1 T}$、$\varepsilon_{\lambda_2 T}$ 分别为物体在 λ_1 和 λ_2 时的单色发射率；T 是物体的真实温度；T_S 是物体的比色温度。

由于同一物体的不同波长的单色发射率变化很小，如果所选 λ_1 和 λ_2 很接近，根据式(10-24)，发射率的影响就非常小，所以用比色测温法测得的比色温度 T_S 与物体的真实温度 T 很接近，一般可以不进行校正。

【例 10-1】已知钨在 T=2000 K 温度下的单色发射率分别为：$\varepsilon_{\lambda_1 T}$=0.465（$\lambda_1$=0.47 μm）、$\varepsilon_{\lambda_2 T}$=0.448（$\lambda_2$=0.60 μm）、$\varepsilon_T$=0.441（$\lambda$=0.66 μm），全辐射发射率为 ε=0.26。试分别计算钨的辐射温度、亮度温度和比色温度。

解：根据式(10-17)计算辐射温度为

$$T_F = T\sqrt[4]{\varepsilon_T} = 2000 \times \sqrt[4]{0.26}\,\text{K} = 1428\,\text{K}$$

根据式(10-21)计算亮度温度为

$$T_L = \frac{C_2 T}{C_2 - \lambda T \ln \varepsilon_{\lambda T}} = \frac{1.44 \times 10^4 \times 2000}{1.44 \times 10^4 - 0.66 \times 2000 \times \ln 0.441}\,\text{K} = 1860\,\text{K}$$

根据式(10-24)计算比色温度为

$$T_S = \frac{TC_2\left(\dfrac{1}{\lambda_2} - \dfrac{1}{\lambda_1}\right)}{C_2\left(\dfrac{1}{\lambda_2} - \dfrac{1}{\lambda_1}\right) - T\ln\dfrac{\varepsilon_{\lambda_1 T}}{\varepsilon_{\lambda_2 T}}} = \frac{2000 \times 1.44 \times 10^4 \times \left(\dfrac{1}{0.6} - \dfrac{1}{0.47}\right)}{1.44 \times 10^4 \times \left(\dfrac{1}{0.6} - \dfrac{1}{0.47}\right) - 2000 \times \ln\dfrac{0.465}{0.448}}\,\text{K} = 1977\,\text{K}$$

由计算结果可以得出如下结论：3 种测温方法中，全辐射法测得的辐射温度受物体发射率影响最大，故在用这类仪器测温时，需做发射率修正。比色温度受物体发射率影响最小，最接近物体的实际温度，特别当实际物体接近灰体时，可以认为实际物体的比色温度就等于它的真实温度。

2. 红外辐射测温仪

红外辐射测温仪的基本组成包括光学系统、红外探测器、信号调理电路、显示输出等部分。下面以 WDL-31 型光电高温计为例说明辐射测温仪的结构及工作原理。

图 10.14 所示为 WDL-31 型光电高温计工作原理图。被测物体表面的辐射能由物镜汇聚，经调制器反射，被探测元件接收。参比灯(参考辐射源)的辐射能量通过另一路聚光镜汇聚，经反射镜反射并透过调制器的叶片空间也被探测元件接收。微型电动机驱动调制器旋转，使被测辐射能量与参比辐射能量交替被探测元件接收，从而分别产生了相位相差 180°的信号。探测元件取出的测量信号，是这两个信号的差值。该差值信号经放大、相敏检波后成为直流信号，再通过放大电路以调节参比灯的工作电流。参比灯的亮度是灯丝电流的单值函数，它作为与被测物体进行亮度比较的标准辐射源，测量时使参比灯的辐射能量始终精确跟踪被测辐射能量，保持平衡状态。这样，参比灯电参数变化即反映了被测辐射体温度变化。为了适应辐射能量的变化特点，电路设有自动增益控制环节，在测量范围内，保证仪器电路有合适的灵敏度。

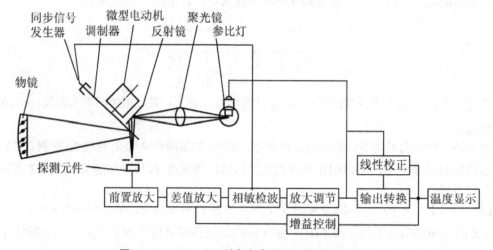

图 10.14 WDL-31 型光电高温计工作原理示意图

红外探测元件采用光敏电阻或光电池。由于采用平衡式测量方式，光敏元件只起指零作用，它的特性如有变化，对测量结果影响较小。作为参考辐射源的钨丝灯泡，能保持较高的稳定性，保证了仪器具有较高的精度。此外，系统设计了手动发射率 ε 值修正环节，可显示物体的真实温度。

表 10-3 列出了 WDL-31 辐射测温仪的主要性能指标。

表 10-3 WDL-31 型辐射测温仪主要性能指标

测量范围/℃	150～300；200～400；300～600；400～800；600～1000；700～1100；800～1200；900～1400；1100～1600；1200～2000；1500～2500
精度/℃	±1%(量程上限)
响应时间/s	<1(95%)
距离系数	L/D=100
检测器输出/mA	0～10
工作光谱范围	硫化铅元件：1.8～2.7 μm，用于 400～800 ℃ 及以下测温范围；硅光电池元件：0.85～1.1 μm，用于 600～1000 ℃ 及以上测温范围
仪表电源	220 V/50 Hz
检测器负载电阻/Ω	<500
仪表重量	检测器：4.5 kg；水冷套及支架：6 kg；XWZK 型快速自动平衡记录仪表：12 kg

注：L 为被测目标到物镜之间的工作距离(L>0.5 m)；D 为被测物体的有效直径。

选择红外测温仪时应主要考虑下列因素：

(1) 温度范围：测温范围是测温仪最重要的一个性能指标，所选型号仪器的温度范围应与具体应用的温度范围相匹配。

(2) 目标尺寸：对于单色测温仪，测温时，被测目标应大于测温仪的视场，否则测量有误差。建议被测目标尺寸超过测温仪视场的50%为好。对于双色测温仪，其温度是由两个独立的波长带内辐射能量的比值来确定的。因此当被测目标很小，没有充满视场，以及测量通路上存在烟雾、尘埃、阻挡对辐射能量有衰减时，均不会对测量结果产生影响。

(3) 光学分辨率(L/D)：即测温仪探头到目标距离与目标直径之比。如果测温仪远离目标，而目标又小，应选择高分辨率的测温仪。

10.4.2 热释电红外探测器警戒系统

热释电人体红外线传感器是20世纪80年代末期出现的一种新型传感器件，并迅速在防盗报警、自动控制、接近开关、遥控等领域广泛应用。目前市场上出现的热释电人体红外线传感器主要有SD02、PH5324，德国产的LHi958、LHi954，美国HAMAMATSU公司产的P2288，日本NIPPON CERAMIC公司产的SCA02-1、RS02D等型号。它们的结构、外形和电参数大致相同，大部分可以互换使用。

人体的温度一般在37℃左右，会发出10μm左右波长的红外线。在红外探测器的警戒区内，当有人体移动时，热释电人体红外线传感器感应到人体温度与背景温度的差异信号，产生输出。热释电人体红外线传感器的结构和滤光窗的波长通带范围(8～14μm)决定了它可以抵抗可见光和大部分红外线、环境及自身温度变化的干扰，只对移动的人体敏感。显然，当人体静止或移动很缓慢时，传感器也不敏感。

图10.15所示为红外警戒系统工作原理框图。

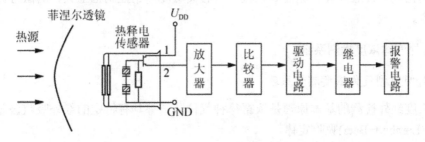

图10.15 红外警戒系统工作原理示意

热释电红外传感器可选用PIR325，它是双元件型热释电探测器，光谱响应范围8～14μm，输出峰-峰电压为20 mV，工作温度为30～70 ℃。

传感器前面通常要加菲涅尔透镜。如不使用菲涅尔透镜，热释电传感器的探测半径不足2 m，配上菲涅尔透镜后传感器的探测半径可达到10 m。菲涅尔透镜用聚乙烯塑料片制成，颜色为乳白色或黑色，呈半透明状，但对波长为10μm左右的红外线来说却是透明的。菲涅尔透镜外形为半球，如图10.16所示。从图(a)可以看出，透镜在水平方向上分成3个部分，每一部分在竖直方向上又等分成若干不同的区域，它们由一个个同心圆构成。最上面部分的同心圆圆心在透镜单元内，中间和下半部分的同心圆圆心不在透镜单元内。当光线通过这些透镜单元后，就会形成明暗相间的可见区和盲区。由于每一个透镜单元只有一个很小的视角，视角内为可见区，视角外为盲区，任何两个相邻透镜单元之间均以一个盲区和可见区相间隔，它们断续而不重叠和交叉，这样，当把透镜放在传感器正前方的适当位置时，运动的人体一旦出现在透镜的前方，人体辐射出的红外线通过透镜后就在传感器上形成不断交替变化的阴影区(盲区)和明亮区(可见区)，使传感器表面的温度不断发生变化，从而输出电信号。

菲涅尔透镜不仅可以形成可见区和盲区，还有聚焦作用，其焦点一般为 1.5 cm 左右，实际应用时，应根据实际情况或资料提供的说明调整菲涅尔透镜与传感器之间的距离。

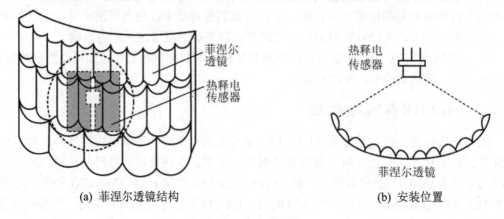

(a) 菲涅尔透镜结构　　　　(b) 安装位置

图 10.16　菲涅尔透镜

在警戒系统电路设计上，可以选用红外传感器专用信号处理器，如 WT8072、BISS0001、M2000C/2006C、LS6501、HT7610 等，这类器件将放大器、比较器、逻辑控制器、定时器、开关驱动等数模混合集成为一体，外接电路简单，使用方便。

热释电红外传感器能以非接触形式检测出人体辐射的红外线，并将其转变为电信号，同时，它还能鉴别出运动的生物与其他非生物，不需要用红外线或电磁波等发射源，用于防盗报警、自动控制、接近开关、遥控等领域，具有灵敏度高、控制范围大、隐蔽性好、可流动安装等特点。

10.4.3　红外气体浓度检测系统

1. 红外吸收型气体浓度测量原理

气体浓度红外检测的基本原理是依据每种气体分子都具有特定的红外吸收波长，以及朗伯特-比尔(Lambert-Beer)吸收定律。

大部分非对称双原子和多原子分子气体(如 CH_4、H_2O、NH_3、CO、SO_2、NO、NO_2 等)在红外区都有自己特征吸收频率，在这些频率气体吸收红外光最强。如甲烷(CH_4)在 3.39 μm 处有一个吸收峰，一氧化碳(CO)在 4.64 μm 处有一个吸收峰。如果气体的吸收波段在红外辐射光谱范围内，那么当红外线通过气体时，在其特征吸收频率处就会发生能量强度衰减，衰减程度与气体浓度符合朗伯特-比尔(Lambert-Beer)吸收定律，即

$$I = I_0 e^{-\alpha CL} \tag{10-25}$$

式中：I 为气体吸收后的透射光强；I_0 为通过待测气体前的光强；α 为吸收系数；C 为待测气体浓度；L 为光线在待测气体中穿过的有效路径长度。

对特定的气体，吸收系数 α 为常数，可见，当入射光强 I_0 和路径 L 不变时，待测气体浓度是透射光强 I 的单值函数。$C\sim I$ 的关系经实验标定后，测出透射光强 I 即可知被测气体浓度。

2. 吸收型气体浓度测量系统

图 10.17 所示为吸收型气体浓度检测系统框图。图 10.18 所示为气体浓度传感单元结构图。

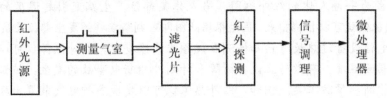

图 10.17　吸收型气体浓度检测系统框图

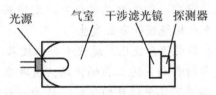

图 10.18　气体浓度传感单元结构示意

为了避免光源波动、温度等外界干扰因素的影响，采用了单光源双波长单气室结构。位于测量气室一端的光源发出光的波长覆盖待测气体的红外吸收峰，工作时调节干涉滤光镜使其通过波段与被测气体吸收峰的光波波长相吻合，探测器检测出其信号强度为 $I_1 \propto k_1 I_0 e^{-\alpha CL}$。然后，再调节干涉滤光镜使其通过的光波波段处于不被待测气体吸收的范围，传感器探测出光线在系统内的强度，即参考信号强度为 $I_2 \propto k_2 I_0$，两个信号的比值显示了气体对光线的吸收，同时也显示了气体的浓度。

知识链接

自然界一切温度高于绝对零度的物体都在以电磁波的形式向外辐射能量，其中包括红外光波。物体的热辐射大小除与物体材料种类、形貌特征、化学与物理学结构等特征有关外，还与波长、温度有关。红外热像仪就是利用物体的这种辐射性能，通过非接触方式探测红外热量，将其转换生成热图像和温度值，进而显示在显示器上的。它使我们能直接观察到人眼在可见光范围内无法观察到的物体外形轮廓或表面热分布，把人们的视觉范围从可见光扩展到红外波段，图 10.19 所示即为一幅用红外热像仪拍摄的照片。

图 10.19　一幅用红外热像仪拍摄的照片

红外热像仪能够将探测到的热量精确地量化,对发热的故障区域进行准确识别和严格分析。在医学上,医用红外热像仪可以在 5~10 s 的时间内将人体的温度热图扫描出来,由计算机处理后成为一幅人体的红外热图。当人体某部位产生病变引起温度的变化只要有 0.05 ℃,红外热像仪就可以扫描出来,医生根据此图即可判断疾病的发生部位及疾病的发展期。

在电力、电信设备过热故障预知检测和设备维修检查中,红外热像仪可以从安全的距离测量设备的表面温度,有效防止设备故障和计划外的断电事故的发生,被证明是一种节约资金的高效诊断和预防工具。例如,红外热像仪可以发现各种电气装置出现的接头松动或接触不良、不平衡负荷、过载等隐患,从而避免可能产生的电弧、短路、烧毁、起火等事故。在电动机、发电机的运行中,红外线热像仪可以发现轴承温度过高、不平衡负载、绕组短路或开路等隐患,避免电机烧毁等事故发生。

总之,发展到今天的红外热成像系统已是现代半导体技术、精密光学机械、微电子学、特殊红外工艺、新型红外光学材料与系统工程的产物。近年来,红外热像仪的生产已经形成了较大的产业群,应用也涵盖了几乎所有的领域。作为一种全新的检测和科研手段,红外热成像技术的应用前景十分广泛,也期待能在实际运用中发现更多的用途。

本 章 小 结

本章介绍了红外辐射的基本知识和红外辐射基本定律,对常用红外光子传感器和红外热传感器的工作原理、特性参数和应用特点进行了介绍和比较。在红外技术应用部分着重介绍了红外辐射测温的原理、测量系统及特点。

1. 什么是黑体、透明体、白体、灰体?
2. 黑体辐射的三个基本定律的内容及其意义是什么?
3. 常用红外光子传感器和红外热传感器有哪些?它们的特性及应用特点是什么?
4. 红外辐射测温的原理是什么?什么是辐射温度、亮度温度、比色温度?

习 题

10-1 红外线是指波长范围大致在_____μm 范围的电磁波。

10-2 红外仪器工作的 3 个波段区间是_____μm、_____μm 和_____μm。

10-3 黑体是指_____。

10-4 按探测机理的不同,红外传感器分为_____和_____两大类。

10-5 请比较红外光子传感器和红外热传感器,简述它们的特点。

10-6 简述热释电红外探测器的工作原理和应用特点。

10-7 红外探测技术有哪些优点?

10-8 举例说明红外探测器有哪些工业应用。

10-9 红外测温技术有哪些优点?

10-10 什么是辐射温度、亮度温度、比色温度?

10-11 全辐射测温时发射率为 0.8 的物体的温度测量值 $T_F=1000$ K,物体实际温度为多少?测温误差多大?当物体发射率变为 0.81 后,温度测量值变化多少?

第 11 章 其他传感器

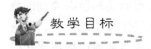

通过本章学习,了解气敏传感器、湿敏传感器、超声波传感器、微波传感器、光纤光栅传感器以及智能传感器的基本结构、工作原理及其实际应用。

了解气敏传感器及其分类、主要特性及其改善,了解其应用方法。

理解湿度的概念,了解常用的湿敏元件,掌握其应用。

理解超声波的传输特性,了解常用的超声波传感器以及超声波传感技术的应用;

了解微波的性能和特点,掌握微波传感器的基本构成、工作原理,了解微波传感器的实际应用。

掌握光纤光栅传感器的工作原理及特点,了解其传感系统构成和应用。

理解智能传感器的概念、结构及其功能,了解智能传感器的应用特点。

导入案例

随着现代科学技术的进步,新的物理、化学和生物效应被发现,新的功能材料相继诞生,带动了传感器技术迅速发展,对传感器新原理、新材料和新技术的研究更加深入、广泛,传感器新品种、新结构、新应用层出不穷。下面的图示即为本章将介绍的几种典型传感器,更多新型传感器有待你自己在实践中去学习和掌握。

气敏电阻元件

SHT71 智能温湿度传感器

ST3000 智能压力传感器

超声波测距传感器

11.1 气敏传感器

11.1.1 气敏传感器概述

气敏传感器(又称气体传感器)是指能将被测气体浓度转换为与其成一定关系的电量输出的装置或器件。由于气体种类繁多，性质各不相同，不可能用一种传感器检测所有类别的气体，因此，能实现气-电转换的传感器种类很多。图 11.1 所示为常见气体传感器分类。所谓干式气体传感器是指构成气体传感器的材料为固体；湿式则是指利用水溶液或电解液感知待测气体的气体传感器。

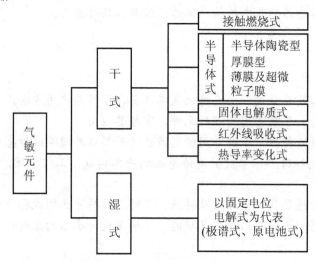

图 11.1 气体传感器的分类

在各类气体传感器中，用得最多的是半导体气敏传感器。主要用于工业和生活中各种易燃、易爆、有毒、有害气体的监测、预报和自动控制，是安全生产和大气环境保护不可缺少的检测器件。

11.1.2 半导体气体传感器

半导体气敏传感器按照半导体与气体的相互作用是在其表面，还是在内部，可分为表面控制型和体控制型两类；按照半导体变化的物理性质，又可分为电阻型和非电阻型两种，如表 11-1 所示。电阻型半导体气敏元件是利用半导体接触气体时，其阻值的改变来检测气体的成分或浓度；而非电阻型半导体气敏元件是根据其对气体的吸附和反应，利用半导体的功函数，对气体进行直接或间接检测。

表 11-1 半导体气敏传感器的分类

物理分类	主要物理特性	类 型	传感器举例	工作温度	代表性被测气体
电阻型	电阻	表面控制型	氧化锡、氧化锌(烧结体、薄膜、厚膜)	室温至450℃	可燃性气体
		体控制型	氧化锡、氧化钛、氧化镁、$La_{1-x}Sr_xCoO_3$、$\gamma\text{-}Fe_2O_3$	700℃以上	酒精、可燃气体、氧气

续表

物理分类	主要物理特性	类型	传感器举例	工作温度	代表性被测气体
电阻型	表面电位	—	氧化银	室温	硫醇
非电阻型	二极管整流特性	表面控制型	铂-硫化镉、铂-氧化钛(金属-半导体结型二极管)	室温~200℃	氢气、一氧化碳、酒精
	晶体管特性	—	铂栅MOS场效应晶体管	150℃	氢气、硫化氢

下面重点介绍电阻型半导体气体传感器。

这类气敏传感器由于结构简单，不需要专门的放大电路来放大信号，因此很早被重视，并已商品化，应用广泛。它们主要用于检测可燃气体，具有灵敏度高、响应快等优点。

电阻型半导体气体传感器的气敏元件的材料多数为氧化锡、氧化锌等较难还原的金属氧化物，为了提高对气体检测的选择性和灵敏度，一般都掺有少量的贵金属(如铂、钯、银等)。

金属氧化物在常温下是绝缘的，制成半导体后却显示气敏特性。通常器件工作在空气中，空气中的氧和NO_2这样的电子兼容性大的气体，接受来自半导体材料的电子而吸附负电荷，结果使N型半导体材料的表面空间电荷层区域的传导电子减少，使表面电导减小，从而使器件处于高阻状态。一旦元件与被测还原性气体接触，就会与吸附的氧起反应，将被氧束缚的电子释放出来，敏感膜表面电导增加，使元件电阻减小。

该类气敏元件通常工作在高温状态(200~450℃)，目的是为了加速上述的氧化还原反应。因此，气敏元件结构上都有电阻加热丝。

电阻型半导体气敏元件有3种构造形式：烧结体型、薄膜型、厚膜型，图11.2所示为烧结体型气敏元件结构和基本应用电路。

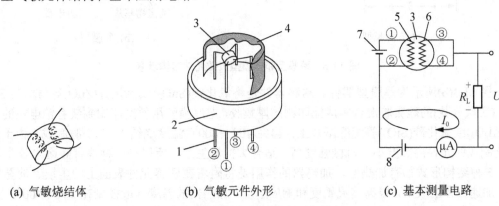

(a) 气敏烧结体　　　　(b) 气敏元件外形　　　　(c) 基本测量电路

图11.2　烧结体型气敏元件结构及测量电路

1—引脚；2—塑料底座；3—烧结体；4—不锈钢网罩；5—加热电极；6—工作电极；7—加热回路电源；8—测量回路电源

以氧化锡(SnO_2)烧结体型气敏元件为例。这类器件以氧化锡N型半导体材料为基体，将铂电极和加热丝埋入SnO_2材料中，用加热、加压、温度为700~900℃的制陶工艺烧结成形。因此被称为半导体陶瓷，简称半导瓷。半导瓷内的晶粒直径为$1\mu m$左右，晶粒的大小对电阻有一定影响，但对气体检测灵敏度则无很大的影响。

元件中常添加铂和钯等作为催化剂，以提高其灵敏度和选择性。添加剂的成分与含量、元件的烧结温度和工作温度都会影响元件的选择性。

目前最常用的是氧化锡(SnO_2)烧结型气敏元件，它的加热温度较低，一般在200~300℃，SnO_2气敏半导体对许多可燃性气体如氢、一氧化碳、甲烷、丙烷、乙醇等都有较高的灵敏度。

烧结型器件制作方法简单，器件寿命长，但由于烧结不充分，器件机械强度不高，电极材料较贵重，电性能一致性较差。

图 11.3 所示为薄膜型和厚膜型气敏元件的结构示意。

图 11.3(a)所示为薄膜器件，采用蒸发或溅射工艺，在石英基片上形成氧化物半导体薄膜(厚度数微米)。这类器件制作方法很简单。但由于这种半导体薄膜为物理性附着，器件间性能差异较大。

以氧化锌(ZnO)薄膜型气敏元件为例。它以石英玻璃或陶瓷作为绝缘基片，通过真空镀膜在基片上蒸镀锌金属，用铂或钯膜作引出电极，最后将基片上的锌氧化。氧化锌敏感材料是 N 型半导体，当添加铂作催化剂时，对丁烷、丙烷、乙烷等烷烃气体有较高的灵敏度，而对 H_2、CO_2 等气体灵敏度很低。若用钯作催化剂时，对 H_2、CO 有较高的灵敏度，而对烷烃类气体灵敏度低。因此，这种元件有良好的选择性，工作温度在 400～500℃ 的较高温度。

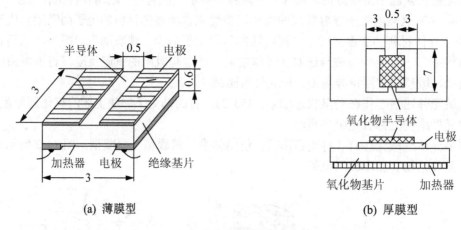

(a) 薄膜型　　　　　　　　　　　　(b) 厚膜型

图 11.3　薄膜型和厚膜型气敏元件结构示意

图 11.3(b)所示为厚膜型器件。这种器件是将氧化锡(SnO_2)或氧化锌(ZnO)等材料与 3%～15%(质量分数)的硅凝胶混合制成能印刷的厚膜胶，把厚膜胶用丝网印刷到装有铂电极的氧化铝(Al_2O_3)或氧化硅(SiO_2)等绝缘基片上，再经 400～800℃ 温度烧结 1～2 小时制成。由于这种工艺制成的元件离散度小、机械强度高，适合大批量生产，所以是一种很有前途的器件。

3 种结构形式都有加热器。加热器的作用是将附着在敏感元件表面上的尘埃、油雾等烧掉，加速气体的吸附，提高其灵敏度和响应速度，加热器的温度一般控制在 200～400℃ 左右。加热方式一般有直热式和旁热式两种，因而形成了直热式和旁热式气敏元件。直热式是将加热丝直接埋入氧化锡、氧化锌粉末中烧结而成，因此，直热式常用于烧结型气敏结构。直热式结构如图 11.4 所示。

(a) 结构　　　　　　　　　　　　(b) 电路符号

图 11.4　直热式结构与电路符号

直热式结构的气敏传感器的优点是制造工艺简单、成本低、功耗小,可以在高电压回路中使用。它的缺点是热容量小、易受环境气流的影响,测量回路和加热回路间没有隔离而相互影响。国产 QN 型、MQ 型,日本费加罗 TGS#109 型气敏传感器均属此类。

旁热式是将加热丝和敏感元件同置于一个陶瓷管内,管外涂梳状金电极作测量极,在金电极外再涂上氧化锡等材料,其结构如图 11.5 所示。

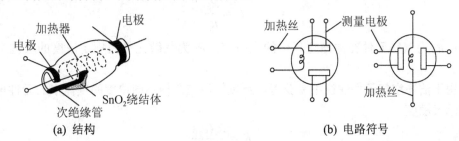

图 11.5 旁热式结构与电路符号

旁热式结构的气敏传感器克服了直热式结构的缺点,测量极和加热极分离,而且加热丝不与气敏材料接触,避免了测量回路和加热回路的相互影响;器件热容量大,降低了环境温度对器件加热温度的影响,所以这类结构器件的稳定性、可靠性比直热式的好。国产 QM-N5 型和日本费加罗 TGS#812、813 等型气敏传感器都采用这种结构。

11.1.3 主要特性及其改善

1. 对气体的选择性

半导体气体传感器的气敏材料对气体的选择性表明该材料主要对哪种气体敏感。金属氧化物半导体对各种气体敏感的灵敏度几乎相同。因此,制造出气体选择性好的元件很不容易,其选择性能不好或使用时逐渐变坏,都会给气体测试、控制带来很大影响。

改善气敏元件的气体选择性常用的方法如下
(1) 向气敏材料掺杂其他金属氧化物或其他添加物;
(2) 控制元件的烧结温度;
(3) 改变元件工作时的加热温度。

应该指出的是以上 3 种方法只有在实验的基础上进行不同的组合应用,才能获得较为理想的气敏选择性。

表 11-2 列出了具有不同添加物的氧化锡(SnO_2)气敏元件的气敏效应。

表 11-2 添加物对氧化锡(SnO_2)气敏效应的影响

添加物	检测气体	使用温度/℃	添加物	检测气体	使用温度/℃
PdO,Pd	CO,C_3H_8,酒精	200～300	V_2O_5,Cu	酒精,丙酮	250～400
Pd,Pt,过渡金属	CO,C_3H_8	200～300	稀土类	酒精系可燃气体	—
$PdCl_2$,$SbCl_3$	CH_4,C_3H_8,CO	200～300	过渡金属	还原性气体	250～300
PdO+MgO	还原性气体	150	Sb_2O_3,Bi_2O_3,	还原性气体	500～800
Sb_2O_3,TiO_2,TlO_3	CO,煤气,酒精	250～300	陶土,Bi_2O_3,WO	碳氢系还原性气体	200～300

2. 灵敏度特性

这是表征气敏元件对于被测气体的敏感程度的指标。它表示气体敏感元件的电参量(如电阻型气敏元件的电阻值)与被测气体浓度之间的依从关系。表示方法有3种：

1) 电阻比灵敏度 K

$$K = \frac{R_S}{R_0} \tag{11-1}$$

式中：R_0 为气敏元件在洁净空气中的电阻值；R_S 为气敏元件在规定浓度的被测气体中的电阻值。

由于洁净空气条件往往不易获得，所以常用在两种不同浓度的气体中的元件电阻值之比来表示灵敏度

$$K = \frac{R_S(c_2)}{R_S(c_1)} \tag{11-2}$$

式中：$R_S(c_1)$ 为气敏元件在浓度为 c_1 的被测气体中的阻值；$R_S(c_2)$ 为气敏元件在浓度为 c_2 的被测气体中的阻值。

2) 输出电压比灵敏度 K_U

$$K_U = \frac{U_{c1}}{U_{c2}} \tag{11-3}$$

式中：U_{c1}、U_{c2} 分别为气敏元件在接触浓度为 c_1 和 c_2 的标定气体时负载电阻上的电压输出。

图 11.6 所示为 SnO_2 半导瓷气敏元件的灵敏度特性曲线，它是用元件电阻比与气体浓度关系表示的灵敏度特性。SnO_2 半导瓷气敏元件电阻 R_S 与检测气体浓度 c 的关系为

$$\log R_S = m \log c + n \tag{11-4}$$

式中：m、n 为常数，m 代表器件相对气体浓度变化的敏感性，对于可燃气体，m 值为 1/2～1/3；n 与检测气体灵敏度有关，随元件材料、气体种类而异，并随测试温度和材料中有无增感剂而有所不同。

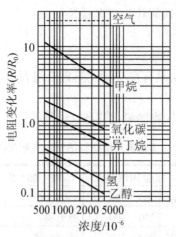

图 11.6　SnO_2 半导瓷气敏元件灵敏度特性

3. 初始稳定、气敏响应和复原特性

如图 11.7 所示，气敏传感器按设计规定的电压值使加热丝通电加热之后，敏感元件电阻

值首先是急剧地下降,一般过 2～10 min 过渡过程后达到稳定的电阻值输出状态,称这一状态为"初始稳定状态"。达到初始稳定状态的时间及输出电阻值,除与原件材料有关外,还与原件所处大气环境条件有关。达到初始稳定状态以后的敏感元件才能用于气体检测。

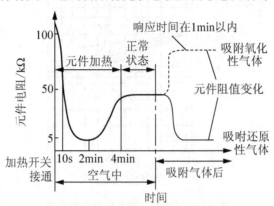

图 11.7 SnO_2 气敏元件电阻工作特性

当加热的气敏元件表面接触并吸附被测气体时,首先是被吸附的分子在表面自由扩散(称为物理性吸附)而失去动能,这期间,一部分分子被蒸发掉,剩下的一部分则因热分解而固定在吸附位置上(称为化学性吸附)。若元件材料的功函数比被吸气体分子的电子亲和力小,则被吸气体分子就会从元件表面夺取电子而以阴离子形式吸附。具有阴离子吸附性质的气体称为氧化性气体,例如 O_2、NO_x 等。若气敏元件材料的功函数大于被吸附气体的离子化能量,被吸气体将把电子给予元件而以阳离子形式吸附。具有阳离子吸附性质的气体称为还原性气体,如 H_2、CO、HC 和乙醇等。

氧化性气体吸附于 N 型半导体或还原性气体吸附于 P 型半导体敏感材料,都会使载流子数目减少而表现出元件电阻值增加的特性;相反,还原性气体吸附于 N 型,氧化性气体吸附于 P 型半导体气敏材料,都会使载流子数目增加而表现出元件电阻值减少的特性,如图 11.7 所示。

达到初始稳定状态的元件,迅速置入被测气体之后,其电阻值减小(或增加)的速度称为气敏响应速度特性。各种元件响应特性不同,一般情况元件通电 20 s 之后才能出现阻值变化后的稳定状态。

测试完毕,把传感器置于大气环境中,其阻值复原到保存状态的数值速度称为元件的复原特性,它与敏感元件的材料及结构有关,当然也与大气环境条件有关。一般约 1 min 左右便可复原到不用时保存电阻值的 90%。

4. 气敏元件的加热电阻和加热功率

气敏元件一般工作在 200℃ 以上高温。为气敏元件提供必要工作温度的加热电路的电阻(指加热器的电阻值)称为加热电阻,用 R_H 表示。直热式的加热电阻一般小于 5Ω;旁热式的加热电阻大于 20Ω。气敏元件正常工作所需的加热电路功率,称为加热功率,用 P_H 表示,一般在 0.5～2.0 W 范围内。

5. 温度湿度特性

气敏元件一般裸露于大气中,易受环境温湿度影响,如图 11.8 所示,所以,在使用气敏元件时，为了提高仪器和设备的精度和可靠性，在电路中要加温湿度补偿，并选用温湿度性能好的气敏元件。

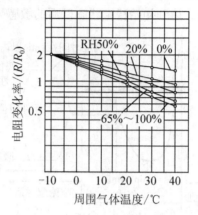

图 11.8 SnO$_2$气敏元件温湿度特性

另外，气敏元件加热丝的电压值决定了敏感元件的工作温度，因此，它是影响气敏元件各种特性的一个不可忽略的重要因素，使用时应使元件工作于最佳加热电压。

11.1.4 气敏传感器的应用

半导体气体传感器的应用十分广泛，按其用途可分为以下几种类型：

(1) 检漏仪或称探测器。它是利用气敏元件的气敏特性，将其作为电路中的气-电转换元件，配以相应的电路、指示仪表或声光显示部分而组成的气体探测仪器。这类仪器通常都要求有高灵敏度。

(2) 报警器。这类仪器是对泄漏气体达到危险限值时自动进行报警的仪器。

(3) 自动控制仪器。它是利用气敏元件的气敏特性实现电气设备自动控制的仪器，如换气扇自动换气控制等。

(4) 气体浓度测试仪器。它是利用气敏元件对不同气体具有不同的元件电阻度关系来测量、确定气体种类和浓度的。这种应用对气敏元件的性能要求较高，测试部分也要配以高精度测量电路。

图 11.9 所示为有毒有害气体报警电路。该电路由降压整流与稳压电路、气敏元件、触发及报警音响电路等组成。降压整流与稳压电路由变压器 B、整流电路 VD1～VD4、集成稳压块 7812 等组成。半导体气敏元件采用 QM211 型，其只需一个稳定的加热电压，约为 5 V。该电压值可通过调节 R_{P1}、R_1 来实现。另外，气敏元件也可换用对某种有害气体特敏感的传感器，不同类型传感器的加热电压有差异。在调试时约 1 min 左右的预热时间。

当室内空气正常时，气敏元件 QM211 的相应电阻值大，该电阻与 R_2、R_{P2} 分压后的电压使 555 置位，其 3 脚输出高电平，报警电路断开，不发生报警。当气敏元件检测到煤气、石油液化气、汽油、酒精、烟雾等有毒有害气体时，其内阻减小，该电阻与 R_2、R_{P2} 分压后的电压升高，从而使 555 复位，其 3 脚输出低电平，相应又使继电器 K 吸合，接通报警电源电路，发出报警信号。报警时 LED2(红光)闪光。电路中电位器 R_{P2} 用于调整 555 的触发端 2 脚的触发电平，正常条件下约为 3.5 V。

图中 A、B 外接报警电路，该电路可选用 555 电路组成的报警器，也可选用专用音响集成电路，如 KD9561 等器件。本电路中的继电器还可控制机外的报警器或排气扇等设施。

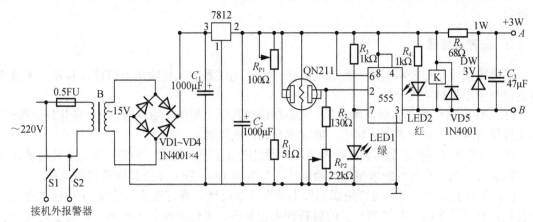

图 11.9 有毒有害气体报警电路

11.2 湿敏传感器

11.2.1 绝对湿度与相对湿度

在自然界中，凡是有水和生物的地方，在其周围的大气里总是含有或多或少的水汽。大气中含有水汽的多少，表示大气的干、湿程度，用湿度来表示，也就是说，湿度是表示大气干湿程度的物理量。

大气湿度有两种表示方法：绝对湿度与相对湿度。

1. 绝对湿度

绝对湿度表示单位体积空气里所含水汽的质量，其表达式为

$$\rho_v = \frac{M}{V} \tag{11-5}$$

式中：ρ_v 为被测空气的绝对湿度度(g/m^3，mg/m^3)；M 为被测空气中水汽的质量(g，mg)；V 为被测空气的体积(m^3)。

2. 相对湿度

相对湿度是气体的绝对湿度 ρ_v 与在同一温度下，水蒸气已达到饱和的气体的绝对湿度 ρ_w 之比，常表示为%RH。其表达式为

$$相对湿度 = \left(\frac{\rho_v}{\rho_w}\right)_T \cdot 100\%RH \tag{11-6}$$

根据道尔顿分压定律、空气中压强 $p=p_a+p_v$（p_a 为干燥空气分压，p_v 为空气中水汽分压）和理想状态方程，通过变换，又可将相对湿度用分压表示如下：

$$相对湿度 = \left(\frac{p_v}{p_w}\right)_T \cdot 100\%RH \tag{11-7}$$

式中：p_v 为待测气体的水汽分压；p_w 为同一温度下水蒸气的饱和水汽压。

相对湿度给出大气的潮湿程度,它是一个无量纲的量,在实际使用中多使用相对湿度这一概念。

11.2.2 湿敏传感器

湿敏传感器是指能将湿度转换为与其成一定比例关系的电量输出的器件或装置。湿敏传感器依据使用材料主要分为:

(1) 电解质型:如氯化锂湿敏电阻。它是在绝缘基板上制作一对电极,涂上氯化锂盐胶膜。氯化锂极易潮解,并产生离子导电,随湿度升高而电阻减小。

(2) 陶瓷型:一般以金属氧化物为原料,通过陶瓷工艺,制成一种多孔陶瓷。利用多孔陶瓷的阻值对空气中水蒸气的敏感特性而制成,如 $MgCr_2O_4$-TiO_2 半导体陶瓷湿敏元件。

(3) 高分子型:先在玻璃等绝缘基板上蒸发梳状电极,通过浸渍或涂覆,在基板上附着一层有机高分子感湿膜。有机高分子的材料种类也很多,工作原理各不相同,如电阻式高分子膜湿度传感器、聚苯乙烯磺酸锂湿度传感器就属此类。

(4) 单晶半导体型:所用材料主要是硅单晶,利用半导体工艺制成。制成二极管湿敏器件和 MOSFET 湿度敏感器件等。其特点是易于和半导体电路集成在一起。

1. 氯化锂湿敏电阻

氯化锂湿敏电阻是利用吸湿性盐类潮解,离子电导率发生变化而制成的测湿元件。该元件的结构如图 11.10 所示,由引线、基片、感湿层与电极组成。

氯化锂通常与聚乙烯醇组成混合体,在氯化锂(LiCl)溶液中,Li 和 Cl 均以正负离子的形式存在,而 Li^+ 对水分子的吸引力强,离子水合程度高,其溶液中的离子导电能力与浓度成正比。当溶液置于一定温湿场中,若环境相对湿度高,溶液将吸收水分,使浓度降低,因此,其溶液电阻率增高。反之,环境相对湿度变低时,则溶液浓度升高,其电阻率下降,从而实现对湿度的测量。

氯化锂湿敏元件的优点是滞后小,不受测试环境风速影响,检测精度高达±5%,但其耐热性差,不能用于露点以下测量,器件性能的重复性不理想,使用寿命短。

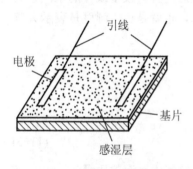

图 11.10 湿敏电阻结构示意

2. 半导体陶瓷湿敏电阻

半导体陶瓷湿敏电阻通常是用两种以上的金属氧化物半导体材料混合烧结而成的多孔陶瓷。这些材料有 ZnO-LiO_2-V_2O_5 系、Si-Na_2O-V_2O_5 系、TiO_2-MgO-Cr_2O_3 系、Fe_3O_4 等,前 3 种材料的电阻率随湿度增加而下降,故称为负特性湿敏半导体陶瓷,最后一种的电阻率随湿度增大而增大,故称为正特性湿敏半导体陶瓷(为叙述方便,有时将半导体陶瓷简称为半导瓷)。

该类湿敏元件具有许多优点:测湿范围宽,可实现全湿范围内的湿度测量;工作温度高,常温湿度传感器的工作温度在 150℃ 以下,而高温湿度传感器的工作温度可达 800℃;响应时间较短,精度高,抗污染能力强,工艺简单,成本低廉。

1) 负特性湿敏半导瓷的导电机理

由于水分子中的氢原子具有很强的正电场,当水在半导瓷表面吸附时,就有可能从半导瓷表面俘获电子,使半导瓷表面带负电。如果该半导瓷是 P 型半导体,则由于水分子吸附使表面电势下降。若该半导瓷为 N 型,也由于水分子的附着使表面电势下降。如果表面电势下降较多,不仅使表面层的电子耗尽,同时吸引更多的空穴达到表面层,有可能使到达表面层的空穴浓度大于电子浓度,出现所谓表面反型层,这些空穴称为反型载流子。它们同样可以在表面迁移而对导电作出贡献,由此可见,不论是 N 型还是 P 型半导瓷,其电阻率都随湿度的增加而下降。图 11.11 所示为几种负特性半导瓷阻值与湿度之关系。

2) 正特性湿敏半导瓷的导电机理

正特性湿敏半导瓷的导电机理认为这类材料的结构、电子能量状态与负特性材料有所不同。当水分子附着半导瓷的表面使电势变负时,导致其表面层电子浓度下降,但还不足以使表面层的空穴浓度增加到出现反型程度,此时仍以电子导电为主。于是,表面电阻将由于电子浓度下降而加大,这类半导瓷材料的表面电阻将随湿度的增加而加大。如果对某一种半导瓷,它的晶粒间的电阻并不比晶粒内电阻大很多,那么表面层电阻的加大对总电阻并不起多大作用。

不过,通常湿敏半导瓷材料都是多孔的,表面电导占的比例很大,故表面层电阻的升高,必将引起总电阻值的明显升高;但是,由于晶体内部低阻支路仍然存在,正特性半导瓷的总电阻值的升高就没有负特性材料的阻值下降得那么明显。图 11.12 所示为 Fe_3O_4 正特性半导瓷湿敏电阻阻值与湿度的关系曲线。

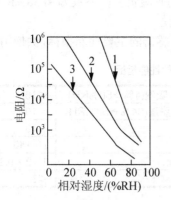

图 11.11　几种半导瓷湿敏元件的负特性

1—ZnO-LiO$_2$-V$_2$O 系; 2—Si-Na$_2$O-V$_2$O$_5$ 系;
3—TiO$_2$-MgO-Cr$_2$O$_3$ 系

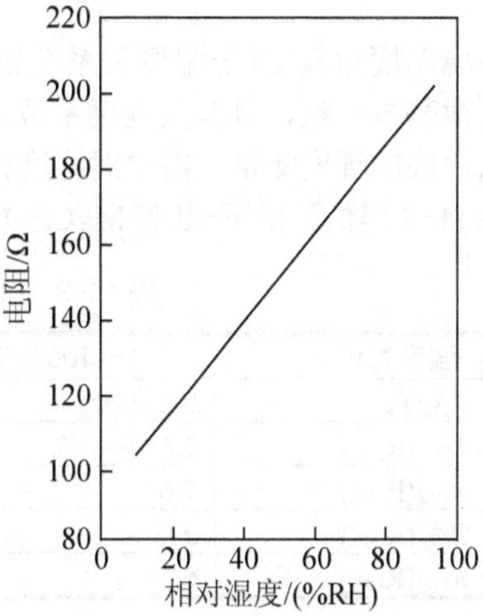

图 11.12　Fe_3O_4 正特性半导瓷湿敏电阻特性曲线

3) 典型半导瓷湿敏元件

(1) $MgCr_2O_4$-TiO_2 湿敏元件。氧化镁复合氧化物-二氧化钛湿敏材料通常制成多孔陶瓷型"湿-电"转换器件,它是负特性半导瓷,$MgCr_2O_4$ 为 P 型半导体,它的电阻率低,阻值温度特性好,结构如图 11.13 所示。在 $MgCr_2O_4$-TiO_2 陶瓷片的两面涂覆有多孔电极。电极与引出线烧结在一起。为了减少测量误差,在陶瓷片外设置由镍铬丝制成的加热线圈,以便对器件加热清洗,排除恶劣气氛对器件的污染。整个器件安装在陶瓷基片上,电极引线一般采用铂-铱合金。

$MgCr_2O_4$-TiO_2 陶瓷湿度传感器的相对湿度与电阻值之间的关系如图 11.14 所示。随着相对湿度的增加,电阻值基本按指数规律急剧下降,当相对湿度由 0 变为 80%RH 时,阻值从 $10^7\Omega$ 下降到 $10^4\Omega$,变化了 3 个数量级。

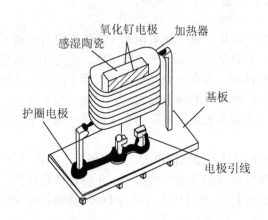

图 11.13 MgCr$_2$O$_4$-TiO$_2$ 陶瓷湿度传感器的结构

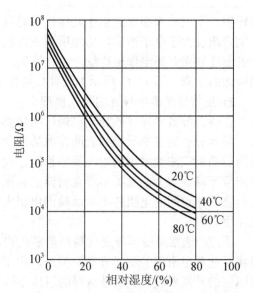

图 11.14 MgCr$_2$O$_4$-TiO$_2$ 陶瓷湿度传感器的电阻-湿度关系

环境温度对其电阻-湿度关系有较大影响。从图 11.14 可见，从 20℃ 到 80℃ 各条曲线的变化规律基本一致，具有负温度系数，MgCr$_2$O$_4$-TiO$_2$ 的感湿负温度系数为 -0.38%RH/℃。如果要求精确的湿度测量，需要对湿度传感器进行温度补偿。

表 11-3 提供了松下-Ⅱ型 MgCr$_2$O$_4$-TiO$_2$ 陶瓷湿度传感器的主要性能指标，供使用时参考。

表 11-3 MgCr$_2$O$_4$-TiO$_2$ 湿敏元件性能指标

	湿度量程	1～100%RH	响应时间/s	吸湿(1%→50%RH)	<10
灵敏度	$R_{1\%}/\Omega$	2.2×10^7		脱湿(94%→50%RH)	<10
	$R_{1\%}/(R_{20\%})$	2.6	工作电压/V		<10
	$R_{1\%}/(R_{40\%})$	7.6	工作温度/℃		1～150
	$R_{1\%}/(R_{60\%})$	23	器件尺寸/mm		2×2×0.20
	$R_{1\%}/(R_{80\%})$	67	加热器工作电压/V		<3

(2) ZnO-Cr$_2$O$_3$ 陶瓷湿敏元件。ZnO-Cr$_2$O$_3$ 湿敏元件的结构是将多孔材料的电极烧结在多孔陶瓷圆片的两表面上，并焊上铂引线，然后将敏感元件装入有网眼过滤的方形塑料盒中用树脂固定而做成的，其结构如图 11.15 所示。

ZnO-Cr$_2$O$_3$ 陶瓷湿敏传感器能连续稳定地测量湿度，而无需加热除污装置，因此功耗低于 0.5 W，体积小，成本低，是一种常用测湿传感器。

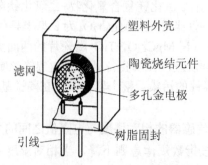

图 11.15 ZnO-Cr$_2$O$_3$ 陶瓷湿敏传感器结构

11.2.3 湿敏传感器的应用

湿敏传感器广泛应用于各种场合的湿度测量、控制与报警。在军事、气象、农业、工业(特别是纺织、电子、食品工业)、医疗、建筑以及家用电器等方面的应用日益扩大。

例如,湿度传感器广泛用于自动气象站的遥控装置上,采用耗电量很小的湿敏元件,可以由蓄电池供电长期自动工作,几乎不需要维护。用于无线电遥测自动气象站的湿度测报原理框图如图 11.16 所示。图中的 R-f 变换器将传感器送来的电阻阻值 R 变为相应的频率 f,再经自校器控制使频率数 f 与相对湿度一一对应,最后经门电路记录在自动记录仪上,如需要远距离数据传输,则还需要将得到的数字量编码,调制到无线电载波上发射出去。

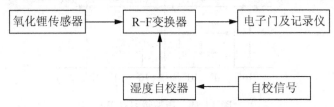

图 11.16　自动气象站湿度测报原理示意

湿度传感器还广泛用于仓库管理。为防止库中的食品、被服、武器弹药、金属材料以及仪器仪表等物品霉烂、生锈,必须设有自动去湿装置。有些食品如水果、种子、肉类等又要保证放置在一定湿度的环境中。这些都需要自动湿度控制。图 11.17 所示为直读式湿度计电路,其中 RH 为氯化锂湿度传感器。由 VT_1、VT_2、T_1 等组成测湿电桥的电源,其振荡频率为 250～1000 Hz。电桥输出级变压器 T_2、C_3 耦合到 VT_3,经 VT_3 放大后的信号,由 VD_1～VD_4 桥式整流后,输入给微安表,指示出由于相对湿度的变化引起电流的改变,经标定并把湿度刻划在微安表盘上,就成为一个简单而实用的直读式湿度计了。

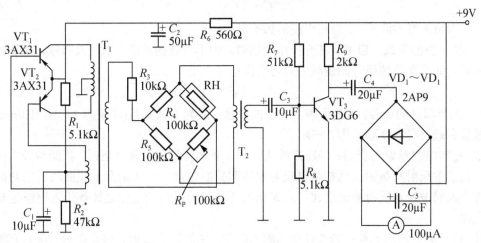

图 11.17　直读式湿度计电路

11.3 超声波传感器

11.3.1 超声波的传输特性

人耳能够听到的机械波，频率在 16 Hz～20 kHz 之间，称为声波。人耳听不到的机械波，频率高于 20 kHz 的称为超声波；频率低于 16 Hz 的称为次声波。频率在 3×10^8～3×10^{11} Hz 之间的称为微波。超声波的频率越高，就越接近光学的反射、折射等特性。声波频率界限图如图 11.18 所示。

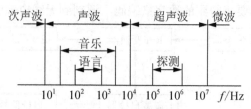

图 11.18 声波频率界限

超声波可分为纵波、横波和表面波。质点的振动方向和波的传播方向一致的称为纵波，它能在固体、液体和气体中传播。质点的振动方向和波的传播方面相垂直的称为横波，它只能在固体中传播。质点的振动介于横波和纵波之间，沿着表面传播，振幅随着深度的增加而迅速衰减的称为表面波。表面波只在固体的表面传播。

超声波在介质中的传播速度取决于介质密度、介质的弹性系数及波型。一般来说，在同一固体中横波声速为纵波声速的一半左右，而表面波声速又低于横波声速。当超声波在某一介质中传播，或者从一种介质传播到另一介质时，遵循如下一些规律。

(1) 传播速度：超声波的传播速度与波长及频率成正比，即声速为

$$C = \lambda f \tag{11-8}$$

式中：λ 为超声波的波长；f 为超声波的频率。

(2) 超声波的衰减：超声波在介质中传播时，由于声波的扩散、散射及吸收，能量按指数规律衰减。如平面波传播时的衰减公式可写作

$$I_x = I_0 e^{-2\alpha x} \tag{11-9}$$

式中：I_0 为声源处的声强；I_x 为距声源 x 处的声强；α 为衰减系数(单位为 1×10^{-3}dB/mm)，水和一般低衰减材料的 α 取值为 1～4。

(3) 超声波的反射与折射：当超声波从一种介质传播到另一种介质时，在两种介质的分界面上，会发生反射与折射。同样遵循反射定律和折射定律——入射角的正弦与反射角的正弦之比等于入射波速与反射波速之比；入射角的正弦与折射角的正弦之比等于入射波速与折射波速之比。

(4) 超声波的波形转换：若选择适当的入射角，使纵波全反射，那么在折射中只有横波出现；如果横波也全反射，那么在工件表面上只有表面波存在。

11.3.2 超声波换能器

能将(交流)电信号转换成机械振动而向介质中辐射(发射)超声波，或将超声场中的机械振

动转换成相应的电信号的装置称为超声波换能器(或称为探测器、传感器、探头)。超声波传感器一般都是可逆的，既能发射也能接收发射超声波。超声波探头按其结构可分为直探头、斜探头、双探头、液浸探头和聚焦探头等。超声波探头按其工作原理又可分为压电式、磁致伸缩式、电磁式等。最常用的是压电式探头。

超声探头的核心是其塑料外套或者金属外套中的一块压电晶片。构成晶片的材料可以有许多种。晶片的大小，如直径和厚度也各不相同，因此每个探头的性能是不同的，使用前必须预先了解它的性能。超声波传感器的主要性能指标包括：

(1) 工作频率。工作频率就是压电晶片的共振频率。当加到它两端的交流电压的频率和晶片的共振频率相等时，输出的能量最大，灵敏度也最高。

(2) 工作温度。由于压电材料的居里点一般比较高，特别是诊断用超声波探头使用功率较小，所以工作温度比较低，可以长时间地工作而不失效。医疗用的超声探头的温度比较高，需要单独的制冷设备。

(3) 灵敏度。主要取决于制造晶片本身。机电耦合系数大，灵敏度高；反之则灵敏度低。

图 11.19 所示为最常用的压电式超声波直探头。直探头用于发射和接收纵波，主要由压电晶片、吸收块(阻尼块)、保护膜等组成。压电晶片多为圆板形，其厚度 d 与超声波频率 f 成反比：

$$f = \frac{1}{2d}\sqrt{\frac{E_{11}}{\rho}} \tag{11-10}$$

式中：E_{11} 为晶片沿 x 轴方向的弹性模量；ρ 为晶片材料密度。

例如，厚度为 1mm 的石英晶片的自然频率为 2.87MHz，锆钛酸铅陶瓷(PZT)为 1.89MHz。根据式(11-10)，厚度为 0.7mm 的 PZT 晶片的自然频率则为 2.7MHz。

压电晶片的两面镀有银层，作导电的极板，阻尼块的作用是降低晶片的机械品质，吸收声能量。如果没有阻尼块，当激励的电脉冲信号停止时，晶片将会继续振荡，加长超声波的脉冲宽度，使分辨率变差。

超声波传感器广泛应用于工业生产中，如超声波清洗、超声波焊接、超声波加工(超声钻孔、切削、研磨、抛光等)、超声波处理(搪锡、凝聚、淬火、超声波电镀、净化水质等)、超声波治疗诊断(体外碎石、B超等)和超声波检测(超声波测厚、检漏、测距、成像等)等。

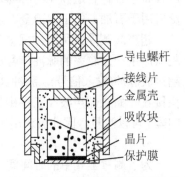

图 11.19 压电式超声波探头结构

11.3.3 超声波传感器的应用

超声波传感器是利用超声波的特性研制而成的传感器。超声波具有频率高、绕射现象小、方向性好的特点，对液体、固体的穿透本领很大，尤其是在阳光不透明的固体中，它可穿透几十米的深度。超声波碰到杂质或分界面会产生显著反射形成反射回波，碰到活动物体能产生多普勒效应。因此超声波检测广泛应用在工业、国防、生物医学等方面。

超声波传感技术应用在生产实践的不同方面，而医学应用是其最主要的应用之一。超声波在医学上的应用主要是诊断疾病，它已经成为了临床医学中不可缺少的诊断方法。超声波诊断的优点是：对受检者无痛苦、无损害、方法简便、显像清晰、诊断的准确率高等，因而推广容易，受到医务工作者和患者的欢迎。超声波诊断可以基于不同的医学原理，如利用超声波的反射原理，当超声波在人体组织中传播遇到两层声阻抗不同的介质界面时，在该界面就产生反射回声。每遇到一个反射面时，回声在示波器的屏幕上显示出来，而两个界面的阻抗差值也决定了回声的振幅的高低。

在工业方面，超声波的典型应用是对金属的无损探伤和超声波测厚两种。过去，许多技术因为无法探测到物体组织内部而受到阻碍，超声波传感技术的出现改变了这种状况。当然更多的超声波传感器是固定地安装在不同的装置上，"悄无声息"地探测人们所需要的信号。在未来的应用中，超声波将与信息技术、新材料技术结合起来，将出现更多的智能化、高灵敏度的超声波传感器。

当超声发射器与接收器分别置于被测物两侧时，这种类型称为透射型。透射型可用于遥控器、防盗报警器、接近开关等；超声发射器与接收器置于同侧的则属于反射型，反射型可用于接近开关、测距、测液位或料位、金属探伤以及测厚等。下面介绍几种超声波应用实例。

1. 超声波测厚

超声波测厚仪是根据超声波脉冲反射原理来进行厚度测量的，当探头发射的超声波脉冲通过被测物体到达材料分界面时，脉冲被反射回探头，通过精确测量超声波在材料中传播的时间来确定被测材料的厚度。凡能使超声波以一恒定速度在其内部传播的各种材料均可采用此原理测量。按此原理设计的测厚仪可对各种板材和各种加工零件作精确测量，也可以对生产设备中各种管道和压力容器进行监测，监测它们在使用过程中受腐蚀后的减薄程度，可广泛应用于石油、化工、冶金、造船、航空、航天等各个领域。

超声波测厚常用脉冲回波法，如图 11.20 所示。超声波探头与被测物体表面接触。主控制器产生一定频率的脉冲信号送往发射电路，经电流放大后激励压电式探头，以产生重复的超声波脉冲(输入信号)，脉冲波传到被测工件另一面被反射回来(回波，输出信号)，被同一探头接收。如果超声波在工件中的声速 c 已知，设工件厚度为 δ，脉冲波从发射到接受的时间间隔 t 可以测量，因此可求出工件厚度为

$$\delta = ct/2 \tag{11-11}$$

为了测量上式中的时间间隔 t，如图 11.20 所示，将发射和回波反射脉冲加至示波器垂直偏转板上。标记发生器输出已知时间间隔的脉冲，也加在示波器垂直偏转板上。线性扫描电压加在水平偏转板上。因此可以从显示器上直接观察发射和回波反射脉冲，并求出时间间隔。当然也可用稳频晶振产生的时间标准信号来测量时间间隔 t，从而做成厚度数字显示仪表，如图 11.21 所示。

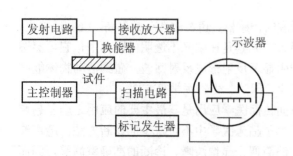

图 11.20 脉冲回波法超声测厚原理

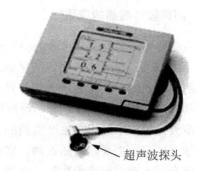

图 11.21 手持式超声波测厚仪

2. 超声流量计

超声波在流体中的传播速度与流体的流动速度有关。其特点是超声波属于非接触测量而且无压力损失，适合于大型管道流量测量。

在被测管道上下游的一定距离上，分别安装两对超声波发射和接收探头(F_1, T_1)、(F_2, T_2)，如图 11.22 所示。其中(F_1, T_1)的超声波是顺流传播的，而(F_2, T_2)的超声波是逆流传播的。根据这两束超声波在液体中传播速度的不同，采用测量两接收探头上超声波传播的时间差 Δt、相位差 $\Delta \varphi$ 或频率差 Δf 等方法，就可测量出流体的平均速度及流量。这里只重点介绍一下时差法，测量原理如图 11.23 所示。

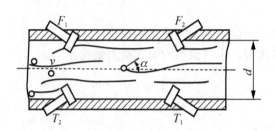 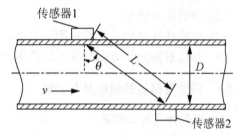

图 11.22　超声波流量测量原理示意　　　图 11.23　时差法超声波流量测量原理示意

在管道的两侧斜向安装两个超声波换能传感器，使其轴线重合在一条斜线上，当传感器 1 发射、传感器 2 接收时，声波基本上顺流传播，速度快、时间短，时间为

$$t_1 = \frac{L}{c + v\sin\theta} \quad (11\text{-}12)$$

式中：L 为两传感器间传播距离；c 为超声波在静止流体中的速度；v 为被测流体的平均流速。

当传感器 2 发射而传感器 1 接收时，超声波逆流传播，速度慢、时间长，时间为

$$t_2 = \frac{L}{c - v\sin\theta} \quad (11\text{-}13)$$

两种方向传播的时间差 Δt 为

$$\Delta t = t_2 - t_1 = \frac{2Lv\sin\theta}{c^2 - v^2\sin^2\theta} \quad (11\text{-}14)$$

因 $v \ll c$，故 $v^2\sin^2\theta$ 可忽略，故得

$$\Delta t \approx 2Lv\sin\theta / c^2 \quad (11\text{-}15)$$

或

$$v \approx c^2 \Delta t / 2L\sin\theta \quad (11\text{-}16)$$

可见，当流体中的声速 c 为常数时，流体的流速 v 与 Δt 成正比，测出时间差即可求出流速 v，进而得到流量。

由于一般液体中的声速在 1500 m/s 左右，而流体流速只有每秒几米，如要求流速测量的精度达到 1%，则对声速测量的精度应为 $10^{-5} \sim 10^{-6}$ 数量级，这是难以做到的，而且声速受温度的影响也不容忽略，所以直接利用式(11-16)不易实现对流量的精确测量。

11.4 微波传感器

11.4.1 微波的性质与特点

微波是波长为 1 m～1 mm 的电磁波,它既具有电磁波的性质,又不同于普通无线电波和光波。微波相对于波长较长的电磁波具有下列特点:

(1) 定向辐射装置容易制造;
(2) 遇到各种障碍物易于反射;
(3) 绕射能力较差;
(4) 传输性能良好,传输过程中受烟、火焰、灰尘、强光等的影响很小;
(5) 介质对微波的吸收与介质的介电常数成比例,水对微波的吸收能力最强。

11.4.2 微波传感器的组成及其分类

1. 微波传感器工作原理

微波传感器是利用微波特性来检测一些物理量的器件。由发射天线发出的微波,遇到被测物体时将被吸收或反射,使功率发生变化。若利用接收天线接收通过被测物体或由被测物反射回来的微波,并将它转换成电信号,再由测量电路处理,就实现了微波检测。

2. 微波传感器的组成

微波传感器通常由微波发射装置、微波天线及微波检测器三部分组成。

微波发射装置是产生微波的装置,也叫微波振荡器。由于微波很短,频率很高(300 MHz～300 GHz),振荡回路具有非常微小的电感与电容,故不能用普通的电子管与晶体管构成微波振荡器。构成微波振荡器的器件有调速管、磁控管或某些固体元件。小型微波振荡器也可采用体效应管。

由微波振荡器产生的振荡信号需要用波导管(波长在 10 cm 以上可用同轴线)传输,并通过天线发射出去。为了使发射的微波具有尖锐的方向性,天线具有特殊的结构。常用的天线如图 11.24 所示,有喇叭形天线、抛物面天线、介质天线与隙缝天线等。

　　　　　　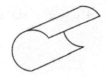

(a) 扇形喇叭天线　　(b) 圆锥形喇叭天线　　(c) 旋转抛物天线　　(d) 抛物柱面天线

图 11.24 微波天线的形状

喇叭形天线结构简单,制造方便,可看作波导管的延续。喇叭形天线在波导管与敞开的空间之间起匹配作用以获得最大的能量输出。抛物面天线犹如凹面镜产生平行光,这样使微波发射的方向性得到改善。

3. 微波传感器的分类

与一般传感器不同,微波传感器的敏感元件可认为是一个微波场。它的其他部分可视为一个转换器和接收器,如图 11.25 所示。

图 11.25 微波传感器的构成

转换器可以是一个微波场的有限空间,被测物即处于其中。如果微波源与转换器合二为一,则成为有源微波传感器;如果微波源与接收器合二为一,则称为自振式微波传感器。

根据微波传感器的工作原理,微波传感器可以分为如下两类。

1) 反射式微波传感器

反射式微波传感器是通过检测被测物反射回来的微波功率或经过的时间间隔,来表达被测物的位置、厚度等参数。

2) 遮断式微波传感器

遮断式微波传感器是通过检测接收天线接收到的微波功率大小来判断发射天线与接收天线间有无被测物以及后者的位置与含水量等参数。

4. 微波传感器的特点与存在的问题

由于微波本身的特点,决定了微波传感器具有以下优点:

(1) 可以实现非接触测量。因此可进行活体检测,大部分测量不需要取样。

(2) 检测速度快、灵敏度高,可进行动态检测与实时处理,便于自动控制。

(3) 可在恶劣环境条件下检测,如高温、高压、有毒、有放射性的环境条件。

(4) 输出信号可以方便地调制在载频信号上进行发射与接收,便于实现遥测与遥控。

微波传感器存在以下问题:

零点漂移和标定问题尚未得到很好的解决。其次,使用时外界因素影响较多,如温度、气压、取样位置等。

11.4.3 微波传感器的应用

微波传感器在工业、农业、地质勘探、能源、材料、国防、化工、生物医学、环境保护、科学研究等方面都有广泛的应用,下面介绍几个微波传感器的应用实例。

1. 测量物位

1) 液位测量

图 11.26 所示为微波液位计的示意图。相距为 S 的发射天线与接收天线,相互构成一定角度。波长为 λ 的微波从被测液面反射后进入接收天线。接收天线收到的功率将随被测液面的高低不同而异,功率 P_r 大小为

$$P_r = \left(\frac{\lambda}{4\pi}\right)^2 \frac{P_t G_t G_r}{S^2 + 4d^2} \tag{11-17}$$

式中:d 为两天线与被测液面间的垂直距离;P_t、G_t 分别为发射天线的发射功率和增益;G_r 为接收天线的增益;S 为两天线间的水平距离。

当发射功率、波长、增益均恒定时,式(11-17)可改写为

$$P_r = \left(\frac{\lambda}{4\pi}\right)^2 \frac{P_t G_t G_r}{4} \frac{1}{(S/2)^2 + d^2} = \frac{K_1}{K_2 + d^2} \tag{11-18}$$

式中：K_1 为取决于波长、发射功率和天线增益的常数；K_2 为取决于天线安装方法和安装距离的常数。

由式(11-18)可知，只要测得接收到的功率 P_r，就可获得被测液面的高度。

2) 物位测量

图 11.27 所示为微波开关式物位计示意图。当被测物位较低时，发射天线发出的微波束全部由接受天线接收，经放大器、与定电压比较器比较后，发出正常的工作信号。当被测物位升高到天线所在高度时，微波束部分被吸收，部分被反射，接收天线接收到的功率相应减弱，经放大后，低于定电压信号，微波液位计发出被测物位高出设定物位的信号。

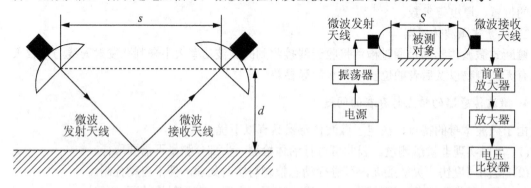

图 11.26　微波液位计　　　　　图 11.27　微波开关式物位计

2. 测量厚度

图 11.28 所示为微波测厚仪原理图。该测厚仪利用微波在传播过程中遇到金属表面会被反射，且反射波的波长和速度都不变的特性进行测量。

如图 11.28 所示，在被测金属上、下两面各安装有一个终端器。微波信号源发出的微波，经环行器 A、上传输波导管传输到上终端器。由上终端器发射到被测金属上表面的微波，经全反射后又回到上终端器，再经传输波导管、环行器 A、下传输波导管达到下终端器。由下终端器发射到被测金属的下表面的微波，经全反射后又回到下终端器，再经传输波导管回到环行器 A。因此被测金属的厚度与微波传输过程中的电行程长度密切相关，即被测金属厚度增大时微波行程长度便减小。

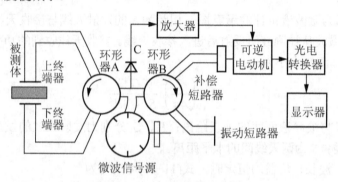

图 11.28　微波测厚仪原理示意

显然，微波传输过程中的电行程变化是非常微小的。为了测量这一微小的变化，通常采用微波自动平衡电桥构成一个参考臂，完全模拟测量臂微波的传输过程(图 11.28 中的右边部分)。若测量臂和参考臂电行程完全相同，则反相迭加的微波经检波器检波后，输出为零；若两者电行程长度不同，则反射回来的微波其相位角不同，经反向迭加后不能抵消，经检波器检波后便有不平衡信号输出。此差值信号经放大后控制可逆电动机，使补偿短路器产生位移，改变补偿短路器的长度，直到测量臂电行程完全相同为止。

补偿短路器的位移 ΔS 与被测金属厚度增加量 Δh 之间的关系式为

$$\Delta S = L_B - (L_A - \Delta L_A) = L_B - (L_A - \Delta h) = \Delta h \tag{11-19}$$

式中：L_A、L_B 分别为测量臂和参考臂在电桥平衡时的行程长度；ΔL_A 为被测金属厚度变化 Δh 引起测量臂行程长度变化的值；Δh 为被测金属厚度变化值。

由式(11-19)可知，被测短路器的 ΔS 值即为被测金属的厚度变化值 Δh。利用光电转换器测出 ΔS 值，即可由显示器显示 Δh 值或直接显示被测金属厚度。图 11.28 所示振动短路器用以对微波进行调制，使检波器输出交流信号，其相位随测量臂和补偿臂电行程长度的差值变化作反向变化，可控制可逆电动机产生正反向转动，使电桥自动平衡。

3. 测量温度

微波热象仪，用来检测生物机体上各点的相对温度分布。它与红外热象仪相比，不仅可以检测表面的温度，而且因为微波具有一定的穿透能力，还能探测次表面的温度。微波热象仪根据的原理是：温度高于绝对零度的一切物体都会辐射某些波长的电磁波，辐射功率和最强的辐射波长均与物体的温度有关。如果用一个直接接触式辐射计来测量物体辐射的微波功率，已知其表面的发射率时，就可求得物体的温度。

图 11.29 所示为 Dicke 辐射计的原理图。其测温的方法是比较法：开关 S 周期性地将待测物体的噪声功率(因为热辐射是一种噪声信号)轮流加到前置放大器。如在某两个位置上得到的噪声功率相等，则待测物体与参考物体的温度也相等。参考物体的温度是可以调整的，故测量时调整它就能达到平衡。

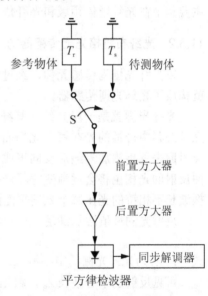

图 11.29 Dicke 辐射计的原理示意

医用辐射计或接触式医用微波热象仪，测温范围为 37℃左右，分辨率为 0.1℃，频率为 1.7～2.5 GHz。近年来国内将微波辐射计用于乳腺癌的早期诊断。依据的基本原理是癌变组织的温度比正常组织的稍高一些，而癌细胞处于次表面层，所以要用微波辐射计才能探测到它的温度。

11.5 光纤光栅传感器

11.5.1 光纤光栅的形成及其分类

1978 年加拿大渥太华通信研究中心的 K. O. Hill 等人首次在掺锗石英光纤中发现光纤的光敏效应，并采用驻波写入法制成世界上第一根光纤光栅。1989 年，美国联合技术研究中心的 G. Meltz 等人实现了光纤 Bragg 光栅(FBG)的紫外(UV)激光侧面写入技术，使光纤光栅的制作技术实现了突破性进展。同年，Morey 等人第一次将光纤光栅做传感器使用，开辟了光纤光栅传感技术的新方向。随着光纤光栅制造技术的不断完善，其应用的成果日益增多，从光纤通信、光纤传感到光计算和光信息处理的整个领域都将由于光纤光栅的实用化而发生革命性的变化，光纤光栅技术是光纤技术中继掺铒光纤放大器(EDFA)技术之后的又一重大技术突破。

光纤光栅是利用光纤中的光敏性制成的。所谓光纤中的光敏性是指激光通过掺杂光纤时，光纤的折射率将随光强的空间分布发生相应变化的特性。而在纤芯内形成的空间相位光栅，其作用的实质就是在纤芯内形成一个窄带的(透射或反射)滤波器或反射镜。利用这一特性可制造出许多性能独特的光纤器件。这些器件具有反射带宽范围大、附加损耗小、体积小、易与光纤耦合、可与其他光器件兼容成一体、不受环境尘埃影响等一系列优异性能。

光纤光栅的种类很多，主要分两大类：一是 Bragg 光栅(也称反射或短周期光栅)；二是透射光栅(也称长周期光栅)。光纤光栅从结构上可分为周期性结构和非周期性结构，从功能上还可分为滤波型光栅和色散补偿型光栅，色散补偿型光栅是非周期光栅。目前光纤光栅的应用主要集中在光纤通信领域和光纤传感器领域。

11.5.2 光纤布拉格光栅传感器的工作原理

以光纤光栅为传感元件，经过特殊的封装之后，加上光源、解调装置和相应的光学配件就构成了光纤光栅传感器。

光纤光栅就是一段光纤，其纤芯中具有折射率周期性变化的结构，如图 11.30 所示。在光纤纤芯中传播的光在每个光栅面处发生散射，满足布拉格反射条件的光，在每个光栅平面反射回来逐步累加，最后反向形成一个反射峰。如果不满足布拉格条件，依次排列的光栅平面反射的光相位将会逐渐变得不同直到最后相互抵消。另外，由于系数不匹配，与布拉格谐振波长不相符的光在每个光栅平面的反射很微弱。

反射光的峰值波长满足

$$\lambda_B = 2n\Lambda \tag{11-20}$$

式中：λ_B 为光纤光栅的中心波长；Λ 为光栅周期；n 为纤芯的有效折射率。

可见反射的中心波长 λ_B，跟光栅周期 Λ、纤芯的有效折射率 n 有关。当温度、应力等被测量引起光纤光栅有效折射率、光栅周期变化时，反射光中心波长就会偏移，由此可实现温度、应力等参量的测量。

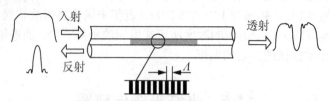

图 11.30 光纤布拉格光栅的结构

在只考虑光纤受到轴向应力的情况下，应力对光纤光栅的影响主要体现在两方面：弹光效应使折射率改变，应变效应使光栅周期改变。温度变化对光纤光栅的影响也主要体现在两方面：热光效应使折射率改变，热膨胀效应使光栅周期改变。当同时考虑应变与温度时，弹光效应与热光效应共同引起折射率的改变，应变和热膨胀共同引起光栅周期的改变。假设应

变和温度分别引起 Bragg 中心波长的变化是相互独立的，则两者同时变化时，Bragg 中心波长的变化可以表示为

$$\frac{\Delta\lambda_B}{\lambda_B} = (1-P)\Delta\varepsilon + (a+\zeta)\Delta T \tag{11-21}$$

式中：$P = -\frac{1}{n}\cdot\frac{dn}{d\varepsilon}$，为光纤材料弹光系数；$a = \frac{1}{\Lambda}\cdot\frac{d\Lambda}{dT}$，为光纤的热胀系数；$\zeta = \frac{1}{n}\cdot\frac{dn}{dT}$，为光纤材料的热光系数；$\Delta\varepsilon$ 为应变变化量；ΔT 为温度变化量。

理论上只要测到两组波长变化量就可同时计算出应变和温度的变化量。对于其他的一些物理量如加速度、振动、浓度、液位、电流、电压等，都可以设法转换成温度或应力的变化，从而实现测量。

光纤布拉格光栅传感器工作原理如图 11.31 所示。宽谱光源(如 SLED 或 ASE)将有一定带宽的光通过环行器入射到光纤光栅中，由于光纤光栅的波长选择性作用，符合条件的光被反射回来，再通过环行器送入解调装置测出光纤光栅的反射波长变化。当光纤布拉格光栅做探头测量外界的温度、压力或应力时，光栅自身的栅距发生变化，从而引起反射波长的变化，解调装置即通过检测波长的变化推导出外界被测温度、压力或应力。

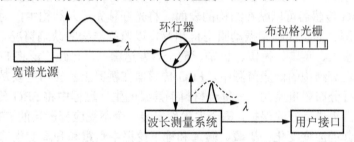

图 11.31 光纤布拉格光栅(FBG)传感器原理示意

11.5.3 光纤光栅传感器系统的构成

光纤光栅传感系统主要由宽带光源、光纤光栅传感器、信号解调等组成。宽带光源为系统提供光能量，光纤光栅传感器利用光源的光波感应外界被测量的信息，外界被测量的信息通过信号解调系统实时地反映出来。

1. 光源

光源性能的好坏决定着整个系统所送光信号的好坏。在光纤光栅传感中，由于传感量是对波长编码，光源必须有较宽的带宽和较强的输出功率与稳定性，以满足分布式传感系统中多点多参量测量的需要。光纤光栅传感系统常用的光源的有 LED、LD 和掺杂不同浓度、不同种类的稀土离子的光源。其中掺铒光源是研究和应用的重点。

2. 光纤光栅传感器

光纤光栅传感器可以实现对温度、应变等物理量的直接测量。由于光纤光栅波长对温度与应变同时敏感，使得通过测量光纤光栅耦合波长移动无法对温度与应变加以区分。因此，解决交叉敏感问题，实现温度和应力的区分测量是传感器实用化的前提。通过一定的技术来测定应力和温度变化来实现对温度和应力区分测量。这些技术的基本原理都是利用两根或者两段具有不同温度和应变响应灵敏度的光纤光栅构成双光栅温度与应变传感器，通过确定两个光纤光栅的温度与应变响应灵敏度系数，利用两个二元一次方程解出温度与应变。

3. 信号解调

在光纤光栅传感系统中，信号解调一部分为光信号处理，完成光信号波长信息到电参量的转换；另一部分为电信号处理，完成对电参量的运算处理，提取外界信息，并以人们熟悉的方式显示出来。其中，光信号处理，即传感器的中心反射波长的跟踪分析是解调的关键。

11.5.4 光纤光栅传感器应用

由于光纤光栅传感器具有抗电磁干扰、尺寸小(标准裸光纤为125μm)、质量轻、耐温性好(工作温度上限可达400～600℃)、复用能力强、传输距离远(传感器到解调端可达几公里)、耐腐蚀、高灵敏度、属无源器件、易形变等优点，因此，光纤光栅传感器在很多领域都有广泛的应用。

1. 智能结构中应变应力及温度等信号监测

光纤光栅作为传感器的一个最重要的用途就是埋入复合材料或结构中来实现材料、结构内部应变和温度分布的实时监测，称为光纤智能材料和结构。民用基础设施的结构监测是FBG传感器最活跃的领域之一。力学参量的测量对许多复合材料或结构的维护和健康状况监测是非常重要的。FBG传感器可以贴在结构的表面，将光纤预先埋入结构中，对结构同时进行健康检测、冲击检测、形状控制和振动阻尼检测等，以监视结构的缺陷情况。20世纪90年代以来，美国、加拿大、英国、德国、日本、瑞士等发达国家，已经广泛将FBG用在了桥梁、矿山、海船和飞机等结构的健康监测中。FBG传感器在桥梁上的应用主要是利用加强聚合体光缆的光纤来进行分布载重监测。在复合材料钢筋梁的生产过程中将FBG传感器埋进去，就可为传感器和尾纤提供良好的保护。每个大梁均安装一个不受应变影响的FBG温度传感器来修正温度变化引起的应变变化；矿藏、隧道和地下挖掘中负重和升降变化的测量对安全非常重要，复用FBG传感系统可以替代传统的应变测量和测压元件等电子传感器，应变测量精度好于1%；先进复合材料已被广泛用于制造飞机和舰船等，分布式FBG传感器系统是此类材料的理想监测系统，因为FBG传感器对应变和温度都很灵敏，这就可以通过同时测量应变和温度来校正静态应变测量中的热致应变，实验结果表明FBG传感器与传统的电类传感器相比信噪比有了较大的提高，可以提高结构监测数据的分析精度。

2. 电力行业电气参数检测

因为光纤光栅不受电磁场的影响，所以它很适合用于电力工业。光纤光栅可以检测电力线上的负载变化，如由大雪等原因引起的负载过重；高压和高功率设备(如变压器和发电机)上温度的分布情况对于人们了解其工作情况是非常重要的，可以通过FBG温度传感器来检测设备的缺陷或质量问题；此外FBG还可以用于高压电力传输线中大电流的测量，在高达700A范围可以达到0.7A的精度，并且其线性度很好。

3. 在石油勘探方面的应用

液压和温度的实时监测对控制海上油田的产油量非常重要，光纤光栅传感器由于可以进行分布式测量并能适应较大的温度变化，可以用于油井内部液压和温度的测量。2003年，Ph·M·Nellen等人报道了一种基于FBG传感器的精确、长期监测油井液压的传感器，该传感器将油井液压转化为光纤应力，可同时监测油井液压和温度；FBG可以作为地震检波器，有效地获得和处理从地层深处反射来的地震波的信息；在海底石油勘探中，采用FBG作为水听器的传感系统不必考虑线路对信号的衰减，不必考虑密封问题，光纤对海水的腐蚀也具有良好的抵抗能力。

4. 在医学方面的应用

传感器的小尺寸在医学应用中是非常重要的，因为小的尺寸对人体组织的伤害较小，光纤光栅传感器是目前为止能够做到的最小的传感器。光纤光栅传感器能够通过最小限度的侵害方式测量人体组织内部的温度、压力、声波场的精确局部信息。

光纤光栅传感器还可用来测量心脏的效率。在这种方法中，医生把嵌有光纤光栅的热稀释导管插入病人心脏的右心房，并注射入一种冷溶液，可测量肺动脉血液的温度,结合脉功率就可知道心脏的血液输出量，这对于心脏监测是非常重要的。

虽然光纤光栅传感器在很多领域都得了应用，但是其存在的问题也在很大程度上限制了光纤光栅传感器的应用，主要有以下几点：

(1) 能够实际应用的传感信号的解调产品不多；
(2) 由于光源带宽有限，而应用中一般要求光栅的反射谱不能重叠，因此可复用光栅的数目受到限制；
(3) 不能实现在复合材料中同时测量多轴向的应变，以再现被测体的多轴向应变形貌；
(4) 不能实现大范围、高精度、快速实时测量；
(5) 不能正确地分辨光栅波长变化是由温度变化引起的还是由应力产生的应变引起的等。

11.6 智能传感器

11.6.1 概述

所谓智能传感器(intelligent sensor 或 smart sensor)，就是一种带有微处理器的兼有检测、判断与信息处理功能的传感器，智能传感器的最大特点就是将传感器检测信息的功能与微处理器的信息处理功能有机融合在一起，从一定意义上讲，它具有类似于人工智能的作用。

智能传感器与传统的传感器相比有很多优点：

(1) 高精度。由于智能传感器采用了自动调零、自动补偿、自动校准等多项新技术，因此其测量精度及分辨力都得到大幅提高。例如，美国霍尼韦尔(Honeywell)公司推出的系列智能精密压力传感器，测量液体或气体的精度为±0.05%，比传统压力传感器的精度大约提高了一个数量级。

(2) 量程宽。智能传感器的测量范围很宽，并具有很强的过载能力。

(3) 多功能。能进行多参数、多功能测量，这也是智能传感器的一大特色。例如，瑞士Sensirion 公司推出的 SHT11/15 型智能传感器，能同时测量相对湿度、温度和露点等参数，兼有数字温度计、湿度计和露点计 3 种仪表功能。

(4) 高可靠性和高稳定性。
(5) 自适应能力强。
(6) 高信噪比。
(7) 微功耗。
(8) 性价比高。

11.6.2 智能传感器的结构和功能

1. 智能传感器的结构

从结构上来讲，智能传感器是由经典传感器和微处理器单元两个中心部分构成，它可以是将传感器与微处理器集成在一个芯片上构成的所谓"单片智能传感器"，也可以是能够另配微处理器的传感器。图 11.32 给出了典型的智能传感器系统的构成框图。

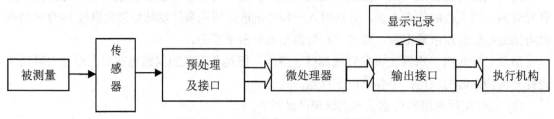

图 11.32　智能传感器系统的结构框图

2. 智能传感器的功能

智能传感器主要有以下功能：

1) 自补偿和计算

利用智能传感器的计算功能对传感器的零位和增益进行校正，对非线性和温度漂移进行补偿。这样，即使传感器的加工不太精密，通过智能传感器的计算功能也能获得较精确的测量结果。

2) 自校正和自诊断

智能传感器通过自检软件，能对传感器和系统的工作状态进行定期或不定期的检测，诊断出故障的原因和位置并作出必要的响应，发出故障报警信号，或在计算机屏幕上显示出操作提示。以智能压力传感器为例，大多数压力传感器有两个重要参数需要进行调整：零位和增益。操作者只要输入一个已知压力，智能压力传感器就能通过内存中自校功能软件，将随时间变化了的零位和增益校正过来。

3) 通信亇

智能传感器的通信功能目的在于交换信息。这一功能可以通过装在传感器内部的电子模块来实现，也可以通过智能现场通信器(SFC)来实现。SFC 的外观像一个袖珍计算器，将它挂到传感器两信号输出线的任何位置，通过键盘的简单操作来远程设定或变更传感器的参数，如测量范围、线性输出或平方根输出等。这样就不需要把传感器(变送器)从塔顶或危险区取下来，极大地节省了维护时间和费用。

4) 多敏性

传感器能同时测量多种物理量和化学量的能力称为多敏性。将原来分散的、各自独立的单敏传感器集成为具有多敏感功能的传感器，能同时测量多种物理量和化学量，全面反映被测量的综合信息。最典型的例子是美国加利福尼亚大学电子研究实验室研制的传感器，芯片尺寸为 8 mm×9 mm，包括信号处理的 MOS 器件，敏感元件有：气体流量、红外、化学敏、悬臂梁加速度计、声表面波蒸气敏、触角阵列和红外电荷耦合器件。

5) 信息处理和记忆功能

智能传感器中含有存储器，能存储已有的信息，如补偿系数、历史数据、标定日期和各种必需参数。

11.6.3 智能传感器数据预处理方法

智能传感器是在传统传感器基础上加上微处理单元，使传感器具有改善线性度、消除外界环境影响和提高精度的功能，具有自校正、自诊断等自我调节的功能，同时也具有网络通信功能，在智能传感器微处理单元中实现网络通信协议。目前，智能传感器系统是通过在最少硬件的基础上采用强大的软件优势使其达到智能化。而在同样的硬件条件下，智能传感器中的数据处理方法决定着整个系统的性能，因此，智能传感器的数据处理方法成为智能传感器性能优劣的关键所在。

1. 温度补偿技术

温度对传感器的性能影响很大，特别是高精度传感器，温度误差已成为提高传感器性能指标的严重障碍。单靠硬件实现温度补偿非常困难，智能传感器可以利用软件有效地解决这一难题。为此，首先需要测出传感器的温度。在敏感元件的附近安装一个测温元件，或者将测温敏感元件与其他敏感元件制作在一起。例如 Honeywell 公司 ST3000 压力传感器就是在同一块单晶硅片上制作静压、差压和温度 3 种敏感元件。温度传感器的输出信号经过放大、A/D 转换后送入微处理器中进行处理。为了进行温度补偿，必须建立温度误差的数学模型，微处理器根据测得的温度值和数学模型进行补偿。温度补偿可采用各种方法，常用的有查表法和插值法等。

查表法需要根据实验数据求得校正曲线，然后把曲线上各个校正点的数据以表格形式存入智能传感器的内存中。一个校正点的数据对应一个(或几个)内存单元。在实时测量中，通过查表来修正测量结果。查表法的速度快，但为了进一步提高测量精度，需要增加校正表中的校正数据，这样会增加表的长度，增大占用的内存空间和查表时间。

如果实测值介于两个校正点之间，查表只能取其中最接近的值，这显然会引入一定的误差。因此，可以利用线性插值或抛物线插值的方法求出该点的校正值。这样可以减少误差，提高测量精度和测量速度。

2. 非线性校正技术

大多数传感器的输入与输出呈非线性关系，如图 11.33(a)所示。为使传感器在检测过程中灵敏度保持一致，便于分析处理和直接显示，并提高测量精度，必须对非线性进行校正，使之线性化。以往通过硬件校正，线路复杂，很难达到理想效果。智能传感器可以利用软件进行补偿和校正，自动按图 11.33(b)所示的反线性特性进行刻度转换，使输出 y 与输入 x 呈理想线性关系，如图 11.33(c)所示。

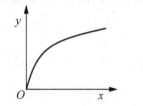
(a) 传感器输入-输出特性曲线

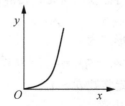
(b) 反非线性特性曲线

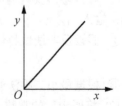
(c) 智能传感器输入-输出曲线

图 11.33 智能传感器非线性校正原理

下面介绍非线性自校正的两种方法：插值法及曲线拟合法。

1) 插值法

插值法是一种分段逼近特性曲线的方法。它是根据精度要求，对传感器输入-输出特性曲线进行分段，利用若干段折线来逼近曲线。

设传感器输入-输出特性曲线如图 11.34 所示。根据精度要求，把曲线分成 n 段，于是可得到分段点的坐标(x_0, y_0)，(x_1, y_1)，…，(x_n, y_n)，测量时的输入量 x_i 必定处在其中的某一段内(x_i, x_{i+1})。线性插值就是用直线段近似代替每一段的实际曲线，然后通过建立的公式计算出输出量。

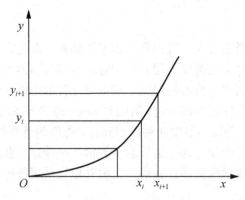

图 11.34　插值法

通过图 11.34 可以看出，通过(x_i, y_i)和(x_{i+1}, y_{i+1})两点直线的斜率为

$$k_i = \frac{y_{i+1} - y_i}{x_{i+1} - x_i} \tag{11-22}$$

那么，输出值 y 的表达式为

$$y = y_i + \frac{y_{i+1} - y_i}{x_{i+1} - x_i}(x - x_i) \tag{11-23}$$

在曲线的非线性程度不太大的情况下，对曲线的分段可采用沿 x 轴等距离选取的办法；如果曲线的非线性程度比较大，那么需采用非等距离的方法进行选取。

2) 曲线拟合法

该方法采用 n 次多项式来逼近非线性曲线。该多项式方程的各个系数由最小二乘法确定，具体步骤如下：

(1) 列出逼近反非线性曲线多项式方程。

① 对传感器及其调理电路进行静态实验标定，得静态输入-输出校准曲线。标定点的数据为：输入 $x_1, x_2, …, x_n$，输出 $y_1, y_2, …, y_n$。

② 假设反非线性特性拟合方程形式为

$$x_i(y_i) = a_0 + a_1 y_i + a_2 y_i^2 + a_3 y_i^3 + \cdots + a_n y_i^n \tag{11-24}$$

③ 根据最小二乘法原则确定待定常数 $a_0 \sim a_n$。

(2) 将所求得的常数 $a_0 \sim a_n$ 存入内存。

3. 数字滤波技术

工业现场存在各种各样的干扰信号，而敏感元件输出的电信号一般都很弱。设计传感器时必须考虑克服干扰的影响。智能传感器可以利用数字滤波的方法消除随机噪声的干扰(如尖脉冲等)。数字滤波器就是采用计算机执行的各种运算程序,它完全用软件方法滤波,削弱或滤除输入信号中的干扰,而无需增加任何硬件设备。它可以对频率很低或很高的信号进行滤波,使用灵活方便。数字滤波的方法有很多种,可根据干扰源性质和测量参数的特点来选择。常用的有以下几种:

(1) 算术平均滤波。计算连续 N 个采样值的算术平均值作为滤波器的输出,公式为

$$y(k) = \frac{1}{N}\sum_{i=1}^{N} x_i \tag{11-25}$$

式中:$y(k)$ 为每 k 次 N 个采样值的算术平均值;x_i 为第 i 次采样值;N 为采样的次数。

它适合于对一般具有随机干扰的信号滤波。

(2) 递推平均滤波。算术平均滤波法每计算一次数据需测量 N 次,这不适于测量速度快的实时测试系统。而递推平均滤波只需进行一次测量就能得到平均值,它把 N 个数据看作一个队列,每次测量得到的新数据存放在队尾,而扔掉原来队首的一个数据,这样在队列中始终有 N 个 "新" 数据,然后计算队列中数据的平均值作为滤波结果。每进行一次这样的测量,就可以立即计算出一个新的算术平均值。

(3) 加权递推平均滤波。上述递推平均滤波法中所有采样值的权系数都相同,在结果中所占的比例相等,这会对时变信号引起滞后。为了增加新鲜采样数据在递推滤波中的比重,提高传感器对当前干扰的抑制能力,可以采用加权递推平均滤波算法,对不同时刻的数据加以不同的权 w。通常越接近现时刻的数据,权取得越大。N 项加权递推平均滤波算法为

$$y(k) = \frac{1}{N}\sum_{i=1}^{N} w_i x_i \tag{11-26}$$

这种数字滤波手段是智能传感器系统中主要的滤波手段。

4. 标度变换技术

如果传感器的输出与被测参数是线性关系,则采用线性变换方法。如果传感器的输出与被测参数之间不是线性关系,而是由传感器所决定的某种函数关系,同时这些函数关系可由解析式来表示,就可直接用解析式来进行标度变换。当传感器输出的数据与实际各参数之间不仅是非线性关系,而且无法用一个简单式子来表达或难以直接计算时,则可采用多项式插值法进行标度变换,也可用分段插值的方法。

11.6.4 智能传感器的实现途径

目前,智能传感器的实现是沿着传感技术发展的三条途径进行的。

1. 非集成化实现

非集成化智能传感器是将传统的经典传感器(采用非集成化工艺制作的传感器,仅具有获取信号的功能)、信号调理电路、带数字总线接口的微处理器组合为一个整体而构成的智能传感器系统。其框图如图 11.35 所示。

这种非集成化智能传感器是在现场总线控制系统发展形势的推动下迅速发展起来的。自动化仪表生产厂家原有的一套生产工艺设备基本不变,附加一块带数字总线接口的微处理器插板组装而成,并配备能进行通信、控制、自校正、自补偿、自诊断等智能化软件,从而实现智能传感器功能。这是一种最经济、最快速建立智能传感器的途径。

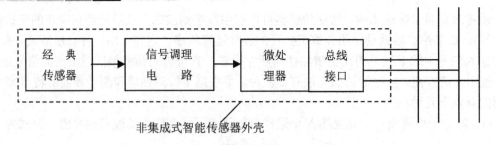

图 11.35　非集成式智能传感器框图

另外，近年来发展极为迅速的模糊传感器也是一种非集成化的新型智能传感器，它是在经典数值测量的基础上，经过模糊推理和知识合成，以模拟人类自然语言符号描述的形式输出测量结果。显然，模糊传感器的核心部分就是模拟人类自然语言符号的产生及其处理。

模糊传感器的"智能"在于，它可以模拟人类感知的全过程，不仅具有智能传感器的一般优点和功能，而且具有学习推理的能力，具有适应测量环境变化的能力，并能够根据测量任务的要求进行学习推理。此外，它还具有与上级系统交换信息的能力，以及自我管理和调节的能力。通俗地说，模糊传感器的作用应当与一个具有丰富经验的测量专家的作用是等同的。

图 11.36 所示为模糊传感器的简单结构和功能示意图。

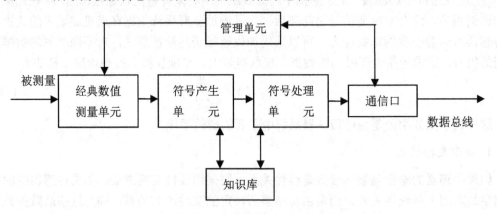

图 11.36　模糊传感器的简单结构示意

2. 集成化实现

这种智能传感器系统是采用微机械加工技术和大规模集成电路工艺技术，利用硅作为基本材料来制作敏感元件、信号调理电路以及微处理器单元，并把它们集成在一块芯片上构成的。这样使智能传感器达到了微型化，小到可以放在注射针头内送进血管测量血液流动情况，使结构一体化，从而提高了精度和稳定性。敏感元件构成阵列后，配合相应图像处理软件，可以实现图形成像且构成多维图像传感器。这时的智能传感器就达到了它的最高级形式，其外形如图 11.37 所示。

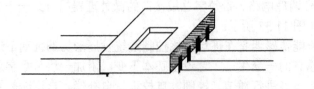

图 11.37　集成智能传感器外形示意

3. 混合实现

要在一块芯片上实现智能传感器系统，存在着许多棘手的难题。根据需要与可能，可将系统各个集成化环节(如敏感单元、信号调理电路、微处理器单元、数字总线接口)以不同的组合方式集成在两块或3块芯片上，并装在一个外壳里。如图11.38所示的几种方式。

为适应当前日益复杂和庞大的多点、多参数大型系统测控的需要，研究人员正在致力于由分散型控制系统(DCS)到基于现场总线的开放型控制系统(FCS)转变的研究工作。

处在FCS控制系统"末稍"节点上的是为数众多的智能设备及智能传感器，它们通过总线接口挂接到环行现场总线上。由于目前现场总线正处于一个群雄并起、分霸割据的状态，因此，尚无一个最完善的、具有权威性的、一致公认的统一标准协议，制定统一的国际标准协议的工作正在加紧进行之中。

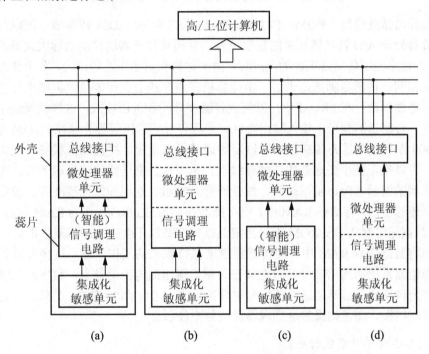

图 11.38　在一个封装中可能的几种混合集成实现方式

11.6.5　几种智能传感器示例

1. ST-3000 系列智能压力传感器

ST-3000系列智能压力传感器是美国霍尼韦尔(Honeywell)公司于1983年推出的产品，是世界上最早实现商品化的智能传感器。它可以同时测量静压、差压和温度3个参数，精度达0.1级，6个月的总漂移不超过全量程的0.03%，量程比可达400∶1，阻尼时间常数在0～32 s之间可调。这一系列产品以其优越的性能得到广泛的应用。

ST-3000系列智能压力传感器由检测和变送两部分组成，如图11.39所示。被测压力通过隔离的膜片作用于硅压敏电阻上，引起阻值变化。扩散电阻接在单臂电桥中，电桥的输出代表被测压力的大小。在芯片中两个辅助传感器，分别检测静压力和温度。由于采用近于理想弹性体的单晶硅材料，传感器的长期稳定性很好。在同一个芯片上检测出的差压、静压和温度 3 个信号，经多路开关分时地接到 A/D 转换器中进行模数转换，变成数字量送到变送部分。

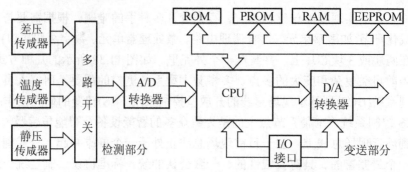

图 11.39　ST-3000 系列智能压力传感器原理框图

变送部分由微处理器、ROM、PROM、RAM、E²PROM、D/A 转换器、I/O 接口等组成。微处理器负责处理 A/D 转换器送来的数字信号，从而使传感器的性能指标大大提高。存储在 ROM 中的主程序控制传感器工作的全过程。由于材料和制造工艺等原因，各个传感器的特性不可能完全相同。传感器制造出来后，由计算机在生产线上进行校验，将每个传感器的温度特性和静压特性参数存在 PROM 中，以便进行温度补偿和静压校准，这样就保证了每个传感器的高精度。传感器的型号、输入输出特性、量程可设定范围等都存储在 PROM 中。

ST-3000 系列智能压力传感器可通过现场通信器来设定、检查工作状态。现场通信器是便携式的，可以接在某个变送器的信号导线上，也可接在变送器的信号端子上。现场通信器可设定传感器的测量范围、阻尼时间、线性或开方输出、零点和量程校准等。设定的数据通过导线传到传感器内，存储在 RAM 中。电可擦写存储器 EEPROM 作为 RAM 的后备存储器，RAM 中的数据随时存入 EEPROM 中，当突然断电时数据不会丢失。恢复供电后，EEPROM 可以自动地将数据送到 RAM 中，使传感器继续保持原来的工作状态，这样可以省掉备用电源。现场通信器发出的通信脉冲信号迭加在传感器输出的电流信号上。数字输入输出(I/O)接口一方面将来自现场通信器的脉冲从信号中分离出来，送到 CPU 中去，另外将设定的传感器数据、自诊断结果、测量结果等送到现场通信器中显示。

2. SHT11/15 型单片智能传感器

SHT11 和 SHT15 是瑞士森士瑞(Sensirion)公司于 2002 年推出的两种超小型、高精度、自校准、多功能式智能传感器，可以用来测量相对湿度、温度和露点等参数。SHT11/15 的外形尺寸仅为 7.62 mm×5.08 mm×2.5 mm，质量只有 0.1g，其体积与一个大火柴头相近，如图 11.40 所示。

SHT11/15 的测量参数指标如下：

(1) 相对湿度。测量范围：0%～100%RH；测量精度：±2%RH；分辨力：0.01%RH。

(2) 温度。测量范围：-40～+123.8℃；测量精度：±1℃；分辨力：0.01℃。

(3) 露点。测量精度：<±1℃；分辨力：±0.01℃。

SHT11/15 采用表面安装式 LCC-8 封装，引脚排列如图 11.41 所示。在 0.8 mm 厚的基座上有一个用液晶

图 11.40　SHT11/15 智能传感器外形

聚合物(LCP)制成的帽,上面开着传感器窗口,以便与空气接触。另外有一块环氧树脂起到粘接作用。U_{DD}、GND 端分别接电源和公共地。DATA 为串行数据输入/输出端(I/O)。SCK 为串行时钟输入端,当 $U_{DD}>+4.5\text{ V}$ 时,最高时钟频率为 10 MHz;当 $U_{DD}<4.5\text{ V}$ 时,最高时钟频率为 1 MHz。

SHT11/15 智能传感器的内部电路框图如图 11.42 所示。

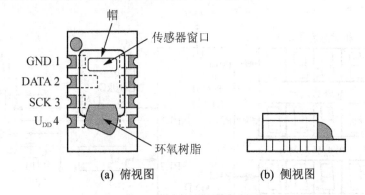

图 11.41 SHT11/15 的引脚排列

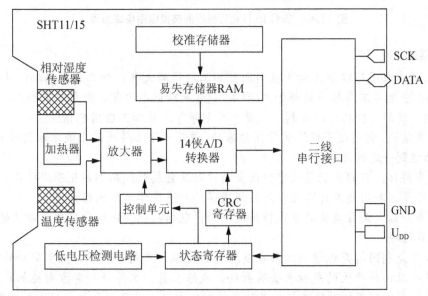

图 11.42 SHT11/15 型湿度/温度传感器的内部电路框图

其测量原理是:首先利用两只传感器分别产生相对湿度、温度的信号,然后经过放大,分别送至 A/D 转换器进行模数转换、校准和纠错,最后通过二线串行接口将相对湿度及温度的数据送至外接单片机(μC),再利用 μC 完成非线性补偿和温度补偿,补偿公式可参阅 SHT11/15 产品资料。

图 11.43 所示为 SHT15 智能传感器和 89C51 单片机构成的湿度/温度测试系统电路原理图。SHT15 和 89C51 通过串行总线进行通信。SCK 用来接收 μC 发送来的串行时钟信号,使 SHT15 与主机保持同步。DATA 为三态引出端,既可以输入数据,亦可以输出测量数据,不用时呈高阻态。仅当 DATA 的下降沿过后且 SCK 处于上升沿时刻,才能更新数据。

测量温度和相对湿度的顺序如下:上电后 SHT15 经过 10 ms 时间就进入休眠模式,在此之前不应传输任何命令。在发出测量命令(测量温度的命令为00000011，测量相对湿度的命令为00000101)后，芯片即被"唤醒"，89C51就启动SCK直至完成测量；然后将数据线拉成低电平，89C51又重新启动SCK，接着传输温/湿度两个测量数据字节和一个循环冗余检验码数据的字节。传输数据的顺序是从最高位(MSB)到最低位(LSB)。SHT11/15命令集以及测量时序可参阅产品资料。

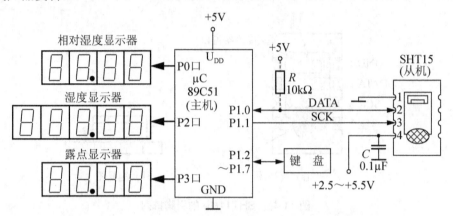

图11.43　SHT15智能传感器的典型应用电路原理

工业上超声应用可以分为加工应用和非加工应用两大类。加工应用包括：传统的超声加工(USM)、金刚石工具超声旋转加工(RUM)、超声辅助电火花、激光超声加工，超声辅助钻削、车削、磨削、铰孔、除毛刺、切槽、雕刻等等。非加工应用包括：

(1) 超声清洗，利用超声使溶液作高频振动，进而清除工件表面上液体和固体的污染物，使工件表面达到一定的洁净程度；

(2) 超声焊接，靠超声能量使塑料或金属片以及金属引线局部融化而焊接在一起；

(3) 声化学，利用超声开启化学反应新通道，加速化学反应的新方法；

(4) 超声分散，是靠液体的空化作用进行的，包括乳化、粉碎、雾化、凝胶的液化等；

(5) 超声检测。

超声加工是利用超声振动的工具在有磨料的液体介质或干磨料中产生磨料的冲击、抛磨、液压冲击及由此产生的气蚀来去除材料，或给工具、工件沿一定方向施加超声频振动进行加工，或利用超声振动使工件相互结合的加工方法。近几十年来，超声加工发展迅速，其工艺技术在深小孔加工、硬脆等难加工材料加工方面有较广泛的应用。由于硬脆材料具有普通材料无法比拟的特点，使其在工程上有着越来越广泛的应用，而超声加工技术解决了这类材料加工的许多关键性的工艺问题，取得了良好的效果。随着硬脆材料应用范围的不断扩大，反过来也推动了超声加工技术的发展。

本 章 小 结

本章我们学习了气敏传感器、湿敏传感器、超声波传感器、微波传感器、光纤光栅传感器以及智能传感器的工作原理、基本结构、特性参数以及这些传感器的应用实例的相关知识，为今后设计和应用这些传感器打下了基础，拓宽了知识面。

 习题

11-1 半导体气敏传感器有哪几种类型？

11-2 为什么多数气敏器件都附有加热器？

11-3 如何提高半导体气敏传感器对气体的选择性和气体检测灵敏度？

11-4 什么叫绝对湿度和相对湿度？

11-5 氯化锂和半导体陶瓷湿敏电阻各有什么特点？

11-6 请利用氯化锂电阻式湿敏元件设计一个恒湿控制装置，且恒湿的值可任意设定。

11-7 超声波传感器的基本原理是什么？超声波探头有哪几种结构形式？

11-8 利用超声波进行厚度检测的方法是什么？

11-9 在脉冲回波法测厚时，若已知超声波在工件中的声速 c=5640 m/s，测得的时间间隔 t=22 μs，试求其工件厚度。

11-10 微波的检测方法是什么？

11-11 微波测湿的物理基础是什么？

11-12 在图 11.26 所示的微波液位计中，若发射天线与接收天线的连线不平行于液面，对测量结果有什么影响？

11-13 简述应力和温度对光纤光栅的影响。

11-14 光纤光栅传感系统是由哪几部分构成的？试阐述其作用。

11-15 什么是智能传感器?智能传感器的实现途径有哪些?

11-16 非线性校正的方法有哪些?

11-17 介绍你所知道的几种智能传感器。

第 12 章 传感器的标定

通过本章学习,掌握传感器静态及动态特性标定的方法及原理,了解常用传感器标定设备,为今后从事相关工作打下基础。

掌握传感器静态特性标定方法和步骤,能正确处理标定数据以获得传感器静态特性相关指标;

掌握传感器动态特性标定方法,能利用标定数据获得传感器动态特性相关指标;

了解常用传感器静态及动态特性标定设备的工作原理。

导入案例

任何一种传感器在装配完后为确定其实际静态和动态性能,都必须按原设计指标进行全面严格的性能鉴定;传感器使用一段时间(中国计量法规定一般为一年)以后或经过修理,也必须对主要技术指标进行校准试验以便确保传感器的各项性能达到使用要求,这就是传感器的标定和校准。

以压力传感器静态特性标定为例。图示的活塞压力计为一种广泛用于压力传感器静态标定的装置,它通过将专用砝码加载在已知有效面积的活塞上所产生的压力来表达精确压力量值。标定时按所要求的压力间隔,逐点增加砝码,使活塞压力计产生所需压力,记录下被标压力传感器(或压力表)的输出,从而获得被标压力传感器(或压力表)的输入输出数据,通过对测量数据的处理,即可确定压力传感器各项静态性能指标。

在现场标定时,为了操作方便,可以不用砝码加载,而直接用标准压力表读取所加压力。

12.1 传感器静态特性的标定

传感器的标定,就是利用精度高一级的标准器具对传感器进行定度的过程,通过实验建立传感器输出量和输入量之间的对应关系,同时也确定不同使用条件下的误差关系。

传感器的标定分为静态标定和动态标定两种。静态标定的目的是确定传感器静态特性指标，如线性度、灵敏度、滞后和重复性等。动态标定的目的是确定传感器的动态特性参数，如频率响应、时间常数、固有频率和阻尼比等。有时，根据需要也要对温度响应、环境影响等进行标定。

工程测试中传感器的标定，应在与其使用条件相似的环境下进行。为获得高的标定精度，(尤其像电容式、压电式传感器等)应将传感器及其配用的电缆、放大器等测试系统一起标定。

特别提示

由于一个已知的动态源不能独立存在，因此，动态响应通常建立在静态标定的基础上。

1. 静态标准条件

传感器的静态特性是在静态标准条件下进行标定的。所谓静态标准是指没有加速度、振动、冲击(除非这些参数本身就是被测物理量)及环境温度一般为室温(20℃±5℃)、相对湿度不大于85%，大气压力为(101±7) kPa 的情况。

2. 静态特性标定系统

对传感器进行静态特性标定，首先要建立标定系统。传感器的静态标定系统一般由以下几部分组成：

(1) 被测物理量标准发生器。如测力机、活塞式压力计、恒温源等。
(2) 被测物理量标准测试系统。如标准力传感器、压力传感器、标准长度——量规等。
(3) 被标定传感器所配接的信号调节器和显示、记录器等配接仪器精度应是已知的，也作为标准测试设备。

根据标定是采用绝对法还是比较法，标定系统分为绝对法标定系统和比较法标定系统。图 12.1(a)所示为绝对法标定系统。标定装置能产生量值确定的高精度标准输入量，将之传递给被标定的传感器，同时标定装置能测量并显示出被标定传感器的输出量。一般绝对法标定系统标定精度高，但较复杂。

比较法标定系统如图 12.1(b)所示。标定装置不能测量被测量，它产生的被测输入量通过标准传感器测量，被标定传感器的输出由高精度测量装置测量并显示。但如果被标定传感器包括后续测量电路和显示部分，高精度输出测量装置就可去掉。

由于对传感器的标定，实质上是根据试验数据确定传感器的各项性能指标，所以在标定传感器时，所用的测量仪器的精度至少要比被标定的传感器的精度高一个等级，这样通过标定确定的传感器的静态性能指标才是可靠的，所确定的精度才是可信的。

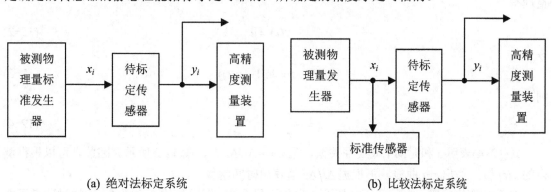

(a) 绝对法标定系统　　　　　　　　(b) 比较法标定系统

图 12.1　标定系统框图

3. 静态特性标定的步骤

标定过程步骤如下：

(1) 将传感器全量程(测量范围)分成若干等间距点；

(2) 根据传感器量程分点情况，由小到大逐渐一点一点输入标准量值，并记录下与各输入值相对应的输出值；

(3) 将输入值由大到小一点一点的减少下来，同时记录下与各输入值相对应的输出值；

(4) 按(2)、(3)所述过程，对传感器进行正、反行程往复循环多次测试，将得到的输出-输入测试数据用表格列出或画成曲线；

(5) 对测试数据进行必要的处理，根据处理结果就可以确定传感器的线性度、灵敏度、滞后和重复性等静态特性指标。

12.2 传感器动态特性的标定

一些传感器除了静态特性必须满足要求外，其动态特性也需满足要求。因此在进行静态校准和标定后尚需进行动态标定。

传感器的动态标定主要是研究传感器的动态响应，而与动态响应有关的参数，一阶传感器只有时间常数 τ 一个参数，二阶传感器则有固有频率 ω_n 和阻尼比 ξ 两个参数。

对动态特性标定时，首先要建立动态标定系统，提供标准动态输入信号，测出被标定传感器的响应曲线，从而确定其动态性能指标。具体的方法有下面几种。

1. 阶跃响应法

由于获取阶跃信号比较方便，使用阶跃响应法测量传感器动态性能是一种较好的方法。对于一阶传感器，简单的方法就是测得阶跃响应之后，传感器输出值达到最终稳定值的 63.2% 所经历的时间，即时间常数 τ。但这样确定的时间常数由于没有涉及响应的全过程，测量结果的可靠性仅仅取决于某些个别的瞬时值。为获得较可靠的结果，应记录下整个响应期间传感器的输出值，然后利用下述方法来确定时间常数。

根据第 1 章中得到的一阶传感器的阶跃响应函数

$$y(t) = 1 - e^{-\frac{t}{\tau}} \tag{12-1}$$

整理得

$$1 - y(t) = e^{-\frac{t}{\tau}} \tag{12-2}$$

令

$$z = \ln[1 - y(t)] \tag{12-3}$$

则

$$z = -\frac{t}{\tau} \tag{12-4}$$

式(12-4)表明 z 和时间 t 成线性关系，且 $\tau = -\Delta t/\Delta z$，如图 12.2 所示。因此，可以根据测得的 $y(t)$ 值，作出 z-t 曲线，再根据 $\Delta t/\Delta z$ 值算出时间常数 τ。

对于二阶传感器，实际设计时都设计成欠阻尼系统，即阻尼比 ξ 小于 1，这样过冲量不会太大，稳定时间也不会过长，如图 12.3 所示。它是以 $\omega_d = \omega_n\sqrt{1-\xi^2}$ 的角频率作衰减振荡的，ω_d 称为传感器的阻尼振荡频率。按照求极值的通用方法，可以求得各振荡峰值所对应的时间为 π/ω_d、$2\pi/\omega_d$、……。

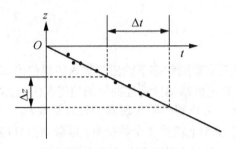

图 12.2　求一阶传感器时间常数的方法

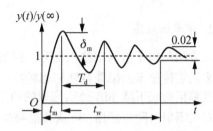

图 12.3　二阶传感器（$\xi<1$）的阶跃响应

根据第 1 章分析得出的欠阻尼二阶传感器阶跃响应表达式：

$$y(t) = AK\left[1 - \frac{e^{-\xi\omega_n t}}{\sqrt{1-\xi^2}}\sin\left(\sqrt{1-\xi^2}\,\omega_n t + \varphi\right)\right]$$

按求极值的通用方法，求得第一个峰值输出为

$$y\left(t = \frac{\pi}{\omega_d}\right) = AK\left(1 + e^{-\frac{\pi\xi}{\sqrt{1-\xi^2}}}\right) \tag{12-5}$$

则对应的最大超调量 δ_m 为

$$\delta_m = \frac{y\left(t = \frac{\pi}{\omega_d}\right) - y_\infty}{y_\infty} = e^{-\frac{\pi\xi}{\sqrt{1-\xi^2}}} \tag{12-6}$$

测出最大超调量 δ_m，则可算出阻尼比 ξ，即

$$\xi = \sqrt{\frac{1}{\left(\frac{\pi}{\ln\delta_m}\right)^2 + 1}} \tag{12-7}$$

测出振荡周期 T_d 值，根据 $T_d = \pi/\omega_d$ 以及 ω_d 与 ω_n 的关系，代入下式计算固有频率：

$$\omega_n = \frac{2\pi}{T_d\sqrt{1-\xi^2}} \tag{12-8}$$

也可以利用任意两个超调量 δ_i 和 δ_{i+n} 来求得阻尼比 ξ，其中 n 是该两峰值相隔的周期数(整数)。设第 δ_i 和 δ_{i+n} 个峰值对应的时间分别为 t_i 和 t_{i+n}，则

$$t_{i+n} = t_i + \frac{2n\pi}{\omega_n\sqrt{1-\xi^2}} \tag{12-9}$$

代入式(12-6)得

$$\ln\frac{\delta_i}{\delta_{i+n}} = \frac{2n\pi\xi}{\sqrt{1-\xi^2}} \tag{12-10}$$

整理后得

$$\xi = \sqrt{\frac{C_n^2}{C_n^2 + (2\pi n)^2}} \tag{12-11}$$

式中：$C_n = \ln \dfrac{\delta_i}{\delta_{i+n}}$。

2. 频率响应法

该方法利用正弦周期输入信号，通过测定不同正弦激励频率下输出与输入的幅值比和相位差来确定传感器的幅频特性和相频特性。根据一阶传感器幅频特性曲线的伯得图(图 12.4)，其对数幅频曲线下降 3dB 处所测取的角频率 $\omega = 1/\tau$，可求得一阶传感器的时间常数 τ。

对欠阻尼二阶传感器，可从其幅频特性曲线(图 12.5)上测得 3 个特征量：零频增益 $A_r(0)$、共振频率增益 $A_r(\omega_r)$ 和共振角频率 ω_r。根据第 1 章分析得出的欠阻尼二阶传感器幅频特性表达式 $A_r(\omega) = A_r(0)/\sqrt{(1-\omega^2\tau^2)^2 + (2\xi\omega\tau)^2}$，通过对其求极值可推导出

$$\frac{A_r(\omega_r)}{A_r(0)} = \frac{1}{2\xi\sqrt{1-\xi^2}} \tag{12-12}$$

$$\omega_n = \frac{\omega_r}{\sqrt{1-2\xi^2}} \tag{12-13}$$

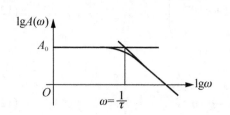
图 12.4 根据幅频特性求一阶传感器的时间常数

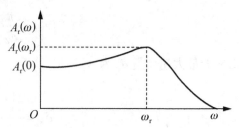
图 12.5 求欠阻尼二阶传感器的特征量

3. 冲击响应法

冲击响应法具有所需设备少、操作简便、调整控制方便的特点。如用于力传感器动态标定的落锤式冲击台就是根据重物自由下落，冲击砧子所产生的冲击力作为标准动态力的。用冲击信号作为传感器输入时，传感器系统传递函数为其输出信号的拉氏变换，由此可确定传感器的传递函数。

12.3 常用的标定设备

不同的传感器需要不同的标定设备，这里仅讨论部分有代表性的标定设备。

12.3.1 静态标定设备

1. 力标定设备

测力传感器的标定主要是静态标定，采用比较法。

1) 测力砝码

最简单的力标定设备是各种测力砝码。我国基准测力装置是固定式基准测力机,它实际上是由一组在重力场中体现基准力值的直接加荷砝码(静重砝码)组成。图 12.6(a)所示为一种杠杆式测力机,这是一种直接加测力法码的标定装置。图 12.6(b)所示为一种液压式测力机原理图,其中砝码经油路产生的力作为标准力,作用在被标定传感器上,量程可高达 5MN。

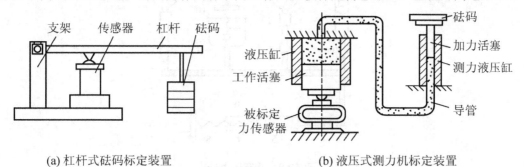

(a) 杠杆式砝码标定装置　　　　　　　　(b) 液压式测力机标定装置

图 12.6　砝码标定装置

2) 拉压式测力计

图 12.7 所示为一种用环形测力计作为标准的推力标定装置。它由液压缸产生测力,测力计的弹性敏感元件为椭圆形钢环,环体受力后的变形量与作用力成线性关系,测出测力环变形量作为标准输入。如果用杠杆放大机构和百分表结构来读取测力环变形量,或用光学显微镜读取,甚至采用光学干涉法读取,则可大大提高测量精度。

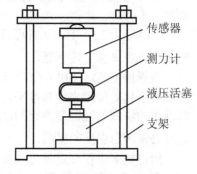

2. 压力标定设备

活塞压力计是目前最常用的压力传感器静态标定装置。图 12.8 所示为活塞压力计结构原理图。

在压力表(压力传感器)标定时,通过手轮对加压泵内的油液加压,根据流体静力学中液体压力传递平衡原理,该外加压力均匀传递到活塞缸内顶起活塞。由于活塞上部是承重盘和砝码,当油液中的压力 p 产生的活塞上顶力与承重盘和砝码的重力相等时,活塞被稳定在某一平衡位置上,这时力平衡关系为

$$p \cdot A = G \tag{12-14}$$

图 12.7　推力标定装置

式中:A 为活塞的截面积;G 为承重盘和砝码(包括活塞)的总重力;p 为被测压力。

一般取 $A=1 \text{ cm}^2$ 或 0.1 cm^2,因而可以方便准确地由平衡时所加砝码和承重盘本身的重力知道被测压力 p 的数值。通过被标定压力表(传感器)上的压力指示值与这一标准压力值 p 相比较,就可知道被标定压力表(传感器)误差大小。

在现场标定时,为了操作方便,可以不用砝码加载,而直接用标准压力表读取所加压力。作为压力标准的活塞压力计精度为 0.002%,作为国家基准器的活塞压力计最高精度为 0.005%,一等标准精度为 0.01%,二等标准精度为 0.05%,三等标准精度为 0.2%,一般工业用压力表用三等精度活塞压力计校准。

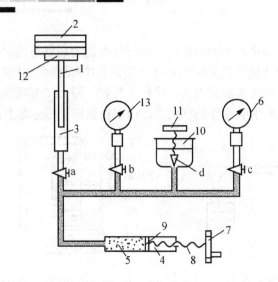

图 12.8 活塞压力计

1—测量活塞；2—砝码；3—活塞柱；4—手摇泵；5—工作液；6—被校压力表；7—手轮；8—丝杆；
9—手摇泵活塞；10—油杯；11—进油阀手轮；12—托盘；13—标准压力表；a、b、c—切断阀；d—进油阀

3. 位移(长度)标定设备

位移(长度)测量系统的标定主要采用比较法。标定设备主要是各种长度计量器具，如各种直尺、千分尺、块规、塞规、专门制造的标准样柱等均可作为位移传感器的静态标定设备。

当精度为 $2.5\sim10\,\mu m$ 时可直接用度盘指示器和千分尺作标准器；如测量精度高于 $2.5\,\mu m$，则应用块规来标定传感器。

块规精度高，使用方便，标定范围广，是工业中常用的长度标准器。块规由轴承钢制成，具有两个相对经抛光的基准平面，它们的平面度和平行度都限制在规定的公差范围内。作为标准用的块规的准确度为 $\pm 0.03\,\mu m/cm$。块规的膨胀系数大约为 $0.136\,\mu m/cm\cdot °C$，因此，标定时必需考虑温度的影响。

用块规来进行标定时可以采用直接比较法和光干涉法。图 12.9 所示为直接比较法的示例图。图 12.10 所示为光干涉法测量示意。根据光干涉的基本原理，从光学平晶的工作面和被测工件的工作面反射的光产生干涉，形成亮暗相间的干涉条纹。干涉条纹表示工件与光学平晶之间的距离为半波长的整倍数的位置。因此，只要将干涉条纹数乘上所用光线的半波长，就可以得到块规至光学平晶的高度 d，利用相似三角形关系，就可以求出工件的直径。

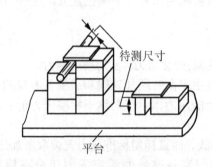

图 12.9 用块规作直接比较的两种方法

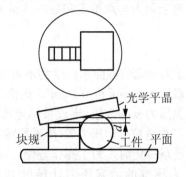

图 12.10 光干涉法示例

块规只能进行静态的和小尺寸的标定。对大量程长度测量装置的标定可用双频激光干涉仪。

双频激光干涉仪的基本工作原理是光干涉原理，它的特点是利用两个频率相差很小的光的干涉，亦即用时间频率代替了一般干涉仪的空间频率，因此对于环境震动、空气湍流等的影响不敏感，仪器的分辨力可达到纳米级。当用双频激光仪和被标定的测量装置同时对运动物体进行测量时，就可以得到测量装置的动态误差。

4. 温度标定设备

标定温度测量系统的方法可以分为两类：一是同一次标准比较，即按照国际计量委员会1990年通过的国际温标(ITS-1990)相比较，见表12-1；二是与某个已经标定的标准装置进行比较，这是常用的标定方法。

复现表12-1中这些基准点的方法是用一个内装有参考材料的密封容器，将待标定的温度传感器的敏感元件放在伸入容器中心位置的套管中。然后加热，使温度超过参考物质的熔点，待物质全部熔化。随后冷却，达到三相点(或凝固点)后，只要同时存在固、液、气三态或(固、液态)约几分钟，温度就稳定下来，并能保持规定值不变。

对于定义固定点之间的温度，ITS-1990国际温标把温度分为4个温区，各个温区的范围、使用的标准测温仪器分别为：

(1) $0.65 \sim 5.0$ K 间为 ^{3}He 或 ^{4}He 蒸气压温度计；

(2) $3.0 \sim 24.5561$ K 间为 ^{3}He 或 ^{4}He 定容气体温度计；

(3) 13.8033 K ~ 961.78℃ 间为铂电阻温度计；

(4) 961.78℃ 以上为光学或光电高温计。

以上有关标准测温仪器的分度方法以及固定点之间的内插公式，ITS-1990国际温标都有明确的规定，可参考ITS-1990标准文本。

表 12-1 ITS-1990 定义固定温度点

序 号	温 度		物 质	状 态
	T_{90}/K	t_{90}/℃		
1	3～5	−270.15～−268.15	^{3}He(氦)	蒸气压点
2	13.8033	−259.3467	e-H$_2$(氢)	三相点
3	≈17	≈−256.15	e-H$_2$(氢) (或 He(氦))	蒸气压点(或气体温度计点)
4	≈20.3	≈−252.85	e-H$_2$(氢) (或 He(氦))	蒸气压点(或气体温度计点)
5	24.5561	−248.5939	Ne(氖)	三相点
6	54.3584	−218.7961	O$_2$(氧)	三相点
7	83.8058	−189.3442	Ar(氩)	三相点
8	234.3156	−38.8344	Hg(汞)	三相点
9	273.16	0.01	H$_2$O(水)	三相点
10	302.9146	29.7646	Ga(镓)	熔点
11	429.7485	156.5985	In(铟)	凝固点
12	505.078	231.928	Sn(锡)	凝固点
13	692.677	419.527	Zn(锌)	凝固点
14	933.473	660.323	Al(铝)	凝固点
15	1234.93	961.78	Ag(银)	凝固点
16	1337.33	1064.18	Au(金)	凝固点
17	1357.77	1084.62	Cu(铜)	凝固点

注：(1)在物质一栏中，除了 ^{3}He 外其他物质均为自然同位素成分。e-H$_2$ 为正、负分子态处于平衡浓度时的氢；(2)在状态一栏中，对于不同状态的定义以及有关复现这些不同状态的建议可参阅"ITS-1990补充资料"；(3)三相点是指固、液和蒸气相平衡时的温度；(4)熔点和凝固点是指在101325 Pa压力下，固、液相的平衡点温度。

以热电偶的标定(校准)为例。热电偶使用一段时间后，测量端要受氧化腐蚀，并在高温下发生再结晶，以及受拉伸、弯曲等机械应力的影响都可能使热电特性发生变化，产生误差，因而要定期校准。

标定的目的是核对标准热电偶的热电动势-温度关系是否符合标准，或确定非标准热电偶的热电动势——温度标定曲线，也可以通过标定消除测量系统的系统误差。标定方法有定点法和比较法。

定点法是以纯元素的沸点或凝固点作为温度标准。如基准铂铑$_{10}$-铂热电偶在 630.755～1064.43℃的温度间隔内，以金的凝固点 1064.43℃、银的凝固点 961.93℃、锑的凝固点 630.775℃作为标准温度进行标定。

比较法是将标准热电偶与被标定热电偶之间直接进行比较，比较法又可分为双极法、同名极法(单极法)和微差法。

图 12.11 所示为双极比较法检定系统原理图。检定时将标准热电偶与被标定热电偶的工作端捆扎在一起，插入炉膛内的均匀温度场中，冷端分别插在 0℃的恒温器中。用调压变压器调节炉温，当炉温到达所需的标定温度点±10℃内，且炉温变化每分钟不超过 0.2℃时，读取数据。每一个标定点温度的读数不得少于 4 次。

如果标定不同于标准热电偶材料的热电偶，为了避免被标定热电偶对标准热电偶产生有害影响，要用石英管将两者隔离开，而且为保证标准热电偶与被标定热电偶工作端处于同一温度，常把其热端放在金属镍块中，并把镍块置于电炉的中心位置，且炉口用石棉堵严。

随着计算机的普遍应用，热电偶的检定也实现了自动化。微机自动检定系统能实现自动控温、自动检测和自动处理检定数据，检定效率大大提高。

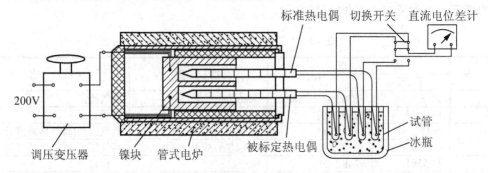

图 12.11 双极比较法检定系统原理示意

12.3.2 动态标定设备

1. 振动传感器动态标定设备

采用振动台(激振器)产生正弦激励信号。振动台有机械的、电磁的、液压的等多种。常用的是电磁振动台，能产生 5～7.5 kHz 范围激振频率。高频激振器多用压电式，频率范围为几千赫到几百万赫。机械振动台种类较多，其中偏心惯性质量式最常用。液压振动台是用高压液体通过电液伺服阀驱动作功进而推动台面产生振动的激振设备，它的低频响应好，推力大，常用来作为大吨位激振设备。

振动的标定方法有绝对校准法、比较法和互易法。绝对法标定是由标准仪器直接准确决定出振动台的振幅和频率，它有精度高、可靠性大的优点。但该方法对设备精度要求高，标定时间长，一般用在计量部门。而比较法的原理简单、操作方便，对设备精度要求较低，所以应用很广。

图 12.12 所示为一个用比较法标定振动传感器的示意图，将相同的运动加在两个传感器上，比较它们的输出。在比较法中，标准传感器是关键部件，因此它必须满足如下要求：灵敏度精度优于 0.5%，并具有长期稳定性，线性好；横向灵敏度比小于 2.5%；对环境的响应小，自振频率尽量高。

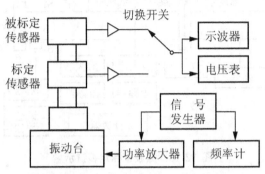

图 12.12　比较法标定振动传感器框图

振动标定的内容主要有灵敏度、频率响应、固有振动频率、横向灵敏度等。

灵敏度的标定是在传感器规定的频率响应范围内，进行单频标定。亦即在频率保持恒定的条件下，改变振动台的振幅，读出传感器的输出电压值(或其他量值)，就可以得到它的振幅—电压曲线。与标准传感器相比较，就可以从下式求得它的灵敏度：

$$S_1 = \frac{U_1}{U_2} S_2 \tag{12-15}$$

式中：U_1、U_2 分别为待测传感器和标准传感器的输出电压；S_1、S_2 分别为待测传感器和标准传感器的灵敏度。

频率响应的标定是在振幅恒定条件下，改变振动台的振动频率，所得到的输出电压与频率的对应关系即传感器的幅频响应；比较待测传感器与标准传感器输出信号间的相位差，就可以得到传感器的相频特性。相位差可以用相位计读出，也可以用示波器观察它们的李沙育图形求得。

频率响应的标定至少要做七点以上，并应注意有无局部谐振现象的存在。这可以用频率扫描方法来检查。

固有振动频率的测定是用高频振动台作激励源，振动台的运动质量应大于传感器质量十倍以上。

横向灵敏度是在单一频率下进行的。要求振动台的轴向运动速度比横向速度大 100 倍以上。小于 1% 的横向灵敏度则要求更加严格。

2. 压力传感器的动态标定设备

压力传感器动态标定时常用激波管产生阶跃压力信号。激波管结构简单，使用方便可靠，标定精度可达 4%～5%。

激波管标定系统原理图如图 12.13 所示。它由激波管、入射激波测速系统、标定测量系统、记录器、气源等五部分组成。其中激波管是产生平面激波的核心部件。

所谓激波，是指气体某处压力发生突然变化，压力波高速传播，波速与压力变化强弱成正比。在传播过程中，波阵面到达某处，那里气体的压力、密度和温度都发生突变，而波阵面未到处，气体不受波的扰动；波阵面过后，其后面的流体温度、压力都比波阵面前高。

激波管的结构一般为圆形或方形断面直管，中间用膜片分隔为高压室和低压室，称为二室型。有的激波管分为高、中、低 3 个压力室，以便得到更高的激波压力，称为三室型。

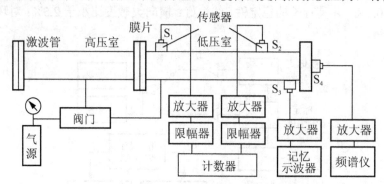

图 12.13　激波管标定装置示意

以图 12.13 所示的两室型为例说明其工作过程。标定时用压缩空气给高压室充以高压气体，而低压室一般为一个大气压。当高、低压室的压力差达到设定程度时，膜片突然破裂，高压气体迅速膨胀冲入低压室，从而形成激波。这个激波的波阵面压力恒定，接近理想的阶跃波，并以超音速冲向被标定的传感器。

入射激波的速度由压电式压力传感器 S_1 和 S_2 测出。S_1 和 S_2 相隔一定距离安装。当激波掠过传感器 S_1 时，其输出信号经放大器、限幅器后输出一个脉冲，使数字频率计计数开始，当激波掠过传感器 S_2 时，其输出信号经放大器、限幅器后又输出一个脉冲，使数字频率计计数结束。按下式可求得激波的平均速度：

$$v = \frac{l}{t} = \frac{l}{nT} \tag{12-16}$$

式中：l 为两个测速传感器 S_1 和 S_2 之间的距离；t 为激波通过两个传感器之间距离所需时间；n 为频率计显示的脉冲计数值；T 为计数器的时标。

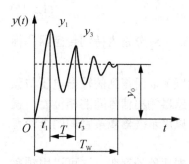

图 12.14　被标定传感器输出波形

标定测量系统由触发传感器 S_3 和被标定传感器 S_4、放大器、记忆示波器、频谱仪等组成。触发传感器 S_3 感受激波信号后，其输出启动记忆示波器扫描。紧随其后的被标定传感器 S_4 被激励，其输出信号放大后被记忆示波器记录，如图 12.14 所示；频谱仪测出被标定传感器的固有频率。由波速可求得标准阶跃压力值，再将被标定传感器的输出送入计算机进行计算、处理，就可求得传感器的幅频、相频特性。

12.4　传感器标定举例

【例 12-1】压力测量系统的静态标定。某压力传感器的校准数据如表 12-2 所示，试用最小二乘法建立该传感器的线性静态模型并求取静态特性基本参数。

表 12-2 校准数据列表

压力/MPa	输出值/mV					
	第一次测试		第二次测试		第三次测试	
	正行程	反行程	正行程	反行程	正行程	反行程
0	−2.74	−2.72	−2.71	−2.68	−2.68	−2.67
0.02	0.56	0.66	0.61	0.68	0.64	0.69
0.04	3.95	4.05	3.99	4.09	4.02	4.11
0.06	7.39	7.49	7.42	7.52	7.45	7.52
0.08	10.88	10.94	10.92	10.88	10.94	10.99
0.10	14.42		14.47		14.46	

解：

1) 计算平均值

分别计算正、反行程输出平均值 $\bar{y}_{zi}$、$\bar{y}_{Fi}$，以及总平均值 $\bar{y}_i = \frac{1}{2}(\bar{y}_{zi} + \bar{y}_{Fi})$，列入表 12-3 中。

2) 建立传感器的线性静态模型

用最小二乘法建立传感器的线性静态模型为

$$k = \frac{N\sum x_i y_i - \sum x_i \sum y_i}{N\sum x_i^2 - (\sum x_i)^2}; \quad b = \frac{\sum x_i^2 \sum y_i - \sum x_i \sum x_i y_i}{N\sum x_i^2 - (\sum x_i)^2}$$

上式中各值计算如下：

$$\sum_{i=1}^{33} x_i = 6 \times (0 + 0.02 + 0.04 + 0.06 + 0.08) + 3 \times 0.1 = 1.5$$

$$\sum_{i=1}^{33} y_i = 6 \times (-2.7 + 0.64 + 4.035 + 7.465 + 10.925) + 3 \times 14.45 = 165.54$$

$$\sum_{i=1}^{33} x_i^2 = 6 \times (0 + 0.02^2 + 0.04^2 + 0.06^2 + 0.08^2) + 3 \times 0.1^2 = 0.102$$

$$\sum_{i=1}^{33} x_i y_i = 6 \times (0.02 \times 0.64 + 0.04 \times 4.035 + 0.06 \times 7.465 + 0.08 \times 10.925) + 3 \times 0.1 \times 14.45 = 13.3116$$

于是得：

$$b = \frac{0.102 \times 165.54 - 1.5 \times 13.3116}{33 \times 0.102 - 1.5 \times 1.5} \text{mV} = -2.762 \text{ mV}$$

$$k = \frac{33 \times 13.3116 - 1.5 \times 165.54}{33 \times 0.102 - 1.5 \times 1.5} \text{mV/MPa} = 171.123 \text{ mV/MPa}$$

故拟合直线方程为

$$y = -2.762 + 171.123x$$

3) 计算压力传感器的静态参数

(1) 理论满量程输出 y_{FS}。

$$y_{FS} = [(-2.762 + 171.123 \times 0.1) - (-2.762)] \text{mV} = 17.112 \text{ mV}$$

(2) 灵敏度 S。

由拟合直线方程得灵敏度 $S = 171.123 \text{ mV/MPa}$。

(3) 线性度 δ_L。

根据线性度定义，计算各输入点 x_i 由拟合直线给出的输出值 y_i'，然后计算与测量平均值的偏差 $\Delta L_i = y_i' - \bar{y}_i$，列入表 12-3 中，取其中最大值为 $|\Delta L_m| = 0.10 \text{ mV}$，则线性度 δ_L 为

$$\delta_L = \frac{|\Delta L_m|}{y_{FS}} = \frac{0.10}{17.112} = 0.58\%$$

(4) 迟滞 δ_H。

根据迟滞定义，先计算各标定点的迟滞误差 $|\Delta H_i| = |\bar{y}_{zi} - \bar{y}_{Fi}|$，列入表 12-3 中，取其中最大值为 $|\Delta H_m| = 0.096 \text{ mV}$，则迟滞误差 δ_H 为

$$\delta_H = \frac{|\Delta H_m|}{y_{FS}} = \frac{0.096}{17.112} = 0.56\%$$

(5) 重复性 δ_R。

首先按贝塞尔公式计算每个校准点上正、反行程输出量的实验标准差 σ_{zi}、σ_{Fi} 如下：

$$\sigma_{zi} = \sqrt{\frac{1}{n-1}\sum_{j=1}^{n}(y_{zij} - \bar{y}_{zi})^2}$$

$$\sigma_{Fi} = \sqrt{\frac{1}{n-1}\sum_{j=1}^{n}(y_{Fij} - \bar{y}_{Fi})^2}$$

列入表 12-3 中，再按下式计算总体标准差 σ

$$\sigma = \sqrt{\frac{1}{2m}\left(\sum_{i=1}^{m}\sigma_{zi}^2 + \sum_{i=1}^{m}\sigma_{Fi}^2\right)} = 0.032 \text{ mV}$$

则算术平均值 $\bar{y}_i$ 的标准差 $\sigma_{\bar{y}_i}$ 为

$$\sigma_{\bar{y}_i} = \frac{\sigma}{\sqrt{n}} = \frac{0.032}{\sqrt{3}} = 0.018$$

取置信因子为 3，则置信度为 99.73% 时的重复性为

$$\delta_R = \frac{3\sigma_{\bar{y}_i}}{y_{FS}} = \frac{3 \times 0.018}{17.112} = 0.32\%$$

表 12-3 数据处理部分中间值列表

压力/MPa		0	0.02	0.04	0.06	0.08	0.10
平均值/mV	正行程($\bar{y}_{zi}$)	-2.710	0.603	3.987	7.420	10.913	14.45
	反行程($\bar{y}_{Fi}$)	-2.690	0.677	4.083	7.510	10.937	
	$\bar{y}_i = \frac{1}{2}(\bar{y}_{zi} + \bar{y}_{Fi})$	-2.70	0.640	4.035	7.465	10.925	14.45
迟滞/mV	$|\Delta H_i| = |\bar{y}_{zi} - \bar{y}_{Fi}|$	0.020	0.074	0.096	0.090	0.024	0
拟合输出/mV	$y = -2.762 + 171.123x$	-2.762	0.660	4.083	7.505	10.928	14.350
拟合偏差/mV	$\Delta L_i = y_i' - \bar{y}_i$	-0.062	0.020	0.048	0.040	0.003	-0.10
实验标准差/mV	正行程(σ_{zi})	0.030	0.040	0.035	0.030	0.031	0.026
	反行程(σ_{Fi})	0.026	0.015	0.031	0.017	0.055	0.026

【例 12-2】 压力传感器温度影响系数的测定。

测量方法：在无负荷情况下对传感器缓慢加温或降温到一定的温度，可测得传感器的零

点温漂；若在无负荷情况下对传感器或整个标定设备加恒温罩，则可测得零点漂移；如加额定负载而温度缓慢变化时，可测得灵敏度的温度系数。

表 12-4 所列为被标定压力传感器在其他工作条件不变的情况下，输入压力为零时在不同温度下输出的测试数据(该传感器最高工作温度小于 65℃)。

表 12-5 所列为被标定压力传感器在其他工作条件不变的情况，在 25℃ 和 64℃ 两个温度条件下输入输出的测试数据。

表 12-4 测零点温漂的实验数据(压力 p=0 MPa)

T/℃	25	31	35	39	43	49	53	55	58	64
U_0/mV	5.16	4.47	3.13	5.49	3.76	4.40	3.98	4.53	6.31	5.51
ΔU_0	0	−0.69	−2.03	0.33	−1.4	−0.76	−1.18	−0.63	1.15	0.35

表 12-5 测灵敏度的温度系数实验数据

压力/ MPa U_0/V	0.0	0.05	0.10	0.15	0.20	0.25
U_0(25℃)	0.0030	0.2023	0.4015	0.6008	0.8000	0.9993
U_0(64℃)	0.0034	0.2058	0.4047	0.6037	0.8033	1.0020
$\Delta U_0 = U_0(25℃)-U_0(64℃)$	−0.0004	−0.0035	−0.0032	−0.0029	−0.0033	−0.0027

1) 求零点温度系数 α_0

零点温度系数定义为在无负荷情况下，温度每改变 1℃ 输出的最大变化量 Δy_{0m} 与量程 y_{FS} 之比的百分数，即

$$\alpha_0 = \frac{\Delta y_{0m}}{\Delta T \cdot y_{FS}} \times 100\%$$

由表 12-4 数据可得，$\Delta y_{0m} = -2.03$ mV，ΔT =(64-25)℃=39℃，量程 y_{FS}(25℃)= 0.9993 V (见表 12-5)，则零点温度系数为

$$\alpha_0 = \frac{\Delta y_{0m}}{\Delta T \cdot y_{FS}} = \frac{-2.03 \times 10^{-3} \text{V}}{39℃ \times 0.9993 \text{V}} = -5.2 \times 10^{-5} /℃$$

2) 求灵敏度温度系数 α_s

根据灵敏度温度系数定义式 $\alpha_s = \frac{\Delta y_m}{\Delta T \cdot y_{F.S}} \times 100\%$，由表 12-5 数据可得，$\Delta y_m = -0.0035$ V，则灵敏度温度系数为

$$\alpha_s = \frac{\Delta y_m}{\Delta T \cdot y_{FS}} = \frac{-0.0035 \text{V}}{39℃ \times 0.9993 \text{V}} = -8.9 \times 10^{-5} /℃$$

知识链接

为了保证各种被测量量值的一致性和准确性，很多国家都建立了一系列计量器具(包括传感器)检定的组织和规程、管理办法，我国对此由国家计量局、中国计量科学研究院和部、省、市计量部门以及一些大企业的计量站进行制定和实施。国家计量局(1989 年后由国家技术监督局)制定和发布了力值、长度、压力、温度等一系列计量器具规程，并于 1985 年 9 月公布了"中华人民共和国计量法"，其中规定：计量检定必须按照国家计量检定系统表进行。计量检定系统表是建立计量标准、制定检定规程、开展检定工作、组织量值传递的重要依据。

图 12.15 所示为 13.81～273.15 K 温度计量器具检定系统框图，具体内容可查阅国家技

术监督局发布的 JJG 2062-1990 13.81～273.15 K 温度计量器具检定系统标准。该标准规定了 13.81～273.15 K 的温度量值从国家基准向工作计量器具的传递程序，并指明了测量范围和不确定度(或允许误差)及基本检定方法，是 13.81～273.15 K 内各种温度计量器具量值传递的依据。

本 章 小 结

传感器的标定，就是利用精度高一级的标准器具对传感器进行定度的过程，通过实验建立传感器输出量和输入量之间的对应关系，同时也确定不同使用条件下的误差关系。不同的传感器需要不同的标定设备。

本章主要介绍：
1. 传感器静态及动态特性标定的方法及原理。
2. 传感器静态特性标定方法和步骤，传感器静态特性标定方法和步骤。
3. 常用的标定设备：静态标定设备，动态标定设备。
4. 常用传感器静态及动态特性标定设备的工作原理。

12-1 传感器标定、静态标定及动态标定的意义是什么？
12-2 传感器静态标定的主要步骤是什么？标定条件是什么？
12-3 如何利用阶跃信号响应法确定一阶传感器的时间常数 t？
12-4 试组成应变式力传感器的静态标定系统。
12-5 试组成热电偶温度传感器的标定系统。
12-6 二阶传感器动态标定时需要确定的参数有哪些？如何利用阶跃信号响应法确定这些参数？
12-7 请用极差法计算例 12-1 的重复性误差。
12-8 S 形测力传感器的标定数据如表 12-6，试求传感器线性度、迟滞和重复性。

表 12-6 S 形测力传感器的标定数据

次数	压力/kg 电压/mV	0	2	4	6	8	10
1	正行程	0	719	1440	2155	2885	3600
	反行程	3	725	1436	2162	2880	
2	正行程	3	724	1441	2160	2886	3603
	反行程	5	725	1445	2165	2890	
3	正行程	5	725	1442	2160	2886	3605
	反行程	5	725	1445	2163	2883	

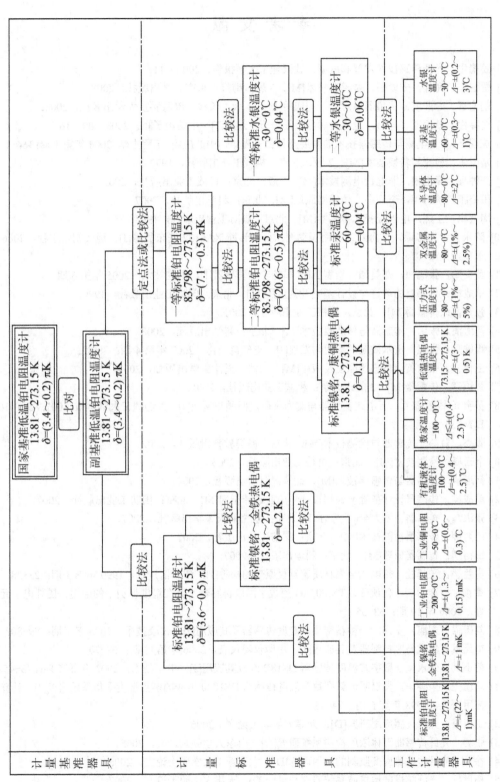

图 12.15 13.81-273.5K 温度计量器具检定系统框图

参 考 文 献

[1] 姜德生. 光纤传感技术发展和展望. 武汉理工大学报告, 2006. 11.
[2] 贾伯年, 俞朴, 宋爱国. 传感器技术[M]. 3版. 南京: 东南大学出版社, 2008.
[3] 刘迎春, 叶湘滨. 传感器原理设计与应用[M]. 4版. 长沙: 国防科技大学出版社, 2006.
[4] 亢春梅, 耿振亚, 马力. 世界传感器市场分析及展望[J]. 中国电子报, 2008. 09. 16.
[5] 沈观林. 应变电测与传感器技术的发展及其在工程结构中的应用. 工程力学, 2004年第1期: 164-179.
[6] 常健生. 检测与转换技术[M]. 2版. 北京: 机械工业出版社, 1992.
[7] 严钟豪, 谭祖根. 非电量电测技术[M]. 2版. 北京: 机械工业出版社, 2001.
[8] 田裕鹏, 姚恩涛, 李开宇. 传感器原理[M]. 北京: 科学出版社, 2007.
[9] 陶宝棋, 王妮. 电阻应变式传感器[M]. 北京: 国防工业出版社, 1993.
[10] 陈永会, 李志谭, 李海虹. 应用振动测试分析诊断XA6132铣床故障[J]. 现代制造工程, 2006年第3期: 85-87.
[11] 黄安贻, 张旭梅, 郑美如. 新型ABS车轮轮速传感器[J]. 测控技术, 2005年第6期.
[12] 单成祥. 传感器的理论与设计基础及其应用[M]. 北京: 国防工业出版社, 1999.
[13] 强锡富. 传感器[M]. 北京: 机械工业出版社, 2001.
[14] 何道清, 张禾. 传感器与传感器技术[M]. 北京: 科学出版社, 2008.
[15] 程姝丹, 张强. 霍尔效应的应用与发展[J]. 电气自动化, 2007年第4期: 78-82.
[16] 王化祥, 张淑英. 传感器原理及应用[M]. 天津: 天津大学出版社, 2007.
[17] 强锡富. 传感器[M]. 3版. 北京: 机械工业出版社, 2001.
[18] 孙宝元, 钱敏, 张军. 压电式传感器与测力仪研发回顾与展望[J]. 大连理工大学学报, 2001, Vol. 41(2): 127-135
[19] 陈杰, 黄鸿. 传感器与检测技术[M]. 北京: 高等教育出版社, 2002.
[20] 卜云峰. 检测技术[M]. 北京: 机械工业出版社, 2005.
[21] 何道清. 传感器与传感器技术[M]. 北京: 科学出版社, 2004.
[22] 单成祥. 传感器设计基础·课程设计与毕业设计指南[M]. 北京: 国防工业出版社, 2007.
[23] 张洪润. 传感器技术大全(下册)[M]. 北京: 航空航天大学出版社, 2007.
[24] 施湧潮. 传感器检测技术[M]. 北京: 国防工业出版社, 2007.
[25] 田裕鹏. 传感器原理[M]. 北京: 科学出版社, 2007.
[26] 肖兰馨, 汪廷杜. 热电式金属材质鉴别仪原理的探悉[J]. 传感器技术, 1990年第3期: 23-28.
[27] 黄颖生, 廖力清, 伍侠云. TMP03/04型数字温度传感器及其在温度保护中的应用. 国外电子元器件. 2006年10期: 33-35.
[28] 刘国强, 刘旭, 安钢. 一种精密集成温度传感器及其应用[J]. 仪表技术, 2005年1期: 79-80.
[29] 宿元斌. 集成温度控制器及其应用[J]. 中国仪器仪表, 2006年第9期: 68-70
[30] 韩小斌, 朱永文. 数字式温度传感器DS18B20及其应用[J]. 电子技术, 2002年第5期: 43-45.
[31] 堵瑞先, 荣善华, 吴汉明. 新型数字温度传感器DS1820组成的多点温度采集系统研究[J]. 计算机应用研究, 1998年第6期: 94-95.
[32] 王彦博. 光纤传感应用研究[D]. 天津大学硕士论文, 2006.
[33] 张娜. 光纤传感器液体浓度检测系统研究[D]. 山东大学硕士论文, 2005.
[34] 徐丹. 光纤传感器应变监测的应用研究[D]. 大连理工大学硕士论文, 2008.
[35] 杨世超. 光纤陀螺陆地导航系统研究与设计[D]. 天津大学硕士论文, 2007.
[36] 李建中. 基于FOTDR的分布式光纤传感技术及其应用[D]. 电子科技大学硕士论文, 2008.

[37] 陈林．光纤传感在瓦斯检测中的应用研究[D]．安徽理工大学硕士学位论文，2006．
[38] 李威宣．消耗型光纤比色法钢水温度测量系统[J]．传感器技术，2004年第23卷第8期．
[39] 李威宣．光纤压力传感器[J]．自动化仪表，1999年第20卷第3期．
[40] 李威宣．一种高灵敏度光纤流量计[J]．仪器仪表学报，第24卷第3期．2003．
[41] 刘爱华，满宝元．传感器原理与应用技术[M]．北京：人民邮电出版社，2008．
[42] 唐文彦．传感器原理与应用技术[M]．北京：机械工业出版社，2008．
[43] 刘君华，郝惠敏，林继鹏．传感器技术及应用实例[M]．北京：电子工业出版社，2008．
[44] 王庆有．光电技术[M]．2版．北京：电子工业出版社，2008．
[45] 吕泉．现代传感器原理及应用[M]．北京：清华大学出版社,2006．
[46] 孟立凡，郑宾．传感器原理及技术[M]．北京：国防工业出版社，2005．
[47] 樊尚春．传感器技术及应用[M]．北京：北京航空航天大学出版社，2004．
[48] 缪家鼎，徐文娟，牟同升．光电技术[M]．杭州：浙江大学出版社，1995．
[49] 浦昭邦，王宝光．测控仪器设计[M]．北京：机械工业出版社，2004．
[50] 张迎新，雷道振．非电量测量技术基础[M]．北京：北京航空航天大学出版社，2002．
[51] 郁道银，谈恒英．工程光学[M]．2版．北京：机械工业出版社，2005．
[52] 王雪文，张志勇．传感器原理及应用[M]．北京：北京航空航天大学出版社，2004．
[53] 张宏建，蒙建波．自动检测技术与装置[M]．北京：化学工业出版社，2004．
[54] 赵凯华，钟锡华．光学[M]．北京：北京大学出版社，2003．
[55] 张三慧．光学[M]．北京：清华大学出版社，1999．
[56] 程守株，江之永．普通物理学(第3册)[M]．北京：高等教育出版社，1982．
[57] 廖耀发．大学物理[M]．5版．武汉：武汉大学出版社，2001．
[58] 刘俊杰．检测技术与仪表[M]．武汉：武汉理工大学出版社，2002．
[59] 王义玉．红外探测器[M]．北京：兵器工业出版社．1993．
[60] 葛文奇．红外探测技术的进展、应用及发展趋势[J]．红外技术与应用，2007年第8期：33-37．
[61] 曾光宇，杨湖，李博．现代传感器技术与应用基础[M]．北京：北京理工大学出版社，2006．